新工科建设之路·软件工程系列教材

计算机硬件技术基础

（第2版）

闫宏印　主　编

赵涓涓　廖丽娟　张兴忠　副主编

電子工業出版社
Publishing House of Electronics Industry
北京·BEIJING

内 容 简 介

本书以 80X86 系列计算机为背景，从软件开发和计算机应用的角度出发，将多门计算机硬件课程的核心内容融合到一起，全面、系统、深入地讲述计算机的硬件技术基础。本书不追求计算机硬件内部的设计细节，突出实用性和培养学生解决实际问题的能力。全书共 10 章，首先介绍计算机的运算基础和计算机中使用的主要数字逻辑部件，然后进一步讨论计算机系统的硬件组成和工作原理，包括 CPU 结构、指令系统、汇编语言程序设计、存储器系统和输入/输出系统，力求反映当前计算机硬件的最新技术。

本书内容新颖、丰富，深入浅出、易教易学，可作为软件工程、电子商务、信息管理、电子技术、通信、机械等专业计算机硬件技术相关课程的教材或参考书，也适合需要学习和了解计算机硬件知识的广大工程技术人员自学。

图书在版编目（CIP）数据

计算机硬件技术基础 / 闫宏印主编. —2 版. —北京：电子工业出版社，2019.3

ISBN 978-7-121-28906-4

I. ①计… II. ①闫… III. ①硬件－高等学校－教材 IV. ①TP303

中国版本图书馆 CIP 数据核字(2019)第 015624 号

策划编辑：刘　瑀

责任编辑：章海涛

印　　刷：涿州市京南印刷厂

装　　订：涿州市京南印刷厂

出版发行：电子工业出版社

北京市海淀区万寿路 173 信箱　　邮编：100036

开　　本：787×1092　1/16　印张：16.5　字数：475 千字

版　　次：2013 年 2 月第 1 版

2019 年 3 月第 2 版

印　　次：2025 年 2 月第 10 次印刷

定　　价：45.00 元

凡所购买电子工业出版社图书有缺损问题，请向购买书店调换。若书店售缺，请与本社发行部联系，联系及邮购电话：(010)88254888，88258888。

质量投诉请发邮件至 zlts@phei.com.cn，盗版侵权举报请发邮件至 dbqq@phei.com.cn。

本书咨询联系方式：liuy01@phei.com.cn。

前　　言

计算机科学技术发展得非常快，旧的硬件技术不断被淘汰，而新的硬件技术不断出现，教材也要适应这种变化。本教材在第一版的基础上进行修订，根据计算机硬件技术的最新发展，对一些章节的内容进行了增删；根据第一版教材使用过程中发现的问题和使用教材的老师、同学的意见，对一些章节的内容进行了改写。

软件工程作为计算机学科中的一个重要组成部分，其鲜明的专业特色是以软件开发为主，这就决定了软件工程专业没有更多的时间、也没有必要学习和掌握计算机学科中所有的硬件技术系列课程的内容。但对于软件工程专业的学生来说，学习和掌握计算机硬件的基础知识、了解计算机硬件技术的最新发展，有益于软件的开发和应用，是十分重要和必要的。正是从这一目的出发，我们组织多年从事计算机硬件技术系列课程教学的教师，将多门计算机硬件课程的核心内容融合到一起，编写了本教材。本教材在编写时，充分考虑软件工程及相近专业教学的实际情况和读者自学的需要，力求概念清晰、准确，内容新颖、易教易学；不追求计算机硬件内部的设计细节，而强调实用性和培养学生解决实际问题的能力；从最基本的计算机硬件概念知识讲起，深入浅出，循序渐进，使读者通过本书的学习，可全面、系统地掌握计算机硬件的基础知识。

全书共 10 章，内容涉及计算机学科硬件核心课程中的数字逻辑、计算机组成与结构、汇编语言程序设计、计算机接口技术等课程的内容，反映了计算机硬件的最新技术，符合软件工程等专业的教学要求。

第 1 章讲述计算机系统的基本组成和性能指标，使读者对计算机硬件系统有一个清晰的总体认识。第 2 章介绍计算机运算基础，讲述计算机中的定点数据和浮点数据表示，以及实现各种运算的原理。第 3 章介绍数字逻辑基础，讲述计算机中常用的组合逻辑电路和时序逻辑电路。第 4 章以典型 CPU 为例，讲述 CPU 的功能结构和工作原理，介绍 CPU 设计中使用的新技术。第 5 章以 80X86 指令系统为背景，讲述计算机的指令系统。第 6 章介绍汇编语言程序设计基础，讲述汇编语言的程序设计和调试方法。第 7 章讲述计算机的高速缓存、主存、外存的工作原理和构成层次结构存储系统的方法。第 8 章介绍计算机总线技术和常用的标准总线。第 9 章介绍计算机的中断技术和输入/输出接口。第 10 章介绍计算机的常用外部设备。

本书第 1 章由郭晓红编写，第 2 章由张兴忠编写，第 3、7、8 章由闫宏印编写，第 4 章由武淑红编写，第 5、6 章由赵涓涓编写，第 9 章由廖丽娟编写，第 10 章由林福平编写，全书由闫宏印策划、修改、统稿。在本书的编写过程中，得到了许多专家和太原理工大学软件学院领导的大力帮助和支持，也得到了电子工业出版社刘瑀老师和多位编辑的大力支持，在此表示衷心的感谢。

由于水平有限，书中难免存在错误和不妥之外，敬请各位读者提出宝贵的意见和建议，我们将不胜感激。

编　者

目　　录

第 1 章　计算机系统概述

计算机的发明是人类在 20 世纪取得的最重大的科学成就之一。计算机在各行各业的广泛应用，使以前许多无法解决的问题得到解决，使生产效率得到大幅提高，对人类社会的发展起到了巨大的推动作用。本章将首先回顾计算机的发展，然后扼要地讲述计算机系统的组成和工作原理，最后给出计算机的性能指标。

1.1　计算机发展概述

计算机从诞生到现在，只有 70 多年的时间，但计算机技术的发展超过了任何一门科学，极大地改变了人们的学习、工作和生活方式，计算机已成为现代信息社会的基础。

1.1.1　计算机的发展历史

几千年以来，在人类的生产劳动和日常生活中，计算一直是一种重要的思维活动。无论是在原始社会，还是在科学技术十分发达的今天，计算都是必不可少的。最初，人类使用小石块、小木棍和手指计算。后来，发展到使用纸和笔、算盘及机械计算机进行计算。在第二次世界大战期间，由于军事上需要大量计算炮弹弹道轨迹，迫切要求一种新的高速计算工具能够完成这项任务。为此，美国集中了许多优秀的科学家，在前人研究的基础上，利用当时已普遍使用的电子管元件，于 1946 年成功研制出世界上第一台电子数字计算机 ENIAC（Electronic Numerical Integrator And Calculator），这台计算机由 18000 多个电子管和其他电气元件组成，重量超过 30 吨，占地 170 多平方米，每小时耗电 150 多度，是一个庞然大物。尽管它每秒仅能完成 5000 次加减运算，但和以往的计算工具相比，计算速度提高了成千上万倍，大大加快了弹道轨迹的计算速度，减轻了计算工作人员的负担。更重要的是，第一台计算机的出现，实现了人类计算工具的历史性变革，对人类社会的进步产生了意义深远的影响，也为现代计算机的发展奠定了基础。

计算机技术的发展日新月异，构成计算机的主要功能部件已不再是电子管元件、晶体管元件，而是集成了数以亿计电子元件的超大规模集成电路。计算机的运算速度已从最初的每秒几千次提高到每秒亿亿次，计算机的应用也从最初的科学计算发展到自动控制、数据处理、辅助设计、人工智能等许多领域。特别是 20 世纪 70 年代出现的微型计算机，由于其具有体积小、功耗低、使用方便、价格低等优点，使计算机进入了办公室和家庭。而计算机网络的出现，又使计算机的应用有了新的发展，让整个世界进入了信息化时代。

我国计算机的研究与应用开始于 20 世纪 50 年代中期。几十年来，我国的计算机事业从无到有、从小到大，从单纯的科学研究到在各行各业得到广泛应用。我国的计算机技术达到了世界先进水平，已经成为世界上少数几个可以设计、制造 CPU（Central Processing Unit，中央处理器）和超级计算机的国家。

1.1.2 微型计算机的发展

在 20 世纪 70 年代初，大规模、超大规模集成电路的出现，使计算机的核心部件——控制器和运算器可以集成到一块称为 CPU 的微处理器（Microprocessor）芯片上。以 CPU 为核心，再加上存储器芯片及输入/输出设备，构成了性价比十分优越的微型计算机，对计算机的普及和应用产生了重大影响。随着电子技术的发展，集成电路的规模不断增大，运算速度不断加快，原来在大型计算机上采用的技术开始在微型计算机上使用，使微型计算机的发展十分迅速。当前微型计算机已成为销售额最大的一类计算机，广泛使用的台式计算机、笔记本电脑和平板电脑都属于微型计算机。

美国的 Intel 公司是世界上主要的微处理器芯片生产厂家，从其生产的 CPU 可以看出，微型计算机的发展大致经历了以下几个阶段。

第一阶段（1971—1973 年）：微型计算机的功能还比较简单，采用字长为 4 位的 Intel 4004 和字长 8 位的 Intel 8008 微处理器芯片，仅用于家用电器及简单的控制。

第二阶段（1974—1977 年）：微型计算机的功能得到了提高，采用字长为 8 位的微处理器芯片，如采用 Intel 8080/8085 CPU 构成的微型计算机，已开始配置操作系统，可以使用高级语言编程，应用范围逐步扩大。

第三阶段（1978—1984 年）：微型计算机采用字长为 16 位的微处理器芯片，如采用 Intel 8086/80286 CPU 构成的 IBM PC/XT 和 IBM PC/AT 微型计算机，功能进一步加强，存储器容量达到 1MB 以上，软件配置比较丰富，能够处理汉字，开始进入办公室和家庭，又称为个人计算机、桌面计算机或电脑。

第四阶段（1985—1992 年）：微型计算机采用字长为 32 位的微处理器芯片，如采用 Intel 80386/80486 CPU 构成的个人计算机，开始使用高速缓存技术，硬件实现浮点运算，软件配置更加丰富，已经能够实现多用户和多任务作业，其功能超过了以前的小型计算机。

第五阶段（1993—2005 年）：微型计算机仍采用字长为 32 位的微处理器芯片，但微处理器芯片内广泛采用流水线、超标量、多级高速缓存、分支预测和指令动态执行等新技术。如采用 Intel Pentium 系列 CPU 芯片构成的个人计算机，功能强大、速度快，可以和 20 世纪 80 年代初的巨型计算机相比。个人计算机配置的软件也更加丰富，开始广泛使用基于图形界面的 Windows 操作系统，使用户使用计算机变得非常容易。

第六阶段（2006 年至今）：微型计算机大多采用字长为 64 位的微处理器芯片，性能更加优越，普遍采用多核、智能高速缓存和增强的多媒体技术。如 Intel Core 系列 CPU 就有双核、四核、六核和八核结构，可在不提高主频的情况下大幅提高运算速度，许多 CPU 还可将存储控制、图形处理等功能集成到 CPU 中。

1.1.3 计算机的发展趋势

计算机的发展方兴未艾，功能更强、速度更快的超级计算机不断出现，计算机的应用更加深入、广泛，计算机的技术水平已成为衡量一个国家科技水平的重要标志。当前计算机的发展趋势主要表现在以下几个方面。

1．运算速度更快的计算机

为满足用户需求的不断增加，研制运算速度更快的计算机一直是计算机发展的重要目标。我国 2013 年研制成功的天河二号计算机，运算速度峰值达到 5.49 亿亿次/秒，持续运算速度达到了 3.39 亿亿次/秒。2016 年研制成功的神威太湖之光计算机，运算速度峰值达到 12.5 亿亿次/秒，持续运算速度也达到了 9.3 亿亿次/秒，天河二号计算机和太湖之光计算机，使我国自己研制的计算机连续 5 年运算速度位于世界第一。2018 年，世界上运算速度最快的超级计算机，是美国的 Summit 超级计算机，其运算速度峰值达到 20 亿亿次/秒，持续运算速度达到了 14.35 亿亿次/秒。

随着超大规模集成电路的发展和计算机体系结构的改进，计算机的运算速度将进一步提高，特别是新的计算机体系结构对计算机运算速度的提高影响更大。如在计算机设计中采用并行性技术，将几万甚至几十万块微处理器用专用网络连接到一起作为一台超级计算机使用，获得了极快的运算速度。

2．体积更小的计算机

和超级计算机相比，嵌入式计算机是计算机发展的又一个方向。嵌入式计算机是以应用为中心，以计算机技术为基础，软件/硬件可裁剪，适应应用系统对功能、可靠性、成本、体积、功耗严格要求的专用计算机系统。嵌入式计算机将 CPU、存储器和 I/O 接口等部件集成到一块芯片上，在满足功能要求的前提下，具有很小的体积、重量和功耗，可以嵌入到各种产品中，如汽车、手机、电视、相机、机器人和各种智能仪器及家电产品，使这些产品具有智能。

3．多媒体信息处理功能强大的计算机

计算机从早期单一的计算功能发展到现在具有计算、控制、数据处理、辅助设计、人工智能等多种功能，处理的数据也从简单的数值型数据和字符型数据发展到图形、图像、声音、视频等多媒体数据，今后的发展趋势必将是对多媒体数据的处理功能更将强大。

4．适合网络化应用的计算机

计算机技术和通信技术相结合诞生的计算机网络，使计算机的应用进入“网络计算”时代。计算机网络将世界各地相同的或不同的计算机连接到一起，实现硬件、软件和信息资源的共享，改变了人们的工作、生活和学习方式，还出现了云计算、云存储等一系列新的计算机研究领域。因此，计算机（无论是超级计算机，还是嵌入式计算机）的发展，一定要适应网络的发展，留有网络接口，对计算机连入网络提供强有力的支持。

5．具有人工智能的计算机

人工智能（Artificial Intelligence），英文缩写为 AI。它是研究、开发用于模拟、延伸和扩展人的智能的理论、方法、技术及应用系统的一门新的技术科学，是计算机科学的一个重要分支。让计算机具有人工智能，可以用计算机的软件和硬件模拟人的某些思维过程和智能行为，如推理、学习、思考和规划。具有人工智能的计算机在机器人、图像识别、专家系统等领域得到广泛的应用，人工智能的典型应用案例是 Google 公司的围棋机器人 AlphaGo，它在 2017 年战胜了世界围棋冠军。

计算机的发展还有许多研究方向，如存储和处理量子信息、运行量子算法的量子计算机，采用光学元件、超导元件、分子元件等构成的新型计算机。

1.2 计算机系统的组成和工作原理

对许多人来说，计算机的概念并不陌生，但计算机到底是一种什么样的装置，能够说明白的人就不多了。简单地说，计算机是一种由电子线路组成的、可以完成算术运算和逻辑运算的机器。确切地讲，计算机是一种可编程的功能部件，通常由一个或几个相连的数据处理装置和外围设备组成，在内部存储程序的控制下工作，可完成大量的算术运算和逻辑运算，而在运行过程中，一般无须人工干预。

无论是高性能的超级计算机，还是价格低廉的个人计算机，一个完整的计算机系统都是由硬件和软件两大部分组成的，如图 1-1 所示。硬件是构成计算机的设备实体，即实际的物理装置，软件是计算机使用的各种程序和数据文件的总称。

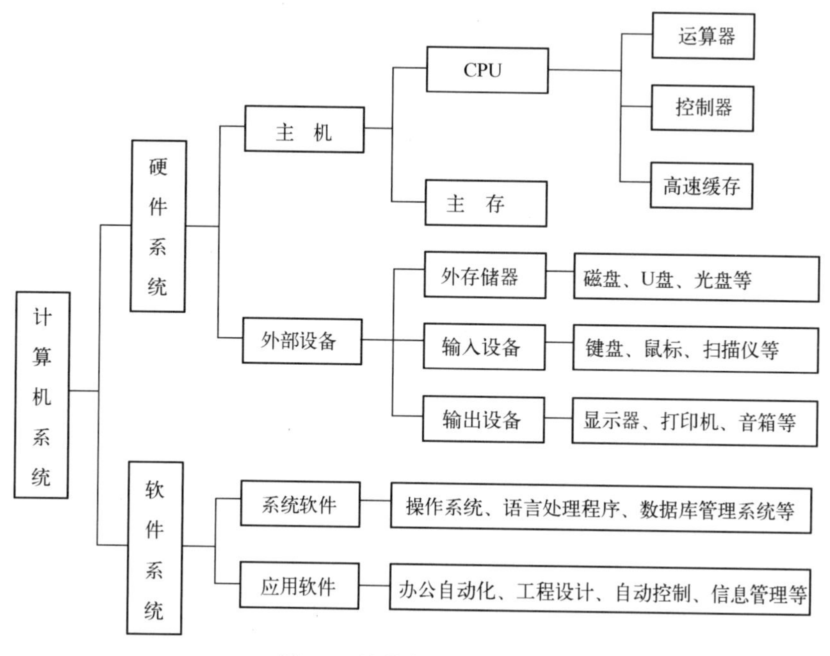

图 1-1 计算机系统的组成

1.2.1 计算机的硬件

计算机的硬件主要包括 CPU、主存、外存、输入/输出设备、总线和输入/输出接口电路，CPU 和主存合在一起称为主机。此外，计算机的硬件还有主板、电源、机箱、风扇等辅助设备。

1. CPU

CPU 是中央处理器的简称，是整个计算机系统的核心部件。早期的 CPU 是由许多分立元件构成的，在现代计算机中，将传统 CPU 包含的控制器部件、运算器部件、寄存器阵列等部件集成在一块超大规模集成电路芯片上，所以 CPU 也称为 CPU 芯片或微处理器芯片。但要注意 CPU 和微处理器的概念并不完全相同，CPU 是可以执行系统程序和用户程序的微处理器芯片，具有较强的功能，在一台个人计算机中一般只有一个CPU，而可以有多个微处理器芯片，微处理器芯片所在部件不同，功能也不同，如在键盘、显卡、打印机和磁盘存储器上都有微处理器芯片。

CPU主要由运算器、控制器和寄存器阵列几大部分组成。运算器是对信息进行加工和处理的部件，其核心是完成算术运算和逻辑运算的部件ALU（Arithmetic Logical Unit）。运算器有两个输入端，可以接收参加运算的操作数，在一组控制信号的控制下，能有选择地完成各种算术或逻辑运算，最后将结果通过输出端送出。

控制器（Control Unit，CU）是计算机的指挥中心，它根据程序中指令的要求，指挥和协调计算机各部件的工作，如运算器的运算操作、存储器的存取操作、外部设备的输入/输出操作，都是在控制器的控制下完成的。简单地讲，控制器的功能就是决定计算机在什么时间根据什么条件做什么事情。控制器的组成比其他部件更复杂，主要有对指令进行分析、解释的部件，产生时序信号的部件，产生操作控制信号的部件。控制器产生的控制信号可以用逻辑电路产生，也可以用微程序的方法产生。

寄存器阵列由一组通用寄存器和专用寄存器组成，这些寄存器也可分别划归为运算器和控制器。通用寄存器用来存放操作数、地址指针和运算结果等数据信息，可以有几十个到几百个。专用寄存器主要有：存放当前执行指令的指令寄存器IR、存放下条指令地址的程序计数器PC、存放CPU工作方式和运算结果状态的程序状态字寄存器PSW（也叫标志寄存器）、存放访问主存单元地址的主存地址寄存器MAR和存放写入或读出主存数据的主存数据寄存器MDR。

随着集成电路技术的进步，在CPU芯片上还集成了浮点运算、高速缓存、图形处理、存储管理等部件，其功能越来越强大。

CPU作为计算机中执行程序的部件，其性能对计算机系统性能的影响最大，具有不同CPU的计算机系统，将具有不同的指令系统，因而也将支持不同的软件系统。目前世界上有几十个公司可以设计和生产CPU芯片，Intel公司在市场上占有的份额最大，影响也最大，其余还有AMD、IBM和ARM等公司。我国于2002年成功研制出CPU芯片，有龙芯、飞腾、申威等系列CPU，实现了历史性的突破。其中，龙芯3B CPU字长64位，具有9级流水线、8核结构，可用来设计通用计算机；申威26010 CPU字长64位，具有260核，被用于神威太湖之光超级计算机中。

2. 主存储器

主存储器简称主存，也称内存，是可以被CPU直接访问的一种存储器，用来存放当前运行的程序和数据。主存由一组存储器芯片构成，芯片内主要集成了存储体电路、地址译码电路、读/写电路和控制电路。

存储体电路是主存的核心部件，是信息存储单元的集合体。每个存储单元又由若干基本存储元电路组成，每个基本存储元电路具有两种稳定的状态，可以用来表示二进制数的0和1。由于每个存储体都是由几百万、几千万个存储单元组成的，为了存取方便，每个存储单元都有一个唯一的编号，即存储单元地址，CPU可以按照这个唯一的地址去访问这个存储单元。存储器中的程序和数据都是以二进制数表示的，每个存储单元可以存放一条指令或一个数据（也可能占据几个存储单元），海量存储单元构成的存储器能存放很大的程序和众多的数据就不足为奇了。

地址译码电路的功能是选择要进行读/写操作的存储单元。从CPU送出的地址码经地址总线进入译码器电路，译码器电路的输出可选中存储体中唯一的一个存储单元。地址码的位数和可选择的存储单元的总数之间的关系可以用下式表示：

$$N=2^n$$

式中，n 为地址码位数，N 为存储单元总数。如 20 位地址码可寻址的存储单元总数为

$$N=2^{20}=1\ 048\ 576$$

反过来，要寻址 N 个存储单元，需要的地址码位数为 $\log_2 N$（注意，地址码的位数必须是整数，若计算出来的不是整数，要向上取整）。

读/写电路的功能是根据 CPU 送来的控制信号，决定对指定存储单元进行读操作还是写操作。若是写入信号，则将数据总线上的数据写入指定存储单元；若是读出信号，则将指定存储单元中的信息取出，送到数据总线。写操作要改变存储单元中原有的信息，读操作不改变存储单元中原有的信息。

控制电路的功能是根据控制总线送来的控制信号，对存储器的各部件进行控制。如启动译码电路和读/写电路、对存储器的内容进行刷新等。

3. 外存储器

外存储器（简称外存）也叫辅助存储器，在计算机系统中有输入/输出和存储的双重功能，既是一种外部设备，又是一种存储设备。外存和主存相比，具有容量大、价格低的优点，可用来弥补主存容量的不足，用来存放当前暂时不运行的程序和数据。外存中的信息在断电后不会丢失，能长期、可靠地保存，是计算机系统中重要的存储设备。由于外存的存取速度比主存慢几个数量级，CPU 不能直接访问外存存取程序和数据，外存只能和主存直接交换信息。当要运行外存中的程序和数据时，必须先将其调入主存才行。外存储器主要有磁盘、U 盘、磁带、光盘等，其中硬磁盘存储器使用最为广泛，是计算机系统的基本外存设备。

4. 输入/输出设备

输入设备（Input Device）和输出设备（Output Device）简称 I/O 设备，是计算机和外界相互联系的桥梁，用来完成信息的输入和输出。如输入设备可将外界的图形、声音、数字、文字和编制的程序输入到计算机里，而输出设备可将计算机内存储和处理过的信息以文字、表格、图形、声音等形式输出。I/O 设备的种类很多，涉及的学科非常广，在计算机系统中主要配置的输入/输出设备有显示器、键盘、鼠标、打印机等，此外还有触摸屏、扫描仪、绘图仪、用于声音输入/输出的音频设备、用于图像输入/输出的视频设备等。

5. 总线和输入/输出接口

总线和输入/输出接口是计算机系统不可缺少的部分，用来连接计算机系统的各个部件。由于总线和一些输入/输出接口就制作在主板上，所以总线、输入/输出接口和主板有着密不可分的关系。

总线是一组连接计算机多个部件的公共信息传输线，连接在总线上的各个部件可以分时地发送与接收信息。总线除需要一组传输线外，还需要总线控制部件，负责总线的管理。在计算机系统中一般有多组总线，如连接 CPU 和主存的高速总线，连接一般外设的 I/O 总线，连接其他计算机系统的通信总线。

输入/输出接口简称 I/O 接口，是连接主机和外设之间的控制逻辑部件，它具有数据缓冲、数据格式转换、主机和外设之间的通信控制等功能。由于外部设备属于机电设备，在数据传输速率和电气特性上与主机相差很大，难以直接相连。如 CPU 每秒可以轻而易举地处理几十亿个字符，而键盘每秒只能输入几个字符，要把速度如此悬殊的两个部件连接起来，I/O 接口是不可缺少的。

I/O接口的种类很多，在计算机系统中，连接外设的各种卡就是I/O接口。有一些I/O接口已经集成在主板上，如键盘、鼠标、打印机、磁盘的接口都集成在主板的芯片中。还有一些接口可以集成到主板上，也可以是独立的，如显示器使用的显卡、上网使用的网卡、音频设备使用的声卡等。

6．主板及其他硬件

在计算机系统中，除以上完成计算机主要功能的硬件外，还有主板、电源、风扇、机箱等辅助硬件。

计算机的主板是主机箱内的一块电路板，计算机的各部件通过主板相结合，主板的性能对系统的性能有很大影响。主板上留有多个插槽，可以插入CPU、内存条、各种外设接口卡。主板上还留有多组插针和接口，可使主板和电源及一些外设（接口已经集成在主板上的外设）相连。此外，主板上还有一些集成了多种功能的重要芯片，用来产生时钟信号、实现总线控制、存放系统的基本程序和参数等。

电源可将220V或110V的交流电转换成计算机工作需要的多种电压等级的直流电，供主机、磁盘、光驱、风扇等使用。风扇用来降温，以保证CPU、电源、显卡的正常工作，在超级计算机系统中，还采用降温效果更好的水冷系统。

1.2.2 计算机的软件

软件是在硬件的基础上，按照一定的算法用程序设计语言设计出来的，是计算机系统不可分割的重要组成部分。软件依照其完成的功能，可分为系统软件和应用软件两大类。

1．程序设计语言

程序设计语言是为编制计算机程序而制定的计算机语言，能实现人和计算机之间的交流，将人的想法传达给计算机。程序设计语言有着明确和严格的语法规则，按照和人类自然语言的接近程度，程序设计语言可分为机器语言、汇编语言、高级语言三大类。

（1）机器语言

机器语言是用二进制数表示的计算机语言，一条计算机指令就是机器语言的一个语句。用机器语言编制的程序叫机器语言程序，是计算机能够直接理解和执行的唯一的程序设计语言。机器语言用一组二进制数表示一条机器指令，要求编程人员熟记机器指令的格式和代码，了解计算机内部的结构和工作过程，十分复杂、烦琐，而且编程效率低，极大地限制了机器语言的应用。

（2）汇编语言

为了改变机器语言程序编制难、阅读难、调试难的情况，人们开始使用有助于记忆和理解的符号来表示机器指令代码，这种符号称为助记符，可以是字母、数字或其他符号，由助记符组成的语言就是汇编语言。

在汇编语言中，常用有一定意义的单词或缩写表示机器指令的功能，如用ADD、SUB、MUL、DIV分别表示加、减、乘、除指令，MOV表示数据传送指令，IN、OUT表示输入/输出指令，用A、B、C、D或其他字母表示寄存器。由于汇编语言是面向机器的语言，每种机器的汇编语言都和机器语言密切相关，一条用助记符表示的汇编语言指令语句，一般都可以翻译成一条机器指令的二进制代码串；反过来，代表一条机器指令的二进制代码串，总可以用一条汇编语言语句来表示。

汇编语言的主要优点是能够反映 CPU 的内部结构，充分发挥机器的特性，也保留了机器语言的灵活性。使用汇编语言可以像机器语言一样编制出高质量的程序，而编制效率却高得多，许多系统程序和控制程序都是用汇编语言编制的，特别是系统的核心程序，必须使用汇编语言和机器语言才能编制。

（3）高级语言

高级语言是相对机器语言和汇编语言而言的，它是一种与具体机器结构无关、描述解决问题的方式接近人类自然语言和数学语言的程序设计语言。由于高级语言独立于计算机的硬件结构，所以具有很好的通用性和可移植性。在一种机器上编制的程序可以在另一种机器上运行或稍加修改就可以运行，这就避免了有相同功能的软件在不同机器上的重复开发。高级语言的另一个重要优点是接近人类使用的自然语言和数学语言，这使得设计者可以把主要精力放在理解和描述问题上，不必去了解计算机的内部结构和工作过程，也不必记忆太多的规则，因而可以大幅提高编程效率，适合各种类型的软件设计人员使用。

用高级语言编程比较容易，编程效率高，查错修改简单。高级语言的不足之处是不能充分利用计算机的硬件资源，程序执行效率不如机器语言和汇编语言，对某些特殊的问题难以解决。目前世界上使用的高级语言多达几十种，但应用广泛的并不多，常用的有 C、C++、Java、Python、C#、Visual Basic.NET 等。

2. 系统软件

系统软件是一组为专门的计算机系统或同一系列的计算机系统设计的软件，用来管理和控制计算机的运行，提高计算机的工作效率，扩大和发挥计算机的功能，方便用户的使用。系统软件通常由计算机生产厂家或专门的软件公司编制，向用户提供。系统软件主要包括操作系统、语言处理程序、数据库管理系统等。

（1）操作系统

操作系统是管理计算机软/硬件资源、提高计算机使用效率、方便用户使用计算机的一组程序。操作系统是计算机最重要的系统软件，是任何一个计算机系统必须配置的。操作系统的性能在很大程度上决定了整个计算机系统工作性能的优劣。一个好的操作系统，可以有效地管理和利用系统所有的软/硬件资源，提高计算机的工作效率，方便用户的操作使用。广泛使用的操作系统有 Windows、UNIX、Linux 等。

（2）汇编程序

用汇编语言编制的程序，机器不能直接执行，要通过翻译变成机器语言程序才行。完成这个工作的系统软件叫汇编程序，当用汇编语言编制的程序输入到计算机后，调用汇编程序可以将其翻译成机器语言程序。在计算机技术中，用字符形式表示的程序称为源程序，用机器指令代码表示的程序称为目标代码程序，目标代码程序经链接定位后就可以执行了。

（3）高级语言处理程序

高级语言处理程序是将用高级语言编制的程序翻译成目标代码程序的一组系统软件。不同的高级语言需要不同的语言处理程序，即使同一种高级语言，在不同系列的机器上运行时，也需要不同的语言处理程序。

按照对高级语言源程序翻译成目标代码程序的处理方法不同，语言处理程序可分成编译程序和解释程序两大类。编译程序是针对编译型高级语言的，如 C 语言，翻译的过程就像翻译一篇文章，全部翻译完后交稿，即给出目标代码程序。经正确编译的目标代码程序链接后以可执行文件的形式存放在磁盘上，随时可以执行。其特点是执行速度快，占用主存少，一经正确编译，就可长久保留，但修改不方便。解释程序是针对解释型高级语言的，如解释型 BASIC 语言。解释程序就像口头翻译，取一句源程序语句翻译一句、执行一句，发现错误，随时指出，允许用户立即进行修改，解释完源程序后不生成任何目标代码程序。由于解释型高级语言需要解释程序和源程序同时在主存中才行，而且每次执行都要重新解释，所以占用主存空间较大，速度较慢，但人机交互功能强，可修改性好。

（4）数据库系统

数据库系统是用来对数据库进行管理的软件。使用数据库系统，用户可以建立、修改、删除数据库，也可以对数据库中的数据进行查询、增加、修改、删除、统计、输出等操作。常用的数据库系统有 Oracle、SQL Server、Access、MySQL 等。

3．应用软件

应用软件是为解决某个具体问题而设计的软件。应用软件的种类和数量远远多于系统软件。由于要解决的问题的难易程度不同，因此应用软件的大小相差悬殊，从只有几行的一元二次方程求解程序到几十万行的天气预报程序，从小学生辅助教学软件到办公自动化软件，以及工资管理软件、卫星图像处理软件等，都属于应用软件。

为了避免重复劳动，提高生产效率，许多专门领域的应用程序已综合成应用软件包提供给用户使用，如绘图软件包、辅助教学软件包、数学计算软件包、机械零件设计软件包等。

随着计算机应用的深入和普及，新的软件会不断出现。但是必须明白，应用软件是在系统软件的支持下运行的，一般系统软件又是在操作系统的支持下运行的，所有的软件都是在硬件的支持下运行的。

1.2.3 计算机的硬件和软件的关系

计算机的硬件是看得见、摸得着的，而软件只有在使用计算机时才能感觉到其存在。对一个完整的计算机系统来说，硬件和软件二者是相互依存、缺一不可的。硬件是计算机的物质基础，没有硬件，计算机就成了无源之水、无本之木。软件是计算机工作的依据，它在硬件的支持下运行，没有软件的计算机就像一堆废品，几乎什么功能也没有，不能解决任何问题。只有软件和硬件相结合，才能使计算机成为“万能”的机器。

软件和硬件之间还存在一个重要的关系，这就是软件和硬件在逻辑功能上等价，即计算机的某个功能既可以由软件完成，又可以由硬件实现。如早期的计算机，乘除法运算和浮点运算都用软件实现，随着集成电路技术的发展，硬件成本大幅下降，现在大部分计算机的乘除法运算和浮点运算都改为由硬件实现。由于软件和硬件在物理上实现某一功能时是不等价的，即在实现的灵活性、速度、成本等方面不同，所以设计一个计算机系统时，要充分考虑软件和硬件的功能分配。不同时期的计算机软/硬件功能分配是不同的，同一时期不同计算机的软/硬件功能分配也是不同的，这主要是由计算机的设计目标和性能价格比决定的。

1.2.4 计算机的工作原理

现代计算机设计的核心思想是存储程序，计算机工作的过程就是执行程序的过程。将预先编制好的程序存放到存储器中，在控制器的控制下自动、连续地执行程序中的指令，完成程序所要实现的功能。图 1-2 所示是计算机的基本结构，可用来说明计算机的工作原理。

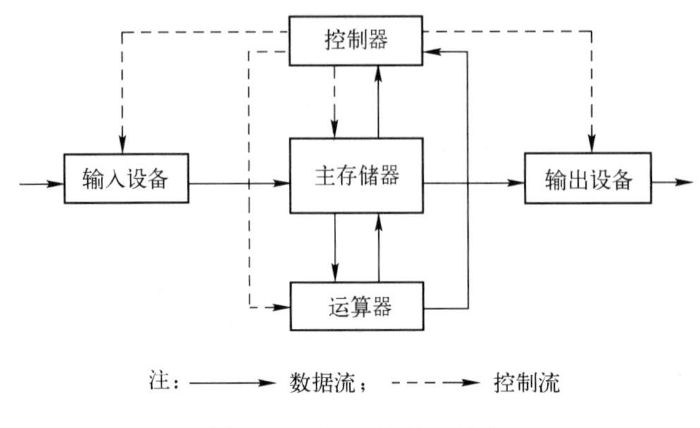

图 1-2　计算机的基本结构

1．编制程序

要想使用计算机解决问题，首先要确定解决问题的算法，即解决问题的步骤和方法。由于解决同一个问题的算法可能有多种，选择一种好的算法是十分重要的。在确定了解题算法之后，还要考虑如何让计算机理解并执行这个算法。计算机程序就是用来描述算法的一种形式，是计算机指令的有序集合，程序设计就是按照算法对指令进行编排，在程序中规定了计算机要完成的任务和完成任务的步骤，也规定了如何取得程序需要的数据和输出结果的方法。

2．存储程序

存储程序是现代计算机最重要的特点之一，这一点使它不同于以往任何一种计算工具。因为其他所有的计算工具的每一步计算过程都需要人工干预，前一步做完才能给出下一步的运算步骤，鉴于人的大脑和手的反应速度的限制，运算速度是很难提高的。

用户使用某种程序设计语言编制好的程序是用字符表示的，需要通过输入设备将其转化成二进制代码存储到存储器中。但这种二进制代码还不能被执行，需要用语言处理程序将其转化成可执行的程序代码并存储在存储器中。

3．计算机自动、连续地执行程序

一旦启动计算机执行程序，计算机就可以依据程序自动、连续地工作。除采用人工对话方式外，完全无须人工干预，直至最终执行完程序，从而保证了计算机的高速运行。

由于程序是由计算机指令组成的，程序的执行可分解成一条条指令的执行，而每一条指令的执行又可分解成取指、分析和执行三个基本步骤。通过分析一条指令的执行过程，就可以简单了解计算机的工作过程。

首先，CPU 访问存储器执行取指操作，根据程序计数器指定的地址，从存储器中取出一条指令送到指令寄存器中，同时将程序计数器的内容修改成下一条要执行的指令地址；其次，将指令寄存器中的内容送到指令译码器中进行分析，确定指令的功能和操作数的位置；然后，根据指令的功能，由控制器产生一系列的控制信号控制指令功能的执行。如果是算术运算指令，就控制取操作数送到运算器中运算的操作，并写回结果；如果是访存指令，就控制对存储器的读或写操作。在当前指令执行完后，按照程序计数器中新的内容，再去取下一条指令。

现代计算机的工作过程要复杂得多，由于采用超标量、流水线结构，在某一时刻，CPU 中同时执行着多条指令，有的指令处于取指阶段，有的指令处于分析阶段，还有的指令处于执行阶段……各条指令之间的执行关系也变得更复杂，许多计算机允许后执行的指令先执行完，称为指令的动态执行。

在计算机中，指令和数据都是以二进制代码的形式存储在存储器中的，同样一组二进制数，既可以表示指令，又可以表示数据，计算机必须区分。为此，在计算机中设置有时序部件，控制指令操作的顺序。利用指令执行不同阶段的时序信号可以容易地区分指令和数据，当处于取指阶段时，访问存储器取出的是指令，否则取出的是操作数或操作数地址。

1.3 计算机的性能指标

性能指标是衡量计算机性能的重要依据，计算机的主要性能指标有基本字长、存储容量、运算速度、系统可靠性、外部设备和软件配置等。

1.3.1 基本字长

基本字长是指计算机的 CPU 一次可以处理的一组二进制数的位数，这组二进制数在计算机中作为一个整体存储、传送和处理。基本字长和计算机内寄存器、运算器和数据总线的位数密切相关，对计算机中数的表示范围、数的运算精度及运算速度都有重要影响。字长越长，表示的操作数位数就越多，因此，能表示的数的范围就越大，运算精度和运算速度也越高。但实现较长的字长时，计算机中的寄存器、运算器和总线也需要较多的硬件，会提高硬件的成本。

当前计算机的字长都采用 8 的整倍数，主要有 8 位、16 位、32 位、64 位 4 种，其他字长的计算机目前已经很少见到。如超级计算机和大型计算机的字长都是 64 位，广泛使用的个人计算机字长是 32 位或 64 位，各种电子设备中的嵌入式计算机字长是 8 位、16 位和 32 位。在基本字长不能满足应用的需求时，还可利用软件和硬件的逻辑功能等价性，用软件的方法扩展字长，实现双倍字长或多倍字长运算。

1.3.2 存储容量

存储容量是指计算机的存储器系统可以存放的二进制数的位数或字节数。位是计算机中表示数据的最小单位，指一位二进制数，它的英文名称为 bit，也称为比特，习惯用小写英文字母“b”表示。字节是计算机中衡量存储容量和程序大小、数据多少的最基本的单位，一个字节包含 8 位二进制数位，其英文名称为 byte，习惯用大写英文字母“B”表示。

计算机的存储容量越大，说明计算机的记忆功能越强，存放的程序和数据越多。为了简单起见，在计算机技术中，表示存储容量一般采用以下缩写方式：

2^{10} B =1024B =1KB　　2^{20} B =1024KB =1MB

2^{30} B =1024MB =1GB　　2^{40} B =1024GB =1TB

2^{50} B =1024TB =1PB　　2^{60} B =1024PB =1EB

2^{70} B =1024EB =1ZB　　2^{80} B =1024ZB =1YB

计算机的存储器分为高速缓存、主存和外存三类。高速缓存集成在 CPU 中，容量最小，一般有几十 KB 到几 MB。主存的容量要大一些，个人计算机的主存容量可以有几 GB，超级计算机的主存容量可达几百 TB，甚至几 PB，如曙光 5000A 超级计算机的主存容量为 100TB，天河二号超级计算机的主存容量为 1.4PB。嵌入式计算机的主存容量根据需要决定，少的可能只有几 KB，多的有几 MB。外存的容量要比高速缓存和主存大得多，个人计算机的外存容量可达几 TB，超级计算机的外存容量更大，可达 PB 级，天河二号超级计算机的外存容量就达到了 12.4PB。

1.3.3 运算速度

运算速度是计算机重要的性能指标，运算速度更快一直是高性能计算机追求的目标。由于不同计算机的结构差异很大，描述计算机运算速度的方法也有多种。

1. 平均每秒执行的指令条数

用 CPU 平均每秒执行的指令条数衡量计算机的运算速度一直是普遍使用的方法，每秒执行 100 万条指令的计算机，其速度为 1MIPS（Million Instruction Per Second），MIPS 的值越大，计算机的运算速度越快。个人计算机的运算速度可达几千 MIPS，超级计算机的运算速度可达几十亿 MIPS。

2. 平均每秒执行的浮点运算次数

由于不同的计算机指令系统不同，指令功能的强弱有很大差别，现在多用每秒完成的浮点运算次数衡量计算机的运算速度，如每秒执行 100 万次浮点运算的计算机，其运算速度为 1MFLOPS（Million Floating Point Operation Per Second），超级计算机的速度都是用这一指标衡量的。

3. CPU 主频

CPU 的主频是体现计算机运算速度的重要指标。CPU 主频是指 CPU 使用的时钟脉冲的频率，其倒数为 CPU 时钟周期。CPU 时钟周期是 CPU 完成一个或几个微操作需要的时间，若干个时钟周期组成一个指令周期，为一条指令的执行时间。对具有相同系统结构的 CPU，主频越高，时钟周期越短，其运算速度也越快，微型计算机常用这一指标衡量运算速度。如具有相同结构的 Core i7 CPU，主频为 3.2GHz 的 CPU 就比主频为 2.66GHz 的 CPU 运算速度快。

4. 每条指令平均执行时钟周期数

CPU 执行一条指令平均用的时钟周期数用 CPI（Cycles Per Instruction）表示，也是衡量计算机运算速度的一个指标。在主频不改变的条件下，CPI 越小，说明在单位时间内 CPU 执行的指令就越多。CPI 常被用来计算 CPU 执行程序的时间，当知道 CPI 时，根据主频和程序中需要执行的指令条数就可以计算出该程序的执行时间。

CPI 的倒数则称为 IPC（Instruction Per Cycles），表示 CPU 每个时钟周期可以执行的指令条数。

5. 基准程序测试

衡量计算机运算速度的另一种方法是通过执行一组典型的程序，看其需要多长时间，需要时间越短的计算机运算速度越快。有专门的软件公司编制适合多种需要的基准测试程序，通过运行这些基准程序，可比较具有不同系统结构的计算机的运算速度。

1.3.4 系统可靠性

系统可靠性关系到计算机是否有使用价值，一般用平均无故障时间来衡量。平均无故障时间越长，其可靠性越高。在许多应用中，对计算机可靠性的要求非常高，如军用计算机、用于实时控制的计算机，必须在环境恶劣的条件下正常工作，需要针对高温、高寒、振动和各种干扰信号采取相应的措施。

现代电子技术的发展已使计算机的可靠性大大提高，为了进一步提高可靠性，计算机中还采用了纠错技术和容错结构。

1.3.5 外设和软件的配置

计算机的外设和软件配置可以从另一个角度反映计算机的性能。外设配置是指计算机配置了哪些外设，配置了什么性能的外设。不同的外设配置对计算机的性能也有很大的影响。对微型计算机来说，基本外设配置是显示器、键盘、鼠标、扬声器、硬盘驱动器，还有一些输入/输出接口电路。由于微型计算机采用总线结构，在主板上留有多个扩展槽，扩充外设配置十分方便，如可增加音箱、打印机、扫描仪、摄像头、光盘驱动器、移动硬盘等装置。对超级计算机系统来说，一般都具有良好的可扩展性，允许配置的外设数量和种类更多，如磁盘阵列存储器、磁带存储器、高性能打印机等。

软件配置是指计算机中安装的软件，可以逐步扩展。首先，计算机应安装功能强大、使用方便、适合硬件的操作系统，还应根据需要安装数据库管理、语言处理、办公自动化等多种软件。否则，有再好的硬件配置也不能充分发挥其效益，也不会被用户欢迎。

最后要指出的是，衡量一台计算机的性能，要对各种性能指标和系统配置综合考虑。选购计算机时，要从实际使用目的出发，在满足应用的前提下，尽量获得最优的性能价格比。

习题 1

1．单项选择题

（1）（　　）是专用计算机系统。

A．超级计算机　　B．嵌入式计算机　　C．台式计算机　　D．笔记本电脑

（2）计算机可以直接执行的语言是（　　）。

A．高级语言　　B．汇编语言

C．机器语言　　D．机器语言和汇编语言

（3）一个完整的计算机系统由（　　）组成。

A．软件和硬件　　B．主机和外设

C．主存和 CPU　　D．程序和 CPU

（4）冯·诺依曼计算机中指令和数据均以二进制数的形式存放在存储器中，CPU 区分它们的依据是（　　）。

A．指令操作码的译码结果　　B．指令和数据的寻址方式

C．指令周期的不同阶段　　D．指令和数据所在的存储单元

（5）32 位地址码可寻址的存储器最大容量是（　　）单元。

A．4K　　B．4M　　C．4G　　D．4T

（6）寻址 256M 单元的存储器，需要（　　）位地址码。

A．18　　B．28　　C．29　　D．30

（7）软件和硬件在（　　）是等价的。

A．物理实现上　　B．物理实现和逻辑功能上

C．逻辑功能上　　D．计算机技术中

（8）下列选项中，描述浮点运算速度的指标是（　　）。

A．CPI　　B．MFLOPS　　C．MIPS　　D．IPC

（9）若 CPU 在 200 个时钟周期执行了 50 条指令，则 CPI 是（　　）。

A．1　　B．2　　C．3　　D．4

（10）若 CPU 主频是 2GHz，则 CPU 的时钟周期是（　　）。

A．0.5ns　　B．1ns　　C．0.5μs　　D．1μs

2．计算机的发展趋势有哪些？

3．计算机的软件和硬件分别指什么？计算机的软件和硬件有何关系？

4．举例说明计算机的软件和硬件在逻辑功能上是等价的。

5．衡量计算机的性能指标有哪些？

第 2 章　计算机运算基础

计算机作为处理信息的工具，对信息进行的运算分为算术运算和逻辑运算两大类，算术运算处理的是数值信息，可进行加、减、乘、除、算术移位等运算；逻辑运算处理的是非数值信息，可进行与、或、非、异或、逻辑移位等运算。本章主要讲述数值型数据的编码、表示和运算。

2.1　带符号数的编码

由于在计算机中具有两种状态的电子元件只能表示 0 和 1 两种数码，这就要求在计算机中表示一个数时，数的符号也要数码化，即用 0 和 1 表示。这种在计算机中使用的连同符号一起数码化的数叫机器码，也叫机器数。机器码是为了解决负数在计算机中的表示问题而设计的，机器码的最高位为符号位，一般用 0 表示正数、1 表示负数，数值部分则要按照某种规律编码，根据编码规律的不同，分成原码、反码和补码等机器码。相对于机器码而言，在计算机技术中，用“+”“–”号加上数的绝对值表示的数称为真值。

2.1.1　原码

原码是一种非常直观的机器码，当字长为 n 位时，整数和小数原码表示的定义分别如下。

对整数有

$$\text{当 } 2^{n-1} > X \geqslant 0 \text{ 时} \qquad [X]_{原} = X$$

$$\text{当 } 0 \geqslant X > -2^{n-1} \text{ 时} \qquad [X]_{原} = 2^{n-1} - X$$

对小数有

$$\text{当 } 1 > X \geqslant 0 \text{ 时} \qquad [X]_{原} = X$$

$$\text{当 } 0 \geqslant X > -1 \text{ 时} \qquad [X]_{原} = 1 - X$$

从定义可知，正数的原码是其本身，但要用 0 表示正号；负数的原码是用一个值减去这个负数，即加上这个负数的绝对值。

通过进一步的分析，原码的编码规律可概括为：正数的符号位用 0 表示，负数的符号位用 1 表示，数位部分则和真值的数位部分完全一样。

例 2-1　已知 X=1101，Y= –1011，字长 n =5，求 X 和 Y 的原码。

解：$[X]_{原} = 01101$　　$[Y]_{原} = 11011$

例 2-2　已知 X=0.1001，Y= –0.1010，字长 n =5，求 X 和 Y 的原码。

解：$[X]_{原} = 0.1001$　　$[Y]_{原} = 1.1010$

原码表示简单直观，与真值转换容易，但符号位不能参加运算。在计算机中用原码实现算术运算时，要取绝对值参加运算，符号位单独处理，这对乘除法运算是很容易实现的，但对加减运算是非常不方便的，如两个异号数相加，实际是要做减法，而两个异号数相减，实际是要做加法。在做减法时，还要判断操作数绝对值的大小，这些都会使运算器的设计变得比较复杂。

2.1.2 补码

补码具有符号位可以参加运算和化“减”为“加”的特点，是计算机中使用最多的一种机器码。

1. 补码表示的引出

原码加减运算十分复杂，那么，能否找到一种机器码，使得可以化“减”为“加”，运算规则又比较简单呢？答案是肯定的，只要对负数的表示做适当的变换，就可以实现这一目的，补码正是这样一种机器码。

在日常生活中，有许多化“减”为“加”的例子。例如，时钟是逢 12 进位，12 点也可视为 0 点。当将时针从 10 点调整到 5 点时，有以下两种方法：

一种方法是时针逆时针方向拨 5 格，相当于做减法：

$$10-5=5$$

另一种方法是时针顺时针方向拨 7 格，相当于做加法：

$$10+7=12+5=5 \quad (\text{MOD } 12)$$

这是由于时钟以 12 为模，在这个前提下，当和超过 12 时，可将 12 舍去。于是，减 5 相当于加 7。同理，减 4 可表示成加 8，减 3 可表示成加 9。

在数学中，用“同余”概念描述上述关系，即两个整数 A、B 用同一个正整数 M（M 称为模）去除而余数相等，则称 A、B 对 M 同余，记为

$$A=B \quad (\text{MOD } M)$$

具有同余关系的两个数为互补关系，其中一个数称为另一个数的补码。当 M=12 时，–5 和+7，–4 和+8，–3 和+9 就是同余的，它们互为补码。

从同余的概念和上述时钟的例子，不难得出结论：对于某一确定的模，用某数减去小于模的另一个数，总可以用加上“模减去该数绝对值的差”来代替。因此，在有模运算中，减法就可以化为加法。

由于计算机的字长是一定的，表示的数的范围也是一定的，因而属于有模运算。当运算结果超出模时，超出部分会自动舍掉，保留下来的部分仍能正确表示运算结果。为此，可以根据同余的概念引出计算机中补码表示的方法。

2. 补码的定义

对模为 M 的补码，其统一定义为

$$[X]_{补}=M+X \quad (\text{MOD} \quad M)$$

当字长为 n 位时，对整数来说，模为 2^n，补码的定义为

$$[X]_{补}=2^n+X$$

当 $2^{n-1}>X\geqslant 0$ 时，模 2^n 自动舍掉，$[X]_{补}=X$；当 $0>X\geqslant -2^{n-1}$ 时，$[X]_{补}=2^n+X$。

对小数来说，模为 2，补码的定义为

$$[X]_{补}=2+X$$

当 $1>X\geqslant 0$ 时，模 2 自动舍掉，$[X]_{补}=X$；当 $0>X\geqslant -1$ 时，$[X]_{补}=2+X$。

从以上讨论可知，正数的补码是其本身，但要用 0 表示正号；负数的补码是用模加上这个负数，即减去这个负数的绝对值。

3．负数补码的求法

根据定义求负数的补码要做减法，很不方便。下面以整数为例，推出一种求负数补码的简单方法。

设：$X=-X_{n-2}X_{n-3}\cdots X_1X_0$，在 MOD 2^n 的条件下，根据补码定义可推导如下：

$$\begin{aligned}[X]_{补}&=2^n+X\\&=2^n-X_{n-2}X_{n-3}\cdots X_1X_0\\&=2^{n-1}+2^{n-1}-X_{n-2}X_{n-3}\cdots X_1X_0\\&=2^{n-1}+(11\cdots11-X_{n-2}X_{n-3}\cdots X_1X_0)+1\\&=2^{n-1}+\overline{X}_{n-2}+\overline{X}_{n-1}\cdots\overline{X}_1\overline{X}_0+1\\&=1\overline{X}_{n-2}\overline{X}_{n-1}\cdots\overline{X}_1\overline{X}_0+1\end{aligned}$$

所以，求一个负数的补码时，可将符号位用 1 表示，数的各位按位变反，即 0 变成 1，1 变成 0，然后末位加 1。这一方法也适用于小数求负数的补码。

从以上所述可知，补码的编码规律是正数的符号位用 0 表示，负数的符号位用 1 表示。但对数位部分则是正数同真值一样，负数要将真值的各位按位变反，末位加 1。

例 2-3 已知 X=1001，Y=–1001，字长 n=5，求 X 和 Y 的补码。

解： $[X]_{补}=01001$ $[Y]_{补}=10111$

例 2-4 已知 X=0.1010，Y=–0.1011，字长 n=5，求 X 和 Y 的补码。

解： $[X]_{补}=0.1010$ $[Y]_{补}=1.0101$

4．由补码求真值

已知一个数的补码求真值是经常遇到的问题，有必要对其方法进行探讨。下面以小数为例进行讨论。

设：$[X]_{补}=X_0.X_1X_2\cdots X_{n-1}$。

若 $X\geqslant0$，则 $X_0=0$，$X=[X]_{补}=0.X_1X_2\cdots X_{n-1}$。

若 $X<0$，则 $X_0=1$。

因为$[X]_{补}=2+X$（MOD 2），所以

$$\begin{aligned}X&=[X]_{补}-2\\&=1.X_1X_2\cdots X_{n-1}-2\\&=-1+0.X_1X_2\cdots X_{n-1}\\&=-(0.11\cdots11-0.X_1X_2\cdots X_{n-1}+2^{-(n-1)})\\&=-(0.\overline{X}_1\overline{X}_2\cdots\overline{X}_{n-1}+2^{-(n-1)})\end{aligned}$$

综合以上两种情况可知，从正数的补码求真值，不必计算，可以直接写出；从负数的补码求真值，和从真值求负数的补码方法一样，可将补码的各数位按位变反，末位加 1，然后加上数符“–”。这一结论对定点整数也同样适用。

例 2-5 已知$[X]_{补}=01101$，$[Y]_{补}=10110$，求 X 和 Y 的真值。

解： $X=1101$ $Y=-1010$

例 2-6 已知$[X]_{补}=0.1011$ $[Y]_{补}=1.1101$，求 X 和 Y 的真值。

解： $X=0.1011$ $Y=-0.0011$

2.1.3 反码

反码也是一种常见的机器码，当字长为 n 位时，整数和小数反码表示的定义如下。

对定点整数有

当 $2^{n-1}>X\geqslant 0$ 时　　$[X]_{反}=X$

当 $0\geqslant X>-2^{n-1}$ 时　　$[X]_{反}=(2^n-1)+X$

对定点小数有

当 $1>X\geqslant 0$ 时　　$[X]_{反}=X$

当 $0\geqslant X>-1$ 时　　$[X]_{反}=(2-2^{-(n-1)})+X$

从定义可知，对正数的反码和原码表示是一样的，负数的反码则是用一个值加上这个负数，或减去这个负数的绝对值。

通过进一步的分析，反码的编码规律可概括为：正数的符号位用 0 表示，负数的符号位用 1 表示，数位部分则是正数同真值一样，负数要将真值的各位按位变反。

例 2-7　已知：$X=1111$，$Y=-1010$，字长 $n=5$，求 X 和 Y 的反码。

解：$[X]_{反}=01111$　　$[Y]_{反}=10101$

例 2-8　已知：$X=0.1011$，$Y=-0.1001$，字长 $n=5$，求 X 和 Y 的反码。

解：$[X]_{反}=0.1011$　　$[Y]_{反}=1.0110$

由于负数的反码加 1 就是负数的补码，所以，反码在计算机中常作为求补码的中介。

2.1.4 移码

移码是一种专门用来表示整数的机器码，是在真值上增加一个偏移常量，将所有的数映射到正数域，所以也叫增码。当字长为 n 位时，移码表示的定义为

$$[X]_{移}=2^{n-1}+X \quad (\text{MOD } 2^{n-1})$$

当 $2^{n-1}>X\geqslant 0$ 时，$[X]_{移}=2^{n-1}+X$；当 $0>X\geqslant -2^{n-1}$ 时，$[X]_{移}=2^{n-1}-|X|$。

进一步分析可发现，移码的编码规律是：正数的符号位用 1 表示，数位部分同真值一样；负数的符号位用 0 表示，数位部分变反加 1。移码还有一个非常有用的特点，即编码大的移码，对应的真值也大，这个特点可用来比较两个移码表示的数的大小。

由于

$$\begin{aligned}[X]_{移}&=2^{n-1}+X\\&=2^{n-1}+X+2^{n-1}-2^{n-1}\\&=2^n+X-2^{n-1}\\&=[X]_{补}-2^{n-1}\end{aligned}$$

当字长为 n 位时，2^{n-1} 就是符号位。可见，移码和补码具有符号位相反、数值位编码相同的关系，利用这一关系，也可以从补码求移码。

例 2-9　已知 $X=1001$，$Y=-1101$，字长 $n=5$，求 X 和 Y 的移码。

解：$[X]_{移}=11001$　　$[Y]_{移}=00011$

2.1.5 4 种机器码的比较

对原码、补码、反码和移码进行比较，可以看出它们之间既有共同点，又有不同之处，为了更好地了解这 4 种机器码的特点，现总结如下。

① 对于正数，原码、补码、反码的表示形式一样；对于负数，原码、补码、反码的表示形式不一样；移码表示和补码表示仅符号位相反，数值位编码完全相同。

② 几种机器码的最高位都是符号位，原码、补码、反码用 0 表示正数、1 表示负数，而移码用 1 表示正数、0 表示负数。

③ 根据定义，原码和反码各有两种 0 的表示形式，而补码和移码表示 0 有唯一的形式。如在字长 n 位的整数表示中，几种机器码的 0 有如下的表示形式：

$[+0]_{原} = 00\cdots00$　　（n 个 0）

$[-0]_{原} = 10\cdots00$　　（1 个 1 和 n–1 个 0）

$[+0]_{反} = 00\cdots00$　　（n 个 0）

$[-0]_{反} = 11\cdots11$　　（n 个 1）

$[+0]_{补} = [-0]_{补}=00\cdots00$　　（n 个 0）

$[+0]_{移} = [-0]_{移}=10\cdots00$　　（1 个 1 和 n–1 个 0）

④ 原码和反码表示的数的范围是相对于 0 对称的，表示的范围也相同。而补码和移码表示的数的范围相同，但相对于 0 是不对称的，表示的范围和原码、反码也不同。这是由于当字长为 n 位时，它们都可以有 2^n 个编码，但原码和反码表示 0 用了两个编码，而补码和移码表示 0 只用了一个编码。于是，同样字长的编码，补码和移码可以多表示一个负数，这个负数在原码和反码中是不能表示的。表 2-1 给出了字长 n=4 时，二进制整数真值和原码、反码、补码、移码的对应关系。

表 2-1　二进制整数真值和原码、反码、补码、移码的对应关系

二进制整数	原　码	反　码	补　码	移　码
+0000	0000	0000	0000	1000
+0001	0001	0001	0001	1001
+0010	0010	0010	0010	1010
+0011	0011	0011	0011	1011
+0100	0100	0100	0100	1100
+0101	0101	0101	0101	1101
+0110	0110	0110	0110	1110
+0111	0111	0111	0111	1111
–0000	1000	1111	0000	1000
–0001	1001	1110	1111	0111
–0010	1010	1101	1110	0110
–0011	1011	1100	1101	0101
–0100	1100	1011	1100	0100
–0101	1101	1010	1011	0011
–0110	1110	1001	1010	0010
–0111	1111	1000	1001	0001
–1000	—	—	1000	0000

2.2 定点数表示

数据表示是指计算机硬件可以识别的数据类型，常用的数值型数据表示分为定点数表示和浮点数表示两大类。定点数是小数点位置固定的数，也是计算机中最简单、最基本的一种数据表示。根据小数点固定的位置不同，又可分成定点整数、定点小数和无符号数。定点整数和定点小数表示在本质上是一样的，可以通过除以或乘以一个常数因子，从一种定点数转换到另一种定点数，而无符号数是定点整数的特例，是一种不带符号位的正整数表示。高级语言中的各种整型数据经编译系统处理后就转换为计算机中的定点数表示。

2.2.1 定点整数表示

定点整数表示是将小数点位置固定在最低有效数位后面的定点数。定点整数是纯整数，对字长为 *n* 位的机器，定点整数表示的格式如图 2-1 所示。

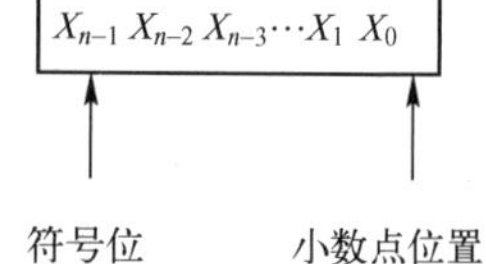

图 2-1 定点整数表示的格式

在定点整数表示中，最高位 X_{n-1} 为符号位，用来表示数的正负。$X_{n-2}X_{n-3}\cdots X_1X_0$ 是数值部分，X_{n-2} 是最高有效数位，X_0 是最低有效数位。小数点位于最低有效数位 X_0 的后面，但表示是隐含规定的，在机器中并不用专门的硬件表示。一个定点整数可以由原码、反码表示，也可以由补码、移码表示，具体情况视机器而定，大部分计算机采用补码表示。

由于计算机的字长是一定的，定点整数能表示的范围也是确定的。定点整数能表示的最小数到最大数是其表示范围，当机器的字长为 *n* 时（包括一位符号位），定点整数表示的范围对原码和反码是

$$-(2^{n-1}-1)\sim 2^{n-1}-1$$

对补码和移码来说，表示范围是

$$-2^{n-1}\sim 2^{n-1}-1$$

例如，当字长 n=16 时，原码和反码的表示范围是

$$-(2^{15}-1)\sim 2^{15}-1$$

而补码和移码的表示范围是

$$-2^{15}\sim 2^{15}-1$$

对定点整数，能表示的最小非 0 正数称为分辨率，即能表示的数的精度，固定为 1。

表 2-2 给出了字长为 8 位时，定点整数能表示的 4 种机器码的最小负数、最大非 0 负数、最小非 0 正数和最大正数。

表 2-2 字长为 8 位的定点整数能表示的 4 个典型值

机　器　码	最小负数	最大非 0 负数	最小非 0 正数	最大正数
原码	11111111	10000001	00000001	01111111
反码	10000000	11111110	00000001	01111111
补码	10000000	11111111	00000001	01111111
移码	00000000	01111111	10000001	11111111

从表 2-2 可知，当字长为 8 位时，4 种机器码能表示的最大非 0 负数是−1，最小非 0 正数是 1，最大正数是 127；能表示的最小负数，原码和反码是−127，补码和移码是−128。

当把一个真值表示成定点整数形式时，如果真值的位数小于字长，应在高位补足 0 后转换，或者在完成转换后，在数位和符号位之间，原码补 0，反码和补码补符号位。如果真值的位数等于或多于机器的字长，那么将无法表示。

例 2-10 设机器字长 n=16，最高位为符号位，写出 X=11011011 的原码、反码、补码和移码的定点整数表示。

解： 正数的原码、反码、补码的定点整数表示形式是完全一样的，它们在机器中的表示形式为

$$[X]_{原}=[X]_{补}=[X]_{反}=0000000011011011$$

移码在计算机中的表示形式为

$$[X]_{移}=1000000011011011$$

例 2-11 设机器字长 n=16，最高位为符号位，写出 X=−11011011 的原码、反码、补码和移码的定点整数表示。

解： $[X]_{原}=1000000011011011$　　$[X]_{反}=1111111100100100$

$[X]_{补}=1111111100100101$　　$[X]_{移}=0111111100100101$

2.2.2 定点小数表示

定点小数表示是将小数点固定在最高有效数位和符号位之间的定点数。定点小数是纯小数，字长为 n 的定点小数表示的格式如图 2-2 所示。

在定点小数表示中，最高位 X_0 是符号位，用来表示数的正负。$X_1X_2\cdots X_{n-2}X_{n-1}$ 是数值部分，X_1 是最高有效数位，X_{n-1} 是最低有效数位，小数点位于 X_0 和 X_1 之间，也是隐含表示的。一个定点小数可以是原码表示，也可以是反码和补码表示，具体情况视机器而定。

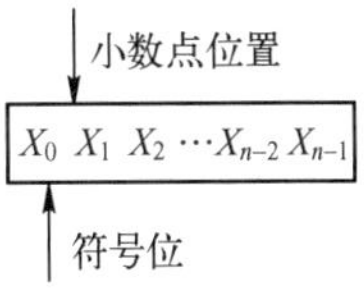

图 2-2　定点小数表示的格式

当字长为 n 时（包括一位符号位），原码和反码的表示范围是

$$-(1-2^{-(n-1)})\sim 1-2^{-(n-1)}$$

对补码来说，表示范围是

$$-1\sim 1-2^{-(n-1)}$$

例如，字长 n =16 时，对原码和反码来说，表示范围是

$$-(1-2^{-15})\sim 1-2^{-15}$$

对补码来说，表示范围是

$$-1\sim 1-2^{-15}$$

对定点小数来说，分辨率和字长有关，当字长为 n 时（包括一位符号位），分辨率为 $2^{-(n-1)}$。

定点小数表示的原码、补码、反码的 4 个典型值的二进制代码序列和定点整数的完全相同，只是小数点的位置规定不同。当字长为 8 位时，原码、补码、反码能表示的最大非 0 负数是-2^{-7}，最小非 0 正数是 2^{-7}，最大的正数是 $1-2^{-7}$。能表示的最小负数，原码和反码相同，是 $-(1-2^{-7})$，补码固定为−1。

当把一个真值表示成定点小数形式时，如果真值的位数小于机器的字长，应在末位后面补足

0 再转换，或者完成转换后，除负数的反码末位后面补 1 外，其余的都补 0。如果真值的位数多于机器的字长，还需对其低位进行舍入处理。

例 2-12 设机器字长 n=16，最高位是符号位，写出 X=0.11011101 的原码、反码、补码的定点小数表示。

解： 正数的原码、反码、补码的定点小数表示形式是相同的，它们在机器中的表示形式为

$$[X]_{原}=[X]_{补}=[X]_{反}=0.110111010000000$$

例 2-13 设机器字长 n=16，最高位是符号位，写出 X=－0.11011101 的原码、反码、补码的定点小数表示。

解： $[X]_{原}=1.110111010000000$ $[X]_{反}=1.001000101111111$ $[X]_{补}=1.001000110000000$

2.2.3 无符号数表示

无符号数是一种不设符号位的正整数。在无符号数表示中，由于符号位可以省略，所有的位都用来表示数值，小数点仍然规定在最低数位的后面，隐含表示。对字长为 n 位的无符号数，其表示范围是 $0\sim2^n-1$。

在计算机中，无符号数也是经常使用的，主存单元的地址编码就是采用无符号数表示的，如地址码为 32 位，主存单元的最小地址编码是 00000000H（后缀 H 表示十六进制数），最大地址编码是 0FFFFFFFFH。针对无符号数的运算，计算机还设置有专门的指令。

在定点数表示中，当要表示的数比最大的数还大或比最小的数还小时，称为上溢，计算机要做相应的溢出处理；当要表示的数比最大非 0 负数还大，同时比最小非 0 正数还小时，称为下溢，计算机将其作为 0 处理。

为了满足不同用户对数的表示范围和精度的要求，许多计算机采用了多种字长的定点数表示，如有的计算机就采用了 8 位、16 位、32 位、64 位四种定点数表示形式，可满足不同应用的要求。

2.3 浮点数表示

浮点数是小数点位置不固定的数，对应高级语言中的实型数。由于计算机处理的数不可能全是纯整数或纯小数，当用定点数来表示这些既有整数部分又有小数部分的数时，必须用软件的方法设置比例因子，将所有的数缩小或扩大，处理完后再按相同的比例恢复，这将明显地降低计算机的工作效率，还使软件的设计变得复杂。此外，在科学计算和工程设计中，常常会遇到非常大或非常小的数。如太阳的质量是 2×10^{30}kg，电子的质量是 9×10^{-31}kg，太阳的质量大约是电子质量的 2.22×10^{60} 倍。如此巨大的数，在定点数表示中是很难实现的。为此，在计算机中引入了浮点数表示。在有浮点数表示的计算机中，编译程序可以直接将实型数转换成浮点数，既简化了软件的设计，又提高了计算机的工作效率。

2.3.1 浮点数表示的格式和特点

一个浮点数由两个定点数组成，这两个定点数可以采用相同的机器码，也可采用不同的机器码，在不同的计算机中，规定是不同的。

1. 浮点数的格式

浮点数由阶符、阶码、数符、尾数四部分组成，浮点数的一般格式为：

阶符	阶码	数符	尾数

在浮点数表示中，阶符和数符一般各占一位，阶码和尾数的位数则和具体的机器有关，但一个浮点数的位数总是字节的整倍数。浮点数的小数点位置不固定，随阶码的大小、正负变化。浮点数表示相当于数学中的科学计数法，即带指数的数。浮点数的阶码相当于指数部分，尾数相当于有效数字部分，指数的底在浮点数中叫基数。

例如，在科学计数法中，0.00003192 可写成 0.3192×10^{-4}，其中 0.3192 为有效数字部分，–4 为指数部分，10 为指数的底。在计算机中，数是以二进制形式表示的，浮点数用来表示如下形式的数：

$$N = 0.11110001 \times 2^{-0101}$$

其中，0.11110001 将转换成尾数，–0101 将转换成阶码，基数 2 则隐含表示。在字长 n=16，阶符、数符各占 1 位，阶码占 6 位，尾数占 8 位的浮点数格式中，浮点数 N 在机器中的表示形式（阶码和尾数采用补码表示）为

$$[N]_{浮} = 1111011{,}0.11110001$$

其中，逗号和小数点是为了阅读方便加上的，在实际机器中并不存在。

例 2-14 设浮点数的阶码和尾数均采用补码表示，且位数分别为 5 位和 11 位（均含 1 位符号位）。将数 $X = -2^7 \times 29/32$ 用浮点数格式表示。

解：（1）将 X 转换成二进制代码：

$$X = (-2^7 \times 29/32)_{10} = (-2^7 \times (29 \times 2^{-5}))_{10} = (-2^{111} \times 0.11101)_2$$

（2）按指定的浮点数格式表示：

$$[X]_{浮} = 00111{,}1.0001100000$$

2. 浮点数的特点

一个浮点数 N 的一般形式为：$N = M \times R^E$，其中，M 表示尾数，E 表示阶码，R 表示尾数的基数。浮点数的一些主要特点可归纳如下：

① 阶码 E 采用定点整数表示，尾数 M 一般采用定点小数表示，这同科学计数法中的规定是有一定差别的。

② 浮点数的正负取决于尾数的正负，所以数符也叫尾符。

③ 阶码的符号和阶码的绝对值共同决定小数点的位置，阶码为正时，绝对值越大，浮点数的绝对值越大；阶码为负时，绝对值越大，浮点数的绝对值越小。

④ 浮点数尾数的基数 R 在机器中不用硬件表示，是机器本身规定的。大部分机器取 R =2，也有的机器取 R =8 或 R =16。

⑤ 浮点数的表示范围主要取决于阶码的位数及基数，精度主要取决于尾数的位数。

2.3.2 浮点数的表示范围和规格化

当浮点数的阶码和尾数位数一定时，浮点数的表示范围也就确定了。为了保证浮点数表示有

尽可能多的有效数字，当基数为 2 时，规定尾数真值的绝对值小于 1 同时大于等于 0.5 的浮点数为规格化浮点数。

1. 浮点数的表示范围

浮点数表示也有最小负数、最大非 0 负数、最小非 0 正数和最大正数 4 个典型值。阶码取定点整数中的最大正数，尾数取定点小数中的最小负数，可得浮点数表示的最小负数；阶码取定点整数中的最大数，尾数取定点小数中的最大正数，可得浮点数表示的最大正数；阶码取定点整数中的最小负数，尾数取定点小数中的最小非 0 正数，可得浮点数表示的最小非 0 正数；阶码取定点整数中的最小负数，尾数取定点小数中的最大非 0 负数，可得浮点数表示的非 0 最大负数。

对阶码位数为 m（包含 1 位符号位）、尾数位数为 n（包含 1 位符号位）的浮点数，如尾数的基数为 2，阶码和尾数都采用补码表示，则能表示的最小负数是

$$2^{2^{m-1}-1}\times(-1)$$

能表示的最大正数是

$$2^{2^{m-1}-1}\times(1-2^{-(n-1)})$$

从最小负数到最大正数是该浮点数的表示范围。表 2-3 给出了两种浮点数的 4 个典型值（阶码和尾数都采用补码表示）代表的十进制真值。其中，一个浮点数字长为 16 位，阶码位数为 6 位（包含 1 位符号位），尾数位数为 10 位（包含 1 位符号位）；另一个浮点数字长为 32 位，阶码位数为 8 位（包含 1 位符号位），尾数位数为 24 位（包含 1 位符号位）。

表 2-3　两种浮点数的 4 个典型值

浮点数	最小负数	最大非 0 负数	最小非 0 正数	最大正数
字长 16 位（阶码 6 位，尾数 10 位）	$2^{31}\times(-1)$	$2^{-32}\times(-2^{-9})$	$2^{-32}\times2^{-9}$	$2^{31}\times(1-2^{-9})$
字长 32 位（阶码 8 位，尾数 24 位）	$2^{127}\times(-1)$	$2^{-128}\times(-2^{-23})$	$2^{-128}\times2^{-23}$	$2^{127}\times(1-2^{-23})$

从表 2-3 中可以看出，阶码增加 2 位，表示的范围会增大很多，尾数位数增加，有效数字增加，表示精度也会增加。

2. 浮点数表示的规格化

如果一个浮点数不是规格化的，则要进行规格化处理。对基数为 2 的浮点数，当尾数的绝对值小于 0.5 时，需要进行左规格化（简称左规）处理。左规时尾数每左移一位，扩大 2 倍，阶码减 1，保持浮点数真值不变，直到尾数的绝对值大于等于 0.5 为止。

当尾数的绝对值大于 1 时，需要进行右规格化（简称右规）处理。右规时可将尾数右移，每右移一位，尾数缩小为 1/2，阶码加 1，保持浮点数真值不变，右规一般只进行一次就可满足规格化要求。

对补码表示的浮点数尾数来说，当尾数是负数时，规定规格化的尾数要小于–0.5，而且–1 属于规格化尾数。这样判断尾数是否规格化时，只需要判断最高数位的编码是否为 0 即可。最高数位的编码是 0，则为规格化尾数，否则为非规格化尾数。

浮点数采用规格化表示后，浮点数表示的最小非 0 正数和最大非 0 负数会发生变化。如果浮点数字长为 32 位，阶码位数为 8 位（包含 1 位符号位，补码表示），尾数位数为 24 位（包

含 1 位符号位，补码表示），则它能表示的最小非 0 正数为 $2^{-128}\times2^{-1}$，能表示的最大非 0 负数为 $2^{-128}\times(-(2^{-1}+2^{-23}))$。

例 2-15 浮点数采用补码表示，阶码位数为 4 位（包含 1 位符号位），尾数位数为 6 位（包含 1 位符号位），将浮点数 0101,1.11011 和 1101,0.00010 规格化。

解： 浮点数 0101,1.11011 左规后（尾数左移 2 位，阶码减 2）为 0011,1.01100。

浮点数 1101,0.00010 左规后（尾数左移 3 位，阶码减 3）为 1010,0.10000。

2.3.3 IEEE 754 标准

IEEE 754 标准是 IEEE 制定的浮点数表示标准，被大多数计算机采用，IEEE 754 浮点数表示的格式如图 2-3 所示。

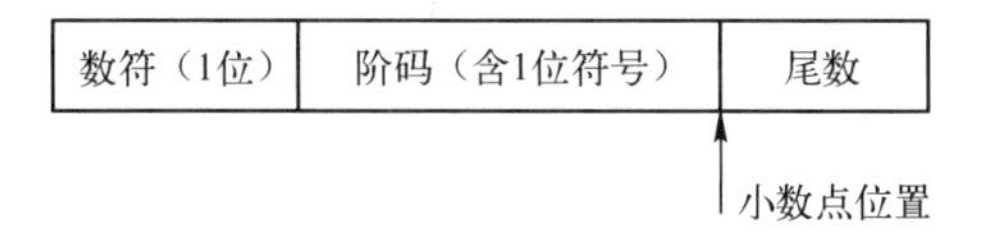

图 2-3 IEEE 754 浮点数表示的格式

IEEE 754 浮点数标准规定浮点数的第 1 位是符号位，阶码用移码表示，尾数用原码表示。IEEE 754 浮点数有 3 种类型，格式如表 2-4 所示。

表 2-4 IEEE 754 的三种浮点数类型

类 型	符号位数	阶码位数	尾数位数	总位数（字长）
单精度浮点数	1	8	23	32
双精度浮点数	1	11	52	64
临时浮点数	1	15	64	80

在 IEEE 754 浮点数标准中，为了提高尾数的表示精度，采用规格化浮点数表示。由于尾数的最高位肯定是 1，所以将尾数左移一位，隐含起来，不用硬件表示，这样可增加 1 位有效数字。对阶码采用的偏移量和普通移码略有差别，单精度浮点数的偏移值为 127，双精度浮点数的偏移值为 1023，临时浮点数的偏移值为 16383。

例如，在 IEEE 754 标准中，单精度的规格化浮点数表示为 $N=1.M\times2^{E-127}$，如果阶码的真值 $X=2$，则可以计算出阶码值：E=127+2=129，二进制代码序列为 10000001；如果阶码的真值 $X=-22$，则阶码值：E=127+(−22)=105，二进制代码序列为 01101001。

例 2-16 $X=-10100.1101$，用 IEEE 754 标准的单精度浮点数格式表示。

解： $X=-10100.1101=-1.01001101\times2^{100}$。

数的符号：S_f=1，数的阶码：E=01111111+100=10000011，数的尾数用原码表示，和真值相同，所以 X 在机器中的表示（最高数位已隐含）为

110000011,01001101000000000000000

在 IEEE 754 标准中，还规定阶码为全 0 或全 1 时，不作指数，另有他用。因此，在单精度浮点数中，最大阶码的真值是 127，最小阶码的真值是−126。表 2-5 给出了对单精度浮点数的规定，双精度浮点数的规定也是类似的。

表 2-5　IEEE 754 标准对单精度浮点数的规定

表示的数	数符	阶码	尾数	真值
+0	0	全 0	全 0	0
−0	1	全 0	全 0	0
+∞	0	全 1	全 0	+∞
−∞	1	全 1	全 0	−∞
规格化的非 0 正实数	0	$0<E<255$	M	$1.M\times2^{E-127}$
规格化的非 0 负实数	1	$0<E<255$	M	$-1.M\times2^{E-127}$
非规格化的非 0 正实数	0	全 0	$M\neq0$	$0.M\times2^{-126}$
非规格化的非 0 负实数	1	全 0	$M\neq0$	$-0.M\times2^{-126}$

2.3.4　浮点数表示和定点数表示的比较

浮点数表示和定点数表示可以从以下几个方面进行比较。

① 当字长相同时，浮点数表示的范围要大得多。如字长为 32 位的定点整数，能表示的最大数是 $2^{31}-1$，而 IEEE 754 标准中的单精度浮点数能表示的最大数大约是 2^{128}。

② 浮点数表示比定点数表示的分辨率高。当采用规格化浮点数时，浮点数表示取较小的阶码值，可以有很高的分辨率，即绝对精度非常高（绝对精度随阶码变化）。IEEE 754 标准中的单精度浮点数能表示的最高分辨率是 2^{-126}，比定点数要高得多。如果尾数的位数较多，也可以达到很高的相对精度。

③ 浮点数表示比定点数表示的应用范围更广。在实际的科学计算和工程设计中，涉及的数既有整数又有小数，有的数非常大，有的数非常小，浮点数能更加方便地表示这些数，从而使运算速度更快。

④ 浮点数表示比定点数表示复杂、运算步骤多、硬件实现也复杂得多。因此，早期的计算机多用软件实现浮点运算，而现在的计算机多用硬件实现浮点运算，在 CPU 中设计了专门用于浮点运算的浮点运算部件。

⑤ 浮点数表示和定点数表示判断溢出的方法不同。对规格化的浮点数判断溢出是通过判断阶码是否溢出进行的，只有阶码溢出，浮点数才算溢出，如果仅尾数溢出，可通过调整尾数和阶码，使其不溢出。

2.4　补码的加减运算及溢出判断

定点数的加减运算是计算机算术运算的基础，定点数乘法和除法运算及浮点数运算都是在此基础上实现的。由于补码的加减运算简单、方便、容易实现，在计算机中，定点数的加减运算都是采用补码进行的，设置有相应的加法、减法指令。对原码的加减运算，则可去掉符号位后，按无符号数借助补码的运算方法完成。

2.4.1　补码加法运算

当计算机的字长为 n 时，根据补码的定义，在 MOD 2^n 的条件下有

$$[X]_{补}+[Y]_{补}=2^n+X+2^n+Y=2^n+(X+Y)$$

如果将 $X+Y$ 看成一个数，根据补码的定义有

$$[X+Y]_{补} = 2^n + (X+Y)$$

所以，可得出补码加法的公式为

$$[X+Y]_{补} = [X]_{补} + [Y]_{补} \qquad (2\text{-}1)$$

式（2-1）说明，两个带符号的补码可以直接相加，和就是两个数和的补码，这一公式也适用于定点小数的补码加法运算。

例 2-17 计算机字长为 8 位，X=9，Y=13，计算$[X+Y]_{补}$=?

解：$X=(9)_{10}=(1001)_2$ $[X]_{补}$ =00001001 $Y=(13)_{10}=(1101)_2$ $[Y]_{补}$ =00001101

$$\begin{array}{r} 0\ 0001001 \\ +\ \ 0\ 0001101 \\ \hline 0\ 0010110 \end{array}$$

所以，$[X+Y]_{补}=[X]_{补}+[Y]_{补}$=00010110。

例 2-18 计算机字长为 8 位，X= –9，Y= –13，计算$[X+Y]_{补}$=?

解：$X=(-9)_{10}=(-1001)_2$ $[X]_{补}$ =11110111 $Y=(-13)_{10}=(-1101)_2$ $[Y]_{补}$ =11110011

$$\begin{array}{r} 1\ 1110111 \\ +\ \ 1\ 1110011 \\ \hline 1\ 1101010 \end{array}$$

所以，$[X+Y]_{补}=[X]_{补}+[Y]_{补}$=11101010。

做加法时，符号位产生的进位受字长的限制自动丢失，但会将标志寄存器中的进位标志位置 1。

例 2-19 计算机字长为 8 位，X= –9/16，Y=13/16，计算$[X+Y]_{补}$=?

解：$X=(-9/16)_{10}=(-0.1001)_2$ $[X]_{补}$ =1.0111000 $Y=(13/16)_{10}=(0.1101)_2$ $[Y]_{补}$ =0.1101000

$$[X+Y]_{补} = [X]_{补} + [Y]_{补} = 1.0111000 + 0.1101000 = 0.0100000$$

例 2-20 计算机字长为 8 位，X= 9/16，Y= –13/16，计算$[X+Y]_{补}$=?

解：$X=(9/16)_{10}=(0.1001)_2$ $[X]_{补}$ =0.1001000 $Y=(-13/16)_{10}=(-0.1101)_2$ $[Y]_{补}$ =1.0011000

$$[X+Y]_{补} = [X]_{补} + [Y]_{补} = 0.1001000 + 1.0011000 = 1.1100000$$

以上几个例子说明，不管操作数是定点整数还是定点小数，也不管操作数是正数还是负数，利用补码加法公式计算，结果都是正确的。

2.4.2 补码减法运算

根据补码加法运算的公式很容易得出补码减法运算的公式：

$$[X-Y]_{补} = [X+(-Y)]_{补} = [X]_{补} + [-Y]_{补} \qquad (2\text{-}2)$$

式（2-2）说明，求两个数差的补码，可以用被减数的补码加上和减数符号相反数的补码实现。这样，采用补码运算，就可以化“减”为“加”，计算机的运算器中只需要设计加法器，不需要设计减法器。

求一个符号相反的数的补码，计算机技术中称为求机器负数，可以将这个数的补码连符号位一起变反，末位加 1。

例 2-21 计算机字长为 8 位，已知$[X]_{补}$ = 00001010，$[Y]_{补}$ =11111101，求$[-X]_{补}$ 和$[-Y]_{补}$。

解：$[-X]_{补}$ = 11110110　　$[-Y]_{补}$ =00000011

例 2-22 计算机字长为 8 位，X= 1111，Y=1010，计算$[X-Y]_{补}$=?

解：$[X]_{补}$ =00001111　　$[Y]_{补}$ =00001010　　$[-Y]_{补}$ =11110110

$$\begin{array}{r} 0\ 0001111 \\ +\ 1\ 1110110 \\ \hline 0\ 0000101 \end{array}$$

所以，$[X-Y]_{补}$= $[X]_{补}$ +$[-Y]_{补}$=00000101。

例 2-23 计算机字长为 8 位，X= – 1111，Y= –1010，计算$[X-Y]_{补}$=?

解：$[X]_{补}$ =11110001　　$[Y]_{补}$ =11110110　　$[-Y]_{补}$ =00001010

$[X-Y]_{补}$= $[X]_{补}$ +$[-Y]_{补}$=11110001+00001010=11111011

例 2-24 计算机字长为 8 位，X= – 0.0101，Y=0.1010，计算$[X-Y]_{补}$=?

解：$[X]_{补}$ =1.1011000　　$[Y]_{补}$ =0.1010000　　$[-Y]_{补}$ =1.0110000

$[X-Y]_{补}$= $[X]_{补}$ +$[-Y]_{补}$=1.1011000+1.0110000=1.0001000

例 2-25 计算机字长为 8 位，X= 0.0101，Y= –0.1010，计算$[X-Y]_{补}$=?

解：$[X]_{补}$ =0.0101000　　$[Y]_{补}$ =1.0110000　　$[-Y]_{补}$ =0.1010000

$[X-Y]_{补}$= $[X]_{补}$ +$[-Y]_{补}$=0.0101000+0.1010000=0.1111000

以上几个例子同样说明，不管操作数是定点整数还是定点小数，也不管操作数是正数还是负数，利用补码减法公式计算，结果都是正确的。

2.4.3 溢出判断

在做加法和减法运算时，如果运算结果超出了数的表示范围，就会发生溢出，计算机需要将状态或标志寄存器的溢出标志位置 1。由于同号相加或异号相减，是数的绝对值相加，有可能溢出，而异号相加或同号相减是绝对值相减，不会发生溢出。又由于减法可以化作加法来做，所以只讨论同号数的加法运算来判断溢出就可以了。计算机中判断溢出的方法有多种，下面介绍常用的两种方法。

1. 利用运算时符号位和最高数位的进位判断溢出

采用单符号运算时，如果两个正数相加，符号位是不会产生进位的，如果最高数位产生了向符号位的进位，会使结果符号位成为 1，显然结果就不对了。因为正数相加，结果只能是正的，结果是负数则说明运算结果溢出了。

同理，如果两个负数相加，符号位必然产生进位，如果最高数位不产生向符号位的进位，会使结果符号位成为 0，显然结果就不对了。因为负数相加，结果只能是负的，结果是正数则说明运算结果溢出了。

对以上的讨论进行概括，可得出结论：如果运算时符号位和最高数位产生的进位不一致，会发生溢出，运算时符号位和最高数位产生的进位一致，则不发生溢出。可以证明，异号数相加时，符号位和最高数位产生的进位是一致的，这里就不多说了。

设运算时符号位产生的进位是 C_n，最高数位产生的进位是 C_{n-1}，则运算溢出的条件是 $C_n \oplus C_{n-1}$=1，可以用一个异或门电路实现溢出判断。

例 2-26 计算机字长为 8 位，采用单符号运算，X=126，Y=3，计算$[X+Y]_{补}$=?

解：$X=(126)_{10}=(1111110)_2$　　$[X]_{补}$ =01111110　　$Y=(3)_{10}=(11)_2$　　$[Y]_{补}$ =000000011

$$
\begin{array}{r}
0\ 1111110 \\
+\quad {}_{0}0{}_{1}0000011 \\
\hline
1\ 0000001
\end{array}
$$

$$[X+Y]_{补}=[X]_{补}+[Y]_{补}=01111110+00000011=10000001$$

因为运算时最高数位有进位，符号位没有进位，说明运算溢出。这是由于正确的结果是 129，大于 127，发生了溢出。

例 2-27 计算机字长为 8 位，采用单符号运算，X= – 96，Y= –40，计算$[X+Y]_{补}$=?

解：$X=(-96)_{10}=(-1100000)_2$　　$[X]_{补}$ =10100000，$Y=(-40)_{10}=(-101000)_2$　　$[Y]_{补}$ =11011000

$$
\begin{array}{r}
1\ 0100000 \\
+\quad {}_{1}1{}_{0}1011000 \\
\hline
0\ 1111000
\end{array}
$$

$$[X+Y]_{补}=[X]_{补}+[Y]_{补}=10100000+11011000=01111000$$

因为运算时最高数位没有进位，符号位有进位，说明运算溢出。这是由于正确的和应该是–136，小于–128，发生了溢出。

2．采用双符号位判断溢出

双符号位补码又叫变形补码，编码时正数的符号位用 00 表示，负数的符号位用 11 表示。当运算结果的符号位是 01 时，结果为正，但发生正溢出；运算结果的符号位是 10 时，结果为负，但发生负溢出；运算结果的符号位是 00 或 11 时，结果正确，没有发生溢出。

设结果的第一符号位是 S_{f1}，第二符号位是 S_{f2}，则溢出的条件是：$S_{f1}\oplus S_{f2}=1$，也可以用一个异或门电路实现溢出判断。

采用变形补码，不但能判断溢出，第一符号位还能指出是正溢出还是负溢出，只是在运算时要增加 1 位符号位。

例 2-28 计算机字长为 8 位，运算时增加 1 位符号位，已知：X=127，Y=4，计算$[X+Y]_{补}$=?

解：$X=(127)_{10}=(1111111)_2$　　$[X]_{补}$ =01111111　　$Y=(4)_{10}=(100)_2$　　$[Y]_{补}$ =00000100

$$
\begin{array}{r}
00\ 1111111 \\
+\quad 00\ 0000100 \\
\hline
01\ 0000011
\end{array}
$$

$$[X+Y]_{补}=[X]_{补}+[Y]_{补}=01\ 0000011$$

因为运算结果的符号位是 01，说明运算溢出。这是由于正确的结果是 131，大于 127，发生了溢出。

例 2-29 计算机字长为 8 位，运算时采用双符号运算，X= – 100，Y= –40，计算$[X+Y]_{补}$=?

解：$X=(-100)_{10}=(-1100100)_2$　　$[X]_{补}$ =10011100　　$Y=(-40)_{10}=(-101000)_2$　　$[Y]_{补}$ =11011000

$$
\begin{array}{r}
11\ 0011100 \\
+\quad 11\ 1011000 \\
\hline
10\ 1110100
\end{array}
$$

$$[X+Y]_{补}=[X]_{补}+[Y]_{补}=10\ 1110100$$

因为运算结果的符号位是 10，说明运算溢出。这是由于正确的结果是−140，小于−128，发生了溢出。

2.5 移位运算

移位运算也是计算机中的基本运算，即在计算机中设置相应的移位指令。移位分为算术移位和逻辑移位两类，可用移位寄存器等部件实现。算术移位可改变数值的大小，逻辑移位只改变代码的位置。

2.5.1 算术移位

算术移位左移相当于乘以 2，右移相当于除以 2，和加减运算配合，可实现计算机中的乘除运算。但左移时不应改变数的符号位，如果符号位改变，结果就不正确了。

1. 原码移位

原码的移位规则是符号位不参加移位，左移数值位高位移出，末位补 0；右移数值位低位移出，高位补 0。当最高数位是 1 时，左移会丢失数的高位，出现错误；当最低数位是 1 时，右移会损失数的精度。

例 2-30 $[X]_{原} = 00000010$，$[Y]_{原} = 10000011$，将$[X]_{原}$和$[Y]_{原}$左移两位。

解：按照原码的移位规则，左移两位后：$[X]_{原} = 00001000$，$[Y]_{原} = 10001100$。

例 2-31 $[X]_{原} = 00000100$，$[Y]_{原} = 10011000$，将$[X]_{原}$和$[Y]_{原}$右移两位。

解：按照原码的移位规则，右移两位后：$[X]_{原} = 00000001$，$[Y]_{原} = 10000110$。

2. 补码移位

补码的移位规则是符号位参加移位，左移数的末位补 0，符号位移出，最高数位会移到符号位；右移数的符号不变，高位补符号位，末位移出。当正数补码的最高数位是 1 或负数补码的最高数位是 0 时，左移会改变数的符号，同时丢失数的高位；当最低数位是 1 时，右移会损失数的精度。

例 2-32 $[X]_{补}= 00000011$，$[Y]_{补} = 11110101$，将$[X]_{补}$和$[Y]_{补}$左移两位。

解：按照补码的移位规则，左移两位后：$[X]_{补} = 00001100$，$[Y]_{补} = 11010100$。

例 2-33 $[X]_{补} = 00011100$，$[Y]_{补} = 11111100$，将$[X]_{补}$和$[Y]_{补}$右移两位。

解：按照补码的移位规则，右移两位后：$[X]_{补} = 00000111$，$[Y]_{补} = 11111111$。

2.5.2 逻辑移位

逻辑移位将移位的数看成一串二进制代码，没有大小和正负之分，所有的数位都参加移位，可用于实现数的串行和并行之间的转换等功能。逻辑移位有左移、右移、循环左移和循环右移等几种类型。

1. 逻辑左移和右移

逻辑左移的规则是高位移出，末位补 0；逻辑右移的规则是高位补 0，低位移出。

例 2-34 $X=10101010$，$Y=01010101$，将 X 和 Y 左移两位。

解：按照逻辑移位规则，左移 2 位后：$X=10101000$，$Y=01010100$。

例 2-35 $X=11110000$，$Y=00001111$，将 X 和 Y 右移两位。

解：按照逻辑移位规则，右移 2 位后：$X=00111100$，$Y=00000011$。

2．循环左移和右移

循环移位是将移位的数首尾相连进行移位，循环左移的规则是将移出的高位补到最低位，循环右移的规则是将移出的低位补到最高位。

例 2-36 $X=11010101$，$Y=00101010$，将 X 和 Y 循环左移两位。

解：按照循环移位规则，左移 2 位后：$X=01010111$，$Y=10101000$。

例 2-37 $X=01110001$，$Y=10001110$，将 X 和 Y 循环右移两位。

解：按照循环移位规则，右移 2 位后：$X=01011100$，$Y=10100011$。

在许多计算机中，移位还可以带进位位进行，移位时移出的位移到进位位，带进位循环移位还将进位位看成数的一部分参加移位。

2.6 浮点运算

浮点数比定点数的表示范围大，运算精度高，更适合于科学与工程计算的需要。当要求的计算精度较高时，往往采用浮点运算。但浮点数的格式比定点数格式复杂，硬件实现的成本相应高一些，完成一次浮点运算所需的时间也比定点运算要长。在早期的 CPU 中，浮点运算功能是用软件实现的，现代计算机的 CPU 中都设有浮点寄存器和浮点运算功能部件，相应地，指令系统中包含浮点运算指令，浮点运算改为硬件实现。从 Intel 80486 开始，个人计算机中的 CPU 集成了浮点运算部件。

2.6.1 浮点加减运算

设有两个规格化浮点数 X 和 Y，分别是

$$X = M_X \cdot 2^{E_X} \qquad Y = M_Y \cdot 2^{E_Y}$$

其中 E_X 和 E_Y 分别为数 X 和 Y 的阶码，M_X 和 M_Y 为数 X 和 Y 的尾数。

$X \pm Y$ 的浮点运算按照以下过程实现。

（1）判 0 操作

检测两个操作数 X、Y 是否为“0”，看有无简化操作的可能。若有“0”，则不需要进行运算，直接设置运算结果；否则，进入下一步。

（2）对阶

浮点数的小数点位置是由阶码决定的，对阶就是使两个浮点数的阶码相等，保证浮点数进行加减运算时小数点对齐。

对阶的原则是小阶码向大阶码看齐，对阶时，首先求阶码之差 $\Delta E=|E_X-E_Y|$，同时保留大阶 $E=\mathrm{Max}(E_X, E_Y)$。当 $\Delta E \neq 0$ 时，若 $E_X < E_Y$，则尾数 M_X 算术右移 ΔE 位，并将其阶码加 ΔE，即 $E_X=E_Y$；若 $E_Y < E_X$，则尾数 M_Y 算术右移 ΔE 位，阶码 E_Y 加 ΔE，即 $E_Y=E_X$。

（3）尾数加/减运算

对阶后，两尾数 M_X 和 M_Y 按照定点数运算的规则进行加减运算，得到两数和/差的尾数。

（4）规格化

当运算的结果不是规格化数时，为了增加有效数字的位数，提高运算精度，需将它转变成规格化数。

在做浮点加减运算时还要进行舍入处理和溢出判断。

在执行右规或对阶时，尾数低若干位上的数值会移掉，使数值的精度受到影响，为减少误差，需要进行舍入处理，常用的舍入处理方法有 0 舍 1 入法和恒置 1 法。0 舍 1 入法和十进制中的 4 舍 5 入相似，如果移出位中的最高位为 0，则舍去；否则向尾数的最低有效位进 1。恒置 1 法是无论移出位中数字是什么，总是将尾数有效数字的最低位置为 1。

在规格化和舍入时有可能发生溢出，若阶码正常，加/减运算正常结束；若阶码下溢，则置运算结果为机器零；若阶码上溢，则置溢出标志为 1。

例 2-38 设 $X=2^{010}\times0.110101$，$Y=2^{011}\times(-0.101010)$，按浮点运算步骤，求 $X\pm Y$。舍入处理采用恒置 1 法。

解：设浮点数格式为阶码 4 位，用补码表示（含 1 位符号），尾数部分 8 位（含两位符号），用补码表示，则两个数可表示为

$$[X]_{浮}=0\ 01000110101 \quad [Y]_{浮}=0\ 01111010110$$

① 求阶差并对阶：

$$[\Delta E]_{补}=[E_X]_{补}+[-E_Y]_{补}=0010+1101=1111<0$$

E_X 应向 E_Y 看齐，X 的尾数 M_X 右移 1 位，阶码 E_X 加 1。这时 X 采用恒置 1 法，得

$$[X]_{浮}=0011,00011011$$

② 尾数的加、减运算：

$$[M_X+M_Y]_{补}=00011011+11010110=11110001$$

$$[M_X-M_Y]_{补}=[M_X]_{补}+[-M_Y]_{补}=00011011+00101010=01000101$$

③ 规格化并判断溢出。

从 $[M_X+M_Y]_{补}$ 可以看出结果为非规格化，需要将尾数左移 2 位，同时阶码减 2，没有溢出，得 $[X+Y]_{浮}=0001,11000100$，即 $X+Y=2^{001}\times(-0.111100)$。

同样，从 $[M_X-M_Y]_{补}$ 也可以看出结果为非规格化，需要将尾数右移 1 位，这时采用恒置 1 法，同时阶码加 1，没有溢出，得 $[X-Y]_{浮}=0100,00100011$，即 $X-Y=2^{100}\times0.100011$。

2.6.2 浮点乘除运算

设有两个规格化浮点数 X 和 Y，分别是

$$X=M_X\cdot2^{E_X} \qquad Y=M_Y\cdot2^{E_Y}$$

则 $Z=X\times Y=(M_X\times M_Y)\times2^{(E_X+E_Y)}$，$W=X/Y=(M_X/M_Y)\times2^{(E_X-E_Y)}$。

两浮点数相乘，其乘积的阶码为相乘两数阶码之和，其尾数应为相乘两数的尾数之积。两浮点数相除，商的阶码为被除数的阶码减去除数的阶码所得的差，尾数为被除数的尾数除以除数的

尾数所得的商。浮点乘除法运算本质上是尾数和阶码分别按照定点运算规则进行运算。

浮点乘除运算实现过程如下：

（1）判断操作数

对乘法运算来说，两个操作数 X、Y 中若有一个为“0”，则直接设置运算结果为“0”，运算结束。对除法运算来说，若除数 Y 为“0”，则为非法操作，运算结束；若被除数 X 为“0”，则直接设置运算结果为“0”，运算结束。

（2）调整尾数

乘法运算可跳过这一步，但对除法运算来说，由于尾数是定点小数，要求商也应该是定点小数，若 M_X 的绝对值大于 M_Y 的绝对值，则要调整尾数，将 M_X 右移 1 位，E_X 加 1，对于规格化的尾数，调整一次就可以满足要求。

（3）阶码相加、减并判断溢出

对于乘法运算，阶码 E_X 和 E_Y 相加得到乘积的阶码 E_Z；对于除法运算，阶码 E_X 和 E_Y 相减得到商的阶码 E_W。若阶码 E_Z 和 E_W 出现上溢或下溢，则按照浮点加减法中一样的方式处理，运算结束；若没有溢出，则 E_Z 就是乘积的阶码，E_W 就是商的阶码。

（4）尾数相乘、除

对于乘法运算，将尾数 M_X 和 M_Y 相乘得到乘积 Z 的尾数 M_Z；对于除法运算，尾数 M_X 和 M_Y 相除得到商的尾数 M_W。具体乘除的运算可采用定点乘除的方法实现。

（5）规格化并舍入处理

按照和浮点加减法中同样的方法，对乘积和商进行规格化，同时进行舍入处理，在规格化的过程中，如果需要改变阶码的值，还需要判断阶码是否溢出。

习题 2

1．单项选择题

（1）在字长为 8 位的定点小数表示中，−1 的补码是（　　）。

A．1.0000001　　B．1.0000000　　C．1.1111110　　D．1.1111111

（2）在定点数表示中，下列说法正确的是（　　）。

A．0 的原码表示唯一

B．0 的反码表示唯一

C．0 的补码表示唯一

D．字长相同，原码、反码和补码表示的数的个数一样

（3）在定点整数表示中，下列说法错误的是（　　）。

A．原码和补码表示范围相同　　B．补码和移码表示范围相同

C．原码和反码表示范围相同　　D．补码和移码表示符号相反，数值位相同

（4）在字长为 8 位的定点整数补码表示中，能表示的最小数和最大数是（　　）。

A．−128 和 128　　B．−127 和 127　　C．−127 和 128　　D．−128 和 127

（5）在字长为 8 位的无符号数表示中，能表示的最大数是（　　）。

A．127　　B．128　　C．255　　D．256

（6）在算术移位中，下列说法错误的是（　　）。

A．原码左移末位补 0　　B．原码右移高位补 0

C．补码左移末位补 0　　D．补码右移高位补 1

（7）在逻辑移位中，下列说法错误的是（　　）。

A．左移末位补 0　　B．右移高位补 0

C．循环左移末位补 0　　D．循环左移末位补最高位

（8）采用变形补码做加减运算，当运算结果的符号位是（　　）时，正溢出。

A．00　　B．01　　C．10　　D．11

（9）已知$[X]_{补}$=10001，则 X 的真值和$[-X]_{补}$是（　　）

A．00001、00001　　B．－00001、01111

C．－01111、01111　　D．－01111、11111

（10）在 8 位寄存器中存放补码表示的数 0FEH，算术左移一位后，其十六进制代码是（　　）。

A．0FFH　　B．0FCH　　C．7CH　　D．7EH

2．采用定点整数表示，字长 8 位，含 1 位符号位，写出下列各数的原码、反码、补码和移码：

1010，0101，0010，1111，−1000，−1011，−1001，−0001，−0

3．采用定点小数表示，字长 8 位，含 1 位符号位，写出下列各数的原码、反码、补码：

0.1011，0.1101，0.0100，0.1110，−0.0110，−0.0011，−0.0111

4．字长 16 位，采用定点整数补码表示，写出其能表示的最大数、最小数、最大非 0 负数、最小非 0 正数的二进制代码序列和十进制真值。

5．写出 IEEE 754 标准中单精度浮点数能表示的规格化的最大数、最小数、最大非 0 负数、最小非 0 正数的十进制真值。

6．按 IEEE 754 标准，将$(-25.75)_{10}$表示成单精度浮点数格式。

7．C 语言程序在 32 位机器上运行。程序中定义了三个变量 X、Y、Z，其中 X 和 Z 是 int 型，Y 为 short 型。当 X=127，Y=－9 时，执行赋值语句 $Z=X+Y$ 后，X、Y、Z 的值分别是多少（用十六进制数表示）？

8．字长 5 位，含 1 位符号位，计算$[X]_{补}+[Y]_{补}$，并判断是否溢出。

（1）$[X]_{补}$=10001　　$[Y]_{补}$=11001　　（2）$[X]_{补}$=01001　　$[Y]_{补}$=00111

（3）$[X]_{补}$=10011　　$[Y]_{补}$=01101　　（4）$[X]_{补}$=01110　　$[Y]_{补}$=11010

9．字长 5 位，含 1 位符号位，计算$[X]_{补}-[Y]_{补}$，并判断是否溢出。

（1）$[X]_{补}$=10101　　$[Y]_{补}$=11010　　（2）$[X]_{补}$=01010　　$[Y]_{补}$=01110

（3）$[X]_{补}$=00011　　$[Y]_{补}$=11101　　（4）$[X]_{补}$=01110　　$[Y]_{补}$=10110

10．在计算机技术中，运算溢出指什么？如何判断定点数运算的溢出？如何判断浮点数运算的溢出？

11．按照浮点加减运算方法求 $X\pm Y$，阶码、尾数均采用补码表示，尾数 10 位，采用双符号位，阶码 6 位，采用单符号位，舍入处理采用恒置 1 法。

（1）$X=2^{-101}\times(-0.11001101)$，$Y=2^{-011}\times(-0.01011010)$；

（2）$X=2^{010}\times0.11011011$，$Y=2^{100}\times(-0.10101100)$。

第 3 章　数字逻辑基础

数字逻辑电路简称数字电路或逻辑电路，是组成计算机硬件的基本电路，其数学基础是 19 世纪英国数学家乔治·布尔创立的一门研究客观事物逻辑关系的逻辑代数。本章首先介绍逻辑代数的基础知识，然后讲述计算机中常用的组合逻辑电路和时序逻辑电路。

3.1　逻辑代数的三种基本运算

和普通代数一样，在逻辑代数中也有变量和常量。变量通常用大写字母表示，称为逻辑变量，其代表的值在逻辑运算中可以发生变化。常量称为逻辑常量，它们在逻辑运算中不发生变化。但是，逻辑代数又和普通代数有着本质的区别，它是一种二值代数，变量和常量的取值只有两种可能，即 0 和 1。而且这值并不代表量的大小，仅用来表示所研究问题的两种可能性，如电平的高与低、电流的有与无、命题的真与假、事情的是与非。

在逻辑代数中，有三种最基本的运算，就是逻辑与、逻辑或、逻辑非，其运算规则是按照“逻辑”规则来定义的，计算机中任何复杂的逻辑运算功能都可以使用这三种基本的逻辑运算完成。

3.1.1　逻辑与运算

逻辑与运算也叫逻辑乘，简称与运算，通常用符号“·”“∧”来表示，在计算机程序设计语言中也用“AND”表示。设 A、B、F 分别为逻辑变量，则与运算的表达式可写成以下形式：

$$F = A \cdot B \quad 或 \quad F = A \wedge B$$

上式读成“F 等于 A 与 B”。有时为了书写方便，在不会产生二义性的前提下，与运算符号也可以省略，即写成：

$$F = AB$$

在逻辑运算表达式中，等号左边的逻辑变量和等号右边的逻辑变量存在着一一对应的关系，即当逻辑变量 A 和 B 取任意一组确定值后，逻辑变量 F 的值便被唯一地确定了。和普通代数类似，逻辑变量 A 和 B 称为自变量，F 称为因变量，描述因变量和自变量之间的关系称为逻辑函数。逻辑函数可以用逻辑表达式、逻辑电路、真值表、卡诺图等方法表示。

当逻辑变量取不同值时，与运算的规则如下：

$$0 \cdot 0 = 0 \qquad 0 \cdot 1 = 0$$

$$1 \cdot 0 = 0 \qquad 1 \cdot 1 = 1$$

与运算的规则也可用表 3-1 说明，该表称为真值表，它反映所有自变量全部可能的组合和运算结果之间的关系。真值表在以后的逻辑电路分析和设计中是十分有用的。

对与运算分析可得出结论：在参加运算的两个逻辑变量中，只要有一个为 0（False），则结果为 0（False），只有两个逻辑变量都为 1（True）时，结果才为 1（True）。这一结论也适用于有多个变量参加的与运算。

与运算的例子在日常生活中经常遇到，如图 3-1 所示的串联开关电路，灯 F 亮的条件是开关 A 和 B 都接通。如果开关闭合表示 1 而开关断开表示 0，灯亮表示 1，而灯灭表示 0，那么灯和开关之间的逻辑关系可用下式表示：

$$F = A \cdot B$$

再如，要在人事档案数据库中查找一位具有大学学历、高级工程师职称的处长，则“学历=大学”“职称=高级工程师”“职务=处长”这三个条件就是与的关系，要查找的这个人必须同时满足这三个条件才行。

表 3-1　逻辑与运算

A	*B*	*F*
0	0	0
0	1	0
1	0	0
1	1	1

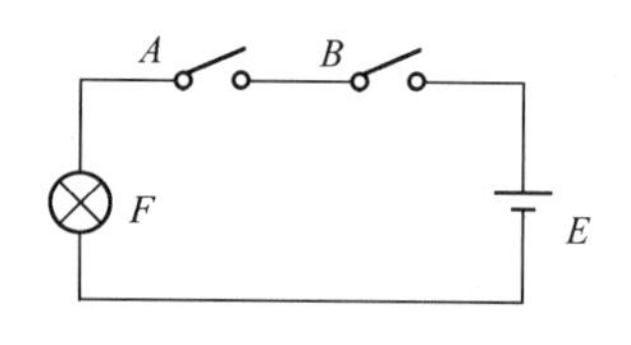

图 3-1　逻辑与的例子

如果对两个寄存器中的二进制代码进行与运算，可按与运算规则，按位进行运算。

3.1.2　逻辑或运算

逻辑或运算也叫逻辑加运算，简称或运算，通常用符号“+”“∨”来表示，在计算机程序设计语言中也用“OR”表示。设 A、B、F 分别为逻辑变量，则或运算的表达式可写成以下形式：

$$F = A + B \quad 或 \quad F = A \vee B$$

上式读成“F 等于 A 或 B”。

当逻辑变量取不同值时，逻辑或运算的规则如下：

$$0 + 0 = 0 \qquad 0 + 1 = 1$$

$$1 + 0 = 1 \qquad 1 + 1 = 1$$

或运算的规则也可用表 3-2 说明。对或运算分析可得出结论：在参加运算的两个变量中，只要有一个为 1（True），则结果为 1（True），只有两个变量都为 0（False）时，结果才为 0（False）。这一结论也适用于有多个变量参加的或运算。

或运算的例子在日常生活中也会经常遇到，如将图 3-1 改为图 3-2，则灯 F 亮的条件是只要有一个或一个以上的开关接通就可以。灯和开关之间的逻辑关系可用下式表示：

$$F = A+B$$

同理，若要在人事档案数据库中查找一位具有大学学历或高级工程师职称的职工，则对这两个条件来说，大学学历和高级工程师职称就是或的关系，即满足大学学历或满足高级工程师职称都可以。当然，两个条件都满足也可以。

如果对两个寄存器中的二进制代码进行或运算，可按或运算规则，按位进行运算。

表 3-2 逻辑或运算

A	B	F
0	0	0
0	1	1
1	0	1
1	1	1

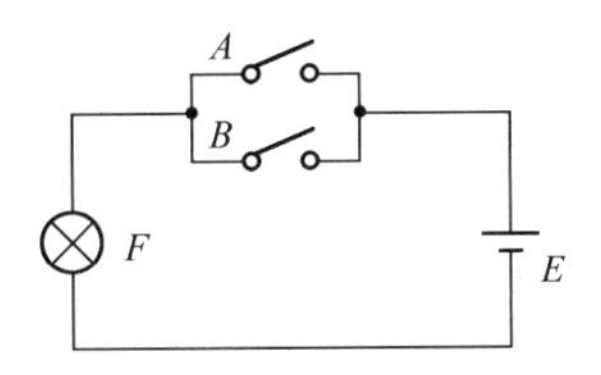

图 3-2 逻辑或的例子

3.1.3 逻辑非运算

逻辑非运算也叫取反运算，简称非运算，通常在逻辑变量的上面加“-”来表示非运算，在计算机程序设计语言中则用“NOT”表示。设 A、F 分别为逻辑变量，则非运算的表达式可写成以下形式：

$$F = \overline{A}$$

上式读成“F 等于 A 非”。

非运算的规则十分简单，只有以下两条：

$$\overline{0} = 1 \qquad \overline{1} = 0$$

非运算的真值表如表 3-3 所示。当变量取值为 1（True）时，结果为 0（False）；当变量取值为 0（False）时，结果为 1（True）。图 3-3 反映了灯 F 和开关 A 之间的非运算关系，图中如果闭合开关，灯不亮；如果断开开关，灯会亮。

表 3-3 逻辑非运算

A	F
0	1
1	0

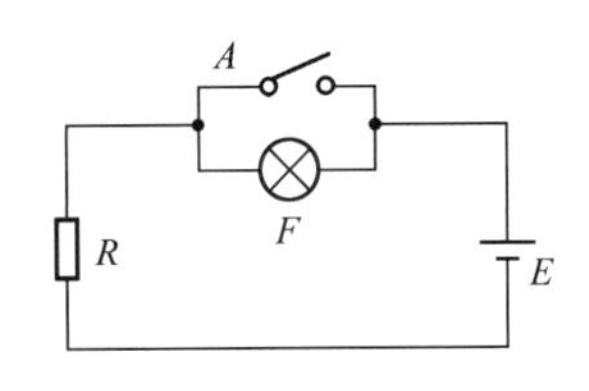

图 3-3 逻辑非的例子

非运算的例子在数据库操作中也会遇到。当在数据库中进行查找操作时，如果已查到数据库的末尾仍没有找到，就应停止查找并给出提示。如设变量 A 代表数据库记录指针是否指向数据库末尾，当指针指向数据库末尾时，A 为真，否则为假，则停止查找操作的条件是数据库指针指到数据库的末尾。

如果对一个寄存器中的二进制代码进行非运算，可按非运算规则，将寄存器中的二进制代码按位变反。

3.2 逻辑代数的基本公式和运算规则

逻辑代数有和普通代数类似的运算规则，也有自己特殊的运算规则。依据逻辑与、逻辑或、逻辑非这三种最基本的逻辑运算规则，可得出在逻辑运算中使用的基本公式和三个重要的运算规则。

3.2.1 逻辑代数的基本公式

① 0-1 律：

$$A+1=1 \qquad A\cdot 0=0$$

② 自等律：

$$A+0=A \qquad A\cdot 1=A$$

③ 互补律：

$$A\cdot\overline{A}=0 \qquad A+\overline{A}=1$$

④ 交换律：

$$A+B=B+A \qquad A\cdot B=B\cdot A$$

⑤ 结合律：

$$A+(B+C)=(A+B)+C \qquad A\cdot(B\cdot C)=(A\cdot B)\cdot C$$

⑥ 分配律：

$$A+B\cdot C=(A+B)\cdot(A+C) \qquad A\cdot(B+C)=A\cdot B+A\cdot C$$

⑦ 吸收律：

$$A+A\cdot B=A \qquad A\cdot(A+B)=A$$

$$A+\overline{A}\cdot B=A+B \qquad A\cdot(\overline{A}+B)=A\cdot B$$

⑧ 重叠律：

$$A+A=A \qquad A\cdot A=A$$

⑨ 反演律：

$$\overline{A\cdot B}=\overline{A}+\overline{B} \qquad \overline{A+B}=\overline{A}\cdot\overline{B}$$

⑩ 还原律：

$$\overline{\overline{A}}=A$$

⑪ 包含律：

$$AB+\overline{A}C+BC=AB+\overline{A}C$$

$$(A+B)\cdot(\overline{A}+C)\cdot(B+C)=(A+B)\cdot(\overline{A}+C)$$

可以看出，除还原律外，所有公式都是成对出现的，有的公式和普通代数中的公式十分类似，如结合律、交换律，但大部分公式是不一样的。这些公式在逻辑代数运算中可以用来简化和变换逻辑表达式，十分有用。

以上公式都可以按逻辑与、逻辑或、逻辑非的运算规则用真值表加以证明，表 3-4 给出了分配律的证明，从表 3-4 可看出，分配律是正确的。如果一个公式已经被证明，那么该公式也可用来证明其他公式的正确性。

表 3-4 用真值表证明分配律

A	B	C	F = A+BC	F = (A+B)·(A+C)	F = A·(B+C)	F = AB+AC
0	0	0	0	0	0	0
0	0	1	0	0	0	0
0	1	0	0	0	0	0

续表

A　B　C	F = A+BC	F = (A+B)·(A+C)	F = A·(B+C)	F = AB+AC
0　1　1	1	1	0	0
1　0　0	1	1	0	0
1　0　1	1	1	1	1
1　1　0	1	1	1	1
1　1　1	1	1	1	1

例 3-1　证明：$A+AB=A$。

证：

$$A+AB=A\cdot(1+B)=A\cdot 1=A$$

在上面的证明过程中使用了分配律、自等律和 0-1 律。

例 3-2　证明：$AB+\overline{A}C+BC=AB+\overline{A}C$。

证：

$$AB+\overline{A}C+BC=AB+\overline{A}C+(\overline{A}+A)\cdot BC$$

$$=AB+\overline{A}C+\overline{A}BC+ABC$$

$$=AB+\overline{A}C$$

在上面的证明过程中使用了互补律、自等律、分配律和吸收律。

3.2.2　逻辑代数的三个重要运算规则

逻辑代数有三个重要的运算规则，即代入规则、反演规则和对偶规则。这三个规则在逻辑函数的化简和变换中是十分有用的。

1．代入规则

代入规则：将逻辑等式中的一个逻辑变量用一个逻辑函数代替，则逻辑等式仍然成立。这是因为任何一个逻辑函数和逻辑变量一样，只有 0 和 1 两种取值，所以用逻辑函数代替逻辑变量后，逻辑等式肯定成立。使用代入规则，可以很容易地证明许多等式，扩大基本公式的应用范围。

例 3-3　已知等式 $A\cdot(B+C)=AB+AC$，试证明用逻辑函数 $F=D+E$ 代替等式中的变量 B 后，等式依然成立。

证：

$$左=A\cdot(B+C)=A\cdot((D+E)+C)$$

$$=A\cdot(D+E+C)=AD+AE+AC$$

$$右=AB+AC=A\cdot(D+E)+AC=AD+AE+AC$$

例 3-4　已知等式 $\overline{A+B}=\overline{A}\cdot\overline{B}$，试用 $F=B+C$ 代替等式中的 B。

解：

$$\overline{A+(B+C)}=\overline{A}\cdot\overline{(B+C)}$$

$$\overline{A+B+C}=\overline{A}\cdot(\overline{B}\cdot\overline{C})$$

$$\overline{A+B+C}=\overline{A}\cdot\overline{B}\cdot\overline{C}$$

由于用一个逻辑函数代替一个逻辑变量后，等式依然成立。上式说明，对三个变量反演律也成立，进一步可推广到多变量的反演律也成立，即

$$\overline{X_1+X_2+X_3+\cdots+X_n}=\overline{X}_1\cdot\overline{X}_2\cdot\overline{X}_3\cdot\cdots\cdot\overline{X}_n$$

$$\overline{X_1\cdot X_2\cdot X_3\cdot\cdots\cdot X_n}=\overline{X}_1+\overline{X}_2+\overline{X}_3+\cdots+\overline{X}_n$$

2. 反演规则

反演规则：如果将逻辑函数 F 的表达式中所有的“·”都换成“+”，所有的“+”都换成“·”，常量“1”都换成“0”，“0”都换成“1”，原变量都换成反变量，反变量都换成原变量，所得到的逻辑函数就是 F 的非。F 的非称为原函数 F 的反函数或补函数。

反演规则实际上是反演律的推广，利用反演规则可以很容易地写出一个逻辑函数的非。

例 3-5 求逻辑函数 $F = AB + CD$ 的非。

解：根据反演规则有

$$\overline{F} = (\overline{A} + \overline{B})\cdot(\overline{C} + \overline{D})$$

在使用反演规则时要注意以下两点：

① 不能破坏原表达式的运算顺序，先计算括号里的，后计算括号外的，非运算的优先级最高，其次是与运算，优先级最低的是或运算；

② 不属于单变量上的非运算符号应当保留不变。

例 3-6 求逻辑函数 $F = \overline{AB + C} + \overline{C}D$ 的非。

解：根据反演规则有

$$\overline{F} = \overline{(\overline{A} + \overline{B})\cdot\overline{C}}\cdot(C + \overline{D})$$

3. 对偶规则

对偶规则：如果将逻辑函数 F 的表达式中所有的“·”都换成“+”，所有的“+”都换成“·”，常量“1”都换成“0”，“0”都换成“1”，而变量都保持不变，所得到的逻辑函数就是 F 的对偶式，记为 F^*（或 F'）。

在使用对偶规则时要注意运算的优先顺序不能改变，表达式中的非运算符号也不能改变。

例 3-7 求逻辑函数 $F = \overline{A\cdot\overline{B\cdot C}}$ 的对偶式。

解：根据对偶规则有

$$F^* = \overline{A + \overline{B + C}}$$

例 3-8 求逻辑函数 $F = A\overline{B} + \overline{(C + D)\cdot E}$ 的对偶式。

解：根据对偶规则有

$$F^* = (A + \overline{B})\cdot\overline{(CD + E)}$$

利用对偶规则很容易写出一个逻辑函数的对偶式。如果证明了某逻辑表达式的正确性，其对偶式也是正确的，就不用再证明了。由于逻辑代数的基本公式除还原律外都是成对出现的，且互为对偶式，使用对偶规则可以使基本公式的证明减少一半。

3.2.3 逻辑函数的化简

逻辑函数的表达式和逻辑电路是一一对应的，表达式越简单，用逻辑电路去实现也越简单。通常，从逻辑问题直接归纳出的逻辑函数表达式不一定是最简单的形式，需要进行分析、化简，找出最简表达式。

在传统的设计方法中，最简表达式的标准应该是表达式中的项数最少，每项含的变量也最少。这样用逻辑电路去实现时，用的逻辑门最少，每个逻辑门的输入端也最少，还可提高逻辑电路的可靠性和速度。

在现代的设计方法中，多采用可编程的逻辑器件进行逻辑电路的设计。设计并不一定要追求最简单的逻辑函数表达式，而是追求设计简单方便、可靠性好、效率高。但是，逻辑函数的化简仍是需要掌握的重要基本技能。

逻辑函数的化简方法有多种，最常用的方法是逻辑代数化简法和卡诺图化简法。

逻辑代数化简法就是利用逻辑代数的基本公式和规则对给定的逻辑函数表达式进行化简。由于一个逻辑函数可以有多种表达形式，而最基本的是与或表达式。如果有了最简与或表达式，通过逻辑代数的基本公式进行变换，就可以得到其他形式的最简表达式。

采用逻辑代数法化简，不受逻辑变量个数的限制，但要求能熟练掌握逻辑代数的公式和规则，具有较强的化简技巧。常用的逻辑代数化简法有吸收法、消去法、并项法、配项法。

1. 吸收法

吸收法是利用公式 $A+AB=A$，吸收多余的与项进行化简，例如：

$$F=A\overline{B}+A\overline{B}CD+A\overline{B}EF=A\overline{B}\cdot(1+CD+EF)=A\overline{B}$$

$$F=\overline{A}+\overline{A}BC+\overline{A}BD+\overline{A}E=\overline{A}\cdot(1+BC+BD+E)=\overline{A}$$

2. 消去法

消去法是利用公式 $A+\overline{A}B=A+B$，消去与项中多余的因子进行化简，例如：

$$F=\overline{A}\ \overline{C}D+A\overline{B}\ \overline{C}D=\overline{C}D\cdot(\overline{A}+A\overline{B})=\overline{C}D\cdot(\overline{A}+\overline{B})=\overline{A}\ \overline{C}D+\overline{B}\ \overline{C}D$$

$$F=A+\overline{A}B+\overline{B}C+\overline{C}D=A+B+\overline{B}C+\overline{C}D=A+B+C+\overline{C}D=A+B+C+D$$

3. 并项法

并项法是利用公式 $A+\overline{A}=1$，把两项并成一项进行化简，例如：

$$F=AB\overline{C}D+\overline{AB}\ \overline{C}D=(AB+\overline{AB})\cdot\overline{C}D=\overline{C}D$$

$$F=A\overline{BC}+AB+A\cdot(\overline{\overline{BC}+B})=A\cdot(\overline{BC}+B+\overline{\overline{BC}+B})=A$$

4. 配项法

配项法是利用公式 $A+\overline{A}=1$，把一项变成两项再和其他项合并，有时也添加 $A\cdot\overline{A}=0$ 等多余项进行化简，例如：

$$\begin{aligned}F&=\overline{A}B+\overline{B}C+B\overline{C}+A\overline{B}\\&=\overline{A}B\cdot(C+\overline{C})+\overline{B}C\cdot(A+\overline{A})+B\overline{C}+A\overline{B}\\&=\overline{A}BC+\overline{A}B\overline{C}+A\overline{B}C+\overline{A}\ \overline{B}\ C+B\overline{C}+A\overline{B}\\&=A\overline{B}\cdot(C+1)+\overline{A}C\cdot(B+\overline{B})+B\overline{C}\cdot(\overline{A}+1)\\&=A\overline{B}+\overline{A}C+B\overline{C}\end{aligned}$$

$$\begin{aligned}F&=A\overline{B}+\overline{A}\cdot\overline{AB}=A\overline{B}+\overline{A}\cdot\overline{AB}+A\cdot\overline{A}\\&=A\cdot(\overline{A}+\overline{B})+\overline{A}\cdot\overline{AB}\\&=A\cdot\overline{AB}+\overline{A}\cdot\overline{AB}=\overline{AB}\cdot(A+\overline{A})=\overline{AB}\end{aligned}$$

有时对逻辑函数表达式进行化简，可以将几种方法并用，综合考虑。

3.2.4 逻辑函数的变换

在一个代数系统中，如果用一组运算符号可以解决所有的运算问题，那么称这一组运算符号是一个完备的集合，简称完备集。

在逻辑代数中，对 n 个变量的所有逻辑函数都能用与、或、非三种运算符号来构成。因此，与、或、非这三种运算符号的逻辑运算功能是完整的，是一组逻辑运算符号的完备集。但是，与、或、非这三种运算符号构成的完备集并不是逻辑运算唯一的完备集。根据反演律，从与和非可得出或，从或和非可得出与，与非、或非、与或非这三种运算中的任意一种都能单独实现与、或、非运算。所以这三种运算都是完备集，都可以用来表示任意的逻辑函数。

逻辑代数的这一特性有着十分重要的意义，它为逻辑表达式的变换提供了依据，也使得实现逻辑函数只用一种规格的门电路成为可能，为逻辑电路的设计提供了极大的方便。

在设计逻辑电路时，有时要求用给定的逻辑门去实现，这就需要对逻辑函数的表达式进行变换。由于逻辑运算符号的完备集有多种，这就使得描述同一问题的逻辑函数的表达式可以有多种形式，实现同样的逻辑功能可以用不同的逻辑电路。

例如，在做乘法运算时，被乘数和乘数同号时，积为正，被乘数和乘数异号时，积为负。如果用 0 表示正号、1 表示负号，A、B、F 分别表示被乘数、乘数和积的符号，则被乘数、乘数和积的符号之间的逻辑关系可用下式描述：

$$F = A\overline{B} + \overline{A}B$$

利用逻辑代数的基本公式可对上式进行以下一些变换：

$$\begin{aligned}
F &= A\overline{B} + \overline{A}B && \text{与或式} \\
&= (A+B)\cdot(\overline{A}+\overline{B}) && \text{或与式} \\
&= \overline{\overline{(A+B)} + \overline{(\overline{A}+\overline{B})}} && \text{或非或非式} \\
&= \overline{\overline{A\overline{B}}\cdot\overline{\overline{A}B}} && \text{与非与非式} \\
&= \overline{\overline{A}\cdot\overline{B} + AB} && \text{与或非式} \\
&= A \oplus B && \text{异或式}
\end{aligned}$$

对应逻辑函数 F 不同的表示形式，其逻辑功能是完全一样的，但可以选用不同的逻辑门电路完成。

3.3 基本逻辑电路

逻辑电路的输入和输出一般用高电平和低电平表示，正好对应逻辑代数中的 1 和 0。由于逻辑电路的输入和输出之间存在着逻辑关系，所以可以用逻辑函数来描述。

能实现基本逻辑运算的电路称为门电路，用基本的门电路可以构成复杂的逻辑电路，完成任何逻辑运算功能，这些逻辑电路是构成计算机及其他数字系统的重要基础。

3.3.1 基本门电路

与门、或门和非门电路是最基本的门电路，可分别完成与、或、非逻辑运算。

1. 与门电路

与门电路具有两个或两个以上的输入端和一个输出端，符合与运算规则。只要有一个输入为低电平，输出就为低电平；只有输入全是高电平时，输出才是高电平。两个输入端的与门电路用图 3-4 所示的逻辑符号表示，A、B 是输入变量，F 是输出变量。

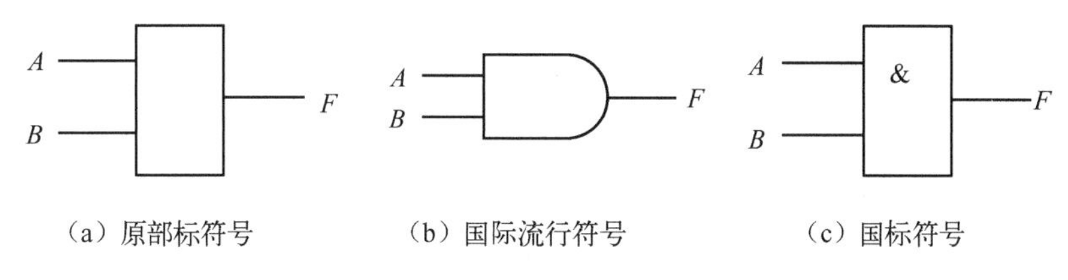

图 3-4　与门的逻辑符号

2. 或门电路

或门电路也具有两个或两个以上的输入端和一个输出端，符合或运算规则。当输入有一个或一个以上为高电平时，输出就为高电平；只有输入全是低电平时，输出才是低电平。两个输入端的或门电路用图 3-5 所示的逻辑符号表示，A、B 是输入变量，F 是输出变量。

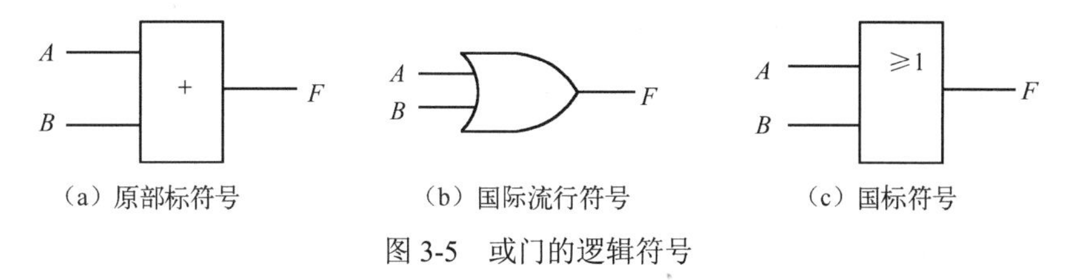

图 3-5　或门的逻辑符号

3. 非门电路

非门电路用图 3-6 所示的逻辑符号表示，A 是输入变量，F 是输出变量。非门电路具有一个输入端和一个输出端，符合非运算规则。当输入是低电平时，输出是高电平；而输入是高电平时，输出是低电平。

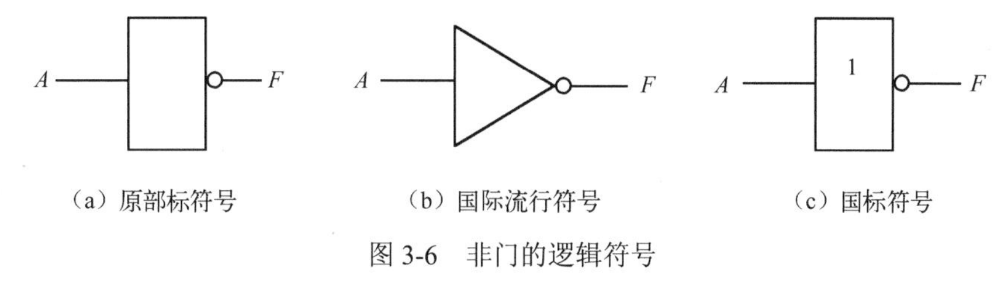

图 3-6　非门的逻辑符号

3.3.2 复合门电路

在实际应用中，利用与门、或门和非门之间的不同组合可构成复合门电路，完成复合逻辑运算。常见的复合门电路有与非门、或非门、与或非门、异或门和同或门电路。

1．与非门电路

与非门电路的功能相当于一个与门和一个非门的组合，对于有两个输入端的与非门来说，可完成以下逻辑表达式的运算：

$$F = \overline{A \cdot B}$$

与非门电路用图 3-7 所示的逻辑符号表示。对与非门完成的运算分析可知，与非门的功能正好和与门相反，仅当所有的输入端是高电平时，输出端才是低电平。

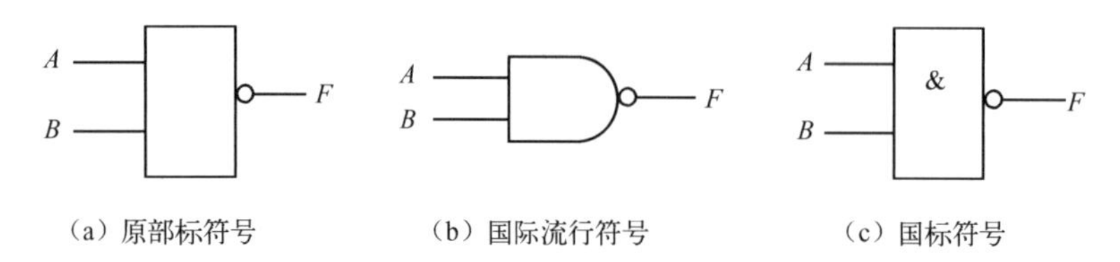

图 3-7　与非门的逻辑符号

2．或非门电路

或非门电路的功能相当于一个或门和一个非门的组合，对有两个输入端的或非门来说，可完成以下逻辑表达式的运算：

$$F = \overline{A + B}$$

或非门电路用图 3-8 所示的逻辑符号表示。对或非门完成的运算分析可知，或非门的功能正好和或门相反，仅当所有的输入端是低电平时，输出端才是高电平。

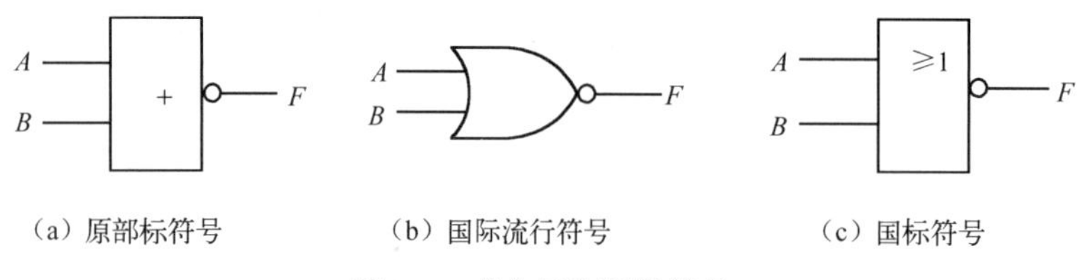

图 3-8　或非门的逻辑符号

3．与或非门电路

与或非门电路的功能相当于多个与门和一个或门、一个非门的组合，对于两个与门（每个与门有两个输入端）、一个或门、一个非门的组合来说，可完成以下逻辑表达式的运算：

$$F = \overline{AB + CD}$$

与或非门电路用图 3-9 所示的逻辑符号表示。对与或非门完成的运算分析可知，与或非门的功能是将与门的输出进行或运算后变反输出。当与或非门电路由多个与门、一个或门、一个非门组合时，具有更强的逻辑运算功能。

以上三种复合门电路都允许有多个输入端。

4．异或门电路

异或门电路可以完成逻辑异或运算，运算符号用“⊕”表示。异或运算的逻辑表达式为

$$F = A \oplus B$$

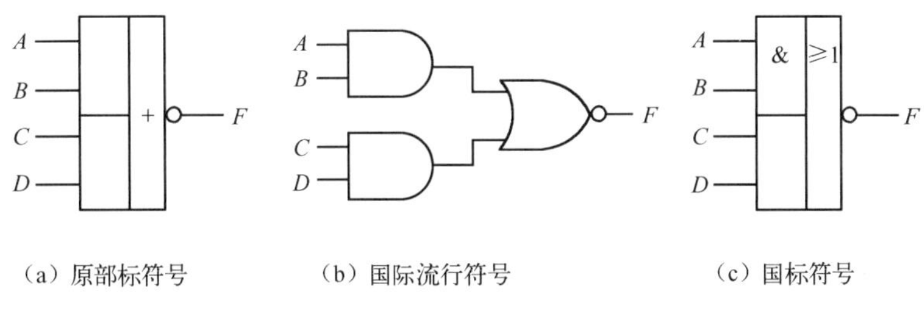

（a）原部标符号　　（b）国际流行符号　　（c）国标符号

图 3-9　与或非门的逻辑符号

异或运算的规则如下：

$$0\oplus 0=0 \qquad 0\oplus 1=1$$

$$1\oplus 0=1 \qquad 1\oplus 1=0$$

对异或运算的规则分析可得出结论：当两个变量取值相同时，运算结果为 0；当两个变量取值不同时，运算结果为 1。推广到多个变量异或时，当变量中 1 的个数为偶数时，运算结果为 0；1 的个数为奇数时，运算结果为 1。

异或门电路用图 3-10 所示的逻辑符号表示。需要指出的是，异或运算也可以用与、或、非运算的组合完成，表 3-5 说明逻辑表达式 $F=A\overline{B}+\overline{A}B$ 也可完成异或运算。

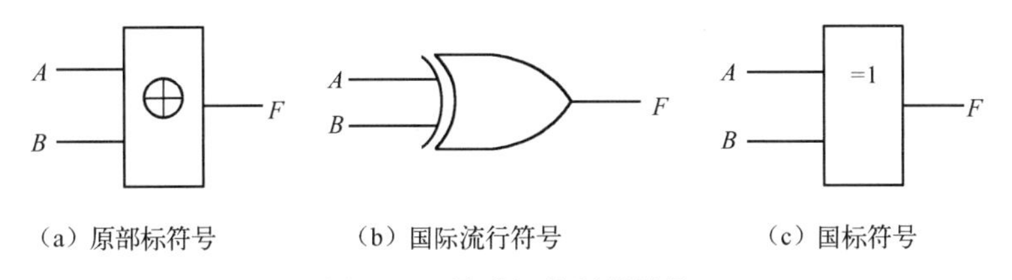

（a）原部标符号　　（b）国际流行符号　　（c）国标符号

图 3-10　异或门的逻辑符号

表 3-5　异或运算真值表

A　B	$F=A\oplus B$	$F=A\overline{B}+\overline{A}B$	A　B	$F=A\oplus B$	$F=A\overline{B}+\overline{A}B$
0　0	0	0	1　0	1	1
0　1	1	1	1　1	0	0

逻辑异或运算也是一种常用的逻辑运算，补码加减运算的溢出判断和奇偶校验就是用异或门电路实现的。

根据异或运算的基本规则还可推出以下一组常用公式：

$$A\oplus 0=A \qquad A\oplus 1=\overline{A}$$

$$A\oplus A=0 \qquad A\oplus \overline{A}=1$$

$$A\oplus B=B\oplus A \qquad A\oplus(B\oplus C)=(A\oplus B)\oplus C$$

$$A(B\oplus C)=AB\oplus AC$$

以上公式都可以用真值表或逻辑代数的基本公式加以证明。

5．同或门电路

同或门电路用来完成逻辑同或运算，运算符号是“⊙”。同或运算的逻辑表达式为

$$F=A\odot B$$

同或逻辑运算正好和异或逻辑运算相反，同或运算的规则如下：

$$0 \odot 0 = 1 \qquad 0 \odot 1 = 0$$

$$1 \odot 0 = 0 \qquad 1 \odot 1 = 1$$

对同或运算的规则分析可得出结论：当两个变量取值不同时，运算结果为 0；当两个变量取值相同时，运算结果为 1。可见，同或逻辑和异或逻辑互为反函数。还可证明，同或逻辑和异或逻辑互为对偶函数。同或门电路用图 3-11 所示的逻辑符号表示。

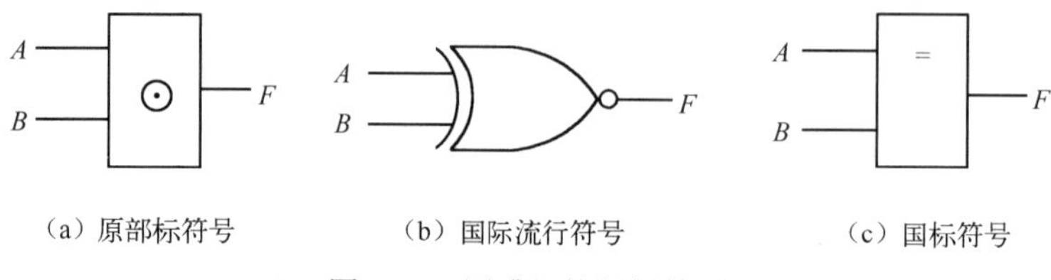

（a）原部标符号　（b）国际流行符号　（c）国标符号

图 3-11　同或门的逻辑符号

3.3.3　三态门电路

三态门（Three State Gate，TS 门）是在普通门电路的基础上增加控制电路构成的，在计算机中广泛使用。三态门有三种输出状态：高电平、低电平和高阻状态，前两种为工作状态，后一种为禁止状态。要注意的是，三态门不是具有三个逻辑值。在工作态下，三态门的输出可为逻辑 1 或逻辑 0；在禁止状态下，其输出高阻相当于开路，并不是一个逻辑值。此时，表示该电路与其他电路无关。

三态非门的逻辑符号如图 3-12 所示，*EN* 为使能控制端。当 *EN*=0 时，三态非门处于工作状态，和普通非门的功能完全一样；当 *EN*=1 时，三态非门处于禁止工作状态，其输出为高阻。由于该三态非门在使能控制端为低电平时工作，也称其为使能控制端低电平有效的三态非门。如果在使能控制端不加小圆圈，则该三态非门是使能控制端为高电平有效的三态非门。常用的三态门还有三态缓冲门、三态与非门、三态与门，其逻辑符号如图 3-13 所示。其中，三态缓冲门在传输数据时可起开关的作用，当使能控制端有效时，数据可以通过；当使能控制端无效时，数据不能通过。

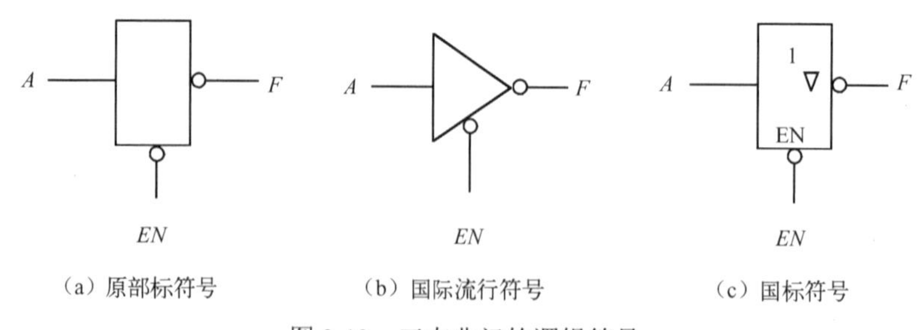

（a）原部标符号　（b）国际流行符号　（c）国标符号

图 3-12　三态非门的逻辑符号

三态门在计算机中可用于总线传输，多路数据通过三态门共享总线分时传输。图 3-14 所示为三态非门用于单向数据总线，通过在使能控制端给出控制信号，可以在任意时刻只允许一个三态非门和总线连通传输数据。图 3-15 所示为三态非门用于双向数据总线，两个三态非门采用不同的使能控制端，在任意时刻，只允许向总线传输数据或接收来自总线的数据。

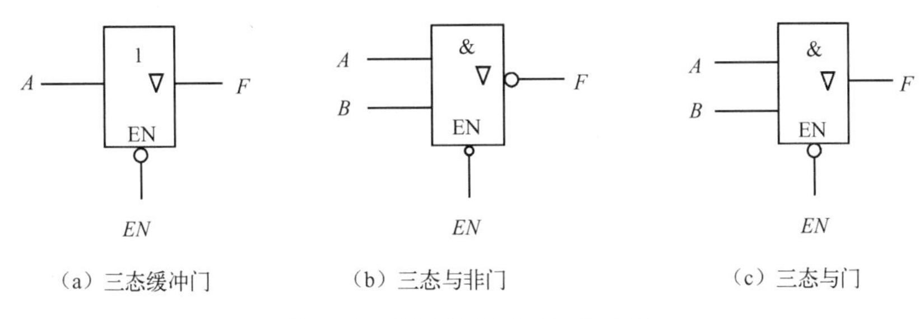

（a）三态缓冲门　（b）三态与非门　（c）三态与门

图 3-13　其他三态门的逻辑符号

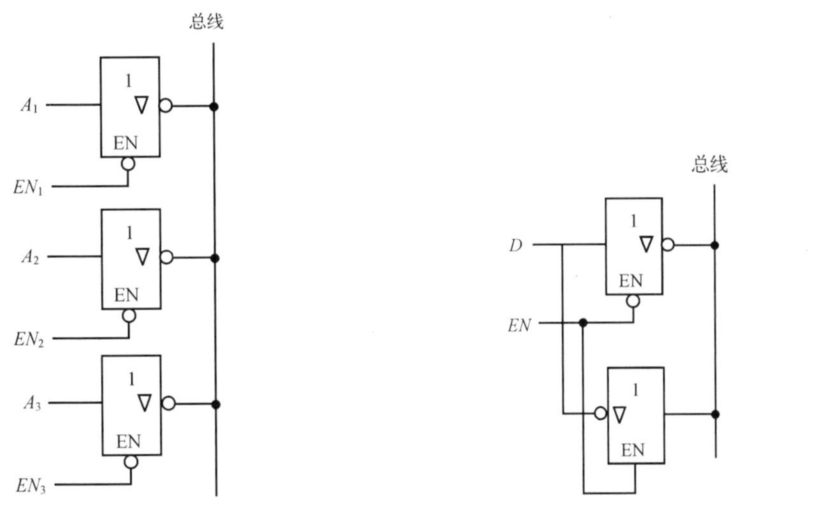

图 3-14　三态非门用于单向数据总线　　图 3-15　三态非门用于双向数据总线

3.4　组合逻辑电路

逻辑电路按照逻辑功能和电路结构的不同分为组合逻辑电路和时序逻辑电路两大类。组合逻辑电路全部由门电路构成，在任意时刻，电路的输出状态仅取决于该时刻的输入状态，与该时刻以前的电路状态无关。计算机中常用的组合逻辑电路有译码器、编码器、数据选择器、加法器等部件。

3.4.1　组合逻辑电路的分析与设计

图 3-16 所示是组合逻辑电路的结构框图，其中 X_1、X_2、…、X_n 是组合逻辑电路的 n 个输入变量，输入可以是原变量也可以是反变量。Y_1、Y_2、…、Y_m 是组合逻辑电路的 m 个输出变量，输出变量是输入变量及其反变量的函数。输出与输入之间的逻辑关系可以用一组逻辑函数表示为

$$Y_i = F_i(X_1, X_2, \cdots, X_n) \qquad i = 1, 2, \cdots, m$$

图 3-16　组合逻辑电路结构框图

描述一个组合逻辑电路功能的函数可以是单输入、单输出或单输入、多输出函数，也可以是多输入、单输出或多输入、多输出函数。组合逻辑电路的逻辑功能除用逻辑函数描述外，还可以用真值表、逻辑电路图等来描述。

1. 组合逻辑电路的分析

组合逻辑电路的分析是指根据给定的逻辑电路图，求函数表达式和真值表，找出电路输入和输出之间的逻辑关系，从而确定电路的逻辑功能。组合逻辑电路分析的一般步骤如下：

① 根据逻辑电路图，写出输出端的函数逻辑表达式；

② 对逻辑表达式进行化简；

③ 将输入变量的全部组合分别代入逻辑表达式，求输出函数值，从而列出真值表；

④ 由真值表或逻辑表达式概括出组合逻辑电路的逻辑功能。

2. 组合逻辑电路的设计

组合逻辑电路的设计是指根据给定的逻辑问题，设计实现其功能的逻辑电路。设计可以使用门电路或选用具有专门功能的集成电路芯片来实现，使用门电路设计的一般步骤如下：

① 根据设计任务，确定输入变量、输出变量，找出输出与输入之间的逻辑关系；

② 列出真值表；

③ 由真值表写出逻辑表达式并化简，需要时可变换逻辑表达式；

④ 由逻辑表达式画出相应的逻辑电路图。

如果选用具有专门功能的集成电路芯片，设计要容易得多，但有时要和基本门电路配合，才能满足不同功能的要求。

3.4.2 译码器

译码器是一种具有多个输入端和多个输出端的逻辑电路，可以将一组给定的输入代码翻译成对应的输出信号。译码器按功能的不同可分为二进制译码器、显示译码器、码制变换译码器。计算机中的地址译码器就是一种二进制译码器，输入信号是地址码，输出信号用来选择存储单元。

具有 n 个输入端的二进制译码器有 2^n 个输出端，输入一组编码后，输出端只有一个输出信号是有效的。常见的译码器有 2-4 译码器、3-8 译码器、4-16 译码器。图 3-17 是具有两个输入端，4 个输出端的 2-4 译码器电路，由与非门和非门电路构成，输出信号低电平有效。其中，A_1、A_0 是输入信号，$\overline{Y_0}$、$\overline{Y_1}$、$\overline{Y_2}$、$\overline{Y_3}$ 是输出信号，$\overline{G}$ 是控制信号，低电平时译码器工作，输出信号中只有一个是有效的。分析译码器的电路，可得到输出函数为

$$\overline{Y_0}=\overline{\overline{A_1}\,\overline{A_0}\,G}\qquad \overline{Y_1}=\overline{\overline{A_1}A_0G}\qquad \overline{Y_2}=\overline{A_1\overline{A_0}\,G}\qquad \overline{Y_3}=\overline{A_1A_0G}$$

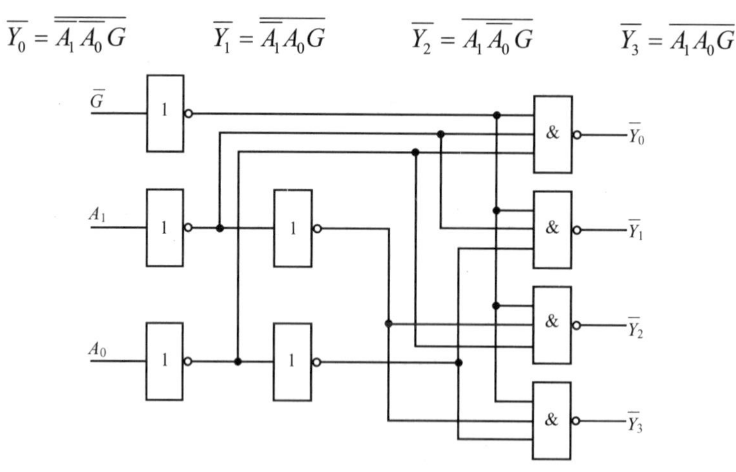

图 3-17　2-4 译码器逻辑电路

表 3-6 是译码器的真值表，从表 3-6 可看出，当$\overline{G}$为高电平时，无论 A_1A_0 是何值，译码器输出全是高电平，即输出信号无效；当$\overline{G}$为低电平时，译码器的输出有一个是低电平，其余为高电平。例如，A_1A_0=00，$\overline{Y_0}$ 有效；……；A_1A_0=11，$\overline{Y_3}$ 有效。

表 3-6　2-4 译码器的真值表

$\overline{G}$	A_1	A_0	$\overline{Y_0}$	$\overline{Y_1}$	$\overline{Y_2}$	$\overline{Y_3}$	$\overline{G}$	A_1	A_0	$\overline{Y_0}$	$\overline{Y_1}$	$\overline{Y_2}$	$\overline{Y_3}$
1	×	×	1	1	1	1	0	1	0	1	1	0	1
0	0	0	0	1	1	1	0	1	1	1	1	1	0
0	0	1	1	0	1	1							

3.4.3　编码器

编码器和译码器的工作过程相反，其功能是将输入的信号编码后输出。编码器分为普通编码器和优先编码器两类，普通编码器要求输入信号中任何时刻只能有一个有效，否则编码器输出将出现混乱；优先编码器允许有多个输入信号同时有效，但是只有优先级别最高的输入信号有编码输出，计算机中断系统中的中断请求信号就需要采用优先编码器编码。

编码器也有多个输入和多个输出，若编码器有 2^n 个输入，则编码器可输出 n 位编码。有 4 个输入端、可输出 2 位编码的普通 4-2 编码器的真值表如表 3-7 所示。表中 X_3、X_2、X_1、X_0 为编码器的输入，高电平有效（编码器也可设计成低电平输入有效），Y_1、Y_0 为编码器的输出。4 个输入信号本应该有 16 种组合，但是每次只能有一个输入信号起作用，所以只有 4 种组合。分析真值表 3-7 中输入和输出的逻辑关系，可写出 Y_1、Y_0 的逻辑表达式，进行化简后得到：

$$Y_1 = X_3 + X_2 \qquad\qquad Y_0 = X_3 + X_1$$

根据逻辑表达式可画出普通 4-2 编码器的逻辑电路，如图 3-18 所示。当输入 0001 时，输出编码 00；……；当输入 1000 时，输出编码 11。

表 3-7　4-2 编码器的真值表

X_3	X_2	X_1	X_0	Y_1	Y_0
0	0	0	1	0	0
0	0	1	0	0	1
0	1	0	0	1	0
1	0	0	0	1	1

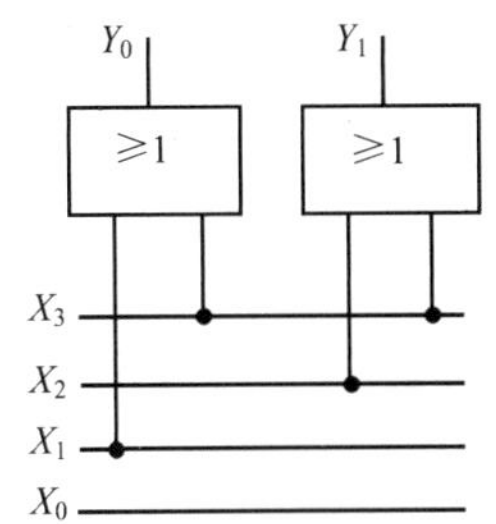

图 3-18　4-2 编码器的逻辑电路

3.4.4　数据选择器

数据选择器是一种多输入、单输出的逻辑电路，可以从输入的多路数据中选择一路输出，也叫多路开关。常用的数据选择器有 2 选 1、4 选 1、8 选 1 等几种。

图 3-19 所示是 4 选 1 数据选择器的逻辑电路，其中，D_0、D_1、D_2、D_3 是输入的数据，A_1、A_0 是数据选择信号，Y 是数据输出信号。分析图 3-19 选择器的逻辑电路，可以得到输出 Y 的逻辑表达式为

$$Y = (\overline{A_1}\ \overline{A_0})D_0 + (\overline{A_1}A_0)D_1 + (A_1\overline{A_0})D_2 + (A_1A_0)D_3$$

从逻辑表达式可以看出，当选择信号 A_1A_0 = 00 时，$Y = D_0$；……；当选择信号 A_1A_0 = 11 时，

$Y=D_3$，这就是说，A_1、A_0的不同组合可选择相应的数据送到输出端 Y。

数据选择器在计算机中广泛使用，如运算部件的输入端和多个寄存器相连，从中选择一个寄存器的内容送到输入端使用的就是数据选择器。

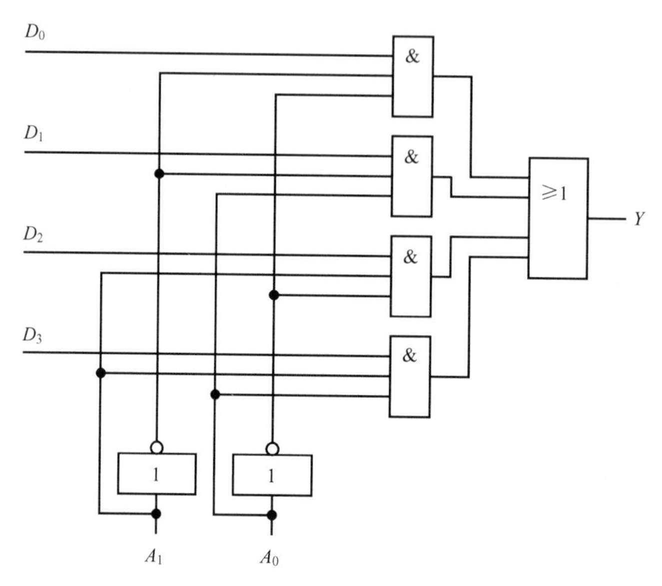

图 3-19　4 选 1 数据选择器的逻辑电路

3.4.5　加法器

加法器是一种算术运算电路，是计算机运算器的核心部件。加法器的基本功能是实现两个二进制数的加法运算。如果在加法器上增加一些电路，也可以用于减法运算和各种逻辑运算，计算机中的乘法和除法电路的核心部分也是加法器电路。

1．全加器

全加器是一种可以将两位二进制数及低位的进位相加的逻辑电路。全加器有三个输入信号，分别是本位的两个加数 A_i 和 B_i 及低位来的进位 C_i；两个输出信号，分别是本位的和 S_i 及本位产生的进位 C_{i+1}。根据二进制加法运算规则可列出表 3-8 所示的全加器真值表，分析真值表可写出全加器的和与进位的几种逻辑函数表达式：

表 3-8　全加器真值表

A_i	B_i	C_i	S_i	C_{i+1}
0	0	0	0	0
0	0	1	1	0
0	1	0	1	0
0	1	1	0	1
1	0	0	1	0
1	0	1	0	1
1	1	0	0	1
1	1	1	1	1

$$\begin{aligned}S_i &= \overline{A_i}\,\overline{B_i}C_i + \overline{A_i}B_i\overline{C_i} + A_i\overline{B_i}\,\overline{C_i} + A_iB_iC_i \\ &= \overline{C_i}(A_i \oplus B_i) + C_i(\overline{A_i \oplus B_i}) \\ &= A_i \oplus B_i \oplus C_i\end{aligned}$$

$$\begin{aligned}C_{i+1} &= \overline{A_i}B_iC_i + A_i\overline{B_i}C_i + A_iB_i\overline{C_i} + A_iB_iC_i \\ &= (A_i \oplus B_i)C_i + A_iB_i\end{aligned}$$

根据逻辑函数表达式可画出如图 3-20 所示的全加器逻辑电路（选择和的第 3 个逻辑表达式和进位的第 2 个逻辑表达式实现），其逻辑符号如图 3-21 所示。

2. 字长为 n 位的加法器

将 n 个全加器连接起来，可组成字长为 n 位的加法器，完成两个 n 位二进制数相加。根据进位信号产生方式的不同，加法器有串行进位、并行进位等进位方式。

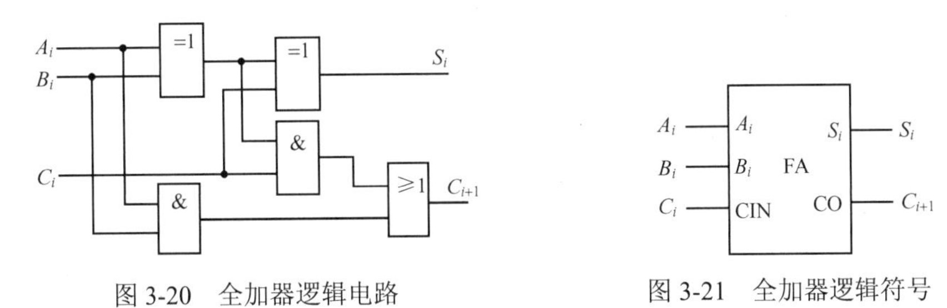

图 3-20　全加器逻辑电路　　　　图 3-21　全加器逻辑符号

（1）串行进位加法器

在加法运算过程中，进位信号由低位向高位逐级产生，这种结构的加法器称为串行进位加法器，也称为行波进位加法器。对于字长为 n 位的串行进位加法器来说，进位的逻辑表达式为

$$C_{i+1}=A_iB_i+(A_i\oplus B_i)\ C_i \qquad i=0,1,2,\cdots,n-1$$

图 3-22 所示是 4 位串行进位加法器逻辑示意图，其中 A_3、A_2、A_1、A_0 和 B_3、B_2、B_1、B_0 为 4 位被加数和加数输入信号，C_0 为初始进位，S_3、S_2、S_1、S_0 为 4 位和输出信号，C_4 为最高位进位输出信号。由于进位逐级传输，高位的运算要等待低位的运算完成之后才能进行。所以串行进位加法器运算速度慢，但电路结构简单。

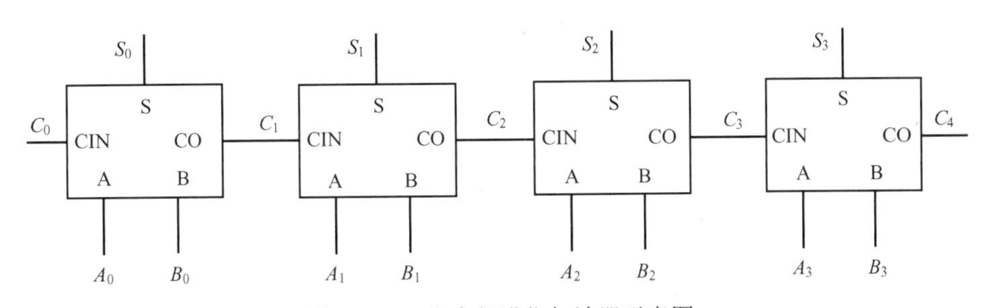

图 3-22　4 位串行进位加法器示意图

（2）并行进位加法器

为了提高加法器的运算速度，需要减少进位传递引起的时间延迟。现在的计算机广泛采用并行进位结构，让所有的进位同时形成。

并行进位的逻辑表达式可由串行进位的逻辑表达式推出。对字长为 4 位的加法器，串行进位的逻辑表达式为：

$$C_1=A_0B_0+(A_0\oplus B_0)C_0 \qquad C_2=A_1B_1+(A_1\oplus B_1)C_1$$

$$C_3=A_2B_2+(A_2\oplus B_2)C_2 \qquad C_4=A_3B_3+(A_3\oplus B_3)C_3$$

令进位生成函数及进位传递函数分别为

$$G_i=A_iB_i \qquad P_i=A_i\oplus B_i$$

可将串行进位的逻辑表达式写为

$$C_1=G_0+P_0C_0 \qquad C_2=G_1+P_1C_1$$

$$C_3 = G_2+P_2C_2 \qquad C_4 = G_3+P_3C_3$$

利用代入规则将低位的进位表达式代入高一级进位的逻辑表达式，可得并行进位的逻辑表达式为

$$C_1 = G_0+P_0C_0$$
$$C_2 = G_1+P_1G_0+P_1P_0C_0$$
$$C_3 = G_2+P_2G_1+P_2P_1G_0+P_2P_1P_0C_0$$
$$C_4 = G_3+P_3G_2+P_3P_2G_1+P_3P_2P_1G_0+P_3P_2P_1P_0C_0$$

并行进位的逻辑表达式说明各级进位信号是同时产生的，而不必逐级传递，故并行进位运算速度快，但逻辑表达式复杂，实现进位的逻辑电路结构也复杂。在加法器电路中。用并行进位电路将各个加法器连接起来，就可以构成速度快的并行进位加法器。

以加法器为核心，增加函数发生器电路进一步可构成多功能算术逻辑运算部件 ALU。74LS181 就是一种在试验设备中广泛使用的 4 位并行进位 ALU 芯片，在控制信号的控制下可完成 16 种算术运算和 16 种逻辑运算。

3.5 时序逻辑电路

时序逻辑电路简称时序电路，由具有记忆功能的触发器及组合电路构成。时序电路在任意时刻的输出信号不仅取决于当前的输入信号，还和电路原来的状态有关。

3.5.1 时序逻辑电路的分析与设计

时序电路存在输出到输入的反馈，且具有记忆功能，其功能是依靠触发器构成的存储电路实现的，在时序电路中可以没有组合电路，但是必须有存储电路。

时序电路结构框图如图 3-23 所示，其中 X_1、X_2、…、X_n 是时序电路的 n 个输入变量，Y_1、Y_2、…、Y_m 是时序电路的 m 个输出变量，Q_1、Q_2、…、Q_k 是存储电路触发器的输出信号，也是组合电路的内部输入，称为状态变量；Z_1、Z_2、…、Z_r 是存储电路的输入，也是组合电路的内部输出，可以改变触发器的状态，称为驱动变量。时序电路的状态是由所有触发器的输出信号构成的，把状态变量按规定的次序排列起来构成的二进制代码称为该时刻时序电路的状态，其每一个状态都是状态变量的唯一组合。若状态变量个数为 n，状态数为 M，则 $M=2^n$。

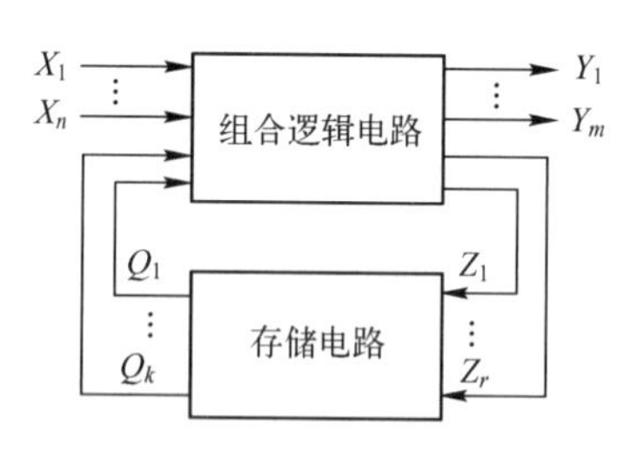

图 3-23　时序电路结构框图

时序电路按触发方式可分为两类：一类是同步时序电路；另一类是异步时序电路。在同步时序电路中，所有存储电路受统一时钟信号的控制，存储电路中各触发器状态的更新与时钟脉冲同步进行；而异步时序电路则不同，没有统一的时钟信号，各存储电路不受统一时钟信号控制，电路状态的改变由输入信号引起，各触发器状态的更新不是同步进行的。

1．时序电路的描述方法

在时序电路中，存储电路变化后的状态称为存储电路的次态，用 Q_1^{n+1}、Q_2^{n+1}、…、Q_k^{n+1} 表示；

变化前的状态称为现态，用Q_1^n、Q_2^n、…、Q_k^n表示，简记为Q_1、Q_2、…、Q_k。时序电路的描述方法与组合电路的描述方法不同，需要用输出方程、驱动方程和状态方程来描述。

时序电路的输入和现态通过组合电路得到时序电路的输出和存储电路的驱动变量，描述输出变量与输入变量、状态变量之间关系的逻辑表达式称为输出方程：

$$Y_i = G_i(X_1,\cdots,X_n,Q_1,Q_2,\cdots,Q_k) \qquad i=1,\cdots,m$$

描述驱动变量与输入变量、状态变量之间关系的逻辑表达式称为驱动方程：

$$Z_i = H_i(X_1,\cdots,X_n,Q_1,Q_2,\cdots,Q_k) \qquad i=1,\cdots,r$$

描述存储电路的次态与现态、驱动变量之间关系的逻辑表达式称为状态方程：

$$Q_i^{n+1} = F_i(Z_1,Z_2,\cdots,Z_r,Q_1,Q_2,\cdots,Q_k) \qquad i=1,\cdots,k$$

2．时序电路的分析

时序电路的分析是根据给定的逻辑电路图确定其逻辑功能的过程。对同步时序电路，在时钟信号作用下随着输入信号的变化，电路的状态相应地发生变化。分析同步时序电路的关键是找出该时序电路的状态变化规律，从而确定该时序电路的逻辑功能。时序电路的分析一般按照以下步骤进行。

① 根据给定的时序电路，确定哪一部分是组合电路、哪一部分是存储电路，明确输入变量、输出变量和状态变量，写出输出方程和驱动方程。

② 根据触发器的类型，写出其特性方程，结合驱动方程，求得状态方程。

③ 根据已有的状态方程或驱动方程和输出方程，列出状态表或画出状态图。

④ 根据状态表或状态图，分析所给时序电路的逻辑功能，有时还可根据需要画出的时序图进行分析。

对异步时序电路的分析比同步时序电路要复杂，在电路中没有统一的时钟信号，各级触发器状态的变化不同步，只有在各自的时钟出现后才发生变化，所以触发器的特征方程要包含时钟变量。

3．时序电路的设计

时序电路的设计与分析过程相反，设计是根据给定的逻辑功能要求，经过若干设计步骤得到完成该逻辑功能的时序电路的过程。

同步时序电路设计一般按照以下步骤进行：

① 根据逻辑要求建立原始状态图或状态表；

② 对原始状态表进行化简，得到最简状态表；

③ 对状态进行编码，给每个状态指定一个二进制代码以取代原来的符号代码，得到状态编码表；

④ 根据选用的触发器由状态编码表写出驱动方程和输出方程。

异步电路的设计和同步电路类似，但要考虑触发器时钟信号的选取。

3.5.2 触发器

触发器由基本的逻辑门电路加上适当的反馈线构成，具有记忆功能，是最简单的时序电路，可以用来组成寄存器、计数器等计算机中的基本部件。

1. 触发器的基本特性

触发器作为一种时序电路，具有以下基本特性。

① 触发器有两个互补的输出端 Q 和 $\overline{Q}$，当 $Q=0$ 时，$\overline{Q}=1$；当 $Q=1$ 时，$\overline{Q}=0$。

② 触发器有两个稳定状态，具有记忆功能。通常将 $Q=0$ 称为 0 状态，表示存储信息 0；将 $Q=1$ 称为 1 状态，表示存储信息 1。当输入信号（包括时钟信号）不发生变化时，触发器状态不会改变。

③ 在输入信号作用下，触发器可以从一个稳定状态变到另一个稳定状态。

2. 维持阻塞 D 触发器

触发器的种类很多，有 RS 触发器、D 触发器、JK 触发器和 T 触发器，有的是电平触发，有的是时钟上升沿或下降沿触发。下面以 D 触发器为例，介绍其工作原理及功能。

（1）D 触发器电路的组成

图 3-24 给出的是时钟上升沿触发的维持阻塞 D 触发器的逻辑电路，该触发器只在时钟的上升沿时刻才响应输入的驱动信号，改变触发器的状态，具有较高的抗干扰能力。

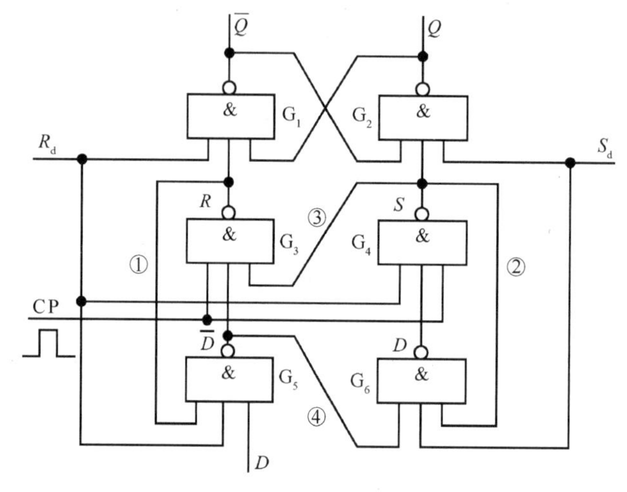

图 3-24　维持阻塞 D 触发器的逻辑电路

维持阻塞 D 触发器由 6 个与非门组成，D 是输入信号，CP 是时钟信号，Q 和 $\overline{Q}$ 是输出信号。R_d 是清 0 控制端，低电平时将触发器置成 0，S_d 是置 1 控制端，低电平时将触发器置成 1，这两个信号平时为高电平，需要清 0 或置 1 时，在相应的控制端给出低电平，但不能同时为低电平。

（2）D 触发器的工作原理

当 $CP=0$ 时，与非门 G_3 和与非门 G_4 的输出都为 1，反馈线①②③也全为 1，G_5、G_6 处于开放状态，与非门 G_5 输出 $\overline{D}$，与非门 G_6 输出 D。由于 Q 接到与非门 G_1 的输入端，$\overline{Q}$ 接到与非门 G_2 的输入端，使触发器保持原来的状态不变。

如输入信号 $D=0$，与非门 G_5 输出 1，与非门 G_6 输出 0，当 CP 从 0 跳变到 1 时，与非门 G_3 输出 0，与非门 G_4 输出 1，使与非门 G_1 输出 1，与非门 G_2 输出 0，即触发器进入 0 状态；当 CP 固定为 1 时，由于与非门 G_3 输出的 0 反馈到与非门 G_5 输入端，封锁了与非门 G_5，此时 D 发生变化也不会影响触发器的状态。

如输入信号 D=1，与非门 G_5 输出 0，与非门 G_6 输出 1，当 CP 从 0 跳变到 1 时，与非门 G_3 输出 1，与非门 G_4 输出 0，使与非门 G_1 输出 0，与非门 G_2 输出 1，即触发器进入 1 状态；当 CP 固定为 1 时，由于与非门 G_4 输出的 0 反馈到与非门 G_3 和 G_6 输入端，封锁了与非门 G_3 和 G_6，此时 D 发生变化也不会影响触发器的状态。

通过以上的分析，可以得到 D 触发器的特性方程为 $Q^{n+1}=D$，即时钟脉冲上升沿到来时，D 触发器的输出等于输入。上升沿触发的 D 触发器特性表如表 3-9 所示，D 触发器的逻辑符号如图 3-25 所示。

表 3-9　维持阻塞 D 触发器特性表

CP	D	Q^{n+1}
↑	1	1
↑	0	0
×	×	Q

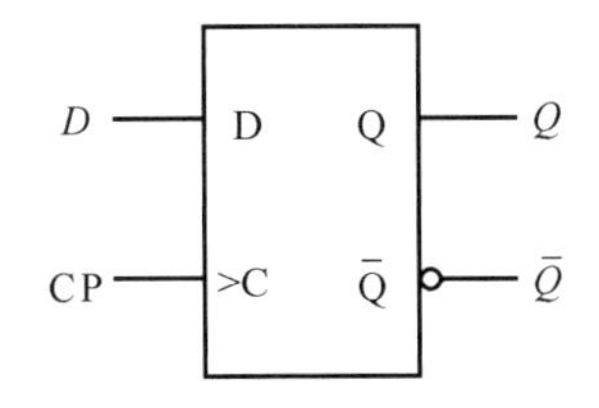

图 3-25　D 触发器的逻辑符号

3.5.3　寄存器

寄存器是计算机中的基本部件，用来存放地址、命令、数据等信息。字长为 n 位的寄存器可以由 n 个触发器构成，能存放 n 位二进制数，常用的有 4 位、8 位、16 位、32 位和 64 位的寄存器。

图 3-26 是由 4 个 D 触发器构成的 4 位数码寄存器，在 CP 上升沿到来时，实现 4 位数据的并行输入和并行输出。该寄存器具有异步清零的功能，当 $CLR=0$ 时，寄存器输出为 0。

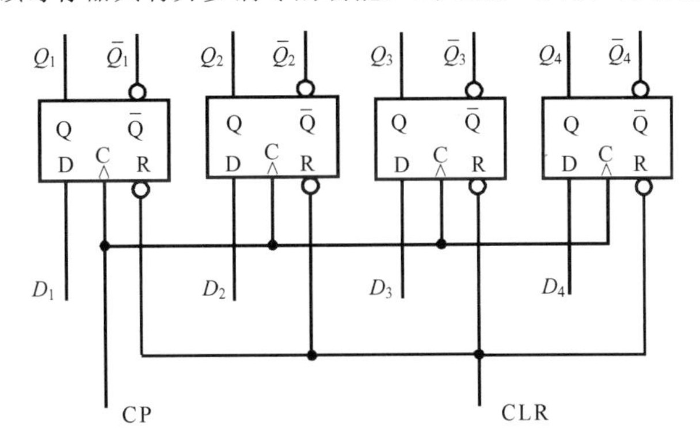

图 3-26　4 位寄存器电路

如果在触发器的输出端增加三态门，可构成三态输出寄存器（也称为三态锁存器），即三态门的使能信号无效时，寄存器输出为高阻状态。

如果将前一级触发器的输出端 Q 和后一级的触发器的输入端 D 相连，可构成具有移位功能的寄存器，当时钟到来时，寄存器中的信息依次移位。移位寄存器可用于串行数据和并行数据之间的转换。有的寄存器还设计成双向移位寄存器，在控制信号的作用下，可左移或右移。

3.5.4　计数器

计数器也是计算机中的基本部件，用来记录脉冲的个数，当脉冲的频率固定时，计数器就成为定时器，计数器还可用于分频、产生节拍脉冲及数字运算等。

计数器的种类很多，根据计数脉冲触发方式不同可分为同步计数器和异步计数器；根据进位计数制可分为二进制计数器、十进制计数器和任意进制计数器；按照计数数值的增减可分为加法计数器、减法计数器和可逆计数器。

计数器可以由各种触发器构成，图 3-27 是由两个 D 触发器构成的四进制可逆计数器。控制信号 X=0 时做加法计数，X=1 时做减法计数，R_D 是异步清 0 控制信号，低电平有效，可将计数器清 0。

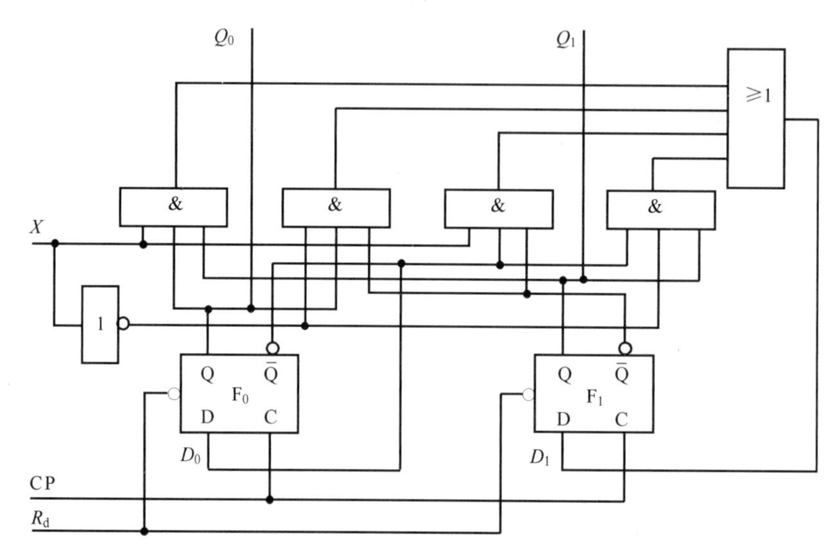

图 3-27　可逆四进制计数器电路

分析该计数器电路的逻辑功能，可写出触发器的驱动方程：

$$D_0 = \overline{Q_0}$$

$$D_1 = XQ_1Q_0 + \overline{X}\cdot\overline{Q_1}Q_0 + X\overline{Q_1}\cdot\overline{Q_0} + \overline{X}Q_1\overline{Q_0}$$

根据 D 触发器的特性方程 Q^{n+1}=D，可写出各触发器状态方程：

$$Q_0^{n+1} = \overline{Q_0}$$

$$Q_1^{n+1} = XQ_1Q_0 + \overline{X}\cdot\overline{Q_1}Q_0 + X\overline{Q_1}\cdot\overline{Q_0} + \overline{X}Q_1\overline{Q_0}$$

由状态方程可得到表 3-10 所示的状态表，再由状态表画出图 3-28 所示的状态图。

表 3-10　可逆四进制计数器状态表

X	Q_1	Q_0	Q_1^{n+1}	Q_0^{n+1}
0	0	0	0	1
0	0	1	1	0
0	1	0	1	1
0	1	1	0	0
1	0	0	1	1
1	0	1	0	0
1	1	0	0	1
1	1	1	1	0

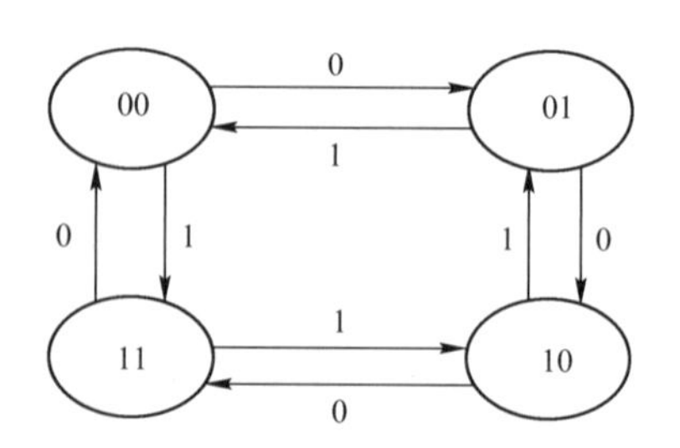

图 3-28　可逆四进制计数器状态图

对状态图分析可以看出，该计数器电路有 4 个状态，在时钟脉冲的作用下，按状态图所示的计数次序在 4 个状态中循环。当 $X=0$ 时，每来一个时钟脉冲，计数器加 1；当 $X=1$ 时，每来一个时钟脉冲，计数器减 1。

习题 3

1．单项选择题

（1）基本的逻辑运算是指（　　）。

A．与、或、异或　　B．与、或、非

C．与非、异或、与或非　　D．与、非、同或

（2）若只有输入变量 A、B 全为 1 时，输出 $F=0$，则输出与输入的关系是（　　）。

A．异或　　B．与　　C．与非　　D．或

（3）若输入变量 A 和 B 相同时，输出 $F=0$，则输出与输入的关系是（　　）。

A．异或　　B．与　　C．与非　　D．或

（4）三态门具有（　　）。

A．三个输入端　　B．三个输入端和三个输出端

C．三种输出状态　　D．三个输出端

（5）运算器的核心部件是（　　）。

A．加法器　　B．译码器　　C．触发器　　D．寄存器

（6）有 16 个输出端的二进制译码器有（　　）个输入端。

A．2　　B．3　　C．4　　D．5

（7）有 32 个输入端的编码器可输出（　　）位编码。

A．2　　B．3　　C．4　　D．5

（8）一个 8 路数据选择器，其地址输入端和数据输入端分别有（　　）个。

A．3、8　　B．8、3　　C．4、8　　D．8、4

（9）组成时序电路的基本部件是（　　）。

A．译码器　　B．触发器　　C．计数器　　D．寄存器

（10）计数器不能完成的功能是（　　）。

A．计数　　B．定时　　C．分频　　D．地址译码

（11）计数范围是 0～1000 的计数器，至少需要（　　）个触发器。

A．9　　B．10　　C．11　　D．12

2．用真值表的方法证明下列等式：

（1）$\overline{A+B}=\overline{A}\overline{B}$　　（2）$\overline{AB}=\overline{A}+\overline{B}$

3．用逻辑代数的方法证明下列等式：

（1）$\overline{A_i}\,\overline{B_i}C_i+\overline{A_i}B_i\overline{C_i}+A_i\overline{B_i}\,\overline{C_i}+A_iB_iC_i=A_i\oplus B_i\oplus C_i$

（2）$\overline{A_i}B_iC_i+A_i\overline{B_i}C_i+A_iB_i\overline{C_i}+A_iB_iC_i=(A_i\oplus B_i)C_i+A_iB_i$

4．三态门有什么功能？输出有哪三种状态？

5．画出下列逻辑函数的逻辑电路：

（1）$F = A\overline{B} + \overline{A}B$　　（2）$F = \overline{\overline{(A+B)} + \overline{(\overline{A}+\overline{B})}}$

（3）$F = \overline{\overline{A}\cdot\overline{B} + AB}$　　（4）$F = (A+B)\cdot(\overline{A}+\overline{B})$

（5）$F = \overline{\overline{A\overline{B}}\cdot\overline{\overline{A}B}}$　　（6）$F = A \oplus B$

6．计算机中常用的组合电路和时序电路部件有哪些？

7．简述译码器、编码器、数据选择器、寄存器和计数器的功能。

8．试设计一个组合逻辑电路，该电路有 4 个输入和一个输出，当输入 1 的个数是奇数时，输出为 1。请列出真值表，写出逻辑表达式并画出逻辑电路图。

9．设计一个组合逻辑电路，输入为两位二进制数，输出为输入的平方。

10．用 D 触发器设计一个具有锁存功能的 8 位寄存器。

第 4 章　中央处理器

CPU 芯片采用超大规模集成电路技术制成，是计算机系统的硬件核心，对计算机系统的性能影响最大，本章在介绍 CPU 组成的基础上，以典型的 CPU 芯片为背景，讲述 CPU 的功能结构、寄存器组成和当前 CPU 设计中采用的新技术。

4.1　中央处理器的组成

CPU 主要由运算器、控制器和寄存器组组成，其功能是执行程序中的指令序列。具体地讲，CPU 应具有以下基本功能：

① 处理指令：按照规定的顺序完成取指令和对指令进行译码的操作；

② 处理数据：能对数据进行算术运算和逻辑运算；

③ 控制时间：提供整个系统所需的定时信号；

④ 执行操作：根据指令产生控制信号，执行所有的操作，如与存储器和 I/O 接口交换数据；

⑤ 暂存一定的数据；

⑥ 处理异常情况和响应 I/O 设备发出的请求。

4.1.1　运算器

运算器是计算机的数据处理中心，主要由算术逻辑单元 ALU、通用寄存器组、多路选择器及标志寄存器构成，图 4-1 所示是运算器结构示意图。

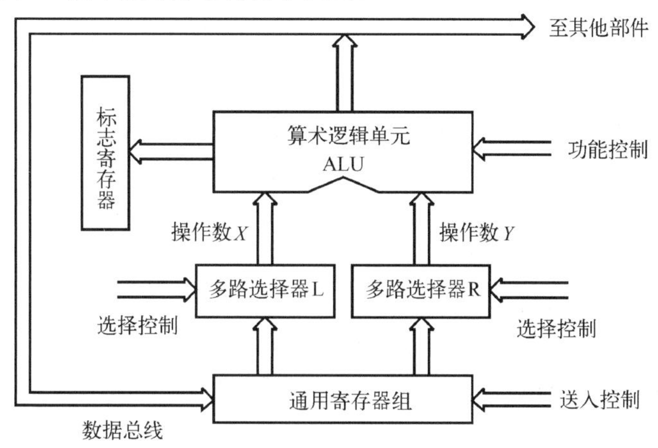

图 4-1　运算器结构示意图

算术逻辑单元 ALU 是运算器的核心部件，所有的算术运算、逻辑运算都是由 ALU 完成的，它完成哪一种运算由控制器发来的功能控制信号决定。

通用寄存器组由若干通用寄存器组成，用来暂存从主存中取出的数据或运算结果。一般来说，通用寄存器的数量越多，ALU 中暂存的信息就越多。使用寄存器操作可以减少访问主存的次数，有利于提高 CPU 的运行速度。

运算器输入端的多路选择器用来从通用寄存器组或暂存寄存器中选择参加运算的数据，对每个多路选择器在任一时刻只允许选择一个寄存器参加运算。

标志寄存器用来记录本次运算后的一些重要特征，如运算结果是否为 0，运算结果是否为负数，以及结果是否溢出等，根据标志寄存器中的内容可以决定程序下一步应执行什么操作。标志寄存器也叫状态寄存器，还存放反映计算机运行方式的信息，也可划入控制器的组成。

下面通过一个例子说明运算器的基本工作原理。

运算器执行加法指令：ADD A, B，该指令的功能是将寄存器 A 和寄存器 B 的内容相加，运算结果存入寄存器 A。

控制器先发出选择控制信号，ALU 左输入端的多路选择器选中寄存器 A，其内容通过多路选择器进入 ALU，ALU 右输入端的多路选择器选中寄存器 B，其内容通过多路选择器进入 ALU，然后控制器发出“加”的功能控制信号（其他如“乘”或“减”等的控制信号都无效），在加法信号的控制下，两个操作数相加。当运算完成时，控制器发出送入目的寄存器控制信号，相加的结果由数据总线存入寄存器 A 中。

对由硬件完成浮点运算的计算机来说，运算器分为定点运算器和浮点运算器，浮点运算器要比定点运算器的结构复杂得多。

4.1.2 控制器

控制器是 CPU 的指挥控制中心，是指挥与控制计算机各功能部件协同工作、自动执行计算机程序的部件。它把运算器、存储器和输入/输出设备组成一个有机的系统，根据指令产生的控制信号完成对各种部件的操作控制，如计算机程序和原始数据的输入、CPU 内部数据的处理、结果数据的输出等都是在控制器的作用下完成的。

1．控制器的功能

计算机对信息进行处理是通过程序的执行实现的，程序是完成某个确定算法的指令序列，预先存放在存储器中。控制器要控制程序的执行，应具备以下基本功能。

（1）指令顺序控制

程序是由一系列指令组成的，控制器要能够控制指令的执行顺序，即实现指令的有序执行。当程序是顺序执行时，要给程序计数器一个增量，作为下一条指令地址；当程序要跳转执行时，要用跳转目标地址修改程序计数器的内容。

（2）操作控制

一条指令的执行可以分解成若干步，如取指令、分析指令、执行指令，每一步都对应若干个微操作，而每个微操作都需要一个或几个微命令进行控制。因此，控制器应具有操作控制功能，能够根据指令产生微命令序列，控制指令的正确执行。

（3）时间控制

计算机的每个微操作都受到严格的时间控制，即在什么时间开始、在什么时间结束。因此，控制器应具有时间控制功能，可以产生计算机需要的时序信号，控制微命令发出的时刻和顺序，以保证计算机的工作有条不紊。

（4）对异常情况和某些请求的处理

在执行程序过程中，如果有 DMA 请求，CPU 要响应 DMA 请求，放弃总线控制；如果有中断请求，CPU 应中止当前执行的程序，转去执行中断服务程序，处理算术运算溢出、数据传送错误等异常情况或外部设备的数据传送请求。因此，控制器还应具有处理随机出现的异常情况和某些特殊请求的功能。

2．控制器的组成

控制器一般由程序计数器（Program Counter，PC）及地址形成电路、指令寄存器（Instruction Register，IR）、指令译码器（Instruction Decoder，ID）、时序电路和微操作命令发生器等组成，如图 4-2 所示。

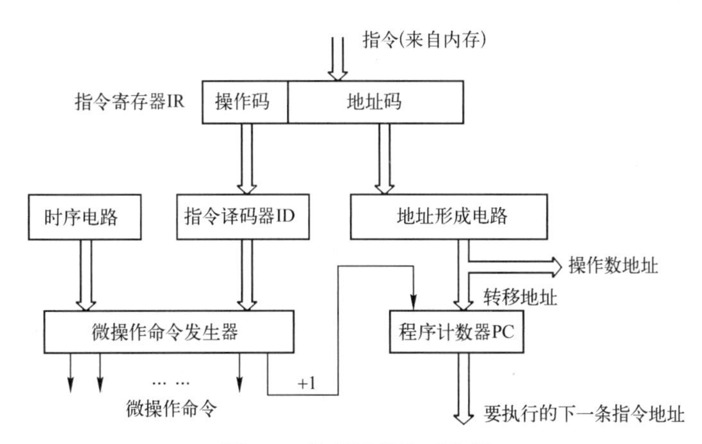

图 4-2　控制器结构示意图

（1）程序计数器 PC 及地址形成电路

程序计数器 PC 也叫指令指针寄存器（Instruction Pointer，IP），用来存放下一条要执行指令的存储器地址，按此地址从对应存储单元取出的内容就是要执行的指令。指令是顺序存放在存储器内的，通常指令是按顺序执行的，下一条要执行指令的地址由现行指令地址加 1（或加一个常量，和指令的字长有关）形成。

地址形成电路根据寻址方式可以形成转移类指令的转移地址或操作数地址，如在程序执行过程中要实现程序的转移，就要将形成的转移地址送到程序计数器 PC 中。

（2）指令寄存器 IR

指令寄存器 IR 保存从存储器中读入的当前要执行的指令。指令分两部分，由操作码和地址码构成。操作码用来表明指令的操作性质，如加法、减法等；地址码提供本条指令的操作数地址或形成操作数地址的有关信息，操作码是必不可少的，地址码则视具体情况而定。

（3）指令译码器 ID

指令译码器 ID 用来对指令寄存器中的指令进行译码分析，指出指令的操作种类和寻址方式，指令译码器的输出作为微操作命令发生器的输入，是产生控制信号的主要依据。

（4）时序电路

用于控制操作时间的信号称为时序控制信号。时序电路产生并发出计算机所需的各种时序控制信号，对各种操作进行时间上的控制。时序控制信号有机器周期信号、节拍信号、工作脉冲信号，它们决定每个微操作的开始时刻和操作的持续时间。

（5）微操作命令发生器

微操作就是不能再分解的操作，执行微操作总是需要相应的控制信号（也称微操作控制命令）。例如，让寄存器 A 的内容通过多路选择器这一操作就不能再分解，因此它是一个微操作。执行这一操作，需要控制器发出选通寄存器 A 的微操作命令。

微操作命令发生器是产生所有微操作命令的部件，是控制器中最复杂的部件。微操作命令发生器根据指令操作码、时序信号、状态寄存器内容和其他一些信息，产生计算机工作需要的各种控制信号，以便建立正确的数据通路，完成对取指令、分析指令和执行指令的控制。

控制器可以按照两种方法来设计：一种是由各种门电路构成，完全依靠硬件来产生控制信号，称为组合逻辑控制器，也叫硬布线控制器；另一种是微程序控制器，通过执行固化的一段微程序产生控制信号，来实现一条机器指令功能，对应所有指令的微程序都存放在控制器的只读存储器中。

组合逻辑控制器具有速度快的优点，但设计烦琐、复杂；微程序控制器速度较慢，但设计简单、规整，控制器的设计过程中也可以将两种方式结合起来。

4.1.3 寄存器组

CPU 中的寄存器组实际上就是其内部的一组高速存储单元，具有数据准备、数据调度和数据缓冲等作用，可以用来临时保存操作数、运算结果或地址指针等信息。

由于访问寄存器比访问存储器快捷和方便，不同类型的 CPU 都配有不同数量、不同字长的一组寄存器。从应用角度看，可以将寄存器分成以下两类。

（1）通用寄存器

通用寄存器在 CPU 中数量最多，它们既可以存放数据，又可以存放地址或地址指针，使用频度非常高，是调度数据的主要手段。有的 CPU 还具有多个寄存器组，可切换使用。

（2）专用寄存器

专用寄存器功能专一，都有特殊的用途。如标志字寄存器用来保存程序的运行状态，在该寄存器中，有些标志位反映运算过程中发生的情况，如运算中有无进位或借位、有符号数运算有无溢出等；有些标志位反映 CPU 的运行方式，如是否允许中断、是单步运行还是连续运行等。指令指针寄存器用来存放程序中要执行的下一条指令地址，用于控制程序的流程。

4.2 8086 CPU

8086 CPU 寄存器和 ALU 均为 16 位，能进行 8 位和 16 位操作，可用来组成字长为 16 位的计算机，是曾在个人计算机中广泛使用的 CPU 之一，其指令系统一直被后来的个人计算机兼容。

4.2.1 8086 CPU 的功能结构

1. CPU 功能结构

8086 CPU 由两个独立的工作单元组成，一个称为执行单元（Execution Unit，EU），另一个称为总线接口单元（Bus Interface Unit，BIU），其功能框图如图 4-3 所示。EU 和 BIU 并行工作，同时进行指令的执行操作和对总线的操作。

执行单元 EU 由算术逻辑运算单元 ALU、16 位数据暂存器、标志寄存器、8 个 16 位通用寄存器和 EU 控制电路构成。其中，数据暂存器协助 ALU 完成运算，暂存参加运算的数据；标志寄存器用来存放 CPU 运算的状态特征和控制标志；通用寄存器组包括 4 个 16 位数据寄存器 AX、BX、CX、DX 和 4 个 16 位指针与变址寄存器 SP、BP、SI、DI；EU 控制电路接收从 BIU 指令队列中取来的指令，经过指令译码形成各种定时控制信号，对 EU 的各个部件实现特定的定时操作。

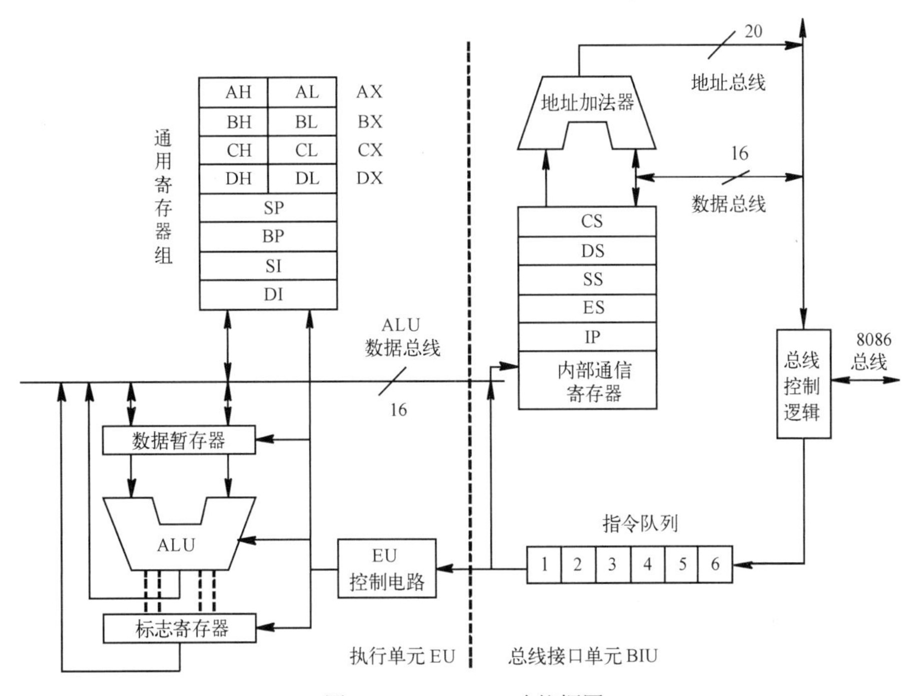

图 4-3　8086 CPU 功能框图

总线接口单元 BIU 由 4 个 16 位段寄存器、指令指针寄存器 IP、6 字节的指令队列、地址加法器、一个与 EU 通信的内部通信寄存器及总线控制逻辑组成。其中，地址加法器用来将段寄存器保存的段地址和 IP 或 EU 部件提供的偏移地址相加形成 20 位物理地址。

2. 指令的执行过程

执行单元的任务就是执行指令，进行算术运算和逻辑运算，完成偏移地址的计算，向总线接口单元 BIU 提供指令执行结果的数据和偏移地址，并对通用寄存器和标志寄存器进行管理，具体的工作任务如下：

① 从 BIU 单元的指令队列取出预先读入的指令代码；

② 由 EU 单元控制电路对该指令进行译码，并指出本次操作的性质及操作对象，在 EU 单元计算出指令操作数的 16 位地址位移量送给 BIU；

③ 将取出的操作数经数据总线送到 ALU 进行指定的操作；

④ 运算结果经内部数据总线保存在通用寄存器中或通过 BIU 送入存储单元；

⑤ 将本次操作的状态标志存放在标志寄存器中。

BIU 单元负责执行外部总线操作，完成 CPU 与存储器和 I/O 设备之间的数据传送。主要工作任务如下：

① 取指令时，如果 6 字节的指令队列中 2 字节出现空闲，且 EU 没有命令 BIU 执行对存储器和 I/O 端口的访问，那么 BIU 将自动取 2 字节的指令存放在指令队列中。当指令队列中指令已满，而 EU 又没有执行访问存储器和 I/O 端口的命令时，BIU 进入空闲状态。在执行转移、子程序调用或返回指令时，指令队列的内容就被清除。

② 无论是取指令还是传送数据，BIU 利用地址加法器将 EU 送来的偏移地址和指定的段寄存器相加，形成 20 位的物理地址。

③ 传送数据时，由 EU 向 BIU 提出请求，根据 EU 的请求，BIU 将 20 位操作数地址发往存储器的寻址逻辑，如果是读操作，取来的操作数经总线控制逻辑传送到 EU；如果是存放结果操作，由 BIU 负责将 EU 送来的结果写入存储器。

由于 EU 与 BIU 分开并独立工作，BIU 中有指令队列缓冲器，因此 EU 和 BIU 进行的操作是重叠和并行的，即 EU 从指令队列取指令、执行指令和 BIU 补充指令队列的工作是同时进行的。这样大大提高了 CPU 的利用率，也降低了 CPU 对存储器速度的要求。图 4-4 给出了 8086 CPU 指令的执行过程。8086 CPU 的 EU 和 BIU 重叠操作的方式虽然只是初步的流水线方式，但是它的设计思想成为后来 CPU 流水线设计的基础。

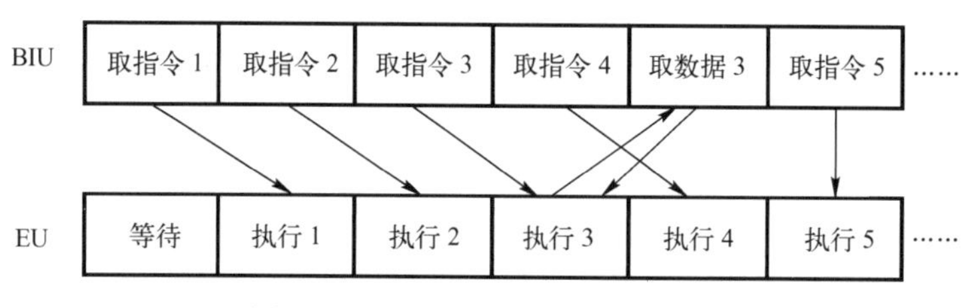

图 4-4　8086 CPU 指令的执行过程

4.2.2　8086 CPU 的寄存器

一个寄存器相当于存储器中的一个存储单元，但其存取速度要比存储器快得多，用来存放计算过程中所需要的各种信息。按照寄存器对程序员是否透明，寄存器可以分为程序可见的寄存器和程序不可见的寄存器两大类。程序可见的寄存器是指在汇编语言程序设计中用到的寄存器，它们可以由指令来指定。而程序不可见的寄存器则是指应用程序设计中不能使用而由系统专用的寄存器。

图 4-5 给出了 8086 CPU 的程序可见寄存器组，共有 14 个寄存器，都是 16 位寄存器，下面分别加以说明。

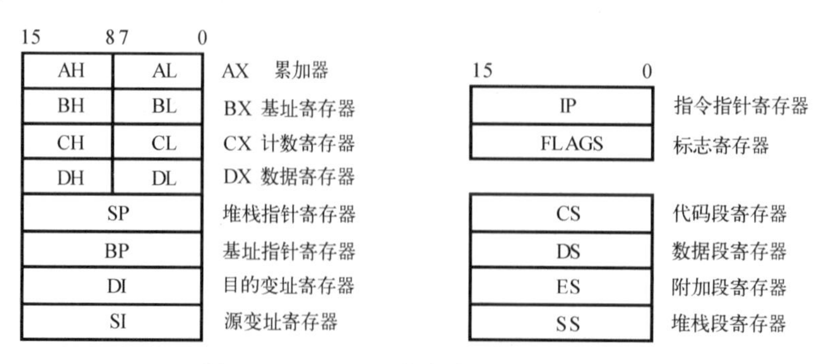

图 4-5　8086 CPU 的程序可见寄存器组

1．通用寄存器

通用寄存器包含数据寄存器、指针和变址寄存器。

（1）数据寄存器

数据寄存器共有 4 个，分别是 AX、BX、CX、DX，都可以用来保存操作数或运算结果等信息，但它们又各自有专门的用途。这 4 个寄存器可以以字的形式（16 位）访问，也可以以字节的形式（8 位）访问，即每个寄存器可以分成两个 8 位的寄存器使用。例如，BX 可以分成 BH 和 BL 两个 8 位的寄存器，分别访问 BX 的高位字节和低位字节。

AX（Accumulator）寄存器又称累加器，使用频率非常高，是算术运算的主要寄存器。特别是在乘、除等指令中用来默认存放操作数和结果。另外，所有的 I/O 指令都使用这一寄存器与外部设备传送信息。

BX（Base）寄存器又称基址寄存器，常用来存放存储器单元的偏移地址。

CX（Count）寄存器又称计数寄存器，常用来保存计数值，一般作为移位指令、循环或串操作等指令中的隐含计数器。

DX（Data）寄存器又称数据寄存器，常用来存放双字数据的高 16 位（在乘、除法中）。一般在双字长运算时（如乘、除运算），把 DX 和 AX 组合在一起存放一个双字长数，DX 用来存放高位字，AX 用来存放低位字。此外，对于 I/O 操作，DX 可用来存放 I/O 端口地址。

（2）指针和变址寄存器

指针和变址寄存器包括 SP、BP、SI 和 DI 这 4 个 16 位寄存器，它们只能以字为单位使用，可以像数据寄存器一样在运算过程中存放操作数，但更多地用于存放某个存储单元的偏移地址。

SP（Stack Pointer）为堆栈指针寄存器，用于存放当前堆栈段中栈顶单元的偏移地址，它可以与堆栈段寄存器 SS 联用指向堆栈栈顶单元。

BP（Base Pointer）为基址指针寄存器，用于存放堆栈段中某一存储单元的偏移地址，它可以与堆栈段寄存器 SS 联用来确定堆栈段中某一存储单元的地址。

SI（Source Index）为源变址寄存器，DI（Destination Index）为目的变址寄存器，一般与数据段寄存器 DS 联用，用来确定数据段中某一存储单元的地址。这两个变址寄存器具有自动增量和自动减量的功能，所以用于变址是很方便的。在串处理指令中，SI 和 DI 作为隐含的源变址寄存器和目的变址寄存器，此时 SI 和 DS 联用，DI 和附加段寄存器 ES 联用，分别达到在数据段和附加段中寻址的目的。

对于 80386 CPU 及其后继 CPU，它们的通用寄存器扩展到 32 位，包括 EAX、EBX、ECX、EDX、ESP、EBP、EDI 和 ESI。在这 8 个通用寄存器中，每个寄存器的专用特性与 8086 CPU 的 AX、BX、CX，DX、SP、BP，DI、SI 是一一对应的，它们的低 16 位就是 8086 CPU 的通用寄存器。这些寄存器既可以存放数据，又可以存放地址。同时，它们可以用来保存不同宽度的数据，如可以用 EAX 保存 32 位数据，用 AX 保存 16 位数据，用 AH 或 AL 保存 8 位数据。而且当这些寄存器以 16 位或 8 位的形式被访问时，不被访问的其他部分不受影响，如访问 AX 时，EAX 的高 16 位不受影响。

2．段寄存器

8086 CPU 的地址线是 20 位的，这样最大可寻址空间应为 2^{20}=1MB，而 8086 CPU 寄存器都是 16 位的。那么，这 1MB 空间如何用 16 位寄存器表达呢？解决方法是将 1MB 字节地址空间划分成若干个逻辑段，4 个 16 位的段寄存器分别称为代码段寄存器（Code Segment，CS）、数据段寄存器（Data Segment，DS）、堆栈段寄存器（Stack Segment，SS）、附加数据段寄存器（Extra Segment，ES）。段寄存器用来存放段地址，以确定该段在主存中的起始地址。

代码段用来存放程序的指令序列，代码段寄存器 CS 用来存储程序当前使用的代码段的段地址。CS 的内容左移 4 位再加上指令指针寄存器 IP 的内容就是下一条要读取的指令在存储器中的实际地址。

数据段寄存器 DS 用来存放程序当前使用的数据段的段地址。DS 的内容左移 4 位再加上按指令中存储器寻址方式给出的偏移地址，可得到对数据段指定单元进行读/写的实际地址。

堆栈段寄存器 SS 用来存放程序当前所使用的堆栈段的段地址。堆栈是存储器中开辟的按“先进后出”原则组织的一个特殊存储区，主要用于调用子程序或执行中断服务程序时保护断点和现场。SS 的内容左移 4 位再加上 SP 或 BP 中的偏移地址，可得到对堆栈段指定单元进行读/写的实际地址。

附加数据段寄存器 ES 用来存放程序当前使用的附加数据段的段地址。附加数据段用来存放字符串操作时的目的字符串。ES 的内容左移 4 位再加上 DI 中的偏移地址可得到对附加数据段指定单元进行读/写的实际地址。

从 80386 CPU 起，又增加了 FS 和 GS 两个段寄存器，它们也属于附加数据段，用于扩大数据存储区域。

3. 控制寄存器

控制寄存器包括指令指针寄存器和标志寄存器。

① 指令指针寄存器 IP 用来存放下一条要读取的指令在代码段中的偏移地址，其内容不能由传送指令修改，它与代码段寄存器 CS 联用确定下一条指令的物理地址。在程序运行的过程中，当这一地址送到存储器后，控制器可以取得下一条要执行的指令；而控制器一旦取得这条指令就马上修改 IP 的内容，使它指向下一条指令的偏移地址。可见，计算机就是用 IP 寄存器来控制指令序列的执行流程的，因此 IP 寄存器是计算机中很重要的一个控制寄存器。

② FLAGS 为标志寄存器，也是一个重要的 16 位控制寄存器，由图 4-6 可知它包含 9 个标志位，其中有 6 个条件码标志和 3 个控制码标志。

条件码标志用来记录程序中运行结果的状态信息，它们是根据有关指令的运行结果由 CPU 自动设置的。由于这些状态信息往往作为后续条件转移指令的转移控制条件，所以称为条件码，它包括以下 6 位。

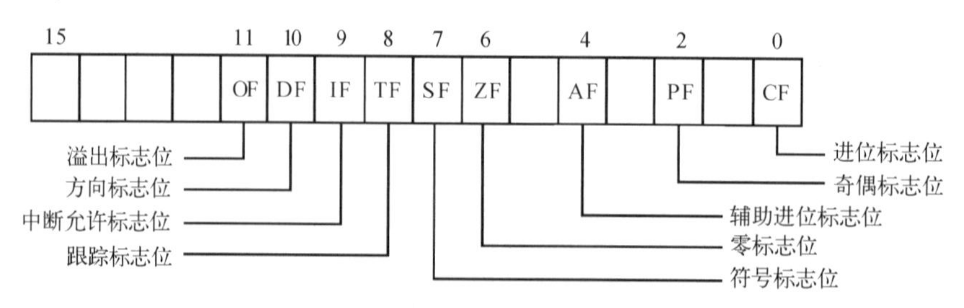

图 4-6　8086 CPU 标志寄存器 FLAGS

- 进位标志 CF（Carry Flag）：当进行加减运算时，若运算结果的最高位发生进位或借位，则 CF 为 1，否则为 0。通常用于判断无符号数运算结果是否超出了计算机所能表示的无符号数的范围，也用于双字长运算中高位字和低位字运算之间的联系。

- 辅助进位标志 AF（Auxiliary Carry Flag）：当进行加减运算时，若运算结果的低字节的低 4 位向高 4 位（即 D3 位向 D4 位）有进位或借位，则 AF 为 1，否则为 0。
- 符号标志 SF（Sign Flag）：记录运算结果的符号，结果为负时为 1，否则为 0。
- 零标志 ZF（Zero Flag）：运算结果为 0 时 ZF 位为 1，否则为 0。
- 溢出标志 OF（Overflow Flag）：用于检测有符号数的运算结果是否产生了溢出。当字节的运算结果超出了-128～+127，或字运算的结果超出了-32768～+32767 时，即产生溢出，OF 位为 1，否则为 0。
- 奇偶标志 PF（Parity Flag）：常用来检验数据传送是否出错。当结果的低 8 位中 1 的个数为偶数时，PF 为 1，否则为 0。

控制码标志用来控制 CPU 的某些操作，由程序设置或清除，它包括以下 3 位。

- 方向标志 DF（Direction Flag），在串处理指令中控制处理信息的方向。当 DF 位为 1 时，每次操作后使变址寄存器 SI 和 DI 减小，这样就使串处理从高地址向低地址方向进行；当 DF 位为 0 时，则使 SI 和 DI 增大，使串处理从低地址向高地址方向进行。
- 中断标志 IF（Interrupt Flag），用来控制是否允许中断，当 IF 位为 1 时，允许 CPU 响应可屏蔽中断请求；否则关闭中断，不允许 CPU 响应可屏蔽中断请求。
- 跟踪标志 TF（Trap Flag），用于调试时的单步方式操作。当 TF 位为 1 时，每条指令执行完后产生中断，CPU 处于单步运行方式；当 TF 位为 0 时，CPU 正常工作，程序连续执行。

从 80386 到 Pentium CPU，控制寄存器扩展到 32 位，称为指令指针寄存器 EIP 和标志寄存器 EFLAGS，其作用和相应的 16 位寄存器相同，但对不同的 CPU，EFLAGS 中另外增加了一些标志位，用于 CPU 控制。

4.2.3 8086 CPU 的引脚信号及功能

1. 总线周期

CPU 访问一次存储器或 I/O 端口称为完成一次总线操作，或执行一次总线周期。为了取得指令或传送数据，CPU 的总线接口单元需要执行一个总线周期。

8086 CPU 基本总线周期由 4 个时钟周期组成，一个时钟周期又称为一个 T 状态，因此一个总线周期包括 T_1、T_2、T_3、T_4 这 4 个 T 状态，在每个状态下，CPU 将发出不同的信号。

图 4-7 给出的是典型的总线周期波形图。在 T_1 状态下，CPU 把要读/写的存储单元的地址或 I/O 端口的地址放到地址总线上。若是读总线周期，则 CPU 从 T_3 起到 T_4 从总线上接收数据，T_2 状态时总线浮空，允许 CPU 有缓冲时间把输出地址的写方式转换成输入数据的读方式；若是写总线周期，则 CPU 从 T_2 起到 T_4，把数据送到总线上，并写入存储器单元或 I/O 端口。

2. 最小模式和最大模式

为了满足各种不同的应用，8086 CPU 可以在两种模式下工作：最小模式和最大模式。

所谓最小模式，就是在系统中只有一个 8086 CPU，即单处理器方式，所有的总线控制信号都直接由 8086 CPU 产生，所以，系统中的总线控制电路被减到最少。

最大模式是相对最小模式而言的，最大模式一般用在较大规模的 8086 系统中。在最大模式系统中，总是包含两个或多个微处理器，其中 8086 CPU 是主处理器，其他的处理器称为协处理器，它们协助主处理器进行工作，如浮点运算协处理器 Intel 8087，输入/输出协处理器 Intel 8089。8086 CPU 工作在最小模式还是最大模式下，完全由硬件决定。80286 以后的 CPU 不再区分最小、最大工作模式。

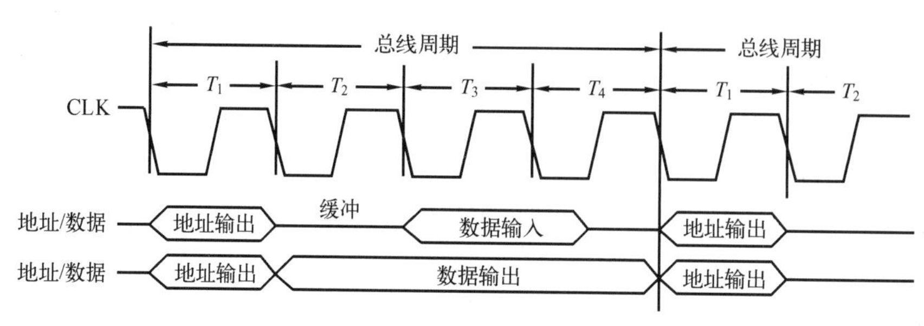

图 4-7　典型的总线周期波形图

3. 引脚信号及功能

8086 CPU 是具有 40 个引脚的集成电路芯片，采用双列直插式封装。其引脚排列如图 4-8 所示。 8086 的地址线和数据线是分时复用的，称为多路总线。在总线（引脚）上先传送地址，然后传送数据。8086 CPU 有 16 位是数据/地址复用引脚，有 4 位是地址/状态复用引脚。

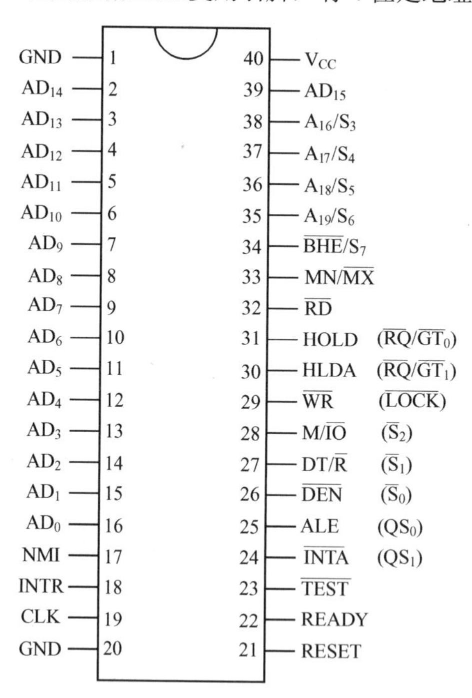

注：括号中为最大模式下引脚名。

图 4-8　8086 CPU 的引脚

① 电源线和地线：电源线 V_{CC} 为第 40 引脚，输入，接入单一的+5V 电源。地线 GND 为引脚 1 和 20，输入，两条地线均应接地。

② AD_{15}～AD_0：引脚 39 及引脚 2～16，地址/数据分时复用引脚，双向工作，传送地址时单向输出，传送数据时双向输入或输出。

③ A_{19}/S_6～A_{16}/S_3：引脚35～38，地址/状态分时复用引脚，输出、三态总线。采用分时输出，即在 T_1 状态下作为地址线用，T_2～T_4 状态下输出状态信息。当访问存储器时，T_1 状态下输出高4位地址 A_{19}～A_{15}，与 AD_{15}～AD_0 一起构成访问存储器的20位物理地址；CPU 访问 I/O 端口时，A_{19}～A_{16} 全部无效且输出低电平。状态信息中的 S_6 为 0，用来表示 8086 CPU 当前与总线相连，所以在 T_2～T_4 状态，S_6 总为 0，以表示 CPU 当前连在总线上；S_5 表示中断允许标志位 IF 的当前设置，IF=1 时，S_5 为 1，否则为 0；S_4～S_3 用来指示当前正在使用哪个段寄存器，具体情况如表 4-1 所示。

表 4-1　S_4 与 S_3 组合代表的正在使用的寄存器

S_4	S_3	当前正在使用的段寄存器
0	0	ES
0	1	SS
1	0	CS 或未使用任何段寄存器
1	1	DS

④ NMI（Non-Maskable Interrupt）：引脚17，非屏蔽中断请求信号，输入，上升沿触发。此请求不受标志寄存器中中断允许标志位 IF 状态的影响，只要此信号一出现，在当前指令执行结束后立即进行中断处理。

⑤ INTR（Interrupt Request）：引脚18，可屏蔽中断请求信号，输入，高电平有效。CPU 在每个指令周期的最后一个时钟周期检测该信号是否有效，若此信号有效，表明有外设提出了中断请求，这时若 IF=1，则当前指令执行完后立即响应中断；若 IF=0，则外设发出的中断请求将不被响应。程序员可通过指令 STI 或 CLI 将 IF 标志位置 1 或清 0。

⑥ CLK（Clock）：引脚19，系统时钟，输入。为 CPU 和总线控制电路提供时钟信号，它通常与 8284A 时钟发生器的时钟输出端相连，且要求时钟信号占空比为 1/3。

⑦ RESET：引脚21，复位信号，输入，高电平有效。8086 CPU 要求复位脉冲宽度不得小于 4 个时钟周期。复位后，CPU 马上结束现行操作，对内部寄存器进行初始化。8086 CPU 复位后 CS = FFFFH、IP = 0000H，所以 CPU 从 FFFF0H 开始执行程序。

⑧ READY：引脚22，数据准备好信号线，输入。它实际上是所寻址的存储器或 I/O 端口发来的数据准备就绪信号，高电平有效。CPU 在每个总线周期的 T_3 状态对 READY 引脚采样，若为高电平，说明数据已准备好；若为低电平，说明数据还没有准备好，CPU 在 T_3 状态之后自动插入一个或几个等待状态 T_W，直到 READY 变为高电平，才能进入 T_4 状态，完成数据传送过程，从而结束当前总线周期。

⑨ $\overline{\text{TEST}}$：引脚23，等待测试信号，输入。当 CPU 执行 WAIT 指令时，每隔 5 个时钟周期对 $\overline{\text{TEST}}$ 引脚进行一次测试。若为高电平，CPU 就仍处于空闲状态进行等待，直到引脚变为低电平，CPU 结束等待状态，执行下一条指令，以使 CPU 与外部硬件同步。

⑩ $\overline{\text{RD}}$（Read）：引脚 32，读控制信号，输出。当 $\overline{\text{RD}}=0$ 时，表示将要执行一个对存储器或 I/O 端口的读操作。从存储单元还是从 I/O 端口读取数据取决于 M/$\overline{\text{IO}}$ 信号。

⑪ $\overline{\text{BHE}}/S_7$（Bus High Enable / Status）：引脚34，高8位数据总线允许/状态复用引脚，输出。8086 存储器分为奇偶两个存储体，分别由奇地址和偶地址单元组成。$\overline{\text{BHE}}$ 在总线周期的 T_1 状态时输出，当该引脚输出为低电平时，表示当前数据总线上高 8 位数据 AD_{15}～AD_8 有效，$\overline{\text{BHE}}$ 和

AD_0的不同组合状态所代表的含义见表 4-2。在 T_2～T_4状态输出状态 S_7，S_7在 8086 CPU 中未被定义，暂作为备用状态信号线。

表 4-2　$\overline{BHE}$ 和 AD0 的不同组合状态表

$\overline{BHE}$	AD_0	功　能
0	0	同时访问奇偶存储体，通过 AD_{15}～AD_0进行 16 位字操作
0	1	访问奇存储体，通过 AD_{15}～AD_8进行字节操作
1	0	访问偶存储体，通过 AD_7～AD_0进行字节操作
1	1	不用

⑫ MN/$\overline{MX}$（Minimum/Maximum mode control）：引脚 33，最小/最大模式控制信号，输入。该引脚接高电平时，8086 CPU 工作在最小模式；接低电平时，8086 CPU 工作在最大模式。

上述引脚在最小模式和最大模式下具有相同的功能。从图 4-8 可以看出，8086 CPU 的 24～31 引脚在最小和最大模式下具有不同的引脚名称和定义，其中括号内为最大模式下的引脚名，下面分别在两种模式下对这 8 个引脚进行描述。

8086 CPU 最小模式下引脚 24～31 的定义和功能如下。

① $\overline{INTA}$（Interrupt Acknowledge）：引脚 24，可屏蔽中断响应信号，输出。该信号用于对外设的中断请求做出响应。$\overline{INTA}$ 实际上是两个连续的负脉冲信号，第 1 个负脉冲通知外设接口，它发出的中断请求已被允许；外设接口接到第 2 个负脉冲后，往数据总线上放中断类型号，以便 CPU 根据中断类型号到主存的中断向量表中找出对应中断的中断服务程序入口地址，从而转去执行中断服务程序。

② ALE（Address Latch Enable）：引脚 25，地址锁存允许信号，输出。在任何一个总线周期的 T_1状态，ALE 均为高电平，以表示当前地址/数据复用总线上输出的是地址信息，ALE 信号的下降沿时则把地址装入地址锁存器中。

③ $\overline{DEN}$（Data Enable）：引脚 26，数据允许信号，输出。当使用数据总线收发器时，该信号为收发器提供了一个控制信号，决定是否允许数据通过数据总线收发器。$\overline{DEN}$ 为高电平时，收发器在收或发两个方向上都不能传送数据，$\overline{DEN}$ 为低电平时，允许数据通过数据总线收发器。

④ DT/$\overline{R}$（Data Transmit/Receive）：引脚 27，数据发送/接收信号，输出。该信号用来控制数据的传送方向。DT/$\overline{R}$ 为高电平时，8086 CPU 通过数据总线收发器进行数据发送；当其为低电平时，则进行数据接收。

⑤ M/$\overline{IO}$（Memory/Input and Output）：引脚 28，存储器 I/O 端口控制信号，输出。该信号用来区分 CPU 是进行存储器访问还是进行 I/O 端口访问。当该信号为高电平时，表示 CPU 正在和存储器进行数据传送；为低电平时，表明 CPU 正在和输入/输出设备进行数据传送。

⑥ $\overline{WR}$（Write）：引脚 29，写信号，输出。$\overline{WR}=0$ 有效时，表示 CPU 当前正在进行存储器或 I/O 写操作，同时由信号 M/$\overline{IO}$ 决定是对存储器还是对 I/O 端口执行写操作。

⑦ HOLD（Hold request）：引脚 31，总线保持请求信号，输入。当 8086 CPU 之外的总线主设备要求占用总线时，通过该引脚向 CPU 发出一个高电平的总线保持请求信号。

⑧ HLDA（Hold Acknowledge）：引脚 30，总线保持响应信号，输出。当 CPU 接收到 HOLD 信号后，如果此时 CPU 允许让出总线，就在当前总线周期完成时，在 T_4状态发出高电平有效的

HLDA 信号给予响应。此时，CPU 让出总线使用权，发出 HOLD 请求的总线主设备获得总线的控制权。

8086 CPU 最大模式下引脚 24～31 的定义和功能如下。

① QS_1、QS_0（Instruction Queue Status）：引脚 24、25，指令队列状态信号，输出。QS_1、QS_0 的不同组合指明了 CPU 内部指令队列的状态，其代码组合对应的含义如表 4-3 所示。

表 4-3 QS_1 与 QS_0 组合代表的含义

QS_1	QS_0	含　义
0	0	无操作
0	1	从指令队列的第一字节中取走代码
1	0	队列为空
1	1	除第一字节外，还取走了后续字节中的代码

② $\overline{S_0}$、$\overline{S_1}$、$\overline{S_2}$（Bus Cycle Status）：引脚 26、27、28，总线周期状态信号，输出。它们三个的组合表明当前总线周期所进行的操作类型，表 4-4 给出了这三个状态信号的代码组合及其对应的操作。

表 4-4 $\overline{S_2}$、$\overline{S_1}$、$\overline{S_0}$ 的代码组合及其对应的操作

$\overline{S_2}$	$\overline{S_1}$	$\overline{S_0}$	对 应 操 作
0	0	0	中断响应周期
0	0	1	I/O 端口读周期
0	1	0	I/O 端口写周期
0	1	1	暂停
1	0	0	取指令周期
1	0	1	存储器读周期
1	1	0	存储器写周期
1	1	1	无源状态（非总线周期）

③ $\overline{LOCK}$（Lock）：引脚 29，总线封锁信号，输出。当 LOCK 为低电平时，系统中其他总线主设备不能获得总线的控制权而占用总线。

④ $\overline{RQ}/\overline{GT_1}$、$\overline{RQ}/\overline{GT_0}$（Request/Grant）：引脚 30、31，总线请求信号/总线授权信号。这两个信号作用相同，可供CPU以外的两个总线主设备向CPU发出使用总线的请求信号和接收CPU对总线请求的授权信号。其中 $\overline{RQ}/\overline{GT_0}$ 比 $\overline{RQ}/\overline{GT_1}$ 的优先级高。

4.2.4 8086 CPU 对存储器的访问

1. 8086 存储器结构

8086 CPU 的地址线为 20 条，它能寻址 1M 个存储单元，每个存储单元中存放一个 8 位的二进制信息。每一存储单元用唯一的一个地址码标识，地址码是一个无符号整数，其地址范围为 0～（$2^{20}-1$），习惯上用十六进制数表示，即 00000H～FFFFFH。将存储器空间按字节地址号顺序排列的方式称为按字节编址。

一个存储单元中存放的信息称为该存储单元的内容。如图 4-9 所示，00001H 单元的内容为8EH，记为(00001H)=8EH。若存放的是字型数据（16 位二进制数），则将字的低位字节存放在低地址单元，高位字节存放在高地址单元，且低地址作为字型数据的存储地址。如从地址00120H 开始的两个连续单元中存放一个字型数据 5FBCH，可记为(00120H)=5FBCH。若存放的是双字型数据，则要占用连续的 4 个存储单元，同样，低字节存放在低地址单元，高字节存放在高地址单元，且低地址作为双字型数据的存储地址。如从地址 E8008H 开始的连续 4 个存储单元中存放了一个双字型数据 6AE76489H，可记为(E8008H)=6AE76489H。这种存储方式，计算机技术中称为小端存储。

内容	存储单元地址
56H	00000H
8EH	00001H
⋮	⋮
64H	0011FH
BCH	00120H
5FH	00121H
⋮	⋮
89H	E8008H
64H	E8009H
E7H	E800AH
6AH	E800BH
33H	E800CH
⋮	⋮
4DH	FFFFFH

图 4-9　8086 存储器中数据的存放

8086 存储器，允许字从任何地址开始存放。当字的地址是偶地址时，称为字的存储是对准的，当字的地址是奇地址时，则称为字的存储是未对准的。8086 CPU 数据总线 16 位，对于访问字节的指令需要一个总线周期。对于访问一个偶地址的字的指令，可一次访问成功，也需要一个总线周期。而对于访问一个奇地址字的指令，则需要两个总线周期（CPU 自动完成）。为了提高对数据字的访问速度，应将数据字存放在偶地址开始的存储单元中。

2．存储器分段

8086 CPU 中可用来存放地址的寄存器如指令指针寄存器 IP、堆栈指针寄存器 SP 等都是 16 位的，故只能直接寻址 64KB。为了对 1MB 存储单元进行管理，需要用 16 位寄存器实现 20 位地址的表示，所以 8086 CPU 采用了存储器分段技术。

所谓存储器分段就是把 1MB 的存储器分成若干逻辑段，每个逻辑段最大长度为 64KB，每个逻辑段的起始地址（也称段首地址）可以有多种规定，默认是 16 的倍数，如 543A0H；即段的起始地址的低 4 位二进制数必须是 0。一个段的起始地址的高 16 位称为该段的段地址。段内存储单元的地址可以用相对于起始地址的 16 位偏移量来表示，这个偏移量称为当前段内的偏移地址，偏移地址实际上就是段内某单元地址与段首地址的差，其范围为 0000H～FFFFH。在进行存储器寻址时，偏移地址可以通过很多方法形成，所以在编程过程中常称为有效地址（Effective Address，EA）。

这样，1MB 地址空间最多可划分成 64K 个逻辑段，最少也要划分成 16 个逻辑段。逻辑段与逻辑段可以相连，也可以不连，还可以互相重叠。

为了方便编写程序，用户编写的程序被分别存储在代码段、数据段、堆栈段和附加数据段中，这些段的段地址分别存储在段寄存器 CS、DS、SS 和 ES 中。代码段存放当前正在运行的程序代码；数据段存放程序执行时所用的数据或串操作的源数据块；堆栈段是特殊数据结构的数据区，它以“先进后出”的方式进行数据的存取；附加数据段存放辅助数据或串操作的目的数据块。一般情况下，各段在存储器中的分配由操作系统负责，不能混淆和互换。

3．逻辑地址和物理地址

由于采用了存储器分段管理方式，8086 CPU 在对存储器进行访问时，根据当前的操作类型及读取操作数时指令所给出的寻址方式，就可确定要访问的存储单元所在段的段地址及该单元在本段内的偏移地址。把通过段地址和偏移地址来表示的存储单元的地址称为逻辑地址，其表示格式为：段地址:偏移地址。逻辑地址是程序使用的地址。例如，C018:FE7F 表示段地址为 C018H，偏移地址为 FE7FH。

CPU 访问存储单元时，必须在地址总线上提供一个 20 位的地址信息，以便选中所要访问的存储单元。把 CPU 访问存储器时实际寻址所使用的 20 位地址称为物理地址，物理地址就是 CPU 访问存储器的实际地址。

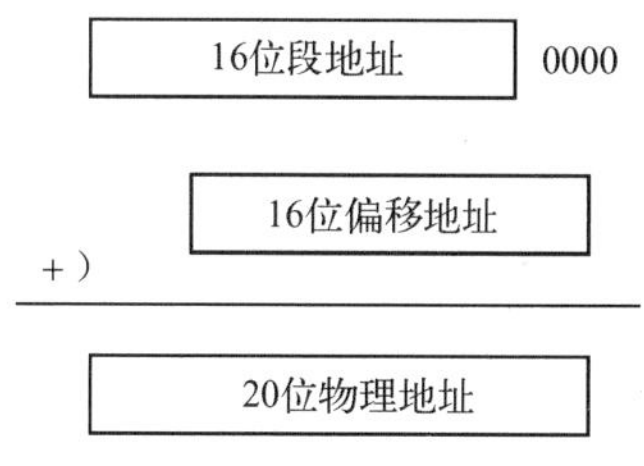

图 4-10　物理地址的形成

已知逻辑地址，可求出对应的 20 位物理地址，将段寄存器的内容左移 4 位再与偏移地址相加便可形成物理地址，如图 4-10 所示，其计算公式为

$$物理地址 = 段地址\times 10H + 偏移地址$$

例如，逻辑地址为 B027:EF7F，表示其段地址为 B027H，偏移地址为 EF7FH，则物理地址为：B027H×10H +EF7FH = B0270H+EF7FH=BF1EFH，其物理地址的形成如图 4-11 所示。

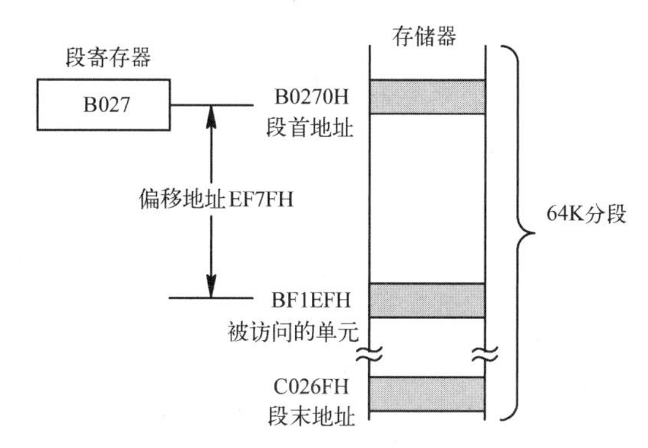

图 4-11　物理地址的形成举例

一般情况下，计算不同段的物理地址应使用不同的段寄存器，按约定进行，不能混淆；但允许有特例的情况，称为段超越前缀，不用约定段地址，而是用可修改的段地址与偏移地址来形成所需的物理地址。表 4-5 列出了各种类型访问存储器时所要使用的段寄存器和段内偏移地址的来源，它规定了各种不同目的下访问存储器时所形成的 20 位物理地址的原则。

表 4-5　段寄存器使用的约定

存储器存取方式	约定段地址	可修改段地址	偏 移 地 址
取指令	CS	无	IP
堆栈操作	SS	无	SP
字符串中的源串	DS	CS、ES、SS	SI
字符串中的目的串	ES	无	DI
数据读/写	DS	CS、ES、SS	有效地址 EA
BP 作基址存取操作数	SS	CS、ES、DS	有效地址 EA

在以下三种情况时不可以使用段超越前缀：

① 堆栈操作以 SP 为偏移地址指针，只能用 SS；

② 串处理指令中，源串用 SI 和 DS，目的串用 DI 和 ES，目的串必须在 ES 中，使用段超越前缀，只能用于源串；

③ 指令只能存放在 CS 段中。

例 4-1 已知 CS=2000H，IP=3500H，求要取指令的物理地址。

解：要取指令的物理地址=CS×10H + IP =2000H×10H +3500H =23500H。

例 4-2 SS=7900H，已知栈顶元素的物理地址为 7B450H，则 SP=?

解：因为物理地址=SS×10H+SP，所以 SP=7B450H−7900H×10H =2450H。

4.3 现代 CPU 采用的新技术

现代 CPU 在设计中不断采用新的技术，以提高计算机系统的整体性能，如超流水技术、超标量技术、向量技术、多核技术等。

4.3.1 流水线计算机

计算机中的流水线是把一个重复的过程分解为若干个子过程，每个子过程与其他子过程并行进行。由于这种工作方式与工厂中的生产流水线十分相似，因此称为流水线技术。每个子过程称为流水线的“级”或“段”，“段”的数目称为流水线的“深度”。从本质上讲，流水线技术是一种时间并行技术。如果计算机设计中采用了流水线技术，那么这种计算机称为流水线计算机。

计算机的各个部分几乎都可以采用流水线技术，指令的执行过程可以采用流水线，称为指令流水线；运算器中的操作部件，如浮点加法器、浮点乘法器及控制器中微程序控制单元可以采用流水线，称为操作部件流水线；多个计算机之间通过存储器连接，也可以采用流水线，称为系统级流水线或宏流水线。

1. 指令流水线

指令的串行执行方式比较简单，每一条指令必须顺序完成该指令的各种基本操作，只有当前一条指令的最后一个基本操作完成后才开始下一条指令的取指令操作。例如，某计算机指令操作包括：取指令、指令译码、执行指令、回写，则指令的串行执行过程如图 4-12 所示。

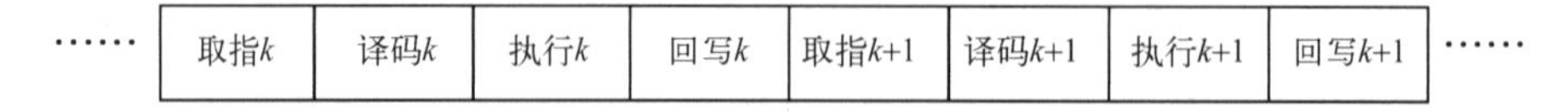

图 4-12 指令的串行执行

如果每个操作的时间相等，均为Δt，那么完成整条指令需要的时间为 $4\Delta t$，完成 n 条指令需要的时间为 $n\times4\Delta t$。

采用指令流水线技术，能让完成不同功能所涉及的硬件部分在逻辑上相互独立，让不同逻辑功能部件在时间上并行工作，从而使多条指令的不同阶段的功能并行完成，以提高指令执行速度。指令的流水线执行如图 4-13 所示。

这样，采用指令流水线以后，虽然每条指令的执行总时间仍然是 $4\Delta t$，但从机器的输出端来看，却是每隔一个Δt 就能给出一条指令的执行结果。在理想情况下，能实现在一个 CPU 时钟周期内执行一条指令，对一个 4 级流水线来说，其指令执行速度比串行执行提高了 3 倍。

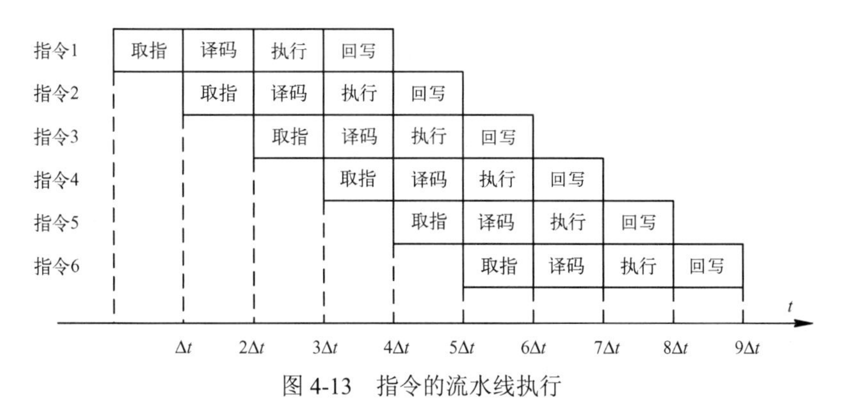

图 4-13　指令的流水线执行

超级流水线通过细化流水线提高主频，使得在一个时钟周期内完成一条甚至多条指令，其实是以时间换取空间。例如，Pentium 4 采用 20～31 级超长流水线结构。流水线的级数越多，程序的执行速度就越快，从而能适应主频更高的 CPU。但流水线的级数并不是越多越好，当级数太多时，级和级之间的缓冲延时累积会增加，流水线结构也会更复杂，反而会使计算机速度下降，如酷睿 i7 计算机只采用了 16 级流水线。

流水线技术一般具有以下特点：

① 一个流水线通常由若干个功能段组成；

② 每个功能段有专门的功能部件对指令进行某种加工；

③ 各个功能段所需时间应尽量相等，否则，时间长的功能段将成为流水线的瓶颈，会造成流水线的堵塞和断流；

④ 流水线的工作阶段可分为建立、正常工作和排空三个阶段，在理想情况下，当流水线正常工作后，每个时钟周期将会有一个结果流出流水线；

⑤ 流水技术适合于大量重复的时序过程，只有输入端能连续地提供任务，流水线的效率才能充分发挥。

2．流水线的性能指标

（1）流水线吞吐率 TP

流水线吞吐率 TP 是指在单位时间内，流水线所完成的任务数量或输出结果的数量，它是衡量流水线速度的重要指标。

$$\mathrm{TP}=\frac{n}{T_k} \tag{4-1}$$

式中，n 为任务数量，T_k 是处理完 n 个任务所用的时间。吞吐率越高，计算机系统的处理能力就越强。

（2）流水线加速比 S

按串行方式执行一批指令所用的时间与按流水线方式执行同一批指令所用时间之比。

$$S=\frac{T_\mathrm{S}}{T_k} \tag{4-2}$$

式中，T_S 是串行方式执行所用时间，T_k 是流水线方式执行所用时间。流水线加速比和流水线的级数有很大关系，加速比的极限就是流水线的级数。

（3）流水线效率

流水线效率是指流水线中功能部件的利用率，其值为流水线功能部件的实际使用时间与整个运行时间之比。

假设流水线级数为 k ，各级时间相等，均为Δt，完成 n 条指令的总时间为 T_k，在理想情况下每一级的效率为：

$$e_1 = e_2 = \cdots = e_k = \frac{n\Delta t}{T_k} = \frac{n\Delta t}{(k+n-1)\Delta t} = \frac{n}{k+n-1}$$

由于各级相同，则整条流水线效率为：

$$E = \frac{e_1 + e_2 + \cdots + e_k}{k} = \frac{ke_1}{k} = \frac{n}{k+n-1} \quad (4\text{-}3)$$

显然，当 $n>>k$ 时，流水线效率 E 趋近于 1，这时流水线的各段均处于忙碌状态。

3．影响指令流水线性能的主要因素

当指令在指令流水线上执行时，由于邻近的指令在执行时间上有重叠，改变了指令执行的时间关系，因此有可能造成指令之间的矛盾和冲突。

通常，将指令之间存在的影响指令之间并行执行的各种矛盾和冲突称为相关，流水线越长，相关的问题就越严重。根据造成相关的原因不同，可分资源相关、数据相关和控制相关三种情况。

（1）资源相关

资源相关也称结构相关，是指流水线上并行执行的指令之间存在着在同一时钟周期内争用同一个功能部件的冲突。例如，两条指令同时要访问存储器，一条读数据，一条写结果。

（2）数据相关

由于指令在流水线中并行执行，改变了指令之间数据供、求的时间关系，从而引起的矛盾、冲突称为数据相关。例如，一条指令的运算结果，是后续相邻指令的操作数。

（3）控制相关

由程序控制类指令引起的流水线断流的现象称为控制相关。例如，条件转移指令在转移成功时，会使得已进入流水线执行的指令作废，要从程序中新的位置重新取指令。

4．流水线的类型

计算机中流水线的种类有很多，可按照不同的方法分类。

（1）按照完成的功能数量划分

按照完成的功能数量可以分成单功能流水线和多功能流水线，单功能流水线只能完成一种固定的功能，如浮点数乘法运算；多功能流水线按不同的方式连接，可实现多种功能，如实现浮点数加减法、浮点数乘法、浮点数除法。

对多功能流水线来说，进一步按照在同一时间内是否可以连接成多种方式执行多种功能，划分成静态流水线和动态流水线。静态流水线实现简单，在同一时间段内，只能按一种固定的方式连接，实现一种固定的功能。动态流水线在同一时间内只要功能部件不冲突，可以连接成多种方式执行多种功能，但实现复杂。

（2）按照流水线部件的连接方式划分

按照流水线部件的连接方式可分成线性流水线和非线性流水线。对线性流水线来说，各流水功能部件串行连接，指令从一端进入，从另一端流出，每个流水功能部件只经过一次。非线性流水线各流水功能部件除串行连接外，还存在前馈和反馈连接，允许指令多次经过某些流水部件。

（3）按照流水线处理的数据形态划分

按照流水线处理的数据形态可分成标量流水线和向量流水线。标量流水线只处理标量数据，而向量流水线可以处理向量数据，如数组数据。

（4）按照流水线输入和输出是否一致划分

按照流水线输入和输出是否一致可分成顺序流水线和乱序流水线。顺序流水线进入流水线的指令顺序和流出流水线的顺序是一致的，而乱序流水线允许指令进入流水线的顺序和流出流水线的顺序不一致。

4.3.2 超标量计算机

在计算机中标量是指只有一个数值的量，标量计算机在某一时刻只能开始一条指令的执行，处理一个数据。超标量计算机一次则可以开始多条指令的执行，处理多个数据。

超标量计算机使用超标量技术，在处理器内核中采用指令级并行机制，在 CPU 中集成多个相同的功能部件，可以根据指令的需要动态分配功能部件，同时开始多条指令的执行。超标量技术和流水线技术相结合，可组成超标量流水线计算机，每个时钟周期内可以完成多条指令。

在超标量计算机中，配置了多个功能部件和指令译码电路，还有多个寄存器端口和总线，因此可以同时执行多个操作，以并行处理方式来提高机器速度。它可以同时从存储器中取出几条指令，并对这几条指令进行译码，把能够并行执行的指令同时送入不同的功能部件。

超标量计算机的指令流水线执行情况如图 4-14 所示。在 $4\Delta t$ 时，完成第 1 对指令，在 $7\Delta t$ 时，完成第 4 对指令，相比单流水线的计算机，其指令执行速度提高了 1 倍。对一个指令级并行度为 2 的超标量计算机来说，每个时钟周期指令数 IPC 最大为 2。

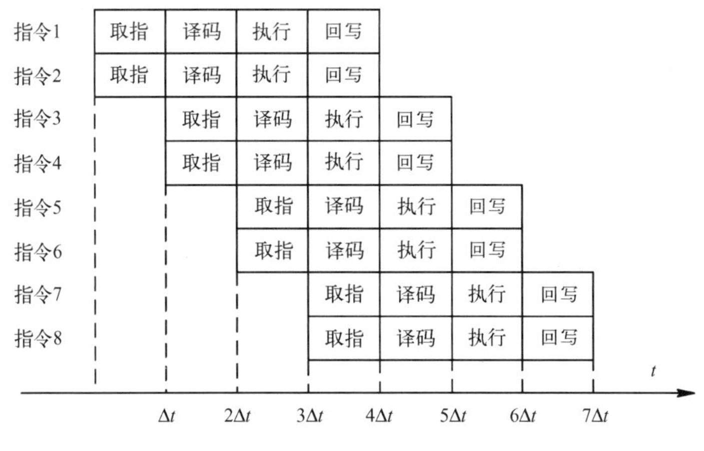

图 4-14　指令的超标量流水线执行

Pentium CPU 是个人计算机中最早采用超标量结构的处理器。通过组成两条独立的处理流水线 U 和 V，在理想情况下每机器周期执行两条指令。同时 Pentium CPU 对 U、V 两条流水线的调度采用按序发射、按序完成策略。

超标量计算机的主要特点如下：

① 配置有多个性能不同的处理部件，采用多条流水线并行处理；

② 能同时对多条指令进行译码，将可并行的指令送往不同的执行部件，从而达到在每个时钟周期启动多条指令的目的；

③ 在程序运行期间由硬件（通常是状态记录部件和调度部件）完成指令调度。

4.3.3 向量计算机

向量数据是一个含有 N 个元素的有序数组，其中的每个元素是一个标量，它可以是定点数、浮点数、逻辑值或字符等，N 为“向量的长度”。在科学研究和工程计算的很多应用领域，如空气动力学、气象学、天体物理学、原子物理等，都需要对大量的向量数据进行高速计算，为此研究了适合此类计算的向量计算机。向量计算机有向量数据表示、向量寄存器和向量运算部件，设计有向量运算指令，能对向量的各个元素进行流水线处理。向量计算机可以处理向量也可以处理标量，处理标量时和标量计算机是一样的。

向量计算机对向量的各种运算可以采用不同的处理方式，但有效的处理方式应该是尽量避免出现数据相关和尽量减少对向量功能的转换。

如考虑以下向量计算：$\boldsymbol{D}=\boldsymbol{A}\times(\boldsymbol{B}+\boldsymbol{C})$，$\boldsymbol{A}$、$\boldsymbol{B}$、$\boldsymbol{C}$、$\boldsymbol{D}$ 是长度为 N 的向量，其中：

$$\boldsymbol{A}=\begin{pmatrix}a_1\\a_2\\\vdots\\a_N\end{pmatrix},\quad \boldsymbol{B}=\begin{pmatrix}b_1\\b_2\\\vdots\\b_N\end{pmatrix},\quad \boldsymbol{C}=\begin{pmatrix}c_1\\c_2\\\vdots\\c_N\end{pmatrix},\quad \boldsymbol{D}=\begin{pmatrix}d_1\\d_2\\\vdots\\d_N\end{pmatrix}$$

可以有如下几种处理方式。

1．水平处理方式

水平处理方式是一种普遍的处理方式，它按向量顺序计算。即逐个求 D 中的 N 个分量 d_i：先计算 $d_1=a_1\times(b_1+c_1)$；再计算 $d_2=a_2\times(b_2+c_2)$；……；最后计算 $d_N=a_N\times(b_N+c_N)$。

可以看出，在每个向量元素的加法和乘法运算中，都发生数据相关情况，还要进行 2 次乘法和加法功能的转换。这样，共出现 N 次数据相关和 $2N$ 次功能切换。因此，水平处理方式不适合对向量进行流水处理。

2．垂直处理方式

垂直处理方式是将整个向量按相同的运算处理完之后，再去执行别的运算。

如果令：

$$\boldsymbol{K}=\begin{pmatrix}b_1+c_1\\b_2+c_2\\\vdots\\b_N+c_N\end{pmatrix}，则有\ \boldsymbol{D}=\begin{pmatrix}a_1\times(b_1+c_1)\\a_2\times(b_2+c_2)\\\vdots\\a_N\times(b_N+c_N)\end{pmatrix}=\begin{pmatrix}a_1\\a_2\\\vdots\\a_N\end{pmatrix}\times\begin{pmatrix}b_1+c_1\\b_2+c_2\\\vdots\\b_N+c_N\end{pmatrix}$$

即 $\boldsymbol{K}=\boldsymbol{B}+\boldsymbol{C}$，$\boldsymbol{D}=\boldsymbol{K}\times\boldsymbol{A}$。

可以看出，完成上述操作只需要一条向量加法指令和一条向量乘法指令即可，每条向量指令内无相关，两条向量指令间仅有 1 次数据相关，也只需 1 次功能转换，所以可以避免功能部件的频繁转换，也不会产生大量的先写后读的操作数相关，有利于发挥向量处理机的性能，垂直处理方式适合对向量进行流水处理。

另外，该方式中的向量长度 N 不受限制，N 越大，效率越高，可获得较高的吞吐率。但是由于向量长度一般较长，这种方式难以用大量的高速寄存器来存放中间向量，所以不得不采用面向存储器-存储器型的流水线处理，这样，会对主存频宽提出相当高的要求。

3. 分组处理方式

当被处理的数组长度大于处理器每次能运算的数组长度时，完全用垂直处理方式会碰到一些困难，于是出现了分组处理方式，来解决数组过大的问题。

分组处理方式是把长度为 N 的向量分成若干组。以寄存器-寄存器方式工作的向量处理器都采用这种处理方式。假设向量长度为 N，每组长度为 n，则有 $N= m \times n+r$，其中 $n \leqslant N$，$r<n$，n、m、r 均为正整数，m 为组数，r 为余数，余下的数据也作为一组处理，所以共处理 $m+1$ 组数据。组内按照垂直方式处理，依次处理各组。

分组处理方式对向量长度 N 的大小不加限制，但它是以向量寄存器的长度 n 为一组进行分组处理的。每组内各有两条向量指令，各组内有 1 次数据相关，需 2 次流水线功能切换，同时用长度为 n 的向量寄存器作为运算寄存器并保留中间结果，从而大大减少了访问存储器的次数，也减少了访问存储器产生冲突所引起的等待时间，因而提高了向量处理的速度。银河计算机和 CRAY-1 计算机都是采用这种处理方式。

4.3.4 多核计算机

通过提高时钟频率可以提高 CPU 的性能，但是该办法遇到了瓶颈。因为时钟频率的提高会使处理器的功耗增加，发热量变大，风扇转速随之提高，噪声也会增大。最重要的是即便没有热量问题，其性价比也令人难以接受，且无法带来相应的性能改善。多核处理器的出现为提升 CPU 的性能开辟了另一条出路，可以说，单纯追求处理器频率的时代已经过去，未来处理器的发展将在“频率、多核心、微架构”中做出平衡。

多核计算机是指在计算机的 CPU 内部集成了两个或多个完整的计算核心或计算引擎。这种多核处理器被插入一个处理器的插槽，但是操作系统将每个计算核心理解成单个的具有所有相关执行资源的逻辑处理器。这些逻辑处理器能够独立地执行线程，因此可以做到多线程的并行，从而大大提高了执行多任务的能力。

采用多核结构，在每个核的时钟频率不高甚至比单核处理器的时钟频率还低的情况下，因为有多个计算核心，所以在每个时钟周期内整个处理器可以处理更多的指令，即处理器整体性能得到了提高。例如，Intel 公司的双核处理器 Core 2 Duo 相对于此前的单核处理器，性能提高约 40%，同时由于采用了更为先进的制造技术，电能的消耗减少了约 40%。

IBM 早在 2001 年就推出了基于双核心的 POWER 4 处理器，随后 Sun 和惠普公司先后推出了基于双核架构的 Ultra SPARC 及 PA-RISC 芯片，但这些双核处理器架构都应用于高端的 RISC 领域。直到 2005 年 Intel 和 AMD 相继推出自己的双核处理器，双核处理器才真正走入了主流的 80X86 领域。多核处理器技术发展很快，2008 年 Intel 推出了 Nehalem 架构 45nm 原生四核处理器 Core i7；2009 年，AMD 推出了六核 Opteron（皓龙）处理器；2010 年，IBM 推出了八核 Power 7 芯片；2017 年，Intel 推出的酷睿 i9 CPU 最多可以有 18 核。

由于多核处理器的每个核能够独立执行线程，为了充分发挥多核处理器的性能，软件开发者应该设计更多的使用并行算法的应用程序。多核处理器中的核还可以支持超线程。这样，可获得更强的并行处理能力。如双核处理器加上超线程，从软件角度看，系统就拥有 4 个逻辑处理器。

多核处理器可以分为同构多核和异构多核两种。计算内核相同、地位对等的称为同构多核。同构多核处理器大多由通用的处理器组成，多个处理器执行相同或类似的任务，天河 2 超级计算机使用的就是 12 核的同构多核 CPU 至强 Xeon E5。而计算内核不同、地位不对等的称为异构多核，异构多核处理器多采用主处理核+协处理核的设计，如神威太湖之光超级计算机使用的是 260 核的异构多核 CPU 申威 26010。

多核心 CPU 的出现大幅提升了处理器的运算能力，是未来 CPU 发展的趋势。但是，多核处理器面临的最大问题是可编程性。使用多核 CPU，需要执行程序能够并行处理。尽管在并行计算上已经探索了几十年，但编写、调试、优化并行处理程序的能力还是非常有限的。所以，未来核结构研究、Cache 设计、程序执行模型、核间通信技术、操作系统设计、总线设计、低功耗设计等仍是多核处理器面临的几大关键技术问题。

4.3.5 超长指令字计算机

超长指令字（Very Long Instruction Word，VLIW）体系结构是美国 Multiflow 和 Cydrome 公司于 20 世纪 80 年代设计的体系结构，显式并行指令（Explictly Parallel Instruction Cod，EPIC）计算机体系结构是从超长指令字计算机衍生出来的。

VLIW 计算机的主要特点如下：

① 超长指令字被分成多个控制字段，每个字段独立控制每个功能部件；

② 编译器识别可能出现的数据相关和资源冲突等问题，并进行指令乱序，控制硬件较简单；

③ 在编译阶段完成超长指令字中多个可并行操作的调度；

④ 并行操作在流水线的执行阶段完成；

⑤ 指令字长度与功能部件的数量有关。

超长指令字是指令级并行的又一种方法，是一种主要依赖编译软件实现指令并行的技术。即把包含多个不同操作的多条指令连在一起，构成一条超长指令，以增强并行处理能力。

VLIW 是一种单指令流、多操作码、多数据的系统结构，由编译程序在编译时，先找出指令间存在的并行性，把多个能并行执行的操作组合在一起，成为一条有多个操作段的超长指令，由这条超长指令控制处理器中多个互相独立工作的功能部件，每个操作段控制一个功能部件，相当于同时执行多条指令。

使 VLIW 处理器最大限度地发挥指令并行能力的关键是如何生成 VLIW 指令，其中编译器起着重要的作用，在一个超长指令字中，赋予了编译程序控制所有功能单元的能力，使其能够精确地调度每个操作。所以，对编译器的基本要求是能够产生充分调度的、没有相关的程序代码。

如执行以下几个语句：$C=A+B$、$K=I+J$、$L=M-K$、$Q=C\times K$，如果按串行操作进行，那么所用指令序列如表 4-6 所示，若乘法运算需要两个周期，则共需要 14 个周期。

表 4-6　指令串行执行

源 代 码	操　作	周 期 数
$C=A+B$	Load A，Load B，$C=A+B$，Store C	4

续表

源 代 码	操 作	周 期 数
$K=I+J$	Load I，Load J，$K=I+J$，Store K	4
$L=M-K$	Load M，$L=M-K$，Store L	3
$Q=C\times K$	$Q=C\times K$，Store Q	3

假设采用超长指令字的编译方法，编译器将串行操作序列合并为可并行执行的指令序列，则可将原来的 13 条指令压缩成 6 条长指令，如表 4-7 所示。乘法运算在第 4 周期和第 5 周期执行，“Store Q”操作在第 6 周期完成，所以共需要 6 个周期。

表 4-7　超长指令执行

VLIW1	Load A	Load B		
VLIW 2	Load I	Load J	$C=A+B$	
VLIW 3	Load M	Store C	$K=I+J$	
VLIW 4		Store K	$L=M-K$	$Q=C\times K$
VLIW 5		Store L		
VLIW 6	Store Q			

图 4-15 所示为超长指令计算机的指令流水线执行情况。同超标量计算机类似，一个指令级并行度为 2 的超长指令计算机，也可以达到每个时钟周期指令数 IPC 最大为 2。

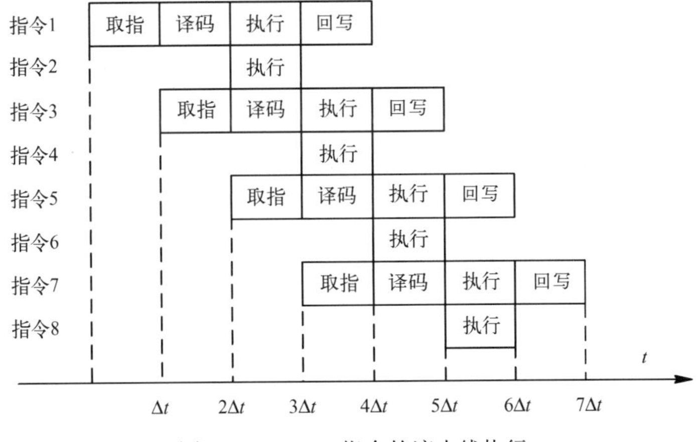

图 4-15　VLIW 指令的流水线执行

由于超长指令计算机对编译程序的要求很高，技术难度大，实现复杂，所以采用超长指令技术的计算机比较少见。

4.4　Pentium 系列 CPU

Pentium CPU 是 Intel 公司于 1993 年推出的全新一代高性能微处理器，以后又陆续推出 Pentium Ⅱ CPU、Pentium Ⅲ CPU、Pentium 4 CPU、Pentium D CPU（双核）。它是 80X86 系列

微处理器的第 5 代产品。Pentium 系列 CPU 芯片内部集成的晶体管数量高达几百万到几千万个，其时钟频率由最初推出时的几十 MHz 提高到几 GHz，与前几代 CPU 相比，性能大幅提高。

4.4.1 Pentium 系列 CPU 内部结构

Pentium 系列 CPU 采用了全新的体系结构，增加了许多新的功能部件，图 4-16 所示是 Pentium 系列 CPU 的内部结构。Pentium 系列 CPU 主要由以下部件组成：

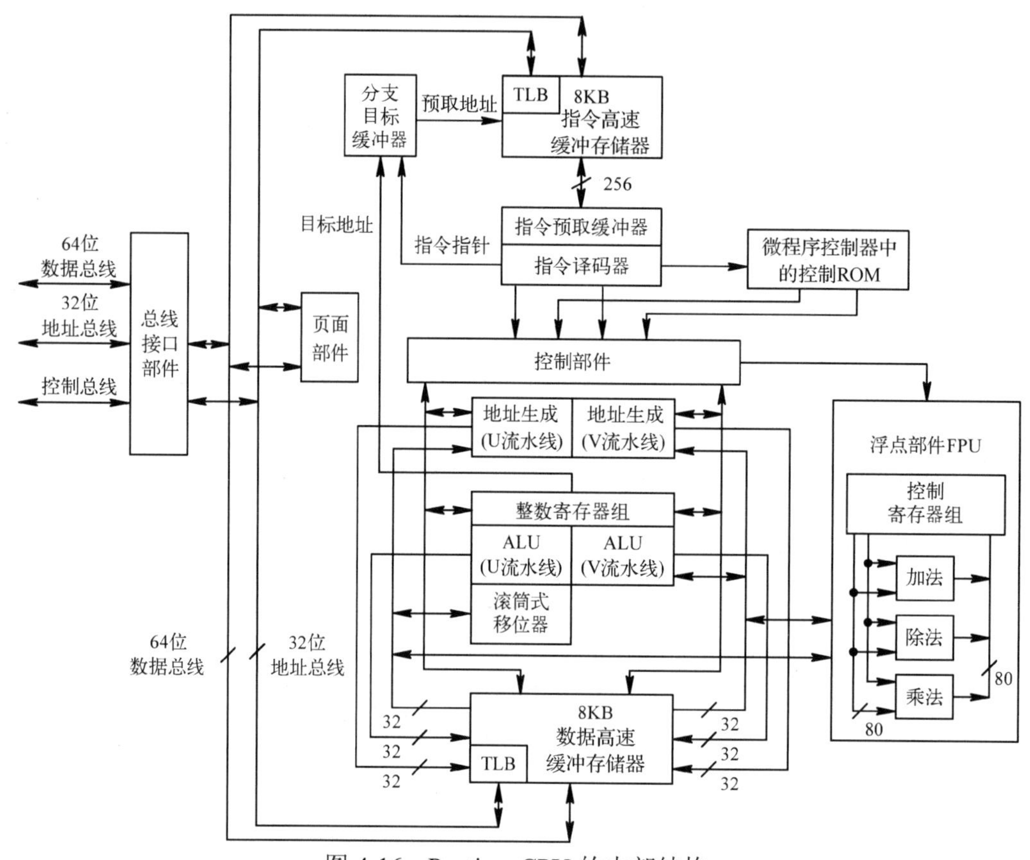

图 4-16 Pentium CPU 的内部结构

① 总线接口部件；

② U 流水线和 V 流水线；

③ 指令高速缓冲存储器（Cache）；

④ 数据高速缓冲存储器（Cache）；

⑤ 指令预取缓冲器；

⑥ 指令译码器；

⑦ 浮点部件（Float Point Unit，FPU）；

⑧ 分支目标缓冲器（Branch Target Buffer，BTB）；

⑨ 微程序控制器中的控制 ROM；

⑩ 整数寄存器组。

4.4.2 Pentium 系列 CPU 的特点

Pentium 系列 CPU 在设计上采用了许多原来只在大型计算机上采用的新技术，如流水线技术、Cache 技术、动态转移预测技术等，使性能得到了极大的提高，达到了 20 世纪 80 年代大型计算机的水平。

1．指令流水线

Pentium CPU 中设置了两条指令流水线，即 U 流水线和 V 流水线，执行整数指令流水线的级数为 5。V 流水线只能执行简单指令，U 流水线可执行所有指令。执行浮点运算指令流水线的级数是 8，前 4 级与整数流水线合用，可以同时使用两条流水线，在取得操作数后，运算使用 U 流水线。在最佳状态下，CPU 可以在一个时钟周期内执行两条整数运算指令，或在每个时钟周期内执行一条浮点数运算指令，故称为超标量流水线。Pentium 4 CPU 的流水线级数增加到 20 级或更多，流水线的条数也增加到 3×2 条，还采用了高速执行引擎，CPU 可以在一个时钟周期内最多执行 6 条简单指令。超标量流水线技术的应用使得 CPU 的速度有很大的提高。因此，超标量流水线是 Pentium 系列 CPU 系统结构的核心。

2．互相独立的指令 Cache 和数据 Cache

80486 系列 CPU 芯片内只有一个 8KB Cache，是指令与数据合用的，而 Pentium CPU 中则设置了两个独立的 Cache，一个作为指令 Cache，另一个作为数据 Cache，即采用了双路 Cache 结构。这样不仅可以同时与 U、V 两条流水线分别交换数据，而且使指令预取和数据读/写能无冲突地同时进行。Pentium 4 CPU 还普遍采用了多级 Cache 结构，Cache 的容量也从几十 KB 提高到几 MB，还增加了跟踪 Cache，存放指令解码后生成的微操作命令，从而大大提高了 CPU 的性能。

3．全新的浮点运算部件 FPU

Pentium 系列 CPU 内部的浮点运算部件在 80486 的基础上进行了重新设计，浮点运算速度比 80486 要快得多。浮点运算部件内部有专门用于浮点运算的加法器、乘法器和除法器，还有 8 个 80 位寄存器构成的寄存器堆，内部的数据总线为 80 位。浮点运算部件支持 IEEE 754 标准的单、双精度格式的浮点数，还可以使用一种临时实数的 80 位浮点数。Pentium 4 CPU 内部的浮点运算部件还细分为快速浮点运算部件、标准浮点运算部件、简单浮点运算部件，都采用流水线结构，使浮点运算的性能进一步提高。

4．以 BTB 实现动态转移预测

Pentium CPU 首次采用了分支目标缓冲器（Branch Target Buffer，BTB）实现动态转移预测，可以减少指令流水作业中因分支转移指令而引起的流水线断流。引入了转移预测技术，不仅能预测转移是否发生，而且能确定转移到何处去执行程序。

5．常用指令采用组合逻辑实现

Pentium 系列 CPU 的控制器采用组合逻辑和微程序相结合的方法设计，对简单的常用指令采用硬布线控制逻辑实现，不再使用微程序，也就是说，ADD、INC、PUSH、POP、JMP、TEST 等指令的执行由组合逻辑实现，而保留的微程序实现的指令，也对其算法做了重大的改进，从而大大加速了指令的执行过程。

6. 增加总线宽度

Pentium 系列 CPU 的外部数据总线增加到 64 位，大大增强了数据的吞吐能力，地址线增加到 32 位，可寻址空间达到 4GB，Pentium 4 CPU 地址线增加到 36 位，可寻址空间达到 64GB。

4.5 申威系列 CPU 及超级计算机

申威系列 CPU 是我国自行研究设计的 CPU，采用精简指令系统、Alpha 架构。第一代申威 CPU 于 2006 年研制成功，属于单核 CPU。第二代申威 CPU 于 2008 年研制成功，属于双核 CPU。第三代申威 CPU 于 2010 年研制成功，是具有 16 核的 CPU，并且在 CPU 中集成了 DDR3 存储控制器和标准 I/O 接口。2016 年，我国研制成功的神威太湖之光超级计算机，就是采用 4 万多片申威系列的 26010 CPU 组成的。

4.5.1 申威 26010 CPU

申威 26010 CPU 是一种异构众核 CPU，字长为 64 位，主频为 1.45GHz，采用片上融合的异构体系结构，即 CPU + GPU 结构，如图 4-17 所示。

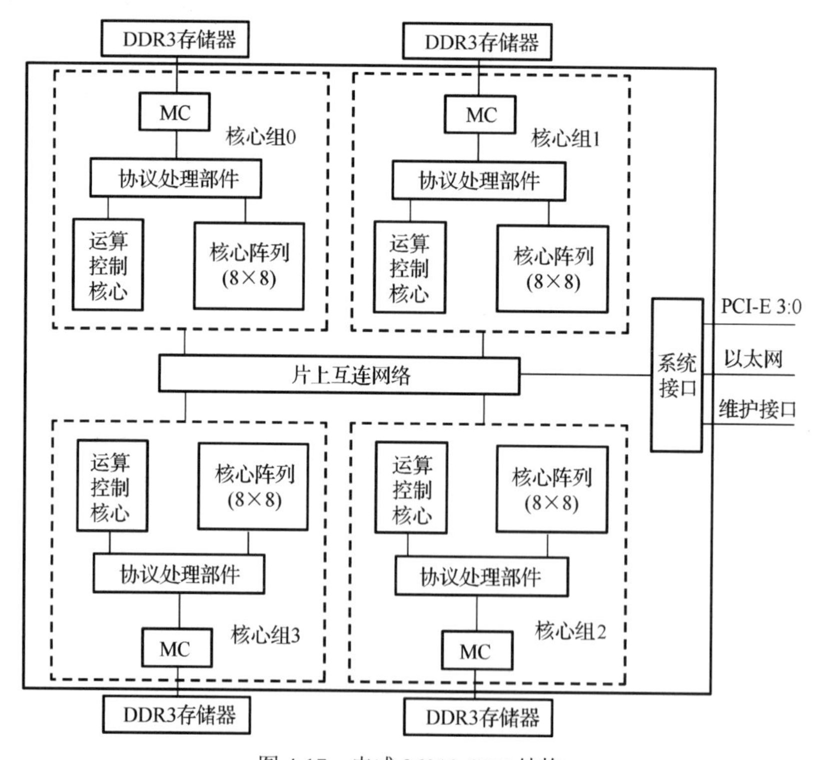

图 4-17 申威 26010 CPU 结构

申威 26010 CPU 由 4 个核心组构成，每个核心组包括 1 个主核（运算控制核心）和 64 个从核（8×8 核心阵列），主核负责管理、通信和计算，从核仅负责加速计算，整个芯片共有 260 个计算核心，核心组之间通过片上互连网络（Network on Chip，NoC）实现互连。主核配置一级 Cache 64KB（指令 Cache 和数据 Cache 各 32KB）、二级 Cache（数据 Cache 和指令 Cache 混合）256KB，从核配置局部存储器64KB，指令Cache16KB，从核阵列之间可以采用寄存器通信方式进行通信。每个核心组配置主存8GB，4个核心组共有32GB主存，每个核心组都可以通过一个128位主存控制器（Memory Controller，MC）访问独立的主存空间。

申威26010 CPU在设计上采用了超标量、超流水线、多核等多种并行技术，还支持向量运算和指令的乱序执行，是一种高性能处理器。在每个核心组中，主核有两条多个功能段组成的流水线，每个时钟周期可完成16个64位的浮点运算；每个从核有一条流水线，每个时钟周期可完成8个64位的浮点运算。

4.5.2 超级计算机

超级计算机具有运算速度快、通信带宽高、存储容量大的特点，可用于国家高科技领域和尖端技术研究，如天气预报、航空航天、生物医药、新材料、新能源等许多领域。它是推动科技创新、经济发展的重要工具，是衡量国家科技发展水平和综合国力的重要标志，对国家安全、经济和社会发展具有举足轻重的意义，已成为世界各国竞相争夺的科技战略制高点。

由申威26010 CPU组成的神威太湖之光超级计算机是国内第一台全部采用国产处理器构建的超级计算机，运算速度峰值性能可达到12.5亿亿次/秒，持续性能为9.3亿亿次/秒，是世界上首台运算速度超过十亿亿次的超级计算机，连续多次蝉联世界超级计算机冠军，说明我国设计超级计算机的水平位于世界前列。

神威太湖之光超级计算机占地几百平方米，由运算系统、网络系统、外围系统、网络存储系统、监控维护系统、电源系统及冷却系统等几部分组成。

1．运算系统

运算系统是超级计算机的核心部分，由40个运算机柜组成，每个运算机柜中安装了4块由32块运算插件组成的超节点板，每个运算插件又由4个运算节点板组成，一个运算节点板含有2块申威26010高性能处理器，一台机柜共有1024块处理器，整个计算机共有40960块申威26010处理器。各处理器之间通过PCI-E系统接口互连，拥有16GB/s的双向带宽和大约1微秒的时延。由于每个CPU可以配置32GB主存，整个超级计算机的运算系统共有1.25PB主存。

2．网络系统

网络系统采用大规模、高流量复合网络体系结构，构造了超节点网络、共享资源网络和中央交换网络的三级互连，实现了全系统高带宽、低延迟通信，有效支持计算密集、通信密集和输入/输出密集等多类课题的运行。

网络系统有8个网络机柜，通过中央交换网络实现各超级节点之间互连，通过管理网络实现运算系统和服务器集群相连，通过存储网络和外存系统、输入/输出节点、管理节点相连，互连网络的对分带宽达到56TB/s。

3．外围系统

外围系统由管理系统和网络存储系统组成。管理系统包括系统控制台、管理服务器（目录服务器、数据库服务器、系统控制服务器、Web服务器、应用服务器等）和管理网络，用以实现系统的管理与服务。网络存储系统由存储网络和存储磁盘阵列组成，磁盘总容量可达20PB，负责为运算节点提供高速可靠的数据存储访问服务。

神威太湖之光超级计算机还有诊断维护系统，负责系统的在线运行维护管理、运行状态监控、故障定位以及安全保护；有为系统提供电源的供电系统，可将 350 千伏高压交流电转换成系统需要的各种电压等级的直流电；有用于系统降温的水冷和风冷系统，保障系统的稳定运行。

习题 4

1．单项选择题

（1）中央处理器是计算机系统的硬件核心，主要由（　　）组成。

A．运算器、控制器和输入设备　　B．运算器、控制器和存储器

C．运算器、加法器和存储器　　D．运算器、控制器和寄存器组

（2）8086 CPU 按功能可分为（　　）两个部件，前者负责执行指令，后者负责执行外部总线操作。

A．执行单元和接口控制单元　　B．算术逻辑单元和总线接口单元

C．执行单元和总线接口单元　　D．执行单元和命令控制单元

（3）8086 CPU 中的，数据寄存器有（　　）。

A．AX、BX、CX 和 DX　　B．AX、SP、CX 和 DX

C．AX、BX、CX 和 BP　　D．AX、BX、SI 和 DI

（4）若标志寄存器的 ZF 位为 1，反映操作结果（　　）。

A．有进位或借位　　B．无进位或借位　　C．为零　　D．不为零

（5）8086 CPU 状态标志寄存器中 IF=0 时，表示（　　）。

A．CPU 不能响应非屏蔽中断　　B．CPU 不能响应内部中断

C．CPU 可以响应可屏蔽中断　　D．CPU 不能响应可屏蔽中断

（6）8086 CPU 中的指令指针寄存器是（　　）。

A．SP　　B．IP　　C．BP　　D．CS

（7）8086 CPU 中，ES、SS 分别是（　　）。

A．数据段寄存器、堆栈段寄存器　　B．附加段寄存器、代码段寄存器

C．附加段寄存器、堆栈段寄存器　　D．堆栈段寄存器、数据段寄存器

（8）（　　）分别用于存放当前要执行的指令及指令要访问的数据。

A．数据段和堆栈段　　B．代码段和数据段

C．附加段和堆栈段　　D．堆栈段和代码段

（9）设物理地址（10FF0H）=10H，（10FF1H）=50H，（10FF2H）=20H，（10FF3H）=30H，如果从地址 10FF2H 中取出一个字，内容是（　　）。

A．5020H　　B．3020H　　C．2030H　　D．2010H

（10）8086 CPU 将 1MB 的存储器分成若干逻辑段，每个逻辑段最大长度（　　）。

A．等于 64KB　　B．小于 64KB

C．不受限制　　D．大于 64KB

2．控制器的功能是什么？它由哪些主要部件组成？

3．8086 CPU 中，逻辑地址如何转换成物理地址？请将以下逻辑地址（均为十六进制）转换成物理地址。

（1）CD17:000B　（2）3015:4500　（3）B821:123A　（4）40:15

4. 有字节型数据 E5H、字型数据 2A3CH 和双字型数据 12345678H 分别存放在存储器的 000B0H、000B4H 和 000B8H 单元中，请用图表示出它们在存储器里的存放情况。

5．Pentium 4 CPU 有多少根地址线？一次最多可读/写几位数据？

6．什么是向量计算机？什么是多核计算机？

7．什么是计算机流水线？衡量流水线的技术指标有哪些？

8．什么是超标量计算机？超标量计算机的主要特点是什么？

9．什么是超长指令字？超长指令字计算机的主要特点是什么？

第5章　指令系统

指令是计算机执行某种操作的命令，计算机全部指令的集合称为指令系统（Instruction Set），也称计算机的指令集。指令系统是计算机软件和硬件的界面，反映了计算机硬件能够完成的功能，也是系统软件设计的基础。本章以 80X86 系列计算机为背景，讲述指令的格式、类型和功能，并对广泛使用的两类指令系统进行比较。

5.1　指令系统概述

指令系统的设计包括指令格式、指令类型、寻址方式和数据形式，CPU 类型不同，指令系统也不同，因此功能也不同。一台计算机要有好的性能，必须具有功能齐全、通用性强、种类丰富的指令系统。

5.1.1　指令的基本格式

指令格式是指表示一条指令的二进制代码形式，由操作码和地址码两部分组成，二进制代码的位数就是指令的字长。一条指令的基本格式可用如下形式来表示：

操作码字段	地址码字段

一般来讲，一条指令应该包含操作码、操作数存放地址、操作结果存放地址和下一条指令地址等基本信息。

1．操作码

操作码具体规定了指令操作的性质及功能，指定了相应的硬件要完成的操作。在一台计算机中，不同的指令，其操作码应有不同的编码。如可以规定 0001 为移位，0010 为传送，0011 为加法，0100 为减法等。

2．操作数或操作数存放地址

指令中应明确指出要参加运算的操作数的相关信息，可以在指令中直接给出操作数，但大多数情况是给出操作数的存储地址，以便 CPU 可以通过这个地址取得操作数。操作数地址可以是 CPU 寄存器、主存储器单元或外设接口中的寄存器。

3．操作结果存放地址

指令中应指明操作结果的存储地址，操作结果的存储地址也可以是 CPU 寄存器、主存储器单元或外设接口中的寄存器。

4．下一条指令地址

一般情况下，程序是顺序执行的，下一条要执行的指令的地址由程序计数器给出，但对于转移指令、子程序调用及返回指令、中断指令等，下一条要执行的指令地址应该在指令中指明。

5.1.2 指令的操作码

指令系统中，不同的指令是由操作码字段的编码决定的，操作码的长度决定了操作的种类，位数越多，能表示的指令就越多。操作码通常有定长操作码和可变长操作码两种。

1. 定长操作码

定长操作码的长度是固定的，且集中放在指令字的某一字段中。对只有 4 位操作码的指令格式，操作码有 16 种编码，最多可以表示 16 条指令，包含 n 位操作码的指令格式最多能表示 2^n 条指令。反过来，对有 100 条指令的指令系统，如采用定长操作码，则指令中最少要有 7 位操作码。定长操作码指令的优点是硬件设计简单、指令译码速度快，但操作码的平均长度长，需要的指令字长也长。

2. 可变长操作码

可变长操作码也称扩展操作码，操作码的长度位数可变，有多种长度，在指令字中的位置也不固定。可变长操作码的优点是可压缩操作码的平均长度，合理利用指令字长，但控制器的设计相对复杂，指令的译码时间也较长。

可变长操作码通常在指令字中用一个固定长度的字段来表示基本操作码，而对于一部分不需要某个地址码的指令，把它们的操作码扩充到该地址字段中，这样可以表示更多的指令。

可变长操作码在扩展时，短操作码不应成为长操作码的前缀，扩展原则是使用频率高的指令应分配短的操作码，使用频率低的指令应分配较长的操作码。这样不仅可以有效地缩短操作码在程序中的平均长度、节省存储器空间，而且缩短了经常使用的指令的译码时间，提高了指令的执行速度，也提高了程序的运行速度。

5.1.3 指令的地址码

根据指令中地址码所给出的地址的个数，可以把指令分成零地址指令、一地址指令、二地址指令、三地址指令和多地址指令。

1. 零地址指令

零地址指令中只有操作码而无操作数，通常也称无操作数指令，这类指令有两种情况：一是不需要操作数的控制类指令，如空操作指令、停机指令等；二是隐含操作数的指令，如堆栈结构计算机的运算指令，其所需的操作数是隐含在堆栈中的，由堆栈指针 SP 指出，操作结果仍然放回堆栈中。又如 8086 CPU 的字符串处理指令，源操作数和目的操作数分别隐含在源变址寄存器 SI 和目的变址寄存器 DI 所指定的存储单元中。采用隐含地址码的方法可以减少地址码的个数，达到简化指令格式的目的。

2. 一地址指令

一地址指令中只给出一个地址，也有两种情况：一是这个地址既是操作数的地址，又是操作结果的存储地址，如加 1 指令、减 1 指令和移位指令等均采用这种格式；二是地址码所指定的操作数是源操作数，而目的操作数则隐含给出，操作结果地址也隐含给出，如 80X86 CPU 的乘法和除法指令就采用这种格式。

3．二地址指令

二地址指令在指令中给出两个操作数地址，是常用的指令格式。操作后，其操作结果存放在目标操作数所指定的地址中，如 Intel 80X86 CPU 的加法、减法、与运算和或运算都属于二地址指令。

4．三地址指令

三地址指令在指令中给出两个操作数地址和一个结果地址，操作后操作数保持不变，操作结果存入结果地址中。由于多了一个地址，因此指令码较长，既占用存储空间，又增加了取指令的时间，这类指令用于字长较长的大型计算机中。

5．多地址指令

多地址指令可以在指令中给出三个以上的操作数地址，指令码长，仅用在某些性能较好的大型机中，如字符串处理指令、向量和矩阵运算指令等。如 CDC STAR-100 计算机的矩阵运算指令就有 7 个地址字段。

应该说明的是，以上所述的 5 种指令，并非所有的计算机都具有。一般来说，零地址指令、一地址指令和二地址指令的指令码短，具有所需存储空间少、执行速度快、硬件实现简单等优点，在结构简单的计算机中广泛使用。而字长较长、功能较强的大型机中除采用零地址指令、一地址指令和二地址指令外，也使用三地址指令和多地址指令。

5.2 80X86 寻址方式

寻址是指通过地址访问指令或数据，寻找下一条将要执行的指令所在的存储器地址是指令寻址，寻找操作数则是数据寻址。

5.2.1 指令寻址

CPU 按照程序顺序执行指令，一条指令执行结束，根据指令指针寄存器的内容访问存储器，开始执行下一条指令，这就是指令的顺序寻址。在遇到程序分支等情况时，需要控制流程跳转到指定指令位置，这就是指令的跳转寻址，指令寻址主要是指跳转寻址。

指令跳转需要使用控制转移类指令实现，根据获得目标地址的方法不同，跳转寻址又分为相对寻址、直接寻址和间接寻址，如图 5-1 所示。

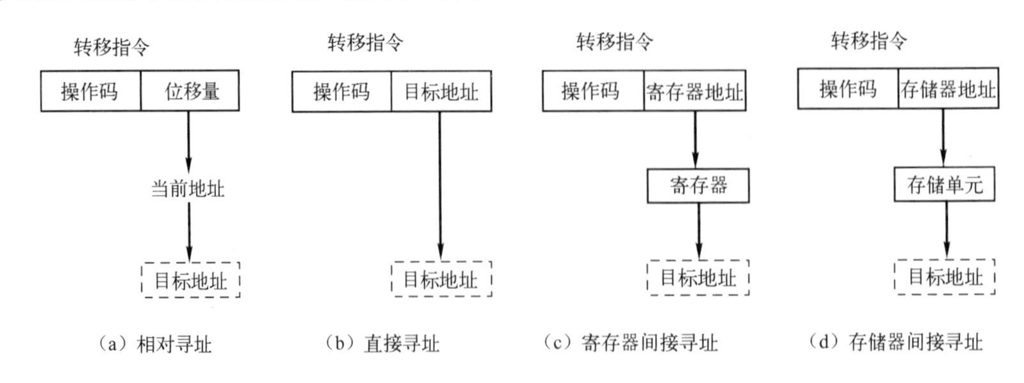

图 5-1　指令的跳转寻址

1．相对寻址

相对寻址是指指令代码提供的目标地址是相对于当前指令地址的位移量，转移到的目标地址就是当前指令地址加上位移量。当同一程序被操作系统安排到不同的存储区域执行时，指令间的位移并没有改变，采用相对寻址也就无须改变转移地址，给操作系统的灵活调度提供了很大方便，所以是最常用的目标地址寻址方式。

2．直接寻址和间接寻址

直接寻址时指令代码中直接提供目标地址，间接寻址时指令代码指出寄存器或存储单元地址，目标地址来自寄存器或存储单元。若用寄存器保存目标地址，则称为目标地址的寄存器间接寻址；若用存储单元保存目标地址，则称为目标地址的存储器间接寻址。

在 80X86 中，指令地址是由代码段寄存器 CS 和指令指针寄存器 IP 决定的。对 16 位的 CPU 来说，将 CS 的值左移 4 位加上 IP 的值就是指令的主存地址。对 32 位的 CPU 来说，要利用 CS 内容找到描述符，从描述符中取出 32 位的段地址加上指令指针寄存器 EIP 的值才能形成指令的主存地址；如果采用页式管理，还要做进一步的变换，这些工作由分段、分页部件完成。

5.2.2 数据寻址

通常所说的寻址方式都是指数据寻址，即寻找指令需要的操作数。操作数可以在寄存器、主存单元或外设接口中。80X86 的数据寻址方式有立即数寻址、寄存器寻址、存储器直接寻址、寄存器间接寻址、寄存器相对寻址、基址加变址寻址和相对基址加变址寻址、带比例的变址寻址等。

1．立即数寻址

在立即数寻址方式中，指令需要的操作数紧跟在操作码之后作为指令机器代码的一部分，并随着取指操作从主存进入指令寄存器。这种操作数用常量形式直接表达，称为立即数。立即数寻址方式只用于指令的源操作数，如在传送指令中给寄存器和存储单元赋值。

将 16 位立即数 1234H 传送到 AX 寄存器的指令可以写为：MOV AX , 1234H；将 32 位立即数 33221100H 传送到 EAX 寄存器的指令可以写为：MOV EAX , 33221100H。后一条指令的机器代码是 B800112233H，其中，第 1 字节 B8 中包含操作码和 EAX 寄存器的信息，后面 4 字节是立即数。80X86 CPU 规定，指令中有两个操作数时，左面的为目的操作数，右面的为源操作数。

立即数寻址简单、速度快，但不灵活，修改数据就需要修改程序，常用于设置常数。

2．寄存器寻址

指令的操作数存放在寄存器中称为寄存器寻址，可以直接使用寄存器的名字表示它保存的数据。绝大多数指令采用通用寄存器寻址，部分指令支持专用寄存器。寄存器寻址方式简单快捷，指令字长短，是最常使用的寻址方式。

在指令 MOV AX , 1100H 中，源操作数是立即数寻址，目的操作数就是寄存器寻址。再如，将寄存器 EAX 的内容传送给 EBX 的指令是：MOV EBX , EAX，这条指令的源操作数和目的操作数都采用寄存器寻址。

3. 存储器直接寻址

如果操作数在主存单元中，在指令代码中直接给出操作数的有效地址称为存储器直接寻址。按照 80X86 处理器访问存储器的方式，指令中给出的地址是操作数在数据段中的偏移地址，段地址和偏移地址相结合，才能得到操作数在主存中的实际地址。直接寻址常用于存取变量。例如，将变量 COUNT 的内容传送给 CX 的指令是：MOV CX , COUNT，指令 MOV ECX , COUNT 是将变量 COUNT 的内容传送给 ECX。COUNT 代表操作数在数据段中的偏移地址，数据段寄存器 DS 决定的段地址加上这个偏移地址，才能作为访问存储器的地址，读出数据后传送到指定寄存器。

4. 寄存器间接寻址

寄存器间接寻址是将操作数的有效地址存放在寄存器中，MASM 汇编程序要求用英文中括号将寄存器的名字括起来。例如，指令 MOV　DX , [BX] 的源操作数采用寄存器间接寻址，指令 MOV　[ESI] , ECX 的目的操作数采用寄存器间接寻址。

在寄存器间接寻址中，寄存器的内容是偏移地址，相当于一个地址指针。指令 MOV　DX, [BX] 执行时，若 BX = 4050H，则该指令等同于 MOV　DX , DS:[4050H]。

利用寄存器间接寻址，可以方便地对数组中的元素或字符串中的字符进行操作。也就是说，将数组或字符串首地址（或末地址）赋值给通用寄存器，利用寄存器间接寻址就可以访问到数组或字符串头一个（或最后一个）元素，再加减数组元素所占的字节数就可以访问到其他元素或字符。

5. 寄存器相对寻址

在寄存器相对寻址中，操作数的有效地址是寄存器内容与位移量之和。例如，指令 MOV SI，[BX + 4] 表示源操作数的有效地址由 BX 寄存器内容加上位移量 4 得到，默认与 BX 寄存器配合的是段寄存器 DS 指向的数据段。

再如，指令 MOV　EDI , [EBP － 08H] 表示源操作数的有效地址由 EBP 寄存器内容减去位移量 8 得到，与之配合的默认段寄存器为 SS。

若在寄存器相对寻址中使用的寄存器是基址寄存器，则称为基址寻址。在 16 位寻址方式中，BX 和 BP 可作为基址寄存器，默认 BX 以 DS 为段寄存器，BP 以 SS 为段寄存器，位移量是 8 或 16。在 32 位寻址方式中，8 个通用寄存器都可作为基址寄存器，ESP、EBP 默认 SS 为段寄存器，其余默认 DS 为段寄存器，位移量是 8 或 32。

若在寄存器相对寻址中使用的寄存器是变址寄存器，则称为变址寻址。在 16 位寻址方式中，SI（源变址）和 DI（目标变址）可作为变址寄存器，默认 DS 作为段寄存器。在 32 位寻址方式中，除 ESP 外，其余通用寄存器都可作为变址寄存器，且 EBP 默认 SS 为段寄存器，其余默认 DS 为段寄存器。

像寄存器间接寻址一样，利用寄存器相对寻址也可以方便地对数组的元素或字符串的字符进行操作。方法是用数组或字符串首地址作为位移量，将数组元素或字符所在的位置量存放到寄存器中。

6. 基址加变址寻址和相对基址加变址寻址

寻址时同时使用基址和变址寄存器，将二者之和作为操作数的偏移地址，称为基址加变址寻址，若再加上一个偏移量，则称为相对基址加变址寻址。这两种寻址方式适用于二维数组等数据结构，使用的寄存器和前面叙述的相同，但会根据基址寄存器决定默认的段寄存器，除非已经用段超越指明了段寄存器。

如指令 MOV DI,[BX + SI] 表示源操作数采用基址加变址寻址，默认段寄存器是 DS，指令 MOV EAX, [EBX + EDX + 80H] 表示源操作数采用相对基址加变址寻址，默认段寄存器也是 DS。

7．带比例的变址寻址

在 32 位的寻找方式中，支持变址寄存器内容乘以一个常数 1（可以省略）、2、4 或 8，这种寻址方式称为带比例的变址寻址，和前面几种寻址方式相结合，还可以形成新的寻址方式，下面是几个带比例的变址寻址例子：

```
MOV   EAX , [ EBX*2 ]              ;带比例的变址寻址
MOV   EAX , [ ESI*4 + 80H ]        ;带比例的相对变址寻址
MOV   EAX , [ EBX + ESI*4 ]        ;带比例的基址加变址寻址
MOV   EAX , [ EBX + ESI*8 -80H ]   ;带比例的相对基址加变址寻址
```

80X86 存储器以字节为寻址单位，比例 1、2、4 和 8 对应 8、16、32 和 64 位数据的字节个数，从而方便以数组元素为单位寻址相应数据。

在以上的寻址方式中，除立即数寻址和寄存器寻址以外，其余的寻址都属于存储器寻址，即操作数都存放在存储器单元中。需要注意的是，在 8086CPU 的寻址方式中，只有 BX、BP、SI、DI 这 4 个寄存器可以存放偏移地址，用于寄存器间接寻址、寄存器相对寻址等寻址方式。

5.2.3 80X86 寻址方式的特点

80X86 CPU 的寻址方式支持操作数是立即数或存放在寄存器、存储器中，但对有两个操作数的指令，寻址方式不是任意组合的，而是有严格的规定。绝大多数指令（数据传送、加减运算、逻辑运算等常用指令）都支持如图 5-2 所示的组合，源操作数可以是立即数或存放在寄存器、存储器中，而目的操作数只能是寄存器或存储器寻址，并且两个操作数不能同时为存储器寻址方式。

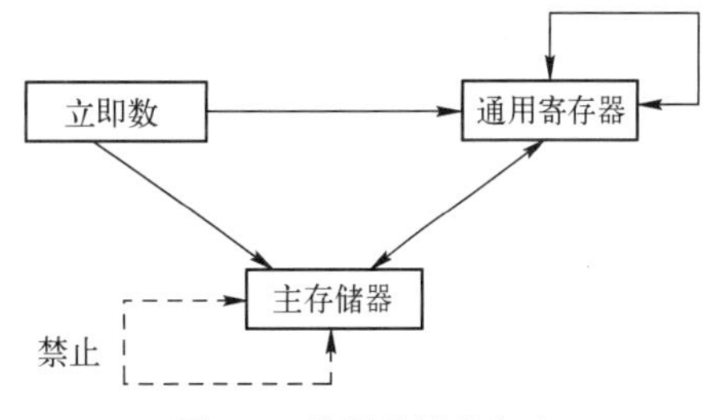

图 5-2 数据寻址的组合

80X86 CPU 在进行存储器寻址时，要使用段寄存器。对 16 位的寻址来说，段寄存器的内容左移 4 位，就是该段在主存中的起始地址。但对 32 位的寻址来说，为了配合存储器的管理，段寄存器的内容只是一个段选择子，它和描述符表寄存器相结合，形成访问存储在主存的描述符地址，从描述符中才能获得该段在主存中的 32 位起始地址。

在使用段寄存器时，哪个段寄存器和哪些通用寄存器配合，都有着严格的规定，不能随便使用。例如，访问数据段，要使用 DS 寄存器；访问堆栈段，要使用 SS 寄存器；访问代码段必须使用 CS 寄存器。

5.3 80X86 CPU 的常用指令

80X86 CPU 的指令按功能可分为数据传送、算术运算、逻辑运算、移位运算、程序控制等几大类。在介绍指令格式时，以 16 位 CPU 为主，指令中只能使用 16 位的寄存器、偏移地址和立即数；对 32 位的 CPU 来说，指令中可以使用 32 位的寄存器、偏移地址和立即数。

5.3.1 数据传送指令

数据传送是计算机中最基本、最重要的一种操作。数据传送指令也是最常使用的一类指令。数据传送指令的功能是把数据从一个位置传送到另一个位置。数据传送指令可实现寄存器和寄存器之间、主存和寄存器之间、AL/AX与外设端口之间的字与字节的多种传送操作。该类指令除标志寄存器传送指令外，均不影响标志位。

1. 通用数据传送指令

通用数据传送指令主要包括MOV和XCHG两条，可提供方便、灵活的通用传送操作。

（1）传送指令MOV

传送指令MOV的格式为：

```
MOV   DEST , SRC
```

DEST表示目的操作数，SRC表示源操作数

MOV指令是采用寻址方式最多的指令，可以实现立即数到寄存器、立即数到主存的传送，以及寄存器与寄存器之间、寄存器与主存之间、寄存器与段寄存器之间、主存与段寄存器之间的传送，将字节或字操作数从源地址传送至目的地址。源操作数可以是立即数、寄存器或主存单元，目的操作数可以是寄存器或主存单元，但不能是立即数，其含义可用如下的约定符号表示：

```
MOV   REG/MEM , IMM              ;立即数送入寄存器或主存
MOV   REG/MEM/SEG , REG          ;寄存器送入寄存器（包括段寄存器）或主存
MOV   REG/MEM , SEG              ;段寄存器送入主存或寄存器
```

其中，REG表示寄存器，MEM表示主存储器地址，IMM表示立即数，SEG表示段寄存器。

例5-1 将立即数传送到寄存器或主存单元。

```
MOV   AL , 4                     ;AL←4，字节传送
MOV   CX , 0FFH                  ;CX←00FFH，字传送
MOV   SI , 200H                  ;SI←0200H，字传送
MOV   BYTE PTR [SI] , 0AH        ;DS：[SI]←0AH，BYTE PTR说明是字节操作
MOV   WORD PTR [SI+2] , 0BH      ;DS：[SI+2]←0BH，WORD PTR说明是字操作
```

在包括数据传送指令的绝大多数双操作数指令中（除非特别说明），目的操作数与源操作数必须类型一致，或者同为字，或者同为字节，否则为非法指令。例如：

```
MOV   AL , 050AH                 ;050AH为字，而AL为8位寄存器，所以是非法指令
```

由于指定寄存器有明确的字节或字类型，所以对应的立即数也必须分别为字节或字。但在涉及存储器单元时，指令中给出的立即数可以理解为字，也可以理解为字节，此时必须明确指明。为了区别字节传送和字传送，可用汇编操作运算符BYTE PTR（字节）和WORD PTR（字）指定。

需要注意的是，80X86不允许立即数传送至段寄存器，所以下列指令是非法的：

```
MOV   DS , 100H                  ;非法指令：不允许立即数至段寄存器的传送
```

例 5-2　在寄存器之间传送数据。

```
MOV   AX , BX
MOV   AH , AL
MOV   DS , AX
```

例 5-3　在寄存器和存储器单元之间传送数据。

```
MOV   [BX] , AL
MOV   DX , [BP]           ;DX←SS: [BP]
MOV   ES , [SI]           ;ES←DS: [SI]
```

80X86 指令系统除串操作类指令外，不允许两个操作数都是存储单元，所以没有主存至主存的数据传送。要实现这种传送，可通过寄存器间接实现。

例 5-4　将 BUFFER1 单元的数据传送到 BUFFER2 单元。这里 BUFFER1 和 BUFFER2 是两个不同的自变量。

```
MOV   AX , BUFFER1        ;AX←BUFFER1（将 BUFFER1 内容送 AX）
MOV   BUFFER2 , AX        ;BUFFER2←AX（将 AX 内容送 BUFFER2）
```

可以将通用寄存器和存储单元的数据传送到段寄存器，但不允许向 CS 段寄存器传送，因为这样会改变 CS 的值，引起程序执行混乱。

例 5-5　在段寄存器之间传送数据。

```
MOV   AX , ES
MOV   DS , AX
```

注意，不允许在段寄存器之间直接传送数据，例如：

```
MOV   DS , ES             ;非法指令：不允许 SEG←SEG 传送
```

（2）交换指令 XCHG

交换指令用来交换源操作数和目的操作数的内容，其格式为：

```
XCHG   REG , REG/MEM      ;REG ↔ REG/MEM
```

在 XCHG 指令中，操作数可以是字也可以是字节，可以在通用寄存器与通用寄存器或寄存器与存储器之间交换数据，但不能在存储器单元之间交换数据。

例 5-6　用交换指令实现寄存器之间的数据交换。

```
MOV   AX , 1234H          ;AX = 1234H
MOV   BX , 5678H          ;BX = 5678H
XCHG   AX , BX            ;AX = 5678H，BX = 1234H
XCHG   AH , AL            ;AX = 7856H
```

例 5-7　用交换指令实现寄存器与存储器之间的数据交换。

```
XCHG   AX , [2000H]       ;也可以表示为 XCHG   [2000H] , AX
XCHG   AL , [2000H]       ;也可以表示为 XCHG   [2000H] , AL
```

（3）换码指令 XLAT

换码指令用于将 BX 指定的缓冲区中由 AL 指定的位移处的数据取出，传送到 AL，格式为：

```
XLAT   LABEL   或   XLAT      ;AL←DS: [BX+AL]
```

换码指令的两种格式完全等效，操作数是隐含寻址，实际的首地址在 BX 寄存器中。第一种格式中，LABEL 表示首地址，第二种格式中，也可以用 XLATB 助记符表示。

2. 地址传送指令

地址传送指令将存储器操作数的有效地址（偏移地址）或逻辑地址传送至指定的寄存器。

（1）有效地址传送指令 LEA

```
LEA   R16 , MEM              ;R16←MEM 的偏移地址 EA
```

LEA 指令将存储器操作数的有效地址传送至指定的 16 位寄存器中。

例 5-8 将一个有效地址传送到 BX 中。

```
MOV   BX , 0400H
MOV   SI , 3CH
LEA   BX , [BX+SI+0F62H]     ;BX = 139EH
```

这里 BX 得到的是主存单元的有效地址，而不是物理地址，也不是该单元的内容。

（2）地址指针传送指令

```
LDS   R16 , MEM              ;R16←MEM，DS←MEM+2
LES   R16 , MEM              ;R16←MEM，ES←MEM+2
```

LDS 和 LES 指令将主存中指定的字传送到指定的 16 位寄存器中，并将下一字传送到 DS 寄存器或 ES 寄存器中。实际上，MEM 指定了主存的连续 4 字节作为逻辑地址，即 32 位的地址指针。

例 5-9 将地址指针传送到指定的寄存器。

```
MOV   WORD PTR  [3060H] , 0100H
MOV   WORD PTR  [3062H] , 1450H
LDS   SI , [3060H]                  ;DS = 1450H，SI = 0100H
LES   DI , [3060H]                  ;ES = 1450H，DI = 0100H
```

5.3.2 堆栈操作指令

堆栈是一个“先进后出”的主存区域，位于堆栈段中，使用 SS 段寄存器记录其段地址。堆栈只有一个出口，即当前栈顶。栈顶是地址较小的一端，它由堆栈指针寄存器 SP 指定。当堆栈内还没有数据时，栈顶和栈底指向同一个单元。堆栈操作指令实现堆栈和寄存器、主存单元之间的信息传送。

1. 进栈指令 PUSH

```
PUSH   R16/M16/SEG        ;SP←SP-2，SS:[SP]←R16/M16/SEG
```

进栈指令先使堆栈指针 SP 减 2，然后把一个操作数存入堆栈顶部。堆栈操作的对象只能是字操作数，进栈时，低字节存放于低地址，高字节存放于高地址。指令格式中的 R16 表示 16 位的寄存器，M16 表示字存储单元。

例 5-10 将数据 7812H 通过寄存器压入堆栈。

```
MOV    AX , 7812H
PUSH   AX
```

例 5-11　将主存单元 DS: [2000H]开始的一个字压入堆栈。

```
PUSH   [2000H]
```

2．出栈指令 POP

```
POP   R16/M16/SEG               ;R16/M16/SEG←SS: [SP]，SP←SP+2
```

出栈指令把栈顶的一个字弹出到指定的目的操作数中，然后堆栈指针 SP 加 2。目的操作数应为字操作数，字从栈顶弹出时，低地址字节送低字节，高地址字节送高字节。

例 5-12　将栈顶一个字的内容弹出，送 AX 寄存器。

```
POP   AX
```

例 5-13　将栈顶一个字的内容弹出，送存储器单元 DS:[2000H]。

```
POP   [2000H]
```

5.3.3　输入/输出指令

外部设备通过 I/O 端口与处理器交换信息。输入指令 IN 将外设数据传送至 CPU，而输出指令 OUT 则将 CPU 数据传送至外设。只有这组指令能够实现 CPU 与外设的信息交换，并且只能利用 AL/AX 寄存器与 I/O 端口通信。

1．输入指令 IN

```
IN   AL , I8          ;字节输入，AL←I/O 端口 I8，I8 表示 8 位的端口编号
IN   AX , I8          ;字输入，AL←I/O 端口 I8，AH←I/O 端口 I8+1
IN   AL , DX          ;字节输入，AL←I/O 端口[DX]，DX 中存放端口号
IN   AX , DX          ;字输入：AL←I/O 端口[DX]，AH←I/O 端口[DX+1]
```

例 5-14 用输入指令从外设端口 20H 输入一个字节数据。

```
IN   AL , 20H
```

例 5-15　用输入指令从 20H 和 21H 端口输入一个字数据。

```
IN   AX , 20H
```

例 5-16　用间接寻址方式从 20H 和 21H 端口输入一个字数据。

```
MOV   DX , 20H

IN   AX , DX
```

2．输出指令 OUT

```
OUT   I8 , AL         ;字节输出：I/O 端口 I8←AL
OUT   I8 , AX         ;字输出：I/O 端口 I8←AL，I/O 端口 I8+1←AH
OUT   DX , AL         ;字节输出：I/O 端口[DX]←AL
OUT   DX , AX         ;字输出：I/O 端口[DX]←AL，I/O 端口[DX+1]←AH
```

例 5-17 用输出指令将数据 40H 输出到外设端口 21H。

```
MOV   AL , 40H
OUT   21H , AL
```

例 5-18　用输出指令将 AX 的数据输出到外设端口 20H 和 21H。

```
OUT   20H , AX
```

例 5-19　间接寻址方式将数据 80H 输出到 3FCH 端口。

```
MOV   DX , 3FCH
MOV   AL , 80H
OUT   DX , AL
```

可以用于寻址外设端口的地址线为 16 条，可寻址的端口最多为 2^{16}=65536 个，端口号为 0000H～FFFFH。每个端口用于传送外设的 1 字节数据。寻址前 256 个端口时，输入/输出指令可以用直接寻址，其范围为 00H～FFH；当寻址的端口号大于 256 时，只能使用 DX 寄存器间接寻址，其范围为 0000H～FFFFH。

输入/输出指令既可以用 AL 和外设端口进行字节传送，也可以用 AX 和外设端口进行字传送。实现字传送时，AL 与 I8 或 [DX] 端口交换，AH 与 I8+1 或[DX+1]端口交换，字传送也可以用两次字节传送实现。

5.3.4 算术运算指令

算术运算指令用来执行二进制及十进制的算术运算：加、减、乘、除。这类指令会根据运算结果影响状态标志，有时要利用某些标志实现程序流程的控制。

1．加法指令

加法指令包括 ADD、ADC 和 INC 三条，执行字或字节的加法运算。

（1）加法指令 ADD

```
ADD   REG , IMM/REG/MEM          ;REG←REG + IMM/REG/MEM
ADD   MEM , IMM/REG              ;MEM←MEM + IMM/REG
```

该指令将源操作数与目的操作数相加，结果送到目的操作数。它支持寄存器与立即数、寄存器、存储单元，以及存储单元与立即数、寄存器间的加法运算。

例 5-20　利用 ADD 指令完成加法运算。

```
MOV   AL , 0FBH                  ;AL = 0FBH
ADD   AL , 07H                   ;AL = 02H
MOV   WORD PTR [200H] , 4652H    ;[200H] = 4652H
MOV   BX , 1FEH                  ;BX = 1FEH
ADD   AL , BL                    ;AL = 00H
ADD   WORD PTR [BX+2] , 0F0F0H   ;[200H] = 3742H
```

ADD 指令按照状态标志的定义相应设置这些标志的 0 或 1 状态。例如，在 07 + 0FBH→AL 运算后，标志位 OF=0，SF=0，ZF=0，AF=1，PF=0，CF=1。

同样进行 4652H+0F0F0H→[200H]运算后，标志位 OF=0，SF=0，ZF=0，AF=0，PF=1，CF=1。注意，PF 仅反映低 8 位中“1”的个数，AF 只反映 D_3 对 D_4 位是否有进位。

（2）带进位加法指令 ADC

```
ADC   REG , IMM/REG/MEM          ;REG←REG+IMM/REG/MEM+CF
ADC   MEM , IMM/REG              ;MEM←MEM+IMM/REG+CF
```

ADC 指令除完成加法运算外，还要加进位 CF，其用法及对状态标志的影响也与 ADD 指令一样。ADC 指令主要用于多倍字长的加法运算。

例 5-21 用 ADC 指令完成无符号数双字长加法运算。

```
MOV   AX , 4652H            ;AX = 4652H
ADD   AX , 0F0F0H           ;AX = 3742H，CF = 1
MOV   DX , 0234H            ;DX = 0234H
ADC   DX , 0F0F0H           ;DX = F325H，CF = 0
```

上述程序段完成 02344652H+0F0F0F0F0H = F3253742H。

（3）增量指令 INC

```
INC   REG/MEM               ;REG/MEM←REG/MEM+1
```

INC 指令对操作数加 1（增量）。它是一个单操作数指令，操作数可以是寄存器或存储器。例如：

```
INC   BX;
INC   BYTE PTR[BX]
```

设计加 1 指令和后面介绍的减 1 指令的目的主要是用于对计数器和地址指针的调整，所以它们不影响进位 CF 标志，对其他状态位的影响与 ADD、ADC 指令一样。

2．减法指令

减法指令包括 SUB、SBB、DEC、NEG 和 CMP 五条，执行字或字节的减法运算，除 DEC 不影响 CF 标志外，其他减法指令影响全部状态标志位。

（1）减法指令 SUB

```
SUB   REG , IMM/REG/MEM     ;REG←REG-IMM/REG/MEM
SUB   MEM , IMM/REG         ;MEM←MEM-IMM/REG
```

该指令使目的操作数减去源操作数，结果送到目的操作数。它支持的操作数类型同加法指令完全相同。

例 5-22 利用 SUB 指令完成减法运算。

```
MOV   AL , 0FBH                     ;AL = 0FBH
SUB   AL , 07H                      ;AL = 0F4H，CF = 0
MOV   WORD PTR[200H] , 4652H        ;[200H] = 4652H
MOV   BX , 1FEH                     ;BX = 1FEH
SUB   AL , BL                       ;AL = 0F6H，CF = 1
SUB   WORD PTR[BX+2] , 0F0F0H       ;[200H] = 5562H，CF = 1
```

（2）带借位减法指令 SBB

```
SBB   REG , IMM/REG/MEM     ;REG←REG-IMM/REG/MEM-CF
SBB   MEM , IMM/REG         ;MEM←MEM-IMM/REG-CF
```

该指令使目的操作数减去源操作数，还要减去借（进）位 CF，结果送到目的操作数，SBB 指令主要用于多倍字长的减法运算。

例 5-23 利用 SBB 指令完成无符号数双字长减法运算。

```
MOV   AX,4652H              ;AX=4652
SUB   AX,0F0F0H             ;AX=5562H，CF=1
MOV   DX,0234H              ;DX=0234H
SBB   DX,0F0F0H             ;DX=1143H，CF=1
```

上述程序段完成 02344652H－0F0F0F0F0H=11435562H，有借位 CF=1。

（3）减量指令 DEC

```
DEC   REG/MEM               ;REG/MEM←REG/MEM-1
```

DEC 指令对操作数减 1（减量），它是一个单操作数指令，操作数可以是寄存器或存储器。同 INC 指令一样，DEC 指令不影响 CF，但影响其他状态标志。例如：

```
DEC   CX
DEC   WORD PTR [SI]
```

（4）求补指令 NEG

```
NEG   REG/MEM               ;REG/MEM←0-REG/MEM
```

NEG 指令也是一个单操作数指令，它对操作数执行求补运算，即用零减去操作数，然后将结果返回操作数。求补运算也可以表达成将操作数按位取反后加 1。NEG 指令对标志位的影响与用零作为被减数的 SUB 指令是一样的。

例 5-24 利用 NEG 指令完成求补运算。

```
MOV   AX,0FF64H
NEG   AX                    ;AX = 009CH，CF = 1
```

（5）比较指令 CMP

```
CMP   REG,IMM/REG/MEM       ;REG-IMM/REG/MEM
CMP   MEM,IMM/REG           ;MEM-IMM/REG
```

该指令将目的操作数减去源操作数，但结果不送回目的操作数。也就是说，CMP 指令与减法指令 SUB 执行同样的操作，同样影响标志，只是不改变目的操作数。

CMP 指令用于比较两个操作数的大小。执行比较指令之后，可以根据标志判断两个数是否相等、谁大谁小。CMP 指令后面常跟条件转移指令，根据比较结果决定分支走向。

例 5-25 比较 AL 是否大于 100。

```
CMP   AL,100                ;AL-100
JB    BELOW                 ;AL< 100，跳转到 BELOW 执行
SUB   AL,100                ;AL≥100，AL←AL-100
INC   AH                    ;AH←AH+1
BELOW: ……
```

3. 乘法指令

乘法指令用来实现两个二进制操作数的相乘运算，包括两条指令：无符号数乘法指令 MUL 和有符号数乘法指令 IMUL。

```
MUL   R8/M8                 ;无符号字节乘：AX←AL×R8/M8，R8 和 M8 表示 8 位操作数
MUL   R16/M16               ;无符号字乘：DX.AX←AX×R16/M16
```

```
IMUL   R8/M8                    ;有符号字节乘：AX←AL×R8/M8
IMUL   R16/M16                  ;有符号字乘：DX.AX←AX×R16/M16
```

乘法指令的目的操作数隐含给出，默认存放在 AL（字节乘）或 AX（字乘）寄存器中，源操作数则显式给出，可以是寄存器或存储单元。若是字节量相乘，AL 与 R8/M8 相乘得到 16 位的字，默认存入 AX 中；若是字相乘，则 AX 与 R16/M16 相乘，得到 32 位的结果，默认高字存入 DX、低字存入 AX 中。

乘法指令利用对 OF 和 CF 的影响，可以判断相乘的结果中高一半是否含有有效数值。如果乘积的高一半（AH 或 DX）没有有效数值，即对 MUL 指令高一半为 0，对 IMUL 指令高一半是低一半的符号扩展，则 OF = CF = 0；否则 OF = CF = 1。

乘法指令对其他状态标志的影响没有定义，即不可预测。注意：这一点与对标志没有影响是不同的，没有影响是指不改变原来的状态。

例 5-26 将无符号数 0B4H 和 10H 相乘。

```
MOV   AL , 0B4H                 ;AL = 0B4H = 180
MOV   BL , 10H                  ;BL = 10H = 016
MUL   BL                        ;AX =0B40H = 2880，OF=CF = 1（AX 高 8 位不为 0）
```

无符号乘法指令将操作数视为正整数做乘法，积也是正整数。

例 5-27 将有符号数 0B4H 和 10H 相乘。

```
MOV   AL , 0B4H                 ;AL=B4H，真值为-76
MOV   BL , 10H                  ;BL=10H，真值为 16
IMUL   BL                       ;AX=0FB40H，即真值为-1216，OF=CF=1
```

有符号乘法指令将操作数视为补码表示的有符号整数，按补码乘法规则进行，积也是补码表示的有符号整数。

计算二进制数乘法：0B4H×10H。如果把它当做无符号数，用 MUL 指令，结果为 0B40H；如果当做有符号数，用 IMUL 指令，则结果为 0FB40H。由此可见，同样的二进制数，当做无符号数与有符号数相乘，其结果是不同的。

4．除法指令

除法指令执行两个二进制数的除法运算，包括无符号二进制数除法指令 DIV 和有符号二进制数除法指令 IDIV。

```
DIV   R8/M8                     ;无符号字节除法，商存入 AL，余数存入 AH
DIV   R16/M16                   ;无符号字除法，商存入 AX，余数存入 DX
IDIV   R8/M8                    ;有符号字节除法：商存入 AL，余数存入 AH
IDIV   R16/M16                  ;有符号字除法：商存入 AX，余数存入 DX
```

除法指令隐含使用 DX 和 AX 作为目的操作数，指令中给出的源操作数是除数。如果是字节除法，AX 是被除数，除法完成后，8 位商存入 AL，8 位余数存入 AH。如果是字除法，DX 是被除数的高位，AX 是被除数的低位，除法完成后，16 位商存入 AX，16 位余数存入 DX，余数的符号与被除数符号相同。

例 5-28 用无符号数 0400H 除以 0B4H。

```
MOV   AX , 0400H                ;AX = 400H=1024
```

```
MOV   BL , 0B4H                 ;BL = B4H=180
DIV   BL                        ;商 AL = 05H，余数 AH = 7CH = 124
```

无符号除法指令将操作数视为正整数做除法，商和余数也是正整数。

例 5-29 用有符号数 0400H 除以 0B4H。

```
MOV   AX , 0400H                ;AX = 400H，真值为 1024
MOV   BL , 0B4H                 ;BL = B4H，真值为-76
IDIV  BL                        ;商 AL = F3H，真值为-13，余数 AH =24H = 36
```

有符号除法指令将操作数视为补码表示的有符号整数，按补码除法规则进行，商和余数也是补码表示的有符号整数。

由于除法指令是针对整数进行的，当除数的绝对值大于被除数的绝对值时，商为 0。

除法指令 DIV 和 IDIV 对标志位的影响没有定义，但可能产生溢出。当被除数绝对值远大于除数绝对值时，所得的商就有可能超出它所能表示的范围。如果存放商的寄存器 AL/AX 放不下，便产生除法溢出，发出中断编号为 0 的内部中断请求。

对于 DIV 指令，除数为 0，或者在字节除时商超过 8 位，或者在字除时商超过 16 位时，会发生溢出。对于 IDIV 指令，除数为 0，或者在字节除时商不在-128～127 范围内，或者在字除时商不在-32768～32767 范围内时，会发生溢出。

5．符号扩展指令

符号扩展指令可用来将字节扩展成字，字扩展成双字，扩展位用原来的符号位填充。符号扩展不影响标志位，数据大小也不改变，只是加长了位数。

```
CBW                             ;AL 的符号扩展至 AH
```

CBW 指令将 AL 的最高有效位 D_7 扩展至 AH，若 AL 的最高位是 0，则 AH=00H；AL 的最高位为 1，则 AH=0FFH，AL 不变。

```
CWD                             ;AX 的符号扩展至 DX
```

CWD 将 AX 的符号扩展到 DX，若 AX 的最高位是 0，则 DX=0000H；AX 的最高位为 1，则 DX=0FFFFH。

例 5-30 将 8 位有符号数扩展成 16 位。

```
MOV   AL , 80H                  ;AL = 80H
CBW                             ;AX = FF80H
ADD   AL , 255                  ;AL = 7FH
CBW                             ;AX = 007FH
```

符号扩展指令常用于有符号除法，可获得除法指令所需要的被除数，例如 AX=FF00H，它表示有符号数-256；执行 CWD 指令后，则 DX=FFFFH，DX、AX 共同表示有符号数-256。无符号数除法，应该采用直接使高 8 位或高 16 位清 0 的方法，获得除数倍长的被除数，这就是零位扩展。

字长不同的操作数要做加减等运算时，也可以用符号扩展指令扩展操作数的位数。

5.3.5　逻辑运算指令

逻辑运算指令用来完成计算机中的逻辑运算，可对字或字节按位进行。逻辑运算指令包括逻辑与（AND）、逻辑或（OR）、逻辑非（NOT）、逻辑异或（XOR）和测试（TEST）五条指令，支持的操作数组合同加减法指令一样。所有双操作数的逻辑运算指令均设置 CF=OF=0，根据结果设置 SF、ZF 和 PF 状态，而对于 AF 未定义。

1．逻辑与指令 AND

```
AND DEST , SRC                  ;DEST←DEST AND SRC
```

AND 指令对两个操作数执行按位的逻辑与运算，即只有相与的两位都是 1，结果才是 1，否则，与的结果为 0，逻辑与的结果送到目的操作数。

例 5-31 对两个 8 位数进行逻辑与运算。

```
MOV   AL , 25H
AND   AL , 31H                 ;AL =21H，CF = OF = 0，SF = 0，ZF = 0，PF = 1
```

AND 指令可用于复位一些位，但不影响其他位。这时只需将要置 0 的位和“0”与，而维持不变的位和“1”与就可以了。

例 5-32 将 BL 中 D_0 和 D_3 清 0，其余位不变。

```
AND   BL , 11110110B
```

2．逻辑或指令 OR

```
OR   DEST , SRC                 ;DEST←DEST OR SRC
```

OR 指令对两个操作数执行按位的逻辑或运算，即只要相或的两位中有一位是 1，结果就是 1；否则，或的结果为 0，逻辑或的结果送到目的操作数。

例 5-33 对两个 8 位数进行逻辑或运算。

```
MOV   AL , 45H
OR    AL , 31H                 ;AL = 75H，CF = OF = 0，SF = 0，ZF = 0，PF = 0
```

OR 指令可用于置位某些位，而不影响其他位。这时只需要将要置 1 的位和“1”或，维持不变的位和“0”或即可。

例 5-34 将 BL 中 D_0 和 D_3 置 1，其余位不变。

```
OR   BL , 00001001B
```

3．逻辑异或指令 XOR

```
XOR   DEST , SRC                ;DEST←DEST XOR SRC
```

XOR 指令对两个操作数执行按位的逻辑异或运算，即相异或的两位不相同时，结果是 1；否则，异或的结果为 0。

例 5-35 对两个 8 位数进行逻辑异或运算。

```
MOV   AL , 45H
XOR   AL , 31H                 ;AL = 74H，CF = OF = 0，SF = 0，ZF =0，PF = 1
```

XOR 可用于求反某些位，而不影响其他位。要求求反的位和“1”异或、维持不变的位和“0”异或。

例 5-36 将 BL 中 D_0 和 D_3 求反，其余位不变。

```
XOR   BL , 00001001B
```

XOR 指令可以使寄存器清 0，例如：

```
XOR   AX , AX              ;AX = 0，CF = OF = 0，SF = 0，ZF = 1，PF = 1
```

4．逻辑非指令 NOT

```
NOT   REG/MEM              ;REG/MEM←源操作数变反
```

NOT 指令对操作数按位取反，即原来为 0 的位变成 1，原来为 1 的位变成 0。NOT 指令是一个单操作数指令，该操作数可以是立即数以外的任何寻址方式。注意，NOT 指令不影响标志位。

例 5-37　对一个 8 位数进行逻辑非运算。

```
MOV   AL , 45H
NOT   AL                   ;AL = 0BAH
```

5．测试指令 TEST

```
TEST   DEST , SRC          ;DEST AND SRC
```

TEST 指令对两个操作数执行按位的逻辑与运算，和 AND 指令不同的是，它不保存运算结果，只根据运算结果来设置状态标志。

TEST 指令通常用于检测一些条件是否满足，但又不希望改变源操作数的情况。在这条指令之后，一般都是条件转移指令，目的是利用测试条件转向不同的程序段。

例 5-38　测试 AL 的 D_0 位是否为 0。

```
        TEST   AL , 01H    ;测试 AL 的最低位 D0
        JNZ    THERE       ;标志 ZF = 0，即 D0 = 1，则程序转移到 THERE
        ……                 ;否则 ZF = 1，即 D0 = 0，顺序执行
THERE:  ……
```

5.3.6　移位运算指令

移位运算指令有逻辑移位指令、算术移位指令、不带进位循环移位指令和带进位循环移位指令几类。

1．逻辑移位和算术移位指令

逻辑移位和算术移位指令格式如下：

```
SHL   REG/MEM , 1/CL       ;逻辑左移
SHR   REG/MEM , 1/CL       ;逻辑右移
SAL   REG/MEM , 1/CL       ;算术左移，功能同 SHL 相同
SAR   REG/MEM , 1/CL       ;算术右移
```

在逻辑移位和算术移位指令中，目的操作数可以是寄存器或存储单元，源操作数表示移位位数，为 1 时表示移动一位；当移位位数大于 1 时，则用 CL 寄存器表示，CL 寄存器中的值表示要移动的位数。

移位时，对逻辑移位来说，无论是左移还是右移，空出位都补 0；对算术移位来说，将移位的操作数视为补码表示的有符号数，左移时补 0，右移时要补符号位。移出的位总是移入进位标志，其余标志根据移位后的结果设置（AF 标志除外）。若移动 1 位，则按照操作数的符号位是

否改变，设置溢出标志 OF。若移位前和移位后的符号位不同，则 OF = 1，否则 OF = 0。当移位次数大于 1 时，OF 不确定。

例 5-39 对 AL 寄存器中的数据进行移位。

```
MOV   CL , 4
MOV   AL , 0F0H                ;AL = F0H
SHL   AL , 1                   ;AL = E0H，CF = 1，SF = 1，ZF = 0，PF = 0，OF = 0
SHR   AL , 1                   ;AL = 70H，CF = 0，SF = 0，ZF = 0，PF = 0，OF = 1
SAR   AL , 1                   ;AL = 38H，CF = 0，SF = 0，ZF = 0，PF = 0，OF = 0
SAR   AL , CL                  ;AL = 03H，CF = 1，SF = 0，ZF = 0，PF = 1
```

逻辑左移指令 SHL 执行 1 位移位，相当于无符号数乘 2；逻辑右移指令 SHR 执行 1 位移位相当于无符号数除以 2，商在目的操作数中，余数由 CF 标志反映。

算术右移指令 SAR 执行 1 位移位，相当于有符号数除以 2；算术左移指令 SAL 执行 1 位移位，相当于有符号数乘以 2。当乘数和除数是 2 的整次幂或接近 2 的整次幂时，用移位指令完成乘除运算比较简单。但应该注意，当操作数为负，并且最低位有 1 移出时，SAR 指令产生的结果与等效的 IDIV 指令的结果不同。例如，−5（FBH）经 SAR 右移 1 位等于−3（FDH），而 IDIV 指令执行（−5）/2 的结果为−2。

例 5-40 利用位移指令计算 DX←3×AX+7×BX，假设为无符号数运算，没有进位。

```
MOV   SI , AX
SHL   SI , 1                   ;SI←2×AX
ADD   SI , AX                  ;SI←3×AX
MOV   DX , BX
MOV   CL , 03H
SHL   DX , CL                  ;DX←8×BX
SUB   DX , BX                  ;DX←7×BX
ADD   DX , SI                  ;DX←7×BX+3×AX
```

2．循环移位指令

循环移位指令格式如下：

```
ROL   REG/MEM, 1/CL            ;不带进位循环左移
ROR   REG/MEM, 1/CL            ;不带进位循环右移
RCL   REG/MEM, 1/CL            ;带进位循环左移
RCR   REG/MEM, 1/CL            ;带进位循环右移
```

不带进位循环移位指令在将移出的位移到进位标志的同时移回到另一端形成循环，带进位循环移位指令将进位标志视为数的最高位参加循环移位，即移出的位进入进位标志，进位标志则移到最高位（右移）或最低位（左移）。循环移位指令对操作数的规定及对进位标志和溢出标志的影响与非循环移位指令一样，对其余标志不影响。

5.3.7 程序控制指令

在 80X86 CPU 中，程序的执行序列是由代码段寄存器和指令指针确定的。代码段寄存器 CS 决定当前指令所在代码段的段地址，指令指针则是要执行的下一条指令的偏移地址。程序的执行

一般依指令序列顺序执行，但有时需要改变程序的流程，这就需要有程序控制类指令。

程序控制类指令包括无条件转移指令、有条件转移指令、循环指令、子程序调用及返回指令和中断指令，这些指令通过修改 CS 和指令指针寄存器的值来改变程序的执行顺序。利用程序控制类指令，程序可以实现分支、循环、过程调用等功能。

1．无条件转移指令

无条件转移指令不需要任何条件就能使程序改变执行顺序。处理器只要执行无条件转移指令 JMP，就能使程序转到指令的目标地址处，从目标地址处开始执行指令。

JMP 指令中的操作数是要转移到的目标地址，也称为转移地址。目标地址操作数的寻址方式可以是相对寻址、直接寻址或间接寻址。相对寻址方式以当前指令指针寄存器为基地址，加上位移量构成目标地址。如果目标地址像立即数一样直接在指令的机器代码中给出，就是直接寻址方式；如果目标地址在寄存器或主存单元中，通过访问寄存器或存储器得到，就是间接寻址方式。

对 8086 CPU 来说，JMP 指令可以将程序转移到 1MB 存储空间的任何位置。根据跳转的距离，JMP 指令分成了段内转移和段间转移。

段内转移是指在当前代码段 64KB 范围内转移，因此不需要更改 CS 段地址，只需改变 IP 偏移地址。若转移范围可以用 1 字节（-128～+127）表达，则可以形成所谓的短转移；若地址位移用一个 16 位数表达，则形成近转移，它在±32KB 范围内转移。

段间转移是指从当前代码段跳转到另一个代码段，此时需要更改 CS 段地址和 IP 偏移地址，这种转移也称为远转移，转移的目标地址必须用 32 位数表达，称为 32 位远指针，它就是逻辑地址。

由此可见，JMP 指令根据目标地址不同的提供方法和内容，可以分成 4 种格式。

（1）段内转移、相对寻址

```
JMP   BABEL                    ;IP←IP + 位移量
```

指令代码中的位移量是指，紧接着 JMP 指令后的那条指令的偏移地址到目标指令的偏移地址的地址位移。当向地址增大方向转移时，位移量为正；当向地址减小方向转移时，位移量为负。通常，汇编程序能够根据位移量大小自动形成短转移或近转移指令。同时，汇编程序也提供近转移操作符。

（2）段内转移、间接寻址

```
JMP   R16/M16                  ;IP←R16/M16
```

这种形式的 JMP 指令，将一个 16 位寄存器或主存单元内容送入 IP 寄存器，作为新的指令指针，但不修改 CS 寄存器的内容。例如：

```
JMP   BX                       ;IP←BX
JMP   WORD PTR [2000H]         ;IP←[2000H]
```

（3）段间转移、直接寻址

```
JMP   FAR PTR LABEL1           ;IP←LABEL1 的偏移地址，CS←LABEL1 的段地址
```

段间直接转移指令，是将标号所在段的段地址作为新的 CS 值，标号在该段内的偏移地址作为新的 IP 值。这样，程序就能跳转到新的代码段执行。

一个标号在同一段内还是在另一段中，汇编程序能够自动识别。若要强制一个段间远转移，则可用汇编伪指令 FAR PTR 指定。

（4）段间转移、间接寻址

```
JMP   FAR PTR MEM               ;IP←[MEM]，CS←[MEM+2]
```

段间间接转移指令，是用一个双字存储单元表示要跳转的目标地址。这个目标地址存放在主存中连续的两个字单元中，其中，低位字送 IP 寄存器，高位字送 CS 寄存器。例如：

```
MOV   WORD PTR [BX],0
MOV   WORD PTR [BX+2],1500H
JMP   FAR PTR [BX]              ;转移到 1500:0000H
```

由于程序代码段地址很难预先确定，一般不能直接给出，使用时一定要注意。

2. 条件转移指令

条件转移指令 JCC 根据指令的条件确定程序是否发生转移。如果满足条件，那么程序转移到目标地址去执行程序；如果不满足条件，那么程序将顺序执行下一条指令。其通用格式为：

```
JCC   LABEL           ;条件满足：IP←IP + 8 位位移量，否则，顺序执行
```

其中，LABEL 表示目标地址（8 位位移量）。因为 JCC 指令为 2 字节，所以顺序执行就是当前指令偏移指针 IP 加 2。条件转移指令跳转的目标地址只能用前面介绍的段内相对短跳转，即目标地址只能在同一段内，且相对当前 IP 地址-128～+127 个单元的范围之内。

条件转移指令不影响标志，但它要利用标志。条件转移指令 JCC 中的 CC 表示利用标志判断的条件，共有 16 种，如表 5-1 所示。表中斜线分隔了同一条指令的多个助记符形式。根据判定的标志位的不同分为两种情况介绍。

表 5-1　条件转移指令中的条件

助 记 符	标 志 位	说 明	助 记 符	标 志 位	说 明
JZ/JE	ZF = 1	等于零/相等	JC/JB/JNAE	CF = 1	进位/低于/不高于等于
JNZ/JNE	ZF = 0	不等于零/不相等	JNC/JNB/JAE	CF = 0	无进位/不低于/高于等于
JS	SF = 1	符号为负	JBE/JNA	CF = 1 或 ZF = 1	低于等于/不高于
JNS	SF = 0	符号为正	JNBE/JA	CF = 0 且 ZF = 0	不低于等于/高于
JP/JPE	PF = 1	“1”的个数为偶	JL/JNGE	SF ≠ OF	小于/不大于等于
JNP/JPO	PF = 0	“1”的个数为奇	JNL/JGE	SF = OF	不小于/大于等于
JO	OF = 1	溢出	JLE/JNG	SF ≠ OF 或 ZF=1	小于等于/不大于
JNO	OF = 0	无溢出	JNLE/JG	SF = OF 且 ZF = 0	不小于等于/大于

（1）通过判断单个标志位实现转移

这组指令单独判断 5 个状态标志之一，根据某一个状态标志是 0 或 1 决定是否跳转。

例 5-41　判断 AL 的最高位是 0 还是 1，若 AL 的最高位为 0，则设置 AH = 0；若 AL 的最高位为 1，则设置 AH = FFH（也就是用一段程序实现扩展指令 CBW 的功能）。利用 ZF 标志，使用 JZ/JE 或 JNZ/JNE 指令实现转移。

```
TEST  AL , 80H          ;测试最高位
JZ    NEXT0             ;最高位为 0（ZF = 1），转移到 NEXT0
```

```
        MOV   AH , 0FFH            ;最高位为 1，顺序执行
        JMP   DONE                 ;无条件转向 DONE
NEXT0:  MOV   AH , 0
DONE:   ……
```

例 5-42 *X* 和 *Y* 为存放于 X 单元和 Y 单元的 16 位操作数，计算 *X*−*Y* 的绝对值，结果存入 RESULT 单元。利用符号位标志 SF，使用指令 JS 或 JNS 实现转移。

```
         MOV   AX , X
         SUB   AX , Y              ;AX←X−Y，下面求绝对值
         JNS   NONNEG              ;结果为正数，无须处理，直接转向保存结果
         NEG   AX                  ;结果为负数，进行求补得到绝对值
NONNEG:  MOV   RESULT , AX         ;保存结果
```

例 5-43 *X* 和 *Y* 为存放于 X 单元和 Y 单元的 16 位有符号操作数，计算 *X*−*Y*。利用 OF 标志，判断是否溢出，使用指令 JO 或 JNO 实现转移。

```
           MOV   AX , X
           SUB   AX , Y
           JO    OVERFLOW          ;溢出，转移到 OVERFLOW
           ……                      ;没有溢出，结果正确
OVERFLOW:  ……                      ;溢出处理
```

例 5-44 设字符的 ASCII 码在 AL 寄存器中，给字符加上奇校验位。利用奇偶标志判断，使用 JP/JPE 或 JNP/JPO 指令实现转移。

```
       AND   AL , 7FH              ;最高位置 0，同时判断 1 的个数
       JNP   NEXT                  ;1 的个数已为奇数，则转向 NEXT
       OR    AL , 80H              ;否则，最高位置 1
NEXT:  ……
```

例 5-45 记录 BX 中 1 的个数，利用进位标志进行判断，使用 JC/JB/JNAE 或 JNC/JNB/JAE 指令实现转移。

```
        XOR   AL , AL
AGAIN:  TEST  BX , 0FFFFH          ;等价于 CMP   BX , 0
        JZ    NEXT
        SHL   BX , 1               ;最高位移入进位标志
        JNC   AGAIN
        INC   AL
        JMP   AGAIN
NEXT:   MOV COUNT , AL             ;AL 保存 1 的个数
```

（2）通过判断多个标志位实现转移

通过判断多个标志位可以比较两个无符号数或有符号数的大小。为了和有符号数区分，无符号数的大小用高、低表示，两个无符号数之间有 4 种关系：低于（不高于等于）、不低于（高于等于）、低于等于（不高于）、不低于等于（高于），可以通过判断 CF 标志确定高低，判断 ZF 标志确定相等，分别使用 4 条指令 JB（JNAE）、JNB（JAE）、JBE（JNA）、JNBE（JA）实现转移。

两个有符号数之间也有 4 种关系：小于（不大于等于）、不小于（大于等于）、小于等于（不大于）、不小于等于（大于），可以通过判断 OF、SF、ZF 标志，比较两个有符号数的大小，使用指令 JL（JNGE）、JNL（JGE）、JLE（JNG）、JNLE（JG）实现转移。

例 5-46 比较两个无符号数的大小，将较小的数存放在 AX 中。

```
        CMP   AX , BX            ;比较 AX 和 BX
        JBE   NEXT               ;检测 CF 和 ZF，若 AX≤BX，则转移到 NEXT
        XCHG  AX , BX            ;若 AX>BX，则交换
NEXT:   ……
```

例 5-47 比较两个有符号数的大小，将较大的存放在 AX 中。

```
        CMP   AX , BX            ;比较 AX 和 BX
        JNL   NEXT               ;检测 SF 和 OF，若 AX≥BX，则转移到 NEXT
        XCHG  AX , BX            ;若 AX<BX，则交换
NEXT:   ……
```

通过以上几个例子可知，条件转移指令一般在 CMP、TEST、加减运算、逻辑运算等影响标志的指令后面使用，利用这些指令执行后的标志或其组合状态形成的条件，决定是否转移。

3．循环指令

循环是一种特殊的程序流程，当满足（或不满足）某条件时，反复执行一系列操作，直到不满足（或满足）条件为止。尽管循环流程可以用条件转移指令来实现，80X86 还是设计了专门的循环指令用于控制循环流程，其格式为：

```
JCXZ   LABEL                ;CX = 0，循环；否则顺序执行
LOOP   LABEL                ;CX←CX-1；若 CX≠0，则循环，否则，顺序执行
LOOPZ/LOOPE   LABEL         ;CX←CX-1；若 CX≠0 且 ZF = 1，则循环；否则，顺序执行
LOOPNZ/LOOPNE   LABEL       ;CX←CX-1；若 CX≠0 且 ZF = 0，则循环；否则，顺序执行
```

JCXZ 指令在 CX 寄存器为 0 时退出循环。LOOP 指令首先将计数值 CX 减 1，然后判断计数值 CX 是否为 0，若 CX 不为 0，则继续执行循环体内的指令，CX 等于 0，表示循环结束。LOOPZ 指令将计数值 CX 减 1，要求 CX ≠ 0，同时 ZF 为 1 才继续循环。LOOPNZ 指令将计数值 CX 减 1，要求 CX ≠ 0，同时 ZF 为 0 才继续循环。后两条循环指令通过判断 ZF 标志，可以提前结束循环。

循环指令中的操作数 LABEL 采用相对寻址方式，表示循环入口地址，是一个 8 位位移量。另外，循环指令不影响标志位。

例 5-48 记录附加段中 STRING 字符串包含空格字符的个数。假设字符串长度存放在变量 COUNT 中，结果存入 RESULT 单元。

```
        MOV   CX , COUNT         ;设置循环次数
        LEA   SI , STRING        ;提供字符串的偏移地址
        XOR   BX , BX            ;BX 清 0，用于记录空格数
        JCXZ  DONE               ;若长度为 0，则退出
        MOV   AL , 20H           ;空格的 ASCII 码送 AL
AGAIN:  CMP   AL , ES: [SI]      ;判断一个字符是否为空格
        JNZ   NEXT               ;ZF = 0，不是空格，转移
```

```
        INC   BX                        ;ZF = 1，是空格，空格个数加 1
NEXT:   INC   SI                        ;地址指针指到下一个字符
        LOOP  AGAIN                     ;字符个数减 1，若不为 0，则继续循环
DONE:   MOV   RESULT , BX               ;保存结果
```

使用 LOOP 指令实现循环有 3 个要点：一是在 CX 中放循环次数，二是 LOOP 指令的标号一般应在前面，要执行的循环程序段写在标号和 LOOP 指令之间。此外，循环指令 LOOP 的功能也可以用以下两条指令实现：

```
DEC   CX                        ;计数器 CX 减 1
JNZ   AGAIN                     ;判断 CX 是否为 0，以便转移
```

4．子程序调用及返回指令

程序中有些部分可能要实现相同的功能，只是参数不一样，而且这些功能需要经常用到，这时，用子程序实现这个功能是很方便的。使用子程序可以使程序的结构更为清晰，程序的维护也更为方便，有利于大程序开发时多个程序员分工合作。

子程序通常是与主程序分开的、完成特定功能的一段程序。当主程序（调用程序）需要执行这个功能时，就可以调用该子程序（被调用程序），控制程序转移到这个子程序的起始处执行。当运行完子程序后，再返回到调用它的主程序。子程序由主程序执行子程序调用指令 CALL 来调用，子程序执行完后，用子程序返回指令 RET，返回主程序继续执行。CALL 和 RET 指令均不影响标志位。

（1）子程序调用指令 CALL

CALL 指令用在主程序中，实现子程序的调用。子程序和主程序可以在同一个代码段内，也可以在不同段内。类似无条件转移 JMP 指令，子程序调用 CALL 指令也可以分成段内调用（近调用）和段间调用（远调用）。同时，CALL 指令的目标地址也可以采用相对寻址、直接寻址或间接寻址方式。但是，子程序执行结束时是要返回的，所以 CALL 指令不仅要同 JMP 指令一样，改变 CS 和 IP 的值以实现转移，还要保留下一条要执行的指令的地址，以便返回时重新获取它。保护 CS 和 IP 值的方法是将其压入堆栈，重新获取 CS 和 IP 值的方法就是将其弹出堆栈。

CALL 指令的 4 种格式如下：

```
CALL   LABEL          ;段内调用，相对寻址：SP←SP-2，SS: [SP]←IP，IP←IP + 16 位位移量
CALL   R16/M16        ;段内调用，间接寻址：SP←SP-2，SS: [SP]←IP，IP←R16/M16
CALL   FAR PTR LABEL  ;段间调用，直接寻址：SP←SP-2，SS: [SP]←CS
                      ;SP←SP-2，SS: [SP]←IP
                      ;IP←LABEL 偏移地址，CS←LABEL 段地址
CALL   FAR PTR MEM    ;段间调用，间接寻址：SP←SP-2，SS: [SP]←CS
                      ;SP←SP-2，SS: [SP]←IP
                      ;IP←[MEM]，CS←[MEM+2]
```

根据过程伪指令，汇编程序可以自动确定是段内还是段间调用，同时也可以采用 NEAR PTR 或 FAR PTR 操作符强制为近调用或远调用，其过程同段内或段间转移一样。

（2）子程序返回指令 RET

子程序执行完后，应返回主程序继续执行，这一功能由 RET 指令完成。要回到主程序，只要获得由 CALL 指令保存于堆栈的指令地址即可。根据子程序与主程序是否同处于一个段内，返回指令分为段内返回和段间返回。

RET 指令的 4 种格式如下：

```
RET                  ;无参数段内返回：IP←SS: [SP]，SP←SP + 2
RET   I16            ;有参数段内返回：IP←SS: [SP]，SP←SP + 2，SP←SP + I16
RET                  ;无参数段间返回：IP←SS: [SP]，SP←SP + 2
                     ;CS←SS：[SP]，SP←SP+2
RET   I16            ;有参数段间返回：IP←SS: [SP]，SP←SP + 2
                     ;CS←SS: [SP]，SP←SP+2，SP←SP + I16
```

尽管段内返回和段间返回具有相同的汇编助记符，但汇编程序会自动产生不同的指令代码。返回指令还可以带有一个立即数 I16，则堆栈指针 SP 将增加，即 SP←SP + I16。这个特点使得程序可以方便地废除若干执行 CALL 指令前入栈的参数。

例 5-49 利用子程序完成将 AL 低 4 位中的 1 位十六进制数转换成对应的 ASCII 码。

```
        ;主程序
        MOV   AL , 0BH           ;将要转换的数送入 AL
        CALL  HTOASC             ;调用子程序
        ……
        ;子程序
HTOASC: AND   AL , 0FH           ;只取 AL 的低 4 位
        OR    AL , 30H           ;AL 高 4 位变成 3
        CMP   AL , 39H           ;判断是 0～9，还是 A～F
        JBE   HTOEND             ;若是 0～9，则转移
        ADD   AL , 7             ;若是 A～F，则其 ASCII 还要加上 7
HTOEND: RET                      ;子程序返回
```

由于子程序调用和返回均与堆栈有关，因此在子程序中一定要正确使用堆栈，不能破坏返回地址，以避免不能正确返回主程序。

5. 中断指令

在程序运行时，遇到某些紧急情况（如停电）或一些重要错误（如溢出）时，处理器应能暂停（中断）当前程序运行，转去执行处理这些紧急情况的程序段。计算机技术中这种情况叫做中断，当前程序被中断的地方称为断点，而转去执行的程序叫做中断服务程序，中断服务程序执行完后应返回原来程序的断点，继续执行被中断的程序。

中断服务程序可以被认为是一种特殊的子程序，可以存放在主存的任何位置。中断服务程序的入口地址称为中断向量，被安排在中断向量表中。对 80X86 CPU 来说，采用实地址方式时，中断向量表放在主存的最低 1KB 区域内，物理地址为 000H～3FFH。向量表从 0 开始，每 4 字节对应一个中断，低字存放中断服务程序的偏移地址 IP，高字存放其段地址 CS。中断向量号 n 的中断服务程序存放在中断向量表中 $4\times n$ 的物理地址处。对 32 位的 CPU 来说，中断向量表可以放在主存的任意区域，由中断向量表寄存器指明，根据中断号查找中断向量表，形成中断服务程序的入口地址。

中断可以由硬件或软件原因引发，也可以通过执行中断指令进入指定的程序，调用中断服务程序的中断指令格式如下：

```
INT   I8       ;中断调用指令：I8 为 8 位的中断向量号
IRET           ;中断返回指令：实现中断返回
INTO           ;溢出中断指令：检查是否溢出
```

中断调用指令的执行过程非常类似于子程序的调用，为保证中断服务程序正确返回原来的程序，要把被中断程序的断点处逻辑地址 CS:IP 压入堆栈保护，还要保存反映现场状态的标志寄存器 FLAGS。然后，将中断服务程序的入口地址送入 CS 和 IP 寄存器转去执行中断服务程序。

CPU 对任何一个中断的处理过程都是一样的，执行中断指令中断时，获得中断向量号 n 之后，要进行下列操作。

① 标志寄存器入栈保护：SP←SP–2，SS: [SP]←FLAGS。

② 禁止新的可屏蔽中断和单步中断：IF=TF←0。

③ 断点地址入栈保存：SP←SP–2，SS: [SP]←CS；SP←SP–2，SS: [SP]←IP。

④ 读取中断服务程序的起始地址：IP←[n×4]，CS←[n×4+ 2]。

中断服务程序执行完返回原程序时，应恢复堆栈中保存的断点地址 CS:IP，以及标志寄存器。中断返回指令 IRET 实现从中断服务程序返回原程序，要做下列操作：

① 断点地址出栈恢复：IP←SS: [SP]，SP←SP + 2；CS←SS: [SP]，SP←SP+2。

② 标志寄存器出栈恢复：FLAGS←SS: [SP]，SP←SP+2。

INTO 指令用于检查运算是否溢出，若 OF=1，则产生固定的 4 号中断，进入相应的处理程序，否则顺序执行。

中断指令提供了又一种改变程序执行顺序的方法。在计算机系统中，经常利用中断指令调用硬件设备的驱动程序。个人计算机中的基本输入/输出系统 BIOS 和操作系统 DOS 都提供了丰富的中断服务程序让程序员调用。

5.3.8 其他指令

除前面几节介绍的指令外，80X86 还有一些其他指令，相对使用概率要低一些，如串操作指令、处理机控制指令、标志位传送和操作指令、十进制调整指令等。

1. 串操作指令

在计算机中，大部分数据存放在主存中，前面介绍的数据传送类指令只能传送一个数据，若要传送一串数据（存放在连续的主存区域中），就需要执行大量重复的指令。80X86 CPU 提供了一组处理连续存放的数据的串操作指令。该指令不仅可以传送数据串，还可以对数据串做一些操作，如比较、搜索、赋值等。这些数据串可以是以字为单位的字串，也可以是以字节为单位的字节串。另外，80X86 指令系统还为串操作指令提供重复前缀，以便重复进行相同的操作。

串操作指令中，源操作数用寄存器 SI 寻址，默认在数据段 DS 中，但允许段超越；目的操作数用寄存器 DI 寻址，默认在附加段 ES 中，不允许段超越。每执行一次串操作指令，作为源地址指针的 SI 和作为目的地址指针的 DI 将自动修改：±1（对于字节串）或±2（对于字串）。地址指针是增加还是减少则取决于方向标志 DF。在系统初始化后或执行复位方向指令 CLD 后，DF = 0，此时地址指针增 1 或 2；在执行置位方向指令 STD 后，DF = 1，此时地址指针减 1 或 2。

（1）串传送指令 MOVS

```
MOVSB        ;字节串传送：ES:[DI]←DS:[SI]，SI←SI ±1，DI←DI ±1
MOVSW        ;字串传送：ES:[DI]←DS:[SI]，SI←SI ±2，DI←DI ±2
```

串传送指令 MOVS 将数据段主存单元的 1 字节或 1 个字传送至附加段的主存单元中，该指令不影响标志，助记符中字母 B 和 W 分别表示字节和字串操作。除了这两种格式外，MOVS 指令还有另外一种格式：

MOVS　目的串名,源串名

这种格式增加了可读性，但要求两个串名类型一致，并以其类型区别是字节或字操作，其他串操作指令同样具有这种形式。

（2）串存储指令 STOS

```
STOSB        ;字节串存储：ES: [DI]←AL，DI←DI ±1
STOSW        ;字串存储：ES: [DI]←AX，DI←DI ±2
```

串存储指令将 AL 或 AX 寄存器的内容存入由 DI 指定的附加段主存单位中，并根据 DF 和传送单元修改 DI 寄存器，STOS 指令不影响标志位。

（3）串读取指令 LODS

```
LODSB        ;字节串读取：AL←DS: [SI]，SI←SI ±1
LODSW        ;字串读取：AX←DS: [SI]，SI←SI ±2
```

LODS 指令和 STOS 指令功能互逆，它将 SI 寄存器指向的主存单元内容送至 AL 或 AX 寄存器，并相应修改 SI 使其指向下一个元素，LODS 指令不影响标志位。

（4）串比较指令 CMPS

```
CMPSB        ;字节串比较：DS: [SI]- ES: [DI]，SI←SI ±1，DI←DI ±1
CMPSW        ;字串比较：DS: [SI]- ES: [DI]，SI←SI ±2，DI←DI ±2
```

串比较指令的功能是比较源串与目的串是否相同，并根据其减法结果设置标志位。指令在每次比较后修改 SI 和 DI 寄存器的值，使其指向下一元素。

（5）串扫描指令 SCAS

```
SCASB        ;字节串扫描：AL- ES: [DI]，DI←DI ±1
SCASW        ;字串扫描：AX- ES: [DI]，DI←DI ±2
```

串扫描指令 SCAS 将附加段中的字节或字内容与 AL/AX 寄存器内容进行比较，根据比较结果设置标志位。每次比较后修改 DI 寄存器的值，使其指向下一个元素。

（6）重复前缀

任何一个串操作指令，都可以在前面加一个重复前缀，以实现串操作的重复执行，重复次数隐含在 CX 寄存器中。重复前缀有 REP、REPZ、REPNZ 三种。

前缀 REP 用在 MOVS、STOS、LODS 指令前，每次执行一次串指令，CX 减 1；直到 CX = 0，重复执行结束。REP 可以理解为“若数据串传送没有结束（CX≠0），则继续传送”。

前缀 REPZ 也可以表达为 REPE，用在 CMPS、SCAS 指令前，每执行一次串指令，CX 减 1，并判断 ZF 标志是否为 0。只要 CX=0 或 ZF=0，重复执行结束。REPZ/REPE 可以理解为“若数据传送没有结束（CX≠0），并且串相等（ZF=1），则继续比较”。

前缀 REPNZ 也可表达为 REPNE，用在 CMPS、SCAS 指令前，每执行一次串指令，CX 减 1，并判断 ZF 标志是否为 1。只要 CX = 0 或 ZF = 1，重复执行结束。REPNZ/REPNE 可以理解为“若数据传送没有结束（CX≠0），并且串不相等（ZF=0），则继续比较”。

CMPS 和 SCAS 指令的每次操作都根据比较结果相应地影响状态标志，一般不用 REP 前缀单纯重复，而不管中间的比较结果。这两个串操作指令使用 REPZ/REPE 或 REPNZ/REPNE 前缀，通过 ZF 标志说明两数是否相等。

2．处理机控制指令

处理机控制指令用来控制各种 CPU 的操作，如暂停、等待或空操作等。

（1）空操作指令 NOP

```
NOP
```

该指令是单字节指令，不执行任何有意义的操作，空耗一个指令执行周期。该指令常用于程序调试。例如，在需要预留指令空间时用 NOP 填充，代码空间多余时也可以用 NOP 填充，还可以用 NOP 实现软件延时。事实上，NOP 就是 XCHG　AX , AX 指令，它们的代码一样。

（2）暂停指令 HLT

```
HLT                          ;CPU 进入暂停状态
```

暂停指令使 CPU 进入暂停状态，这时 CPU 不进行任何操作。当 CPU 发生复位或来自外部的中断时，CPU 脱离暂停状态。

HLT 指令可用于程序中等待中断。当程序中必须等待中断时，可用 HLT，而不必用软件死循环。外来中断可使 CPU 脱离暂停状态，返回指令 HLT 的下一条指令。注意，该指令在计算机中将引起所谓的“死机”，一般的应用程序不应使用。

（3）等待指令 WAIT

```
WAIT                         ;CPU 进入等待状态
```

WAIT 指令在 CPU 的测试引脚为无效时（高电平），使 CPU 进入等待状态，这时，CPU 并不做任何操作；测试引脚为有效时（低电平），CPU 脱离等待状态，继续执行 WAIT 指令后面的指令。WAIT 指令用于 CPU 和外部硬件同步。

（4）段超越前缀

段超越前缀由段寄存器名字加冒号组成，用在允许段超越的存储器操作数之前，使用段超越前缀，将不采用默认的段寄存器，而是采用指定的段寄存器寻址操作数。段超越前缀有 CS:、DS:、ES:、SS:，为变量、地址标号或地址表达式指定临时的段属性。例如，在指令 MOV　AX, ES: [BX] 中，段超越前缀 ES:临时指定 ES 为当前段，即在附加数据段中找操作数。

（5）总线锁定前缀 LOCK

LOCK 是一个指令前缀，使用这个前缀的指令，在执行期间，CPU 将保持锁定输出引脚 LOCK 有效，将总线锁定，使其他处理器不能控制总线，直到该指令执行完后，总线封锁解除。当 CPU 与其他处理器协同工作时，该指令可避免破坏有用信息。

3．标志位传送和操作指令

（1）标志寄存器传送指令

标志寄存器传送指令用来传送标志寄存器的内容，它包括以下 2 条指令：

```
LAHF          ;AH←FLAGS 的低字节
SAHF          ;FLAGS 的低字节←AH
```

LAHF 指令将标志寄存器 FLAGS 的低字节送寄存器 AH，即状态标志位 SF/ZF/AF/PF/CF 分别送入 AH 的第 7、6、4、2、0 位，而 AH 的第 5、3、1 位任意。

SAHF 将 AH 寄存器内容送 FLAGS 的低字节，即根据 AH 的第 7、6、4、2、0 位相应设置

SF/ZF/AF/PF/CF 标志。由此可见，SAHF 和 LAHF 是一对相反功能的指令。它们只影响标志寄存器的低 8 位，而对高 8 位无影响。

（2）标志寄存器进出堆栈指令

```
PUSHF              ;SP←SP-2 , SS:[SP]←FLAGS
POPF               ;FLAGS←SS:[SP] , SP←SP+2
```

PUSHF 指令先将栈顶指针 SP 减 2，再将标志寄存器的内容压入堆栈。这条指令可用来保存全部标志位。POPF 指令将栈顶字单元内容送标志寄存器，再将栈顶指针 SP 加 2，功能和 PUSHF 指令正好是相反的。

例 5-50 设置单步运行标志 TF。

```
PUSHF              ;保存全部标志到堆栈
POP   AX           ;从堆栈中取出全部标志
OR    AX , 0100H   ;设置 D8 = TF = 1，而 AX 其他位不变
PUSH  AX           ;将 AX 压入堆栈
POPF               ;将堆栈内容送入标志寄存器：即 FLAGS←AX
```

（3）标志位操作指令

标志位操作指令可用来对 CF、DF 和 IF 三个标志位进行设置，指令格式简单，只有操作码，操作数隐含表示，除影响其所设置的标志外，不影响其他标志位。

```
CLC                ;复位进位标志：CF←0
STC                ;置位进位标志：CF←1
CMC                ;求反进位标志：CF←CF 变反
CLD                ;复位方向标志：DF←0
STD                ;置位方向标志：DF←1
CLI                ;复位中断标志，禁止可屏蔽中断：IF←0
STI                ;置位中断标志，允许可屏蔽中断：IF←1
```

许多指令的执行都会影响标志，上述指令提供了直接改变 CF、DF、IF 的方法。标志寄存器中的其他标志，需要用 LAHF/SAHF 或 PUSHF/POPF 指令间接改变。

4．十进制调整指令

前面介绍的算术运算指令都是针对二进制数的，为了方便进行十进制数的运算，80X86 提供一组十进制调整指令，这组指令对二进制运算的结果进行十进制调整，以得到十进制的运算结果。

十进制数在计算机中也要用二进制编码表示，BCD 码就是二进制编码的十进制数。BCD 码有压缩 BCD 码和非压缩 BCD 码两种，相应的十进制调整指令分为压缩 BCD 码调整指令和非压缩 BCD 码调整指令。

（1）压缩 BCD 码调整指令

压缩 BCD 码就是通常的 8421 码，它用 4 个二进制位表示一个十进制位，1 字节可以表示两个十进制位，即 00～99。

该组指令包括加法和减法的十进制调整指令 DAA 和 DAS，它们用来对二进制加、减法指令的执行结果进行调整，得到十进制结果。需要注意的是，在使用 DAA 或 DAS 指令之前，应先执行加法或减法指令。

```
DAA                    ;AL←将 AL 中的和调整为压缩的 BCD 码
```

DAA 指令跟在以 AL 为目的操作数的 ADD 或 ADC 指令之后，对 AL 的二进制结果进行十进制调整，并在 AL 得到十进制结果。

```
DAS                    ;AL←将 AL 中的差调整为压缩的 BCD 码
```

DAS 指令跟在以 AL 为目的操作数的 SUB 或 SBB 指令之后，对 AL 的二进制结果进行十进制调整，并在 AL 得到十进制结果。

DAA 和 DAS 指令对 OF 标志无定义，但影响其他标志，其中 CF 反映压缩 BCD 码相加减的进借位状态。

（2）非压缩 BCD 码调整指令

非压缩 BCD 码用 8 个二进制位表示一个十进制位，实际上只是用低 4 位表示一个十进制数 0～9，高 4 位任意，通常默认为 0。ASCII 中 0～9 的编码是 30H～39H，所以 0～9 的 ASCII 码将高 4 位变为 0 就是非压缩 BCD 码。反过来，非压缩 BCD 码加上 30H 就是 ASCII 码，所以，非压缩 BCD 码调整指令也称 ASCII 码调整指令。

对非压缩 BCD 码，有以下 4 条指令分别用于对二进制加、减、乘、除运算进行调整：

```
AAA                    ;将 AL 中的和调整为非压缩 BCD 码，AH 加调整产生的进位
AAS                    ;将 AL 中的差调整为非压缩 BCD 码，AH 减调整产生的借位
AAM                    ;将 AX 中的乘积调整为非压缩 BCD 码
AAD                    ;将 AX 中的非压缩 BCD 码调整成二进制数，即：AL←10×AH+AL，AH←0
```

其中，AAA、AAS、AAM 指令是对运算结果调整，AAD 指令是在除法运算前调整。若 AAA 和 AAS 指令在调整中产生了进位或借位，则在 AH 中加 1 或减 1，同时使 CF = AF = 1，这两条指令也使 AL 的高 4 位清 0。对于 AAM 指令，相乘的两个非压缩 BCD 码的高 4 位必须为 0，AAM 指令根据调整结果设置 SF、ZF 和 PF，但对 OF、CF 和 AF 无定义。对于 AAD 指令，要求 AL、AH 和除数的高 4 位为 0，AAD 指令也根据调整结果设置 SF、ZF 和 PF，但对 OF、CF 和 AF 无定义。

80X86 系列计算机以 8086 的指令系统为基本指令，在此基础上不断增加新的指令，指令多达几百条。例如，为了提高浮点运算能力，增设了浮点运算类指令；为了提高多媒体信息处理能力，增加了 MMX（Multi Media Extension，多媒体扩展）指令；为了进一步提高浮点运算和图形处理能力，增加了单指令流多数据流指令，即 SSE（Streaming SIMD Extension）、SSE2、SSE3、SSE4 系列指令，一条指令可以对多组浮点数据或定点数据进行运算；为了增强对存储器和 CPU 等部件的管理，增加了存储管理及其他一些类型的指令。指令的增加提高了 CPU 的性能，也使 CPU 的结构更加复杂。

5.4 CISC 和 RISC

计算机的指令系统在发展中经历了从简单指令系统到复杂指令系统的过程，从最初只有几十条指令的指令系统扩展成有几百条指令的指令系统。从 20 世纪 80 年代起，指令系统的发展形成了精简指令系统计算机（Reduced Instruction Set Computer，RISC）和复杂指令系统计算机（Complex Instruction Set Computer，CISC）两大系列。

5.4.1 计算机指令系统的发展

1. 对指令系统的要求

不同型号的 CPU，根据性能、结构和使用环境不同，其指令系统的差异是很大的。但一般情况下，一个指令系统应满足几个基本的要求：指令系统的完备性、有效性、规整性和系列机软件兼容性。

指令系统的完备性是指，在使用汇编语言编写程序时，有足够丰富的指令可以选用，即要求指令丰富、功能齐全。一般来说，一个具有完备性的指令系统应包括数据传送类指令、运算类指令、程序控制类指令、输入/输出类指令、数据处理类指令等。

指令系统的有效性是指，指令的执行速度要快，使用频率要高。有效性是对完备性的重要补充和限制。对于某些计算机的功能，需要考虑是用软件的一段程序来实现，还是用硬件的一条指令来实现，从而能既保证完备性，又保证有效性。

指令系统的规整性包括指令对称、均匀整齐，并与数据格式一致等特性。指令对称是指指令系统访问所有寄存器和主存单元的方式相同；指令的均匀整齐是指同一种操作性质的指令，可以支持各种类型数据的运算，如算术运算指令应能支持字节、字和双字，甚至四倍字的运算；指令格式与数据格式一致是指指令长度和数据长度有一定的关系，有利于存取和处理。

指令系统的兼容性是指，不同的机器结构，虽然指令系统不同，但同一系列机型的指令系统应具有相同的基本结构和共同的基本指令集。通常都是在已有的机器指令系统基础上增加一些功能更强、用途更广的指令，并且基本上保留原来的指令，使得为原来机器设计的软件能在以后设计的机器上运行，即向后兼容，从而降低软件的开发成本。80X86 计算机就是最典型的系列计算机，比 8086 晚推出的 CPU 包含 8086 的指令系统，采用 8086 指令设计的软件可以在 Pentium 计算机或 Core 计算机上运行。

指令系统的兼容性对用户和制造厂家都有利，但是给系统结构的发展也带来了很大的束缚，使得指令系统的复杂性越来越大。

2. 计算机指令系统的发展

在计算机指令系统的优化发展过程中，出现了两个截然不同的优化方向：CISC 和 RISC 技术。

随着超大规模集成电路技术的迅速发展，计算机硬件成本不断下降，软件成本不断上升，促使人们在指令系统中不断增加可实现复杂功能的指令和多种灵活的寻址方式，以适应不同应用领域的需要；另外，为了系列机的软件兼容，新型或高档机除要继承老机器指令系统中的全部指令外，还要增加若干新的指令，从而导致同一系列计算机的指令系统越来越大、越来越复杂，这就是一般所说的复杂指令系统计算机。

1979 年，美国加州大学伯克利分校的 David Patterson 教授等人指出，CISC 存在许多方面的缺点。首先，指令系统中各条指令的使用频率相差悬殊，整体效率很低。统计表明，大约只有 20%的指令使用频率比较高，它们在程序中出现的频率占 80%，这个结论后来被称为“指令 20%对 80%规律”。其次，VLSI 工艺要求规整性，而在 CISC 处理机中，为了实现大量的复杂指令，控制逻辑极不规整，给 VLSI 工艺造成很大困难；另外，有的指令执行周期短，有的指令执行周期长，给指令流水线的设计带来困难。

针对CISC机的诸多缺点，IBM公司的John Cocke提出了RISC的概念。在20世纪80年代初期，Patterson等人先后研制出32位的RISC Ⅰ、RISC Ⅱ型计算机，在这之后，RISC结构的计算机发展很快。目前，除桌面计算机的CPU采用CISC结构，大部分CPU都采用RISC结构，如嵌入式计算机和超级计算机。

5.4.2 CISC技术

随着计算机科学的发展，为满足实际应用的需要，同时照顾到兼容性、系列机、支持高级语言等诸多因素，CPU的功能越来越强大，拥有的指令越来越多，结构也越来越复杂，形成了复杂指令系统计算机。CISC结构的计算机主要具有以下特点。

① 指令系统庞大。随着机器的更新换代，指令条数不断增加，指令种类不断丰富，特殊指令越来越多，这就使指令系统越来越复杂。但对高级语言的支持能力强，有利于编译程序的实现，处理特殊问题的效率高。

② 指令结构复杂。随着指令功能的增强，指令中包括的信息越来越多，如寻址方式不断扩充，指令操作码不断扩展，导致指令的字长不同，指令结构更加复杂。但寻址方式增多，可使程序设计更加简单，操作码扩展可使指令格式设计更加灵活。

③ 指令的执行时间不均衡。有的指令功能强大、结构复杂，就需要更多的时间分析解释、更多的机器周期完成规定的功能，不利于流水线技术的实现。

④ CPU结构复杂。指令系统复杂，指令结构复杂，使CPU结构复杂，实现指令功能要占用的集成电路面积大，功耗也大。

⑤ 采用微程序控制。由于指令系统复杂，硬件直接实现指令功能比较困难，一般采用微程序控制，产生控制信号速度较慢。但微程序控制有利于指令系统的实现、扩充和修改，容易实现兼容性，特别适合系列机的发展。

5.4.3 RISC技术

为了克服CISC计算机的不足，RISC结构的计算机应运而生。RISC结构的计算机主要具有以下特点。

① 指令条数较少。RISC的设计思想是非常明确的，那就是精简指令。RISC的指令系统由最常使用（使用频率较高）的简单指令组成，也根据需要增加一些有用的、富有特色的指令，如多媒体指令等。

② 指令格式规整。RISC处理器的指令格式规整，长度固定，结构简单。指令中的操作码字段是定长的，位置也是固定的。指令中采用的数据寻址方式少，一般只有几种，除基本的立即数寻址和寄存器寻址外，访问存储器只采用简单的直接寻址、寄存器间接寻址或相对寻址。简单的指令格式可以使指令分析和存取寄存器操作数同时进行。

③ 面向寄存器操作。在传统的CISC中，为了提高存储效率，设置了很多存储器操作指令。然而，处理器每次与存储器交换数据时，都可能存取速度较慢的主存系统。所以，功能较强的存储器访问指令的实际执行性能可能很低。而RISC使多数操作（如算术逻辑运算）都在寄存器与寄存器之间进行，只有“载入”和“存储”指令才访问存储器。所以，RISC处理器也称为载入-存储结构。

④ 适合采用流水线技术。RISC 指令大都属于寄存器型指令，执行时间相差不大，这使得 RISC 计算机非常适合采用流水线技术，可以在一个周期完成一条指令的执行。在现代 RISC 结构处理器中，为了提高指令的执行速度，还采用了超级流水线技术。

⑤ 采用组合逻辑控制器。RISC 指令功能简单、结构规整，指令译码和执行单元比较容易实现，可以采用组合逻辑电路实现控制，以提高指令执行速度。

⑥ 支持编译器优化。RISC 需要用多条简单指令实现复杂指令的功能，为了更好地支持高级语言，对编译程序的开发提出了较高的要求，需要对编译程序进行优化。RISC 处理器内部设置了较多的通用寄存器（通常在 32 个以上），所有操作数都在通用寄存器中，大量的通用寄存器有利于编译程序进行优化。

⑦ 可在 CPU 中集成更多的功能。RISC 结构简单，使其能将宝贵的芯片有效面积用于集成更多的功能部件，如采用超标量技术、多核技术，集成高速缓冲、存储管理部件、功能更强的浮点运算器。

RISC 的最大特点指令系统简单，指令执行速度快，设计实现容易，我国自行设计的龙芯、申威、飞腾 CPU 都属于 RISC 结构。

虽然从理论上说，RISC 在很多方面都优于 CISC，但在实践过程中发现 RISC 也存在着一些不如 CISC 的方面，如对浮点运算等复杂指令的处理不如 CISC 计算机，对高级语言的支持和系列机的实现都不如 CISC 计算机。实际上，目前 RISC 和 CISC 体系之间的差异正在缩小，有些 RISC 结构的处理器芯片吸收了 CISC 处理器芯片的某些优点，许多 CISC 处理器芯片也运用了与 RISC 体系相关的技术以改善其自身性能，如超流水线技术、组合逻辑控制和微程序控制相结合。80X86 系列计算机的指令系统属于典型复杂指令系统，但后来的 Pentium、Core CPU 内核都采用了大量的 RISC 技术，如简单指令采用组合逻辑控制、设置多条流水线并行处理指令。可以说，CISC 和 RISC 结构优势的结合会成为 CPU 核心设计的趋势。

习题 5

1．选择题

（1）下列说法不正确的是（　　）。

A．堆栈指针 SP 的内容表示当前堆栈内所存放的数据个数

B．堆栈是先进后出的随机存储器

C．堆栈指针 SP 的内容表示当前栈顶单元的偏移地址

D．堆栈是主存的一块存储区

（2）关于寻址方式的叙述不正确的是（　　）。

A．寻址方式是指确定本条指令中数据的地址或下一条指令地址的方法

B．在指令的地址字段中直接给出操作数本身的寻址方式称为立即寻址方式

C．寄存器寻址，操作数在寄存器中

D．寄存器间接寻址，操作数在寄存器中

（3）下列指令中有错误的是（　　）。

A．IN　AX , 20H　　　　B．LEA　SI , [2000H]

C. OUT　DX , AL　　　　D. SHL　AX , 2

（4）设变址寄存器为 X，形式地址为 D，（X）表示寄存器中的内容，则变址寻址方式的有效地址可表示为（　　）。

A. EA =（X）+D　　　　B. EA =（X）+（D）

C. EA =（（X）+D）　　　　D. EA =（（X）+（D））

（5）程序控制类指令的功能是（　　）。

A. 算术运算和逻辑运算　　　　B. 主存和 CPU 之间的数据交换

C. I/O 和 CPU 之间的数据交换　　　　D. 改变程序执行顺序

（6）零地址指令的操作数不能隐含在（　　）中。

A. 寄存器　　B. 主存　　C. 外设接口　　D. 堆栈

（7）为了缩短指令中某个地址段的位数，有效的方法是采取（　　）。

A. 立即寻址　　B. 变址寻址　　C. 间接寻址　　D. 寄存器寻址

（8）在 Intel 32 位处理器的存储器寻址方式下，有效地址由（　　）4 个分量构成。

A. 基址寄存器内容、变址寄存器内容、位移量、比例因子

B. 程序计数器内容、变址寄存器内容、位移量、比例因子

C. 基址寄存器内容、程序计数器内容、位移量、比例因子

D. 基址寄存器内容、变址寄存器内容、程序计数器内容、位移量

（9）采用定长操作码表示，200 条指令需要至少（　　）位操作码。

A. 7　　B. 8　　C. 9　　D. 10

（10）若（AL）= 0FH，（BL）= 04H，则执行 CMP　AL，BL 后，AL 和 BL 的内容为（　　）。

A. 0FH 和 04H　　B. 0B 和 04H　　C. 0F 和 0BH　　D. 04 和 0FH

2. 什么是指令系统？一条指令中应该包含哪些信息？

3. 什么是操作数、操作码？什么是数据寻址方式？

4. CISC 和 RISC 的含义是什么？RISC 主要有哪些特点？

5. 如何判断无符号数的大小？如何判断有符号数的大小？

6. 说明下列源操作数的寻址方式。如果 BX = 3000H，DI = 50H，给出 DX 的值或有效地址 EA 的值。

（1）MOV　DX , [1234H]　　（2）MOV　DX , 1234H　　（3）MOV　DX , BX

（4）MOV　DX , [BX]　　（5）MOV　DX , [BX + 1234H]　　（6）MOV　DX , [BX + DI]

（7）MOV　DX , [BX + DI + 1234H]

7. 说出下列指令的错误之处。

（1）MOV　CX , BL　（2）MOV　IP , BX　（3）MOV　ES , 1024H　（4）MOV　ES , DS

（5）MOV　AL , 450　（6）MOV　[SP] , CX　（7）MOV　AX , BX + SI　（8）MOV　40H , AH

8. 请分别用一条汇编语言指令完成如下功能。

（1）把 AX 寄存器和 DX 寄存器的内容相加，结果存入 DX 寄存器。

（2）用寄存器 BX 和 SI 的基址变址寻址方式把存储器的 1 字节与 CL 寄存器的内容相加，并把结果送到 CL 中。

（3）用 BX 和位移量 01FH 的寄存器相对寻址方式把存储器中的一个字和 DX 寄存器内容相加，并把结果送回存储器中。

（4）用位移量为 03450H 的直接寻址方式把存储器中的一个字与数 1234H 相加，并把结果送回该存储单元中。

（5）把数 0B0H 与 BL 寄存器的内容相加，并把结果送回 BL 中。

9．判断下列程序段跳转的条件。

（1）XOR　AX , 1E1EH

　　JE　EQUAL

（2）TEST　AL , 10000001B

　　JNZ　THERE

（3）CMP　CX , 64H

　　JB　THERE

10．假设 AX 和 SI 存放的是有符号数，DX 和 DI 存放的是无符号数，请用比较指令和条件转移指令实现以下判断：

（1）若 DX > DI，则转到 above 执行；

（2）若 AX > SI，则转到 greater 执行；

（3）若 CX = 0，则转到 zero 执行；

（4）若 AX – SI 产生溢出，则转到 overflow 执行；

（5）若 SI ≤ AI，则转到 less_eq 执行；

（6）若 DI ≤ DX，则转到 below_eq 执行。

第 6 章　汇编语言程序设计

汇编语言和机器的硬件密切相关，在系统软件的开发中占有重要地位。本章以 80X86 系列计算机为背景，讲述汇编语言程序设计的基本方法，并简单介绍系统功能调用和程序的动态调试。

6.1　汇编语言概述

汇编语言作为一种面向机器的程序设计语言，和高级语言有明显的差别，具有自己独特的编程优势和专门的应用领域。

6.1.1　汇编语言程序的处理过程

计算机能直接识别和执行的语言是机器语言，机器语言以二进制数表示，即以 0 和 1 的不同组合来表示不同指令的操作码和地址码。对程序员来说，记忆和书写这种 0、1 组合的机器语言程序非常困难，而用汇编语言编写程序要容易得多。

用汇编语言编写的程序称为汇编语言源程序。编写好的汇编语言源程序不能由计算机直接运行，必须使用“汇编程序”将其翻译成目标程序，这个翻译过程称为汇编过程，目标程序即为机器语言程序。目标程序再经过“连接程序”连接、装配形成可执行程序，才能装入主存中运行。完整的汇编语言程序处理过程如图 6-1 所示。

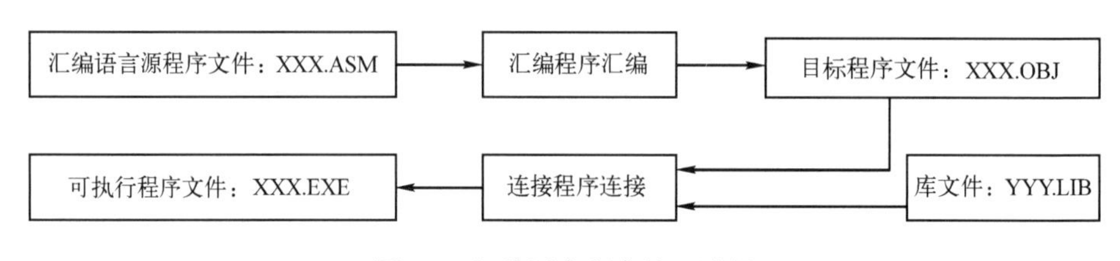

图 6-1　汇编语言程序处理过程

6.1.2　汇编语言语句的类型和格式

类似于高级语言程序（如 Java、Visual Basic、C/C++等），汇编语言程序是由汇编语言的语句组成的，有严格的语法规定和格式，每一行就是一条语句，每条语句可以有不同的类型。

1．汇编语言语句的类型

汇编语言程序中的语句分为指令语句、伪指令语句和宏指令语句三种类型。指令语句经过汇编后产生目标代码，它隶属于指令集，可以被 CPU 执行。伪指令语句不产生目标代码，它主要用于定义段、子程序、常量、变量及给变量分配存储单元。宏指令是用户定义的一个指令序列集合，宏指令经汇编后在引用的地方展开成为相应的指令序列。

2. 汇编语言语句的格式

汇编语言程序中每条语句可以由 4 项组成，格式如下：

[名字项:]　指令助记符　[操作数]　[;注释]

指令中的各项要用分隔符分开，名字项是标号时，后面要有冒号作为分隔符，对指令做解释时，要将指令和解释内容用分号分隔开。此外，空格也是最常用的分隔符，而且一个空格和多个空格的作用相同。指令格式中指令助记符必须有，方括号里的内容为可选项，根据指令的要求决定。

（1）名字项

名字项用来标识段名、子程序名、宏指令名、标号、变量名和常量名等。

不同的语言对名字项的命名规则有所不同，80X86 CPU 的汇编语言允许用一些特殊符号作为名字项的构成符号，对名字项的完整规定如下：

① 可用符号包括数字、字母和特殊符号“?”“$”“@”“_”；

② 数字不能作为名字（变量或标号）的第一个符号；

③ 名字长度不能超过 31 个字符；

④ 汇编语言中有特定含义的保留字，如操作码、寄存器名等，不能作为名字使用；

⑤ 不区分字母的大小写。

标号和变量名字的选用要尽量做到见名知意，如“存放数据区”在主存中用 BUFFER 表示，而存放“和”的变量用 SUM 表示，这有助于程序的阅读和理解。

根据以上规定，下面定义的名字项是合法的：

DATA1、DATA2、X1、X2、SUM

而下面定义的名字项是非法的：

1X、123、MOV、ADD、AX、SI

（2）指令助记符

指令助记符也称指令操作码，用来指定操作的性质或功能，用指令功能的英文来表示，如“MOV”表示传送指令，“ADD”表示加法指令等。当汇编语言对源程序进行汇编时，将使用其内部对照表把每条指令的助记符翻译成对应的二进制码（机器指令）。

（3）操作数

操作数用来指定参与操作的数据，在指令中，操作数可以是直接参与操作的数据，也可以是数据所在的地址。80X86 CPU 指令一般可以有一个或两个操作数，也可以没有操作数。如果有两个操作数，那么它们之间要用逗号分隔，存放操作结果的操作数称为目的操作数，一般情况下在指令执行后会改变，而源操作数在指令执行后保持不变。操作数可以由变量、常量、表达式或寄存器等构成。

（4）注释

注释是语句的说明部分，由分号开始，用来对指令的功能加以说明，以使程序更容易理解和阅读。汇编程序对注释部分不进行汇编。超过一行的注释，每行都必须以分号开头。

6.1.3 汇编语言的数据项和表达式

数据项和表达式是汇编语言语句的基本组成部分，数据项可以是常量、变量和标号，表达式则是通过操作符、运算符及括号把常量、变量和标号连接起来的有意义的式子。

1. 数据项

（1）常量

常量是指汇编语言程序中以数值常数、字符串常数和符号常数等形式存在的量。

数值常数可以是二进制数、八进制数、十进制数和十六进制数，各种进制的数据以后缀字母区分，不分大小写，默认不加后缀字母的是十进制数。

十进制数由数字 0～9 组成，以字母 D 结尾，默认情况下，后缀 D 可以省略。例如，35，128D 都表示十进制数。二进制数由 0 或 1 两种数字组成，以字母 B 结尾，如 11110000B。八进制数由数字 0～7 组成，以字母 Q 结尾，如 100Q。十六进制数由数字 0～9 和字母 A～F 组成，以字母 H 结尾，以字母 A～F 开头的十六进制数，前面要加 0 表示，以避免与其他符号混淆，如 6FH、0ABH、2800H。

字符串常数是用英文引号括起来的单个字符或多个字符，其数值是每个字符对应的 ASCII 码的值，如‘xyz’、‘B’、‘computer’。

符号常数是利用一个名字项符号表达的一个数值。常数如果使用有意义的符号名来表示，可以提高程序的可读性，同时更具有通用性。

（2）变量

变量代表某个存储区域，因此变量在指令中可以作为存储器操作数，变量的值可通过修改其存储区域中的值随时修改。

例 6-1 定义 M1 和 M2 为两个在程序运行过程中可以被随时修改的变量。

```
M1   DB   30H
M2   DB   'Hello!'
```

（3）标号

标号是用户按照一定规则定义的标识符，也称符号地址，用来表示指令在主存中的位置，以便程序中的其他指令能引用该指令。它通常作为转移、循环和子程序调用等指令的操作数，以表示转向的目标地址。

例 6-2 当 AL 寄存器存放正数时，将 BX 的内容送入 AX，使用标号 POSITIVE 作为转移指令的目标地址。

```
           OR    AL, AL
           JNS   POSITIVE
           ……
POSITIVE: MOV    AX , BX
```

2. 表达式

无论是指令还是伪指令，凡是以常量（立即数）或符号地址（变量，标号）作为操作数的地方，均可以使用表达式，表达式最终代表一个值，其运算不是在执行程序时完成的，而是在汇编过程中完成。表达式中的运算符可分为以下几类。

（1）算术运算符

算术运算符包括加（+）、减（-）、乘（*）、除（/）、求余（MOD）、左移（SHL）、右移（SHR），它们都是双操作数运算符，用来构成算术表达式。

例 6-3 将一个表达式表示的立即数送到 AX，再和另一个表达式表示的立即数相加。

```
MOV   AX, 22*3+35
ADD   AX, 11H/2        ;将 AL 中的值与表达式 11H/2 的值相加，结果存于 AL
```

（2）逻辑运算符

逻辑运算符用来构成逻辑表达式，包括逻辑乘（AND）、逻辑或（OR）、异或（XOR）和逻辑非（NOT），前三种运算符为双操作数运算符，后一种运算符为单操作数运算符。逻辑运算符与 80X86 指令系统中的逻辑指令助记符有完全相同的符号表示形式，但它们在指令中的位置不同，执行时间也不同。

例 6-4 将寄存器的值和逻辑表达式的值进行逻辑运算，结果送回寄存器。

```
AND   AL , NUM   AND   0F0H
```

该指令中表达式中的与运算符 AND 连接了变量 NUM 和数值 0F0H，若其中的 NUM 为 17H，则汇编完成后可以得到表达式 NUM AND 0F0H 的结果为 10H，在指令执行过程中，指令再将 10H 与 AL 中的内容相与，结果存回 AL。

（3）关系运算符

关系运算符用来构成关系表达式，关系运算符有 EQ（相等）、NE（不等）、LT（小于）、GT（大于）、LE（小于等于）和 GE（大于等于）6 种。关系运算符连接的两个运算对象必须都是数字或同一段内的存储器地址，关系运算符的运算规则是：两个运算对象的关系成立，结果为全“1”；否则，结果为全“0”。关系运算的结果实际上是一个逻辑值。

例 6-5 比较两个数的大小，比较结果存入寄存器。

```
MOV   DL, 11H   LT   16
```

该指令的源操作数在汇编时由汇编程序进行关系运算，根据运算规则可知，11H 不小于 16，其关系不成立（假），结果为 0。故上述指令实际就是 MOV　DL , 0，指令执行后，DL 寄存器的内容为 0。

（4）取值运算符

取值运算符包括 SEG、OFFSET、TYPE、LENGTH 和 SIZE。取值运算符的操作数必须是存储器操作数，即变量或地址标号，用于获取其段地址、偏移地址或存储单元类型属性等。

取值运算符 SEG 用于获取变量或地址标号所在的段地址。

例 6-6 将变量的段地址送入段地址寄存器。

```
MOV   AX, SEG   BUFF
MOV   DS, AX
```

第一条指令中，表达式 SEG BUFF 用于获取变量 BUFF 所在段的段地址，再在指令执行时传给 AX；第二条指令用于将 AX 中的段地址传送给数据段寄存器 DS。

取值运算符 OFFSET 用于获取变量或地址标号所在段的段内偏移地址。

例 6-7 将变量的段内偏移地址送入指定寄存器。

```
MOV   BX, OFFSET   BUFF   ;获取变量 BUFF 的段内偏移地址，传送给 BX
LEA   BX , BUFF
```

这两条语句执行后有相同的结果，区别在于第一条语句是由汇编程序在汇编阶段，通过 OFFSET 求得变量 BUFF 的偏移地址，然后由 CPU 运行 MOV 指令，将它作为源操作数传送到 BX 寄存器中，而第二条语句直接由 CPU 执行有效地址传送指令。

TYPE 运算符用来获取变量的类型属性，汇编程序返回该变量类型包含的字节数。变量类型为 DB，返回值为 1；变量类型为 DW，返回值为 2；变量类型为 DD，返回值为 4；变量类型为 DQ，返回值为 8；变量类型为 DT，返回值为 10。如果已将变量 BUFF 定义成字节变量，BUFF1 定义成字变量，BUFF2 定义成双字变量，那么在汇编时，TYPE　BUFF 的值为 1，TYPE　BUFF1 的值为 2，TYPE　BUFF2 的值为 4。

TYPE 运算符也可用来获取地址标号的类型属性，汇编程序返回代表该标号类型的数值。若地址标号类型为 NEAR，则返回值为-1（FFH）；若地址标号类型为 FAR，则返回值为-2（FEH）。

LENGTH 运算符加在变量名前，返回的数值是变量中定义的元素的个数。如果变量是用重复数据操作符 DUP 说明的，返回值是 DUP 前面的数字；如果没有用 DUP 说明，返回的值总是 1。例如，使用伪指令 BUFF　DW　10 DUP(?)定义过 BUFF，则 LENGTH　BUFF 的返回值是 10，使用伪指令 BUFF1　DW　01 , 03，则 LENGTH　BUFF1 返回的值是 1。

SIZE 运算符可以分析出一个使用 DUP 定义过的变量的所有元素所分配的主存字节数。它与变量的类型和元素个数有关：SIZE=TYPE×LENGTH。

例 6-8　分析变量占用的字节数。

```
BUFF    DB   100 DUP（？）
BUFF1   DW   1122H, 2324H
MOV     AL, SIZE   BUFF       ;相当于 MOV   AL , 100
MOV     BL, SIZE   BUFF1      ;相当于 MOV   BL , 2
```

（5）合成运算符

合成运算符又称属性运算符，包括 PTR、THIS 和 SHORT。

PTR 运算符用于指定所引用的变量、地址标号或地址表达式的临时类型属性。对一个存储器操作数来说，不管原来是何种类型，现在以 PTR 前的类型为准。也就是说，PTR 能建立一个存储器操作数，它与其后的存储器操作数有相同的段地址和偏移量，但有不同的类型。

例 6-9　指定操作数的类型。

```
INC    WORD   PTR [BX]
ADD    BYTE   PTR [SI], 4BH
```

汇编程序在汇编上面两个语句时，PTR 操作符指明由 BX 寻址的存储器操作数的类型为 WORD 类型、由 SI 寻址的存储器操作数的类型为 BYTE 类型。

THIS 运算符用于对当前变量、地址符号或地址表达式指定新类型属性。THIS 可以像 PTR 一样建立一个指定类型（BYTE、WORD 或 DWORD）或指定距离（NEAR、FAR）的存储器地址操作数，但不为其分配存储单元。所建立的存储器操作数的段地址和偏移地址与下一个存储单元地址相同。

例 6-10　为变量指定一个新的数据类型。

```
FIRST   EQU   THIS   BYTE
SECOND   DW   100 DUP (?)
```

在汇编时，变量 FIRST 的偏移地址值和 SECOND 完全相同，但 FIRST 是字节型变量，SECOND 是字型变量。

SHORT 运算符在转移指令中用于表示段内短转移，转移的目标地址与本指令之间的距离在-128～+127 之间。

（6）分离字节运算符

分离字节运算符包括 HIGH 和 LOW，它们用于从变量和标号中分离出高字节和低字节。

例 6-11 将变量中的高字节和低字节分离出来。

```
DATA    DW    2040H
        MOV   AL , HIGH    DATA       ;分离出高字节，(AL) = 20H
        MOV   AH , LOW     DATA       ;分离出低字节，(AH) = 40H
```

3. 运算符的优先级

汇编语言中各种运算符都有一定的优先级，如表 6-1 所示，优先级编号小的优先级高，括号内的优先级高于括号外的，所以，可以用括号来改变表达式中的运算优先级。

表 6-1 运算符的优先级

优先级	运 算 符
1	圆括号，LENGTH，SIZE
2	PTR，OFFSET，SEG，TYPE，THIS
3	HIGH，LOW
4	*，/，MOD，SHL，SHR
5	+，－
6	EQ，NE，LT，LE，GT，GE
7	NOT
8	AND
9	OR，XOR
10	SHORT

6.2 80X86 汇编语言伪指令

伪指令不是在运行期间由计算机来执行的，而是在汇编程序对源程序汇编期间由汇编程序处理的操作，它们向汇编程序提供一些信息，如处理器选择、定义程序模式、定义数据、分配存储区、指示源程序开始、结束等。伪指令在编辑汇编语言源程序时使用，也以指令的形式出现在程序中，但汇编后消失，不生成任何机器代码。

6.2.1 数据定义伪指令

数据定义伪指令用来在数据段和附加段中定义数据，主要功能是为源程序中的数据和堆栈区分配数据存储单元，定义变量类型，并可为分配的存储单元赋初值，建立变量与存储器地址间的对应关系，其格式如下：

[<变量名>]　<类型>　<初值表>

其中，变量名是可选项，它代表所定义的第一个单元的地址。类型可以是 DB、DW、DD、DQ 和 DT 等内部保留字，用来说明初值表中每个数据占几字节，对应关系如下：

DB：字节型，其后的每个初值占 1 字节。

DW：字型，其后的每个初值占 2 字节，低字节在低地址，高字节在高地址。

DD：双字型，其后的每个初值占 4 字节，低字节在低地址，高字节在高地址。

DQ：四字型，其后的每个初值占 8 字节，低字节放低地址，高字节放高地址。

DT：五字型，其后的每个初值占 10 字节，一般用于存放压缩的 BCD 码。

初值表是用逗号分隔的若干个数据项，每个数据项的值是变量的初值，占据类型规定的字节数，每个数据项的书写方法可以是字符、任何数制的整数或由整数构成的表达式。

例 6-12 使用数据定义伪指令为变量分配存储空间。

```
D1   DB   23H, 11H, 33H         ;为 D1 分配 3 字节，顺序存放数据项
D2   DW   110*230               ;为 D2 分配 1 个字，存放表达式的值
D3   DB   'GOOD!'               ;为 D3 分配 5 字节，用来存放字符串'GOOD!'
D4   DD   2.453                 ;为 D4 分配 2 个字，存放一个浮点数
D5   DB   'AB'                  ;为 D5 分配 2 字节，字符 A 在低字节，B 在高字节
D6   DW   'AB'                  ;为 D6 分配 1 个字，字符 A 在高字节，B 在低字节
```

注意，超过两个字符的字符串只能使用伪指令 DB 定义，字符串按顺序在存储器中从低地址到高地址存放。数据定义伪指令中也可以使用“?”，它表示预留出对应字节数的存储空间，用于存放中间值或保留最终结果，但初值不确定，如伪指令 R1　DD　?为变量 R1 预留出两个字的存储空间。若需要留出多个对应字节数的存储空间或重复定义某个数据，则可以使用重复数据操作符 DUP。

例 6-13 使用重复数据操作符 DUP 为变量分配存储空间。

```
S1   DB   5 DUP(?)              ;为 S1 预留 5 字节的存储空间，初值不确定
S2   DW   3 DUP(0)              ;为 S2 分配 3 个字的存储空间，初值设为 0
```

6.2.2 符号定义伪指令

在编写程序时，程序中经常使用一个多次出现的数值、字符串或表达式，为了编程及修改的方便，可将它们定义成一个符号，也称符号常量。若需要改动程序中用到的某一数据或表达式，则只要在定义处修改一次即可，而没有定义成常量时就需要对数据的每一次出现进行修改。

符号定义伪指令就是给一个数值、字符串或表达式赋予一个名字。符号定义伪指令有等值伪指令 EQU、等号伪指令“=”、符号定义伪指令 LABEL 三种。

1. 等值伪指令 EQU

等值伪指令 EQU 用来给数值、字符串或表达式定义一个等价的符号，其格式如下：

```
<符号名>   EQU   <表达式>
```

符号定义可以写在源程序的任何地方，且符号一经定义，不可再重复定义。

例 6-14 使用符号定义伪指令 EQU 给数值、字符串或表达式定义一个等价的符号。

```
TIMES    EQU   50                 ;TIMES 代表 50
DATA    DB   TIMES DUP(?)         ;等效于 DATA DB 50 DUP(?)
GREETING    EQU   'How are you!'  ;符号名代表字符串'How are you!'
```

2. 等号伪指令“=”

等号伪指令的功能与 EQU 类似，但需要先定义后才能使用，它在同一个程序中可以对一个符号重新定义，其格式如下：

<符号名> = <表达式>

例 6-15 使用符号定义伪指令"="给数值、数值表达式定义一个等价的符号。

```
ABC = 10 + 200*5              ;定义 ABC 的值是 1010
ABC1 = 5*ABC + 21             ;定义 ABC1 的值是 5071
COUNT = 1                     ;定义 COUNT 的值是 1
COUNT = 2*COUNT + 1           ;重定义 COUNT 的值为 3
```

使用EQU伪指令定义的符号名和使用等号伪指令定义的符号名都不会被系统分配存储空间，在使用时，等值伪指令 EQU 与等号伪指令有以下两点不同：

① 使用 EQU 伪指令定义的符号名不能与其他符号名重名，符号名必须唯一，且不能被重新定义，而使用等号伪指令定义的符号名可以重名，可以被重新定义、重新赋值。

② 使用EQU伪指令定义的符号名不仅可以代表某个常数或常数表达式，还可以代表字符串、关键字、指令码、一串符号（如 WORD PTR）等，而使用等号伪指令定义的符号名仅用于代表数值表达式。

3．符号定义伪指令 LABEL

符号定义伪指令 LABEL 与存储单元合成操作符 THIS 的功能类似，该伪指令为当前存储单元定义一个指定类型的变量或标号，其格式如下：

<符号名> LABEL <数据类型>

如果该伪指令后面紧跟一条变量定义伪指令，则符号名就是变量名，变量的段地址和段内偏移地址与下面的变量定义语句中定义的变量完全相同，但是该变量的类型是新指定的，数据类型可以是：BYTE、WORD、DWORD、结构类型、记录类型等。

如果该伪指令后面紧跟一条带标号的指令，则符号名就是标号名，标号的段地址和段内偏移地址与下面的标号完全相同，但是该标号的类型是新指定的，数据类型可以是 NEAR 和 FAR。

例 6-16 使用符号定义伪指令 LABEL 给变量定义一个符号名。

```
A1  LABEL  WORD
A2  DB   200 DUP(?)
```

汇编后，变量 A1 与 A2 具有相同的段地址和段内偏移地址，但是它们的数据类型不同。

6.2.3 段和过程定义伪指令

段和过程定义伪指令用来定义代码段、数据段、堆栈段和子程序。

1．段定义伪指令

为了与存储器的分段结构相对应，汇编语言源程序也是用分段的方法来组织程序代码和数据的。一个汇编语言源程序由若干个逻辑段组成，汇编程序在把源程序转换成目标程序时，必须确定标号和变量（代码段、堆栈段和数据段的符号地址）的偏移地址，并且需要把有关信息通过目标模块传送给连接程序，以便连接程序把不同的段和模块连接在一起，形成一个可执行程序，为此，需要用段定义伪指令。

段定义伪指令 SEGMENT/ENDS 用于段的定义，指定段的名称和范围，并指明段的定位类型、组合类型和类别。段名加 SEGMENT 表示段的开始，段名加 ENDS 表示段的结束。SEGMENT 一定要与 ENDS 成对出现，共同定义一个段。其格式如下：

```
<段名>  SEGMENT  [定位类型]  [组合类型]  ['类别']
<段内语句序列>
<段名>  ENDS
```

① 段名：由编程者指定，用来指出汇编程序为该段分配的存储器起始地址，定位类型、组合类型和类别是赋给段名的属性，它们可以省略，但 8086 宏汇编有一个默认值。

② 定位类型：用来规定对段起始边界的要求，可以有 4 种选择。

PAGE：段起始地址的最低 8 位必须为 0，即从页边界开始。

PARA：段起始地址的最低 4 位必须为 0，即从一个节边界开始。

WORD：段起始地址最低 1 位必须为 0，即从字边界开始，段的起始地址为偶数。

BYTE：段起始地址为任意值，即从字节边界开始。

定位类型默认值为 PARA。

③ 组合类型：它是为连接程序提供信息的，用于指示连接程序当前段是否与其他段进行连接，可以有 6 种选择。

NONE：表示本段与其他段逻辑上不发生关系，每段都有自己的基地址，这是默认的组合类型。

PUBLIC：表示连接程序首先将本段与其他同名同类别的段相邻地连接在一起，然后为所有这些 PUBLIC 段指定一个共同的段基址，连接的先后次序由连接命令指定。

STACK：表示连接方式同 PUBLIC，在定义堆栈段时使用。使用组合类型 STACK 会自动初始化堆栈段寄存器 SS 和堆栈指针 SP，SS 为这个段的段基址，SP 为该段的字节长度。源程序中至少要有一个堆栈段使用 STACK，否则连接时会出现一个警告错误。如果堆栈段定义时没有使用 STACK，用户要用指令初始化 SS 和 SP；如果多个堆栈段有 STACK，那么初始化时，SS 指向第一个使用 STACK 的堆栈段。

COMMON：表示与其他段重叠，连接程序为本段和其他同名同类别的段指定相同的段基址，共享相同的存储区，段的长度取决于最长的 COMMON 段的长度。

AT 表达式：表示本段的起始地址由表达式的值给出。

MEMORY：表示连接程序将把本段定位在被连接在一起的其他所有段之后，即分配在存储器的高端地址。

④ 类别：类别名是用户自定义的标识符。连接程序将类别名相同的段组成一个段组，用它们共同的类别名字作为这个段组的名字。类别必须用单引号引起来，通常使用的类别有 'STACK' 'CODE' 'DATA' 等。

例 6-17 使用段定义伪指令定义一个数据段。

```
DATA   SEGMENT
BUF     DB     10H, 20H
BUF1    DW     10H, 20H
DATA   ENDS                        ;定义数据段 DATA
```

2．假定伪指令

假定伪指令 ASSUME 用来建立段寄存器与源程序中各个段之间的关系，其格式如下：

```
ASSUME  <段寄存器名> : <段名>  [,段寄存器名: <段名>,…]
```

格式中“段寄存器名: <段名>”指出某个段寄存器所对应的程序段。段寄存器名可以是 CS、DS、ES 或 SS，段名则是由段定义伪指令定义的段名。

ASSUME 语句虽然对段寄存器进行了指定,但段寄存器的实际值还需要使用传送指令在执行程序时进行赋值（CS 寄存器除外，其在程序装入时自动完成）。

ASSUME 伪指令中的段名也可以是一个特别的关键字 NOTHING，其格式如下：

```
ASSUME  <段寄存器名>: NOTHING   ;表示某个段寄存器不再与对应的段有关系
```

3．过程定义伪指令

在程序设计中，可将具有一定功能的程序段看成一个过程（相当于一个子程序）。它可以被其他程序调用（用 CALL 指令）或由 JMP 指令转移到此执行，也可以由程序顺序执行，或作为中断处理程序，在中断响应后转至此执行。一个过程由过程定义伪指令 PROC 和 ENDP 来定义，过程定义伪指令的格式如下：

```
过程名    PROC   [NEAR] /FAR
          过程体
          RET
过程名    ENDP
```

其中，PROC 指示过程的开始，ENDP 指示过程的结束。所定义的过程若为段内调用过程，则使用伪指令 NEAR 进行说明或默认；若为段间调用过程，则使用伪指令 FAR 进行说明。在一个过程定义中，至少要有一条返回指令 RET，而 RET 不一定是定义过程中的最后一条指令，但它一定是过程执行时最后被执行的指令。

例 6-18 设计一个延时的子程序，循环程序段执行 10000 次。调用该子程序可以延时一定的时间，调整循环次数可以调整延时时间，其过程可定义如下：

```
SOFTDLY     PROC
            MOV    BL, 10            ;外循环次数为 10 次
DELAY:      MOV   CX, 1000           ;内循环次数为 1000 次
WAIT1:      LOOP   WAIT1
            DEC   BL
            JNZ   DELAY
            RET
SOFTDLY     ENDP
```

80X86 汇编程序随版本不同，又增加了许多伪指令，如可以在程序中使用处理器选择伪指令：.386、.486、.586 等，指明汇编程序可以识别哪一种 CPU 的指令；使用简化段定义伪指令：.CODE、.DATA、.STACK 简化段的定义；使用存储模式定义伪指令：.MODEL 定义代码和数据的存储格式和占用存储器的大小，以及子程序语言类型、操作系统类型、堆栈类型，这里就不详细介绍了。

6.3 80X86 汇编语言程序结构

编写汇编语言程序首先应理解和分析题目要求，选择适当的数据结构和合理的算法，然后再开始编程。汇编语言面向机器的特点要求在编写程序时严格遵守语法及程序结构方面的规定，

认真处理程序的每个细节。在编辑汇编语言源程序时，一定要注意，在程序中只能使用英文的字符和标点符号，否则在汇编时会出现错误。

汇编语言源程序主体（代码段）可以有顺序、分支、循环、子程序等结构，这几种结构是汇编语言程序设计的基础。设计一个好的程序，不仅要满足设计要求，能正常运行，实现预定功能，还应满足以下几点：

① 结构化、简明、易读、易调试、易维护；

② 执行速度快；

③ 占用存储空间尽量少。

汇编语言程序设计的步骤如下：

① 分析问题，抽象出问题的数学模型，确定解决问题的合理算法；

② 根据算法绘制流程图或写出程序步骤；

③ 确定存储空间、工作单元和寄存器；

④ 根据流程图编写程序；

⑤ 上机调试、运行程序。

6.3.1 顺序程序

顺序程序是指计算机按照指令编写的先后次序，从头到尾一条条地执行指令，程序中无分支、无循环，按直线形式执行，它是最基本、最简单的程序结构，是组成其他复杂程序的基础。

例 6-19 设变量 X、Y 均为 16 位无符号数，试写一个求表达式 2X + Y 值的程序。

```
DSEG      SEGMENT   PARA   PUBLIC    'DATA'
X         DW   28H
Y         DW   3CH
Z         DW   ?, ?
DSEG      ENDS
CSEG      SEGMENT   PARA   PUBLIC    'CODE'
          ASSUME     CS: CSEG , DS: DSEG
START:    MOV    AX, DSEG            ;设置数据段寄存器 DS 的值
          MOV    DS, AX
          XOR    DX , DX             ;DX 清 0
          MOV    AX , X
          ADD    AX , AX             ;计算 X + X
          ADC    DX , 0
          ADD    AX , Y              ;计算 2X + Y
          ADC    DX, 0
          MOV    Z , AX              ;存储结果到 Z
          MOV    Z+2 , DX
          MOV    AH , 4CH            ;为调用 21H 号中断做准备
          INT    21H                 ;调用 21H 号中断结束程序返回系统
CSEG      ENDS
          END    START
```

例 6-20 将输入的大写字母转换成小写字母输出。

```
STACK    SEGMENT   STACK
DB       200 DUP(0)
STACK    ENDS
DATA     SEGMENT
S_INPUT  DB  'PLEASE   INPUT   A——Z: $'
S_OUT    DB  0DH ,0AH, 'CONVERT   RESULT:$'
DATA     ENDS
CODE     SEGMENT
         ASSUME    CS: CODE , DS: DATA , SS: STACK
START:   MOV   AX , DATA
         MOV   DS , AX
         MOV   AH , 9                  ;通过 21H 号中断调用系统 9 号功能显示字符串
         LEA   DX, S_INPUT             ;DX 指向要显示的字符串的首地址
         INT   21H
         MOV   AH , 1                  ;调用系统 1 号功能接收一个字符
         INT   21H                     ;接收的字符保存在 AL 寄存器中
         PUSH  AX                      ;将 AX 压栈
         MOV   AH , 9
         LEA   DX , S_OUT              ;再次调用系统 9 号功能显示字符串
         INT   21H                     ;显示 S_OUT 所指向的字符串
         POP   AX                      ;将 AX 内容弹出栈
         ADD   AL, 20H                 ;将输入的大写字母转换为小写字母
         MOV   AH , 2                  ;调用系统 2 号功能显示 DL 中的字符
         MOV   DL , AL
         INT   21H
         MOV   AH, 4CH                 ;调用系统 4CH 号功能，终止程序运行,返回 DOS
         INT   21H
CODE     ENDS
         END   START
```

例 6-21　有两个自变量 VAR1 和 VAR2，编写程序实现交换其值的功能。

```
STACK    SEGMENT   STACK
         DB   100 DUP(0)
STACK    ENDS
DATA     SEGMENT
VAR1     DW   100H
VAR2     DW   200H
DATA     ENDS
CODE     SEGMENT
         ASSUME   CS:CODE , DS:DATA , SS: STACK
START:   MOV   AX, DATA
         MOV   DS, AX
         MOV   AX, VAR1                ;VAR1→AX
         XCHG  AX, VAR2                ;交换 VAR1 和 VAR2 的值
         MOV   VAR1, AX
```

```
        MOV    AH, 4CH              ;返回 DOS
        INT    21H
CODE    ENDS
END     START
```

6.3.2 分支程序

分支程序是指程序在按指令先后顺序执行过程中，遇到不同的计算结果值，需要计算机自动进行判断、选择，以决定转向下一步要执行的程序段。分支程序一般是利用比较、转移指令来实现的，它们可以互相配合，实现不同情况的分支。多路分支情况可以采用多次判断转移的方法实现，每次判断转移形成两路分支，*n* 次判断转移形成 *n*+1 路分支，也可以利用跳转表来实现程序分支。

分支程序一般根据条件判别，满足条件则转移到标号所指示的程序部分执行，不满足条件则执行下一条指令。

例 6-22 判断 MEMS 单元数据，若数据>0，则结果为 1；若数据<0，则结果为-1；若数据=0，则结果为 0。将结果存入 MEMD 单元。

```
MY_D    SEGMENT
MEMS    DB   08H
MEMD    DB   ?
MY_D    ENDS
MY_C    SEGMENT
        ASSUME  DS:MY_D , CS:MY_C
START:  MOV     AX , MY_D
        MOV     DS, AX
        MOV     AL, MEMS              ;取数据进行判别
        CMP     AL, 0
        JGE     NEXT                  ;数据≥0，转移
        MOV     AL, -1                ;数据<0，结果为-1
        JMP     DONE
NEXT:   JE      DONE                  ;数据为 0，结果为 0，转移
        MOV     AL, 1                 ;数据>0，结果为 1
DONE:   MOV     MEMD, AL
        MOV     AX , 4C00H
        INT     21H
MY_C    ENDS
END     START
```

该程序是一个典型的分支程序，根据一个数据的 3 种情况，执行 3 个分支程序段。程序转移的根据是与 0 比较，这是一个条件判断转移。由于参加比较的数据是带符号数，故使用“大于”“不大于”等条件判别，此处用“大于等于”即 JGE 为条件，由于一次分支只有两路，故从 JGE 判别分支后，有第二次判别分支即 JE，由于本例中被测数据为正数，故结果为 1；若改变 MEMS 单元的数，可以得到不同的结果。对于多分支的程序，在上机调试时，对各分支程序段都应进行检验。

例 6-23 求 3 个有符号数中的最大数。

```
STACK   SEGMENT   STACK
```

```
DB        50 DUP(0)
STACK     ENDS
DATA      SEGMENT
NUM       DB    11101010B, 4, 7FH        ;定义 3 个数据 A、B、C
MAX       DB     ?
DATA      ENDS
CODE      SEGMENT
          ASSUME   CS:CODE , DS:DATA , SS: STACK
START:    MOV      AX , DATA
          MOV      DS , AX
          MOV      AL, NUM               ;取第 1 个数据 A，存入 AL
          CMP      AL, NUM[1]            ;将 A 和[NUM+1]中的数据 B 进行比较
          JGE      NEXT1                 ;若 A 大，则程序跳转至 NEXT1
          MOV      AL, NUM[1]            ;否则将数据 B 存入 AL
NEXT1:    CMP      AL,NUM[2]             ;比较 AL 中的数和 C 的大小
          JGE      NEXT2                 ;若 AL 中的数大，则程序跳转到 NEXT2
          MOV      AL, NUM[2]            ;否则将数据 C 存入 AL
NEXT2:    MOV      MAX, AL               ;AL 中即为最大数，进行保存
          MOV      AX, 4C00H
          INT      21H
CODE      ENDS
END       START
```

例 6-24 假设某程序具有 5 个功能，每个功能对应一个数字（从 0～4），要求根据输入的数字去执行相应的功能。

```
DSEG      SEGMENT   PARA   PUBLIC
JMPTAB    DW   ENTRANCE0                 ;输入数字 0 对应的功能程序段入口
          DW   ENTRANCE1                 ;输入数字 1 对应的功能程序段入口
          DW   ENTRANCE2                 ;输入数字 2 对应的功能程序段入口
          DW   ENTRANCE3                 ;输入数字 3 对应的功能程序段入口
          DW   ENTRANCE4                 ;输入数字 4 对应的功能程序段入口
DSEG      ENDS
CSEG      SEGMENT
          ASSUME      CS: CSEG, DS: DSEG
START:    MOV     AX, DSEG               ;设置 DS 寄存器
          MOV     DS, AX
          MOV     AH, 1                  ;调用系统 1 号功能，从键盘输入 1 个数字
          INT     21H
          CMP     AL, '0'
          JB    ERROR                    ;输入的数小于 0，转出错处理
          CMP     AL, '4'
          JA    ERROR                    ;输入的数大于 4，转出错处理
          AND     AX, 000FH              ;将'0'到'4'的 ASCII 码转换为数字
          SHL     AX, 1                  ;地址表中元素为 2 字节
          MOV     SI, AX                 ;地址表的索引送入 SI
          JMP     JMPTAB[SI]             ;跳转至[SI+JMPTAB]对应的功能单元入口
OK:       MOV     AH, 4CH                ;返回 DOS
```

```
        INT     21H
ENTRANCE0:  ……                  ;输入为'0'的处理单元
            ……                  ;处理工作
            JMP   OK
ENTRANCE1:  ……                  ;输入为'1'的处理单元
            ……                  ;处理工作
            JMP   OK
ENTRANCE2:  ……                  ;输入为'2'的处理单元
            ……                  ;处理工作
            JMP   OK
ENTRANCE3:  ……                  ;输入为'3'的处理单元
            ……                  ;处理工作
            JMP   OK
ENTRANCE4:  ……                  ;输入为'4'的处理单元
            ……                  ;处理工作
            JMP   OK
ERROR:      ……                  ;出错处理
            JMP   OK
CSEG        ENDS
END         START
```

6.3.3 循环程序

在程序设计中遇到需要按照一定的规律或条件，多次重复执行一组指令的情况时，可以用循环程序实现。循环结构一般根据某一条件判断为真或为假来确定是否重复执行循环体，条件永真或无条件的循环就是逻辑上的死循环。

循环程序通常由三部分组成。

① 循环初始化：为了保证循环程序能正常进行循环而建立的初始状态，一是要设置循环工作部分的初值，二是要设置控制循环结束的条件。

② 循环体：循环体是循环程序的主体，它由循环程序的工作部分及修改部分组成，循环程序的工作部分是为了完成程序功能而设计的主要程序段，需要重复执行。循环修改部分是为了保证循环在每一次重复运行时，参加执行的控制信息能发生有规律的变化而建立的程序段。

③ 循环控制部分：循环控制部分用来控制循环体的执行次数，每个循环程序必须选择一个合适的循环控制条件来控制循环的运行和结束。在循环次数已知的情况下，可以用循环次数作为循环结束的条件，这种循环属于计数式循环；当循环次数未知时，必须根据具体情况选择合理的结束条件，保证程序能正常退出循环，这种循环属于条件循环。

例 6-25 计算 1～100 的数字之和，并将结果存入变量 SUM 中。

```
STACK   SEGMENT  STACK
DB      50 DUP(0)
STACK   ENDS
DATA    SEGMENT
SUM     DW ?
DATA    ENDS
CODE    SEGMENT
```

```
        ASSUME   CS:CODE , DS:DATA , SS: STACK
START:  MOV   AX , DATA
        MOV   DS , AX
        XOR   AX , AX                   ;AX 清 0，准备存放和
        MOV   CX , 100
AGAIN:  ADD   AX , CX                   ;从 100，…，2，1 倒序累加
        LOOP  AGAIN
        MOV   SUM , AX
        MOV   AH, 4CH                   ;返回 DOS
        INT   21H
CODE    ENDS
END     START
```

例 6-26 统计有符号字节数据块 BUFFER 中负数元素的个数，并将结果存入变量 Z 中。

```
DSEG    SEGMENT  PARA
BUFFER  DB  2, -5, 12, -34, 10, 8, -19, -25, 34
COUNT   EQU  $ - BUFFER                 ;$是一个计数器，其值为当前指令偏移字节数
Z       DW ?                            ;用于存放负数的个数
DSEG    ENDS
CSEG    SEGMENT  PARA
        ASSUME    CS: CSEG, DS: DSEG
START:  MOV   AX, DSEG
        MOV   DS, AX
        MOV   SI, OFFSET  BUFFER        ;设置数据指针
        MOV   CX, COUNT                 ;设置循环次数
        XOR   DX, DX
AGAIN:  MOV   AL, [SI]
        CMP   AL, 0                     ;判断 AL 是否为负
        JGE   NOTM                      ;非负，跳转至 NOTM
        INC   DX
NOTM:   INC   SI                        ;调整指针
        LOOP  AGAIN
        MOV   Z, DX                     ;将结果存放于变量 Z 中
        MOV   AH, 4CH
        INT   21H
CSEG    ENDS
END     START
```

例 6-27 用冒泡法排列一组数据，从大到小排列。

```
.MODEL  SMALL                       ;存储模式定义伪指令，程序、数据放在 64KB 的段内
.STACK  200H                        ;简化堆栈段定义伪指令
.DATA                               ;简化数据段定义伪指令
NUM     DB      3,5,7,8,2,10
.CODE                               ;简化代码段定义伪指令
START:  MOV     AX, @ DATA          ;数据段地址送入 AX
        MOV     DS, AX
        MOV     CX, 5               ;设置内外循环计数器，为数据个数减 1
```

```
LOOP1:  PUSH    CX                  ;将外循环计数值压栈
        MOV     BX, 0               ;设置数据序列指针 BX
LOOP2:  MOV     AL, NUM[BX]         ;读取数据，存入 AL（进入内循环）
        INC     BX                  ;数据指针加 1，指向下一个数据
        CMP     AL ,NUM[BX]         ;两个相邻数据进行比较
        JGE     NEXT                ;若 AL 中的数大，则程序跳转至 NEXT
        XCHG    AL, NUM[BX]         ;否则交换两个数据，使 AL 中的数大
        MOV     NUM[BX-1], AL       ;交换存储单元
NEXT:   LOOP    LOOP2               ;若内循环没结束，则返回 LOOP2
        POP     CX                  ;否则取出外循环计数器
        LOOP    LOOP1               ;若外循环没结束，则返回到 LOOP1
        MOV     AX, 4C00H
        INT     21H
END     START
```

6.3.4 子程序

当程序功能相对复杂时，若将所有的语句序列均写到一起，程序结构将显得凌乱。由于汇编语言的语句功能简单，源程序更显得冗长，这将降低程序的可读性和可维护性。为了简化编程，常把功能相对独立的程序段单独编写和调试，作为一个相对独立的模块供程序使用，这就是子程序。

子程序可以以一段代码的形式出现，子程序的入口用标号指明，在调用指令里给出标号；子程序也可以以过程的形式出现，在调用指令中给出过程的名字。如果需要，子程序可以被多次重复使用。

例 6-28 编写一个可以将一个字符串中的小写英文字母转换成大写英文字母的子程序。

```
STACK       SEGMENT  STACK
DB          100 DUP(0)
STACK       ENDS
DATA        SEGMENT
ZICHUAN1    DB  'Tai  Yuan  Li  Gong  Da  Xue  Ruan  Jian  Xue  Yuan'
            ;要转换的字符串
COUNT       EQU  $ - ZICHUAN1       ;计算字符串长度
ZICHUAN2    DB   COUNT DUP (?)      ;存放转换后的字符串
DATA        ENDS
CODE        SEGMENT
            ASSUME  CS:CODE , DS:DATA , SS: STACK
START:      MOV  AX , DATA
            MOV  DS , AX
            LEA  SI , ZICHUAN1
            LEA  DI , ZICHUAN2
            MOV  CX , COUNT
            CALL  ZHUANHUAN          ;调用子程序
            MOV  AH ,4CH
            INT  21H
ZHUANHUAN   PROC                     ;过程开始
XUNHUAN:    MOV  AL , [SI]           ;循环入口
```

```
            CMP   AL , 'a'
            JB    NEXT          ;不是小写字母，转移
            CMP   AL , 'z'
            JA    NEXT          ;不是小写字母，转移
            SUB   AL , 20H      ;转换成大写字母
NEXT:       MOV   [DI] , AL
            INC      SI
            INC      DI
            LOOP     XUNHUAN
            RET
ZHUANHUAN ENDP
CODE      ENDS
END       START
```

通过调用过程（子程序），主程序可以将指定字符串中的小写英文字母转换成大写英文字母，在主程序中，利用 CX、SI 和 DI 寄存器传递参数，告诉子程序要转换的字符串的长度、首地址和转换后的字符串存放的首地址。在子程序中判断字符串的一个字符是否是小写字母，如果不是，不进行转换；如果是小写字母，则将其 ASCLL 码减去 20H，变成大写字母的 ASCII 码。子程序利用循环完成对字符串中所有字符的判断和处理，最后返回主程序。

需要注意的是，如果子程序中用到的寄存器在主程序中存放的是有用的信息，在调用子程序时要保护现场，返回时再恢复现场。现场的保护和恢复利用堆栈进行，可以在子程序中完成。对标志寄存器有时也要考虑保护和恢复。

例 6-29 通过子程序的递归求 3!。

```
.MODEL   SMALL                  ;小内存模式
.STACK   200H
.DATA
NUM      DB   3
RES      DW   ?
.CODE
START:   MOV   AX, @DATA
         MOV   DS, AX
         MOV   AH, 0
         MOV   AL, NUM          ;取数据，递归参数
         CALL  FACTOR           ;调用子程序进行阶乘运算
         MOV   RES, AX          ;存结果
         MOV   AX, 4C00H
         INT   21H
FACTOR   PROC  NEAR
         CMP   AX, 1            ;比较 AX 中的数值是否等于 1
         JNZ   TURE             ;若不等于，则进行跳转
         RET                    ;否则返回
TURE:    PUSH  AX               ;若 AX 中的数值不等于 1，则将 AX 压栈
         DEC   AL
         CALL  FACTOR           ;将 AX 减 1 后，递归调用子程序
         POP   CX               ;当 AX 等于 1 时，程序返回到此处
```

```
        MUL   CL                 ;将栈中内容弹出，并相乘
        RET                      ;返回主程序
FACTOR  ENDP
END     START
```

6.4 系统功能调用和程序的动态调试

在程序设计中，不可避免地要进行输入/输出处理。如果通过直接编程实现字符的输入/输出，需要程序员熟悉外设的工作原理，掌握外设接口的编程结构及端口地址等细节问题，这是非常费时费力的。为了方便程序员使用外设，汇编语言把涉及设备驱动的过程编写成相对独立的程序模块并编号，事先存放在 BIOS 中或包含在操作系统中。程序员根据需要，使用汇编语言可以方便地调用这些子程序。

编辑、汇编和连接后的程序是可以执行的程序。但是，当一个程序的功能比较复杂时，很难保证程序没有错误。因此，在程序正式运行前必须进行调试，以检查程序的正确性。

6.4.1 系统功能调用

DOS 操作系统提供给用户的系统功能调用是 INT 21H，提供近百个功能供用户选择使用，是一个功能齐全、使用方便的中断服务程序集合。这些编了号的、可由程序员调用的子程序称为 DOS 的功能调用或系统功能调用，它主要包括设备管理、目录管理和文件管理三方面的功能。所有系统功能的调用格式都是一致的，可以按以下 4 步进行：

① 在 AH 寄存器中设置系统功能调用号；

② 在指定寄存器中设置入口参数；

③ 用 INT 21H（或 ROM-BIOS 的中断向量号）指令执行功能调用；

④ 根据出口参数分析功能调用执行情况。

DOS 的功能调用很多，这里只介绍一些最常用的系统功能调用。

1. 单个字符输入（1 号功能调用）

格式：
```
MOV   AH, 1
INT   21H
```

功能：等待用户通过键盘输入一个字符，并将输入字符的 ASCII 码送入 AL 寄存器中，同时将该字符显示在显示器上。

例 6-30 判断键盘输入的是字符 a 还是 b。

```
GETKEY: MOV   AH, 01H            ;系统功能调用
        INT   21H                ;按键的 ASCII 码送入 AL
        CMP   AL, 'a'
        JE    YESKEY             ;是 a
        CMP   AL, 'b'
        JE    NOKEY              ;是 b
        JNE   GETKEY
        ……
```

2．单个字符显示（2 号功能调用）

格式：MOV　AH, 2

　　　MOV　DL, <字符的 ASCII 码>

　　　INT　21H

功能：在屏幕当前位置显示 DL 寄存器中的字符，并将光标后移一格。

例 6-31　在显示器上显示字符 A。

```
MOV     AH, 02H                  ;设置功能号
MOV     DL, 'A'                  ;提供入口参数
INT     21H                      ;DOS 功能调用，显示字符 A
```

3．字符串输出（9 号功能调用）

格式：MOV　AH, 9

　　　MOV　DX, <字符串首地址>

　　　INT　21H

功能：将当前数据区 DS: DX 所指向的字符串输出到显示器上，字符串以'$'结尾。

例 6-32　用 9 号 DOS 系统功能调用在显示器上显示一个字符串。

```
STRING  DB  'Good, Morning!', 0DH, 0AH, '$'  ;定义要显示的字符串
…
MOV     AH, 09H                  ;设置功能号：09H 送入 AH
MOV     DX, OFFSET STRING        ;提供入口参数：字符串偏移地址送入 DX
INT     21H                      ;DOS 功能调用显示字符串
```

4．字符串输入（10 号功能调用）

格式：MOV　AH, 10

　　　MOV　DX , <字符串首地址>

　　　INT　21H

功能：从键盘接收一个字符串，并存入用户定义的输入缓冲区内，遇回车键结束输入。

例 6-33　用 10 号 DOS 系统功能调用从键盘上输入一个字符串。

```
BUFFER  DB  81                   ;第一字节填入可能输入的最大字符数，最大 255
        DB   0                   ;第二字节用于存放实际输入的字符数
        DB  81 DUP(0)            ;第三字节开始用于存放输入的字符串
       ……
        MOV  DX,  SEG  BUFFER    ;操作符 SEG 取得 BUFFER 的段地址
        MOV  DS,  DX             ;设置数据段 DS
        MOV  DX,  OFFSET  BUFFER
        MOV  AH,  0AH            ;10 号功能调用
        INT  21H
```

当输入的字符少于定义的字符数时，其余字节填 0,；当输入的字符多余定义的字符数时，多余的字符会被丢弃，并响铃提示。

除 DOS 功能调用外，用户还可以使用 BIOS 功能调用，方法是一样的。

6.4.2 动态调试程序 DEBUG

DEBUG 是用来动态调试汇编语言程序的一种工具。即在程序运行状态对程序进行检查。DEBUG 的主要功能如下：

① 显示和修改寄存器及主存单元的内容；

② 按指定地址启动并运行程序；

③ 设置断点，以便检查程序运行过程中的中间结果或确定程序出错的位置；

④ 反汇编被调试程序，将一个可执行文件中的指令机器码反汇编成助记符指令并同时给出指令所在的主存地址；

⑤ 单条追踪或多条追踪被调试程序，可以逐条指令执行，也可以一次执行多条指令，每执行一条（或几条）指令后，DEBUG 将中断程序的运行并提供有关结果信息；

⑥ 汇编一段程序，在调试时，可使用 DEBUG 的汇编命令将输入的助记符指令汇编成可运行程序段；

⑦ 将磁盘指定区域的内容或一个文件装入主存或将主存的信息写到磁盘上。

在 DOS 状态下可以用下面的命令启动 DEBUG 程序：

```
DEBUG  [路径/文件名.扩展名]
```

DEBUG 后面的文件名及路径是被调试程序的文件名及路径，文件必须是可执行程序文件，其扩展名可以是.EXE 或.COM。执行此命令后，将调试程序 DEBUG 调入主存，DEBUG 接着将被调试程序装入主存。例如，DEBUG 123.EXE 可将程序文件 123.EXE 装入主存（DEBUG 和要调试的程序在同一目录），并进入调试状态。在 DEBUG 状态下，输入命令的提示符是下画线。DEBUG 的命令都是用单字母表示，不分大小写，和参数之间可以不要分隔符，输入的数字都是十六进制，有错误时会给出提示。

1．显示主存单元内容的命令 D

（1）格式 1：D [地址]

从指定地址开始，显示 128 字节的内容，每一行的左边显示段内偏移地址，接着以十六进制数显示 16 字节的内容，最右边区域则显示这一行的 16 个字节所对应的可显示的字符，若无可显示的字符，则用圆点（小数点）填充。

D 命令中的地址可为段内偏移量，也可为段基址和段内偏移量两部分，中间用冒号隔开，如 1680:0110，即指段基址为 1680H，段内偏移量为 0110H。

（2）格式 2：D [地址范围]

将显示指定地址范围内的存储单元的内容，起始地址可由段基址及段内偏移量两部分组成，中间用冒号隔开，也可以只指出段内偏移量，而此时的段基址在 DS 中。这里所说的范围包含起始地址和结束地址。

例如：D DS:1000 1020，将显示数据段偏移地址为 1000H～1020H 的内容。

2．修改内存单元内容的命令 E

（1）格式 1：E [地址][内容表]

功能是用给定的内容表去替代所指定的存储单元的内容。

例如：E　DS:0110　41 ‘CLOSE’ 41，该命令执行后，将用列表中的 7 个字符填入 DS:0110～DS:0116 的 7 个存储单元中。

（2）格式 2：E [地址]

功能是可以连续、逐个修改存储单元的内容。当屏幕上显示指定单元的地址和内容之后，若指定单元的内容需要修改，则将表示新内容的十六进制数输入，再按空格键，修改完成，然后显示下一个存储单元的地址及内容。若需要继续修改，可进行同样的操作。若某个单元的内容不需要修改，而操作又要进行下去，则可直接按空格键。

3．执行命令 G

格式：G　[=起始地址]　[第一断点地址[第二断点地址…]]

该命令可以在程序运行中设置断点，是 DEBUG 程序进行程序调试的主要命令之一。

例如：输入命令 G = 0020，则从偏移地址是 0020H 的单元开始执行程序，输入命令 G 001A，则执行从当前 CS:IP～001A 的指令。注意：地址设置必须从指令的第一字节设起。

① 第一个参数“=起始地址”规定了程序执行的起始地址，以 CS 内容为段地址，等号后面的地址只需给出地址偏移量。此时，命令 G 与地址之间的等号不能省略。若在 G 命令执行前已经设置了 CS 值和 IP 值，则可以直接用 G 命令，从指定地址执行程序。

② 格式中后面给出的地址是断点地址，最多可设置 10 个断点。当程序执行到一个断点时，就停下来，显示 CPU 各寄存器的内容和标志位的状态，以及下一条待执行的指令。

③ 地址参数所指的单元，必须包含有效指令的第一字节，否则将产生不可预料的结果。

④ 堆栈必须至少包含 6 个可用字节，否则将产生不可预料的结果。

⑤ 若断点地址只包括地址偏移量，则认为段地址在 CS 寄存器中。

4．显示和修改寄存器命令 R

（1）格式 1：R

该格式将显示所有寄存器的内容和全部标志位的状态，以及现行 CS:IP 所指的机器指令代码和反汇编符号。

（2）格式 2：R　[寄存器名]

该格式可用于显示和修改指定寄存器的内容。

（3）格式 3：RF

该格式可用于显示标志和修改标志位状态。标志名和标志状态符号的对照情况如表 6-2 所示，除追踪标志 TF 不能用指令直接修改外，其他标志都可以修改。

表 6-2　标志名和标志状态符号的对照

标　志　名	置 位 符 号	复 位 符 号
溢出标志 OF（是/否）	OV	NV
方向标志 DF（减/增）	DN	UP
中断标志 IF（允许/禁止）	EI	DI
符号标志 SF（负/正）	NG	PL
零标志 ZF（是/否）	ZR	NZ
辅助进位标志 AF（是/否）	AC	NA
奇偶校验标志 PF（偶/奇）	PE	PO
进位标志 CF（是/否）	CY	NC

例如：输入 RF 命令，系统可能做出如下响应，显示：

OV　DN　EI　NG　ZR　AC　PE　CY

若要修改奇偶、零、中断和溢出标志位，可在光标处输入：

PO　NZ　DI　NV <回车>

5．追踪命令 T

（1）格式 1：T　[=地址]

该命令可以在指令执行中进行追踪，若略去地址，则从 CS:IP 现行值执行。每一次 T 命令都执行一条指令。

（2）格式 2：T　[=地址][数值]

可对多条指令进行追踪，即在执行了由数值所指定的若干条指令之后，停止执行并显示各寄存器的内容和各标志位，还指出下一条待执行的指令。

6．汇编命令 A

若在调试目标程序的过程中，要求改写或增添一段目标程序，则可以用 A 命令直接在 DEBUG 下实现。

格式：A　[起始地址]

该命令可以从指定地址开始，将输入的汇编语言语句立即汇编成机器代码，连续存放在内存单元中。在程序输入完毕后，最后一行不输入内容，直接按回车键，即可返回 DEBUG 程序。使用 A 命令应遵守以下规则：

① 所有输入数值均为十六进制数；

② 前缀助记符必须在相关指令的前面输入，可以在同一行输入，也可以在不同行输入；

③ 远调用时的返回指令助记符用 RETF；

④ 使用串操作指令时，助记符中必须注明是字节传送还是字传送；

⑤ 汇编语言能自动汇编短、近和远的转移及近和远的调用，也能由 NEAR 和 FAR 前缀来超越；

⑥ 当 DEBUG 不能确定某些操作数涉及的是字类型存储单元还是字节类型存储单元时，必须用前缀 WORD　PTR 或 BYTE　PTR 加以说明；

⑦ 当 DEBUG 不能确定一个操作数是立即数还是存储单元的地址时，可以把地址放在方括号中；

⑧ 两个最常用的伪指令 DB 和 DW 可以在 A 命令中使用，用来直接把字节或字的值送入相应的存储单元；

⑨ DEBUG 支持所有形式的寄存器间接寻址命令。

7．反汇编命令 U

（1）格式 1：U　[起始地址]

该命令从指定的地址开始，反汇编 32 字节。若略去指定地址，则将一个 U 命令反汇编的最后一条指令地址的下一条指令地址作为起始地址；若没有用过 U 命令，则将由 DEBUG 初始化的段寄存器的值作为段地址，以 100 作为地址偏移量。

（2）格式 2：U　[地址范围]

这种格式的命令，可以对指定范围的存储单元进行反汇编，范围可以由起始地址、结束地址（只能包含地址偏移量）或起始地址及长度来指定，例如：

U　04BA:100　0108

反汇编命令可以用来分析程序，也可以对刚输入的内容进行反汇编，以验证输入的程序是否正确。将反汇编后的程序和源程序比较，可以加深对伪指令的理解。

8．继续命令 P

（1）格式 1：P　[=地址]

该命令和 T 命令类似，也可以在指令执行中进行追踪，若略去地址，则从 CS:IP 现行值执行。每一次 P 命令都执行一条指令。P 命令和 T 命令不同的是，P 命令不会进入子程序和中断服务程序，若不调试子程序和中断服务程序，则应该使用 P 命令跟踪程序执行。

（2）格式 2：P　[=地址][数值]

该命令可对多条指令进行追踪，即在执行了由数值所指定的若干条指令之后（不包含子程序和中断服务程序的指令），停止执行并显示各寄存器的内容和各标志位，还要指出下一条待执行的指令。

9．指定文件命令 N

格式：N　文件标识符 1 [文件标识符 2]

文件标识符是指包含文件路径的文件全名。该命令将给定的一个文件标识符格式化在 CS:5C 中的文件控制块中，若有第二个文件标识符，则格式化在 CS:6C 中的文件控制块中，文件控制块是将要介绍的装入命令 L 和写命令 W 所需要的。

N 命令能把文件标识符和其他参数放在 CS:81 开始的参数保存区中。在 CS:80 中保存输入的字符个数，寄存器 AX 保存两个文件标识符中的驱动器标志。

10．装入命令 L

（1）格式 1: L　[起始地址] [驱动器号] [起始逻辑扇区] [所读扇区个数]

该命令将指定磁盘地址开始的内容装入指定的存储器区域中。

（2）格式 2：L　[起始地址]

该命令把已在 CS:5C 中格式化的文件控制块所指定的文件装入到指定区域中。若省略地址，则装入 CS:100 开始的存储区域中。

11．写磁盘命令 W

（1）格式 1：W　[起始地址] [驱动器号] [起始逻辑扇区] [所写扇区个数]

该命令将指定地址开始的内容写入磁盘上指定的扇区中，最多写 128 个扇区。

（2）格式 2：W　[起始地址]

该命令把指定存储区域中的内容写入由 CS:5C 中的文件控制块所规定的文件中，写入的字节数放在 BX 和 CX 寄存器中。若省略地址，则存储区域从 CS:100 开始。

写磁盘命令会覆盖磁盘上的信息，使用时要格外小心。此外，写磁盘命令不能用于扩展名是.EXE 的文件。

12．退出 DEBUG 命令 Q

格式：Q

该命令退出 DEBUG 程序并返回 DOS。

DEBUG 还有其他一些命令，如比较命令 C、十六进制数计算命令 H、输入命令 I、输出命令 O、传送命令 M、查找命令 S 等。

习题 6

1．单项选择题

（1）下列选项中，不符合汇编语言对名字项规定的是（　　）。

A．名字的第一个字符可以是英文字母　B．名字的第一个字符可以是数字

C．名字的有效长度≤31 个字符　D．在名字中允许出现$

（2）定义字节型变量，使用伪指令（　　）。

A．DB　B．DW　C．DD　D．DQ

（3）定义字型变量，使用伪指令（　　）。

A．DB　B．DW　C．DD　D．DQ

（4）定义任意长度的字符串，使用伪指令（　　）。

A．DB　B．DW　C．DD　D．DQ

（5）下列哪个叙述是正确的：（　　）。

A．汇编程序可发现语法错误　B．汇编程序可发现逻辑错误

C．汇编程序可发现语法和逻辑错误　D．汇编程序不能发现错误

（6）在汇编源程序中，（　　）不需要初始化。

A．CS　B．DS　C．ES　D．SP

（7）DEBUG 用于（　　）。

A．运行程序　B．链接程序　C．调试程序　D．汇编程序

（8）下面关于伪指令的叙述，（　　）是正确的。

A．伪指令可以生成机器代码

B．伪指令属于指令系统

C．伪指令的功能是指明如何汇编源程序

D．伪指令是 CPU 可以执行的指令

（9）在进行二重循环程序设计时，下列描述正确的是（　　）。

A．外循环初值应置外循环之外；内循环初值应置内循环之外、外循环之内

B．外循环初值应置外循环之内；内循环初值应置内循环之内

C．内、外循环初值都应置外循环之外

D．内、外循环初值都应置内循环之外、外循环之内

（10）主程序和所调用的子程序在同一代码段中，子程序的属性应定义为（　　）。

A．TYPE　B．WORD　C．NEAR　D．FAR

2．填空题

（1）下面指令序列执行后完成的运算，正确的算术表达式应是（　　）。

```
MOV AL，BYTE PTR X
```

```
SHL AL，1
DEC AL
MOV BYTE PTR Y，AL
```

（2）已知 AX 的值是 1234H，执行下述 3 条指令后，AX 的值是（　　）。

```
MOV BX，AX
NEG BX
ADD AX,BX
```

（3）数据段定义如下：

```
X1          DB      10H , 50 , 1
X2          DW      10H , 20 , 3
X3          DD      ?
COUNT       EQU   X3-X1
```

符号名 COUNT 的值是（　　）。

（4）下述程序段完成计算 2～20 之间的偶数的和，并存于 AX 中。试在空白处填上适当的指令。

```
          XOR   AX，AX
          MOV   BX，0
          (       )
CONT:     ADD   AX，BX
          (       )
LOOP  CONT
```

（5）下述程序段判断寄存器 AH 和 AL 中的第 3 位是否相同，如果相同，AH 置 0，否则 AH 置全 1。试在空白处填上适当的指令。

```
          (         )
          AND AH , 08H
          (     )
          MOV       AH , OFFH
          JMP       NEXT
ZERO:     MOV       AH , 0
NEXT:     ……
```

（6）根据如下程序段填空：

```
MOV     AL , 38H
MOV     BL , 49H
CALL    SUBO
INC     AL
DEC     CL
……
SUBO    PROC
ADD     AL , BL
MOV     CL , AL
DAA
```

```
        RET
        SUBO    ENDP
```

上述程序段运行后，AL 的值是（　　），CL 的值是（　　）。

3．简述上机运行汇编语言程序的过程。

4．简述程序中指令和伪指令的区别。

5．编写完成如下功能的程序段：

第 1 步传送 25H 到 AL 寄存器；第 2 步将 AL 的内容乘以 2；第 3 步传送 15H 到 BL 寄存器；第 4 步 AL 的内容乘以 BL 的内容。并请写出最后 AX 的内容是多少？

6．按照下列要求，编写相应的程序段。

（1）起始地址为 string 的主存单元存放有一个字符串（长度大于 6），把该字符串中的第 1 个和第 6 个字符（字节量）传送给 DX 寄存器。

（2）从主存 buffer 开始的 4 字节中保存了 4 个非压缩 BCD 码，现按低（高）地址对低（高）位的原则，将它们合并到 DX 中。

（3）编写一个程序段，在 DX 高 4 位全为 0 时，使 AX = 0；否则使 AX = −1。

（4）有两个 64 位数值，按“小端方式”存放在两个缓冲区 buffer1 和 buffer2 中，编写程序段完成 buffer1−buffer2 功能。

（5）假设从 B800h:0 开始存放有 100 个 16 位无符号数，编程求它们的和，并把 32 位的和保存在 DX、AX 中。

（6）已知字符串 string 包含 32KB 内容，将其中的‘$’符号替换成空格。

（7）有一个 100 字节元素的数组，其首地址为 array，将每个元素减 1（不考虑溢出）存于原处。

（8）统计以‘$’结尾的字符串 string 的字符个数。

7．编写一个程序输出“Hello World”。

8．编写程序求 $n!$ 。

9．编写程序，用来分别统计 ARRAY 数组中奇数和偶数的个数。

10．编写程序计算 Y 的值，当 $X<0$ 时，$Y=-1$；当 $X=0$ 时，$Y=0$；当 $X>0$ 时，$Y=1$，其中，输入数据 X 和输出数据 Y 均在数据段中定义，且皆为字节变量。

11．编写一个计算两个整数（字型）的最大公约数的子程序。

第7章 存储系统

存储器作为计算机的重要组成部分，是计算机的记忆部件，用来存放程序和数据。将不同类型的存储器按照一定的方法组织起来，可构成计算机的存储系统。本章在给出存储系统基本概念的基础上，讲述计算机存储系统的组成及工作原理。

7.1 存储系统概述

要能够存放程序和数据，构成存储器的电路或器件应符合以下3个基本条件：

① 该电路或器件具有两种长期稳定的状态，可用来分别表示0和1；

② 在外界信号的控制下，可快速了解该电路或器件所处的状态，即可以读出信息；

③ 在外界信号的控制下，可快速改变该电路或器件所处的状态，即可以写入信息。

7.1.1 存储器的分类

按照不同的分类方法，可将存储器分成不同的类型，而不同类型的存储器具有不同的特性，在计算机中的用途也不一样。

1．按存储介质分

存储器按照存储介质可分为半导体存储器、磁表面存储器和光盘存储器。

（1）半导体存储器

半导体存储器是采用超大规模集成电路工艺制成的各种存储器芯片，每个芯片包含多个晶体管、电阻器、电容器等元件，利用这些元件构成的存储电路的状态存储信息。半导体存储器进一步可分为随机存储器和只读存储器两大类，而每一类又可分为多种类型。半导体存储器具有速度快、体积小、功耗低和可靠性高等优点，在计算机中主要作为高速缓存和主存。

（2）磁表面存储器

磁表面存储器在金属或塑料基体上涂一层磁性材料构成存储体，利用磁层上不同方向的磁化区域存储信息，基于电-磁转化的原理，通过磁头进行读/写。磁表面存储器具有容量大、价格低、可长期保存信息的优点，但速度比半导体存储器慢。磁表面存储器主要有硬盘、软盘和磁带存储器，在计算机中使用硬盘作为外存，可存放大量的程序和数据；软盘目前已被半导体存储器构成的U盘淘汰，磁带存储器在计算机中也较少使用。

（3）光盘存储器

光盘存储器是利用光学原理存储信息和读出信息的存储器。在光盘的有机玻璃基体上涂一层特殊的材料构成记录介质，利用记录介质表面的小坑表示0和1，通过激光部件进行读和写。光盘存储器分为只读、可写一次和可重写三大类。光盘存储器具有抗干扰好、记录密度高、价格低、可长期保存信息（比硬盘存储时间长得多，可达几十年）的优点，但容量比硬盘小，速度也不如硬盘快，在计算机中主要用来长期保存资料。

2．按存取方式分

存储器按照存取方式可分为随机存储器、只读存储器、直接存取存储器和相联存储器。

（1）随机存储器

随机存储器（Random Access Memory，RAM）又称读/写存储器，是 CPU 可以直接编址访问的存储器，即 CPU 可以按存储单元的地址随机访问存储器的任意一个单元，访问时间与单元地址无关，访问 0 号单元与访问 1000 号单元用的时间完全相同。计算机启动后，存放在磁盘中的程序和数据调入主存后 CPU 就可以访问了，但断电后，随机存储器中的信息会全部丢失。计算机的内存条就是由随机存储器构成的。

（2）只读存储器

只读存储器（Read-Only Memory，ROM）和随机存储器有一些相同的特性，都采用随机访问方式，访问时间和地址无关。但只读存储器和随机存储器有两点重要的区别：一是正常工作时只能读、不能写；二是断电后存储的信息不会丢失。只读存储器用来存放不需要修改且断电后仍需要保存的程序和数据，如计算机系统中的加电自检程序、启动程序、基本输入/输出程序和系统参数就存放在主板上的只读存储器芯片 BIOS 中。

（3）直接存取存储器

直接存取存储器（Direct Access Memory，DAM）又称半顺序存储器，信息是按块存放的，读/写时也是按块进行的，磁盘和光盘就属于直接存取存储器。访问磁盘时先将磁头直接移动到一个小区域（磁道），再对这个小区域顺序存取。磁盘存储器访问信息的时间和信息的位置有关，一般用平均访问时间表示。

（4）相联存储器

一般存储器都是按地址访问的，而相联存储器（Associative Memory，AM）是一种按内容访问的存储器，是在随机存储器的基础上增加比较电路构成的。相联存储器读/写时可将指定的内容和所有的存储单元同时比较，迅速找到要访问的区域，由于价格高，相联存储器只用在需要高速查找的特殊场合。

3．按存储器的作用分

存储器按照在计算机中所起的作用可分为高速缓存、主存和辅助存储器。

（1）高速缓存

高速缓存（Cache）是介于 CPU 和主存之间的一种容量小、速度高、价格高的随机存储器，在 20 世纪 80 年代后期开始在计算机中广泛使用。Cache 通常和 CPU 封装在一起，其作用是存放 CPU 在当前一小段时间内立刻要使用的程序和数据，这些程序和数据是主存中当前活跃信息的副本。CPU 可以访问 Cache，但对用户是透明的，完全由硬件控制，不可编程访问，即不能由程序控制对 Cache 的读/写。

（2）主存

主存是 CPU 可以直接编程访问的存储器，是计算机中最早使用的存储器，主要由随机存储器和少量只读存储器构成。主存的容量比 Cache 要大几百倍，个人计算机的主存可达几 GB，但速度要比 Cache 慢得多。主存的作用是存放 CPU 当前运行的程序和数据，即要运行哪个程序，就把哪个程序从辅助存储器调入主存。

（3）辅助存储器

辅助存储器简称辅存，CPU 不可以直接编程访问，由磁盘、光盘和 U 盘等外部存储器构成。

辅助存储器容量非常大，可达几百 GB，甚至几千 GB，其作用是存放 CPU 当前暂不使用的大量程序和数据，是主存的后援存储器。

4．按保存信息的时间分

存储器按照保存信息的时间可分为永久性存储器和非永久性存储器。永久性存储器也称非易失性存储器，在断电后存储器中保存的信息不会丢失，只读存储器、磁盘存储器、光盘存储器和 U 盘存储器都是永久性存储器。非永久性存储器也称易失性存储器，在断电后存储器中保存的信息会丢失，随机存储器就属于非永久性存储器。

7.1.2 存储系统的层次结构

随着计算机应用的发展，对存储器速度的要求越来越高，对存储器容量的要求越来越大，但由于价格的原因，一种存储器已无法满足要求。为此，在计算机中采用多种存储器构成层次结构的存储系统。

1．程序局部性原理

程序在执行时所访问地址的分布不是随机的，而是相对集中的，这使得在一个小的时间段内，访存将集中在一个局部区域，这种特性称为程序的局部性。

程序的局部性又分为时间局部性和空间局部性。程序的时间局部性是指程序即将用到的信息很可能就是目前正在使用的信息，如循环程序和一些子程序要重复执行多次。程序的空间局部性是指程序即将用到的信息很可能与目前正在使用的信息在空间上相邻或邻近，因为程序中的大部分指令执行顺序和存放顺序是一样的。程序的局部性为存储器系统的分层结构奠定了基础，利用程序的局部性原理，可将马上要用到的信息存放到 CPU 优先访问的高速小容量存储器中，将暂时不用的信息放到容量较大、速度较慢的存储器中，从而实现提高存储系统速度和容量的目的。

2．二级存储系统

早期的计算机采用由主存和辅存构成主—辅存结构的二级存储系统，目的是解决主存容量的不足。当一个大的程序不能完全调入主存时，可将其一部分先调入主存，其余的部分留在辅存，要用到时再调入，并将不再使用的部分调出主存。主存和辅存构成的二级存储系统由软件和硬件共同实现其功能，对普通用户完全透明。

3．三级存储系统

为了解决主存速度不够快的问题，存储器系统增加了 Cache，构成了 Cache-主存-辅存的三级存储器系统，较好地解决了存储系统容量、速度和价格之间的矛盾。三级存储系统的结构如图 7-1 所示，其中，Cache 的容量最小，速度最快，成本最高；辅存的容量最大，速度最慢，成本最低，主存介于二者之间。

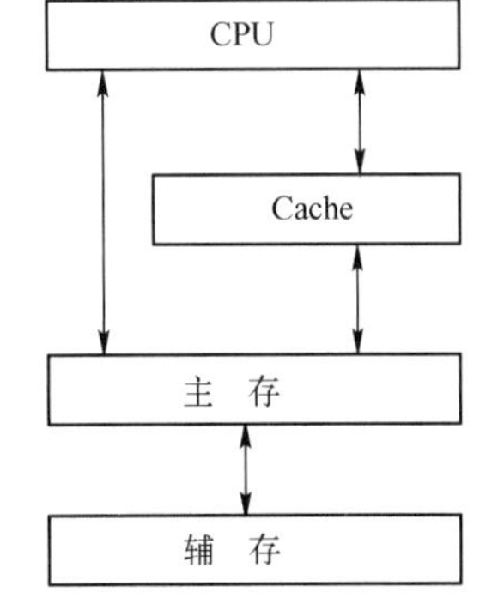

图 7-1 三级存储系统的结构

执行程序时，CPU 首先访问 Cache，如果 Cache 中没有，就去访问主存，同时将所访问信息所在的主存块调入 Cache。CPU 如果在主存中找不到要访问的信息，还需要到磁盘去找，但 CPU 不能直接访问磁盘，磁盘中的信息需通过相应的硬件调入主存。三级存储系统实现了以接近 Cache 的速度存取程序和数据、以辅存的容量和成本存放程序和数据。

现在的计算机采用多级存储层次结构，如将 Cache 分成一级 Cache、二级 Cache 和三级 Cache，在磁盘上增加磁盘 Cache，使存储系统的性能进一步提高。

7.1.3 存储器的主要技术指标

存储器的技术指标用来衡量存储器的性能，主要有存储容量、存储速度、数据传输率和存储器价格，此外还有功耗、体积、重量、可靠性等，对主存和辅存的衡量指标有一些差别。

1. 存储容量

存储容量用来衡量存储器可以存储的二进制信息的位数，容量越大，存储的信息就越多。对主存来说，用存储单元数×字长表示，如 1M×16 位、2G×8 位，字长一般有 8、16、32、64 几种。习惯上主存用字节表示，即字长是 8，如主存容量是 4GB，表示 4G×8 位。外存都用字节表示，如 1000GB 的硬盘、4.7GB 的光盘、16GB 的 U 盘。

对主存来说，集成度也是一个重要指标，它表明单个芯片的存储容量。如 128M×1 位、128M×4 位、512M×1 位。集成度越高，在构成主存时所用的芯片越少，也越简单。

2. 存储速度

存储速度用来衡量访问存储器的时间，用的时间越少，存储器的速度越快。Cache 和主存使用存储周期这一指标衡量存储速度，表明连续访问存储器时完成一次读/写操作需要的时间。例如，Cache 的存储周期是 1ns，主存的储存周期是 10ns。磁盘和光盘等外部存储器，由于存储信息的时间和信息的位置有关，只能用平均存取时间来衡量存储速度，访问一次磁盘需要若干 ms，每次访问最少读/写一个数据块。

3. 数据传输率

数据传输率是指单位时间访问存储器读/写的数据量。对 Cache 和主存来说，数据传输率也称访存带宽，等于访存频率（存储周期的倒数）乘以存储单元字长。假设主存的存储周期是 10ns，访问一次可读/写 8B 信息，则主存的带宽为 1/10ns×8B=0.8B/ns，即主存的带宽是 800MB/s。对磁盘来说，数据传输率等于磁盘的转速乘以磁道的容量。

4. 存储器价格

存储器价格指存储每位二进制数的成本，可以用存储器的总价格除以存储器的容量得到，一般速度越快的存储器价格越高。如售价 400 元、容量 2TB 的硬盘，存储 1 字节信息的成本大约是 0.2×10^{-9} 元。而售价 100 元、容量 4GB 的内存条，存储 1 字节信息的成本大约是 0.25×10^{-7} 元，是磁盘价格的 125 倍。

7.2 随机存储器 RAM

在计算机中使用的半导体随机存储器又分为静态随机存储器（Static RAM，SRAM）和动态随机存储器（Dynamic RAM，DRAM）两大类，两种存储器性能和用途的比较如表 7-1 所示。

表 7-1　静态随机存储器和动态随机存储器的比较

存储器类型	速　度	集　成　度	功　耗	价　格	是否需要刷新	用　途
静态随机存储器	快	低	大	高	不需要	作为 Cache、小容量主存
动态随机存储器	较慢	高	小	低	需要	作为大容量主存

静态随机存储器和动态随机存储器最重要的区别在于是否需要刷新。静态随机存储器依靠一种双稳态电路存储信息，只要电源正常供电，信息就可以长期保存。静态存储器除作为 Cache 和小容量主存外，还在一些特殊场合使用。如在微型计算机中存储系统设置参数的 CMOS 存储器，在关机后由电池供电，以保证系统参数不丢失。

动态随机存储器依靠存储电路中的电容器存储信息，由于电容器漏电流的存在，信息会在几 ms 后丢失，因此必须在信息丢失前进行恢复，称为刷新。由于动态随机存储器具有集成度高、功耗低、价格低等优点，计算机的主存主要是由动态随机存储器构成的。

7.2.1　静态 MOS 存储器

静态存储器速度快、不需要刷新，构成存储器简单，主要作为高速存储器和小容量的主存。

1．六管静态 MOS 存储元电路

静态随机存储器电路一般由 MOS 管组成，图 7-2 所示为六管静态 MOS 存储元电路。矩形框内为存储一位二进制数的电路，由六个 MOS 管组成。其中，T_1、T_2、T_3、T_4 组成一个双稳态电路，T_1、T_2 总是一个导通，另一个截止，具有两种稳定的状态。当访问存储器的地址码选中该电路时，行地址译码器 X 的输出使 Z 为高电平，T_5、T_6 导通，存储元电路和位线 D 和 $\overline{D}$ 连通。T_7、T_8 每一列存储元电路上有一组，不属于存储元电路的基本组成部分，当访问存储器的地址码选中该电路时，列地址译码器 Y 的输出使这两个 MOS 管导通，位线与 I/O 线连通，可进行读/写操作。

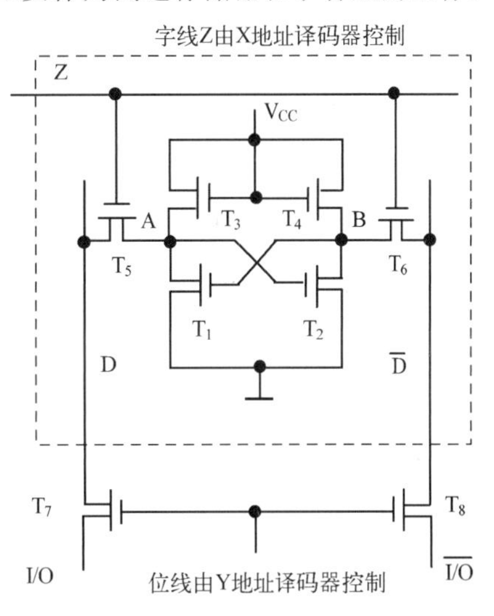

图 7-2　六管静态 MOS 存储元电路

（1）保存信息原理

如果规定 T_2 导通、T_1 截止，表示 1，T_1 导通、T_2 截止表示 0。当地址码没有选中存储元电路时，字线 Z 为低电平，T_5、T_6 截止，存储元电路和外界隔绝，电路处于保存信息状态。如果原来存放的是 1，T_1 截止，则 A 点为高电平，保证 T_2 导通，使 B 点为低电平，反过来 B 点低电平又保证 T_1 截止，维持 A 点的高电平不变，是一种稳定的状态。如果原来存放的是 0，T_2 截止，则 B 点为高电平，保证 T_1 导通，使 A 点为低电平，反过来 A 点低电平又保证 T_2 截止，维持 B 点的高电平不变，也是一种稳定的状态。因此，静态随机存储器只要有电源正常供电，保证向导通管提供电流，就能维持一管导通而另一管截止的状态不变，使信息可以长期保存。但电路中存在电流，使静态随机存储器功耗较高。

（2）读出信息

当选中该存储元电路进行读操作时，字线 Z 为高电平，T_5、T_6 导通，存储元电路和外界连通。

这时位线加高电平，如果原来存放的是 1，A 点为高电平，B 点为低电平，在位线 $\overline{D}$ 上会有电流信号，经 T_8 连接的 $\overline{I/O}$ 线上的读出放大器会检测出该信号。如果原来存放的是 0，B 点为高电平，A 点为低电平，在位线 D 上会有电流信号，经 T_7 连接的 I/O 线上的读出放大器会检测出该信号。

（3）写入信息

当选中该存储元电路进行写操作时，字线 Z 为高电平，T_5、T_6 导通，存储元电路和外界连通。写 1 时，通过写入电路在位线 D 加高电平，在位线 $\overline{D}$ 加低电平，无论存储元电路原来处于哪种状态，都会使 A 点变为高电平，T_2 导通，B 点变为低电平，T_1 截止。写 0 的原理和写 1 的原理类似，只要通过写入电路在位线 D 加低电平、在位线 $\overline{D}$ 加高电平即可。

2．静态存储器芯片的基本结构

由静态 MOS 存储元电路构成的存储器芯片不但集成了大量的存储单元电路，还集成了译码器、读/写电路及数据缓冲器、存储器控制电路等部件，存储器芯片的基本结构如图 7-3 所示。

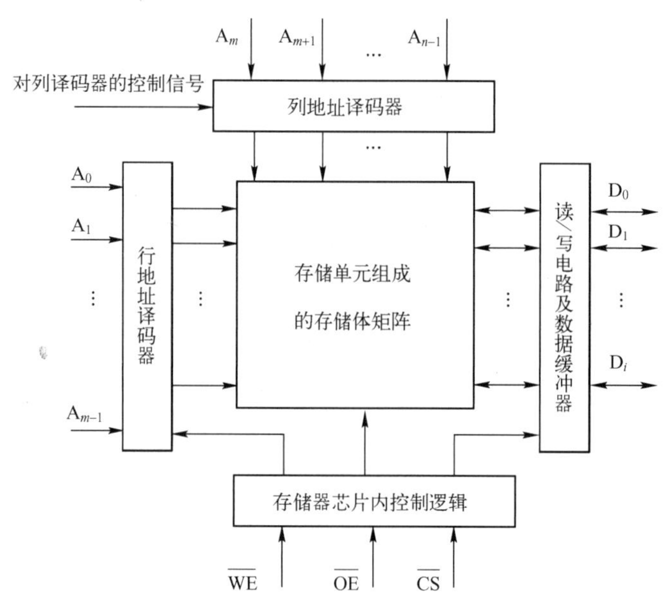

图 7-3　存储器芯片的基本结构

（1）存储体矩阵

存储体矩阵是存储器芯片的核心部分，由大量的存储元电路组成，这些存储元电路排列成一行行、一列列的矩阵。例如，有 64KB 存储元的存储器芯片，存储元排成 256 行×256 列的矩阵（有的芯片行数和列数可以不同），有 1MB 存储元的存储器芯片，存储元排成 1024 行×1024 列的矩阵。存储器芯片的字长决定每个存储单元包含的存储元个数，每行存储元和一根行选择线相连，每列存储元和一根列选择线相连。

（2）地址译码器

地址译码器用来对输入到芯片的存储单元地址进行译码，有 n 位输入端的译码器有 2^n 根输出选择线。

存储器芯片有单译码和双译码两种方式。单译码方式芯片中只有一个译码器，每根译码器的输出选择线直接选中一个存储单元，例如，有 10 个输入端的译码器有 1024 根选择线，最多可选择 1K 存储单元。显然，单译码方式只适合小容量的存储器芯片。双译码方式有行（X 方向）和列（Y 方向）两个译码器，将地址码分为行地址和列地址两部分，分别送到行译码器和列译码器，行译码器的每根选择线一次可选中一行存储元，列译码器的每根选择线一次可选中一列存储元，当连接存储元的行、列选择线同时有效时，该存储元被选中，可以进行访问。如访问 1K（32 行×32 列）存储单元，需 10 位地址码，分为 5 位行地址、5 位列地址，采用双译码方式只需要 $2^5+2^5=32+32=64$ 根选择线，比单译码方式少得多。因此，大容量的芯片都采用双译码方式。

（3）读/写电路及数据缓存器

当地址译码器选中存储单元后，如果执行读操作，读/写电路将存储单元中的信息读出，经数据缓冲器送到数据线上；如果执行写操作，读/写电路将数据线上的信息经数据缓冲器写入指定存储单元。

（4）存储器芯片内控制逻辑

芯片内控制逻辑的作用是根据芯片接收到的片选信号、读和写信号和输出允许信号等命令产生存储器芯片内需要的各种控制信号，如对译码器的控制、对读/写电路的控制。需要注意的是，不同型号的芯片，其控制信号引脚是有一定差别的，如只有片选和读写控制信号。

3．静态存储器芯片举例

静态存储器芯片有多种规格，图 7-4 所示是静态存储器 Intel 2114 芯片引脚及功能。Intel 2114 的容量是 1K×4 位，即有 1K 存储单元，每个单元的字长是 4，即包含 4 个存储元电路。芯片共有 4096 个存储元电路，排成 64×16×4（每 4 列共用 1 条列线）的存储矩阵。芯片的地址线引脚数和芯片的存储单元数密切相关，芯片的数据线引脚数和存储单元的字长密切相关。

图 7-4　Intel 2114 芯片引脚及功能

Intel 2114 芯片共有 18 个引脚，其中，A_9～A_0 为 10 个地址线引脚，可连接地址总线的对应位；D_3～D_0 为 4 个双向数据线引脚，可连接数据总线的对应位；$\overline{CS}$ 是片选信号引脚，$\overline{WE}$ 为读/写信号引脚，V_{CC} 是电源线引脚，GND 为地线引脚。

当片选信号 $\overline{CS}$ 为低电平时，芯片被选中，可进行读/写操作；当片选信号 $\overline{CS}$ 为高电平时，芯片未被选中，数据线处于高阻状态，不能进行读/写操作。$\overline{WE}$ 信号为高电平时读出，低电平时写入。在读操作时，$\overline{CS}$ 为低电平，$\overline{WE}$ 为高电平，可将地址码选中单元的 4 位数据读出，送到 4 根数据线上；在写操作时，$\overline{CS}$ 和 $\overline{WE}$ 都是低电平，可将 4 根数据线上的数据写入地址码选中的单元。

7.2.2 动态 MOS 存储器

动态 MOS 存储器集成度高、功耗低、价格低，计算机的主存主要是由动态 MOS 存储器芯片构成的。

1．单管动态 MOS 存储元电路

构成动态随机存储器的电路有多种，现在广泛使用的是由单管 MOS 构成的动态存储器，单管动态 MOS 存储元电路如图 7-5 所示。它由一个 MOS 管和一个电容器构成，使用的元件少，有很高的集成度。

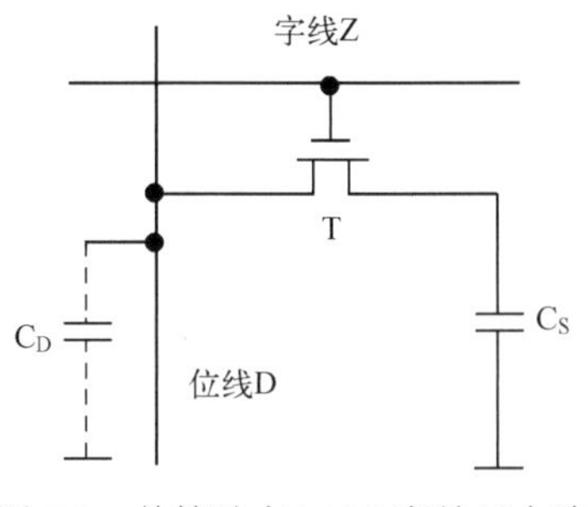

图 7-5　单管动态 MOS 存储元电路

（1）保存信息原理

单管动态 MOS 存储元电路利用电容器 C_S 上有无电荷表示信息，有电荷时，电容器 C_S 为高电平，表示 1；没有电荷时，电容器 C_S 为低电平，表示 0。当没有选择该存储元电路时，字线 Z 是低电平，T 截止，电容器和外界隔绝，电容器的状态不发生变化，存储的信息不变。由于电路中基本没有电流流动，所以功耗很低。

（2）读出信息

读出信息时，由于位线上的线电容 C_D 较大，要预先给位线预充电，使位线电平达到电容器 C_S 表示 1 时电平的一半。当选中该存储元电路进行读操作时，字线 Z 是高电平，使 T 导通，如果原来存的是 1，电容器 C_S 就会放电；如果原来存的是 0，电容器 C_S 就会充电，通过检测位线电平的变化就可以得到存储的信息。由于位线电平变化很小，动态随机存储器需要灵敏度很高的读出放大器。

（3）写入信息

当选中该存储元电路进行写操作时，字线 Z 是高电平，使 T 导通，如果写入 1，位线加高电平给电容器 C_S 充电，如果写入 0，位线加低电平让电容器 C_S 放电，就可以写入信息了。

（4）刷新

单管动态 MOS 存储元电路利用电容器上有无电荷表示信息，但电容器的漏电流会使信息丢失，需要在信息丢失前进行恢复，即进行刷新。刷新的间隔为几 ms，每次对所有芯片的同一行单元刷新，在规定的刷新间隔（如 2ms）内将芯片的所有单元刷新一遍。刷新的过程和读出的过程类似，只是读出的信息不送到数据线，而是利用读出电路重新写回去。刷新时由刷新控制电路给出刷新用的行地址及控制信号，在一个存储周期完成一行的刷新。

此外，单管动态 MOS 存储元电路构成的存储器属于破坏性读出，每次读出后信息会丢失，需要将读出的信息重新写回去。

2．动态存储器芯片举例

由动态 MOS 存储元电路构成的动态存储器芯片比较复杂，由于行列地址需要分时送入芯片，所以在芯片内要增加行列地址缓存器；为了适应动态存储器刷新的需要，芯片内必须有刷新控制电路定时对存储单元进行刷新。

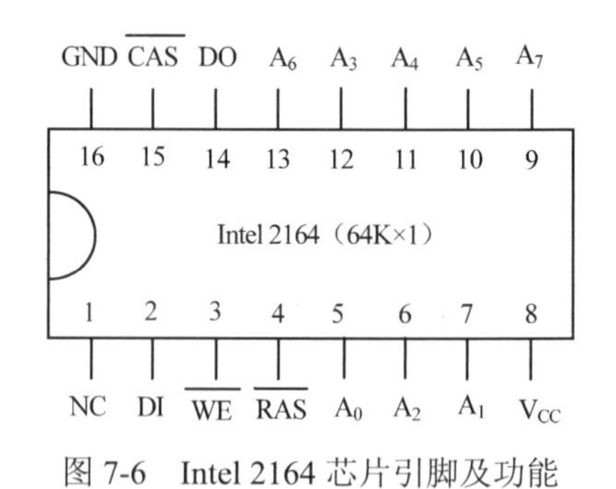

图 7-6　Intel 2164 芯片引脚及功能

动态存储器芯片也有多种规格，图 7-6 所示是动态存储器 Intel 2164 芯片引脚及功能。Intel 2164 的容量是 64K×1 位，即有 64K 存储单元，每个单元的字长是 1。芯片共有 2^{16} 个存储元电路，本来应排成 256×256 的存储矩阵，但为了减少行列线上的分布电容，芯片内部分为 4 个 128×128 的存储矩阵，每个矩阵都有一套读/写控制电路。

动态存储器芯片容量大，寻址需要的地址线数会很多。为了减少引脚数，动态存储器芯片采用行列地址分时复用地址引脚的方法，即行地址和列地址使用相同的引脚。Intel 2164 有 64K 存储单元，需要 16 位地址码寻址，但芯片上只有 8 根地址线引脚 A_7～A_0，访问时先将 8 位行地址送入芯片内的行地址锁存器，然后将 8 位列地址送入芯片内的列地址锁存器。

Intel 2164 芯片共有 16 个引脚，各引脚的功能如下。

① A_7～A_0：8 位地址引脚线，行列地址分时复用。输入地址时，地址总线上的地址要经过选择器电路才能和芯片的地址引脚连接。

② DI/DO：数据输入/输出引脚。Intel 2164 的数据线是单向的，输入和输出使用不同的引脚，需通过选择器电路才能和数据总线连接。

③ $\overline{RAS}$：行地址选通信号，低电平有效。该信号有效时可将 8 位行地址送入芯片内的行地址锁存器。

④ $\overline{CAS}$：列地址选通信号，低电平有效。该信号有效时可将 8 位列地址送入芯片内的列地址锁存器。

⑤ $\overline{WE}$：读/写控制信号，高电平读出数据，低电平写入数据。

⑥ V_{CC}：电源线引脚。GND：地线引脚。NC：空闲未使用。

Intel 2164 芯片没有片选信号，$\overline{RAS}$可起到片选的作用，当行地址选通信号有效时可对芯片读/写。读/写时，行地址选通信号先有效，将行地址送入行地址锁存器，然后列地址也变为有效，将列地址送入芯片内的列地址锁存器，行列地址都准备好后，开始对地址进行译码。此时如果读/写信号为高电平，可将指定单元的内容读到 DO 线上；如果读/写信号为低电平，可将 DI 线上的数据写入指定的单元。

7.3 只读存储器 ROM

最早的只读存储器存储的信息是不能修改的，用户使用起来不方便。随着存储器技术的不断发展，出现了各种可以修改的只读存储器。只读存储器根据其是否可修改、如何修改分为掩模只读存储器、可编程只读存储器、可擦可编程只读存储器和闪存。

7.3.1 掩模只读存储器

掩模只读存储器（Masked ROM，MROM）是最早的只读存储器，厂家将程序和数据制作在芯片中，某一位有元件表示 1、没有元件表示 0，制作好后厂家和用户都不能修改，断电后芯片的结构也不会改变，当然存储的信息也不会丢失。图 7-7 是可存储信息“1101”的 MROM 电路，当字线有选中信号时，位线 D_0、D_1、D_3 上都可检测出信号，而 D_2 上没有任何信号变化。MROM 具有可靠性高、集成度高的优点，但用户无法将自己的程序和数据写到只读存储器中，灵活性差，一般用于大批量生成的定型产品。

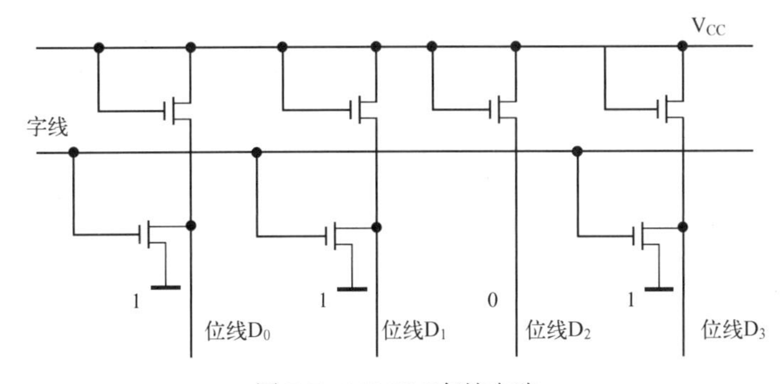

图 7-7　MROM 存储电路

7.3.2 可编程只读存储器

可编程只读存储器（Programmable ROM，PROM）允许用户修改一次，即可以编写一次程序。厂家在制造芯片时，将全 0 或全 1 制作在芯片中，用户可根据需要进行编程。

PROM 的存储信息原理如图 7-8 所示，一个三极管就是一个存储元电路。出厂时存储信息的三极管和位线都有熔丝相连，编程时用专门的编程设备，将需要修改的存储元电路加较高的编程电平，使熔丝烧断。假设有熔丝表示 0，没有熔丝表示 1，在读出时选中存储元电路后，有熔丝相连的位线可检测出信号，而没有熔丝相连的位线则不能检测出信号。PROM 在正常工作时加的电平较低，熔丝不会烧断。可以看出，PROM 比 MROM 的灵活性强，但在编程后不能恢复到出厂时的状态，即不能重新编程。

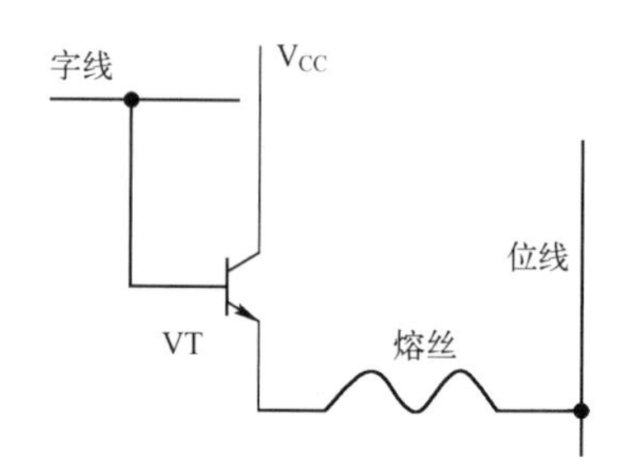

图 7-8 熔丝型 PROM 存储元电路

7.3.3 可擦可编程只读存储器

可擦可编程只读存储器（Erasable Programmable ROM，EPROM）和 PROM 相比，又做了较大的改进。厂家在制造芯片时，也是将全 0 或全 1 制作在芯片中，用户可根据需要进行编程。和 PROM 不同的是，在编程后可用紫外光照射芯片，将编程信息擦除，重新编程。

1. EPROM 存储元电路

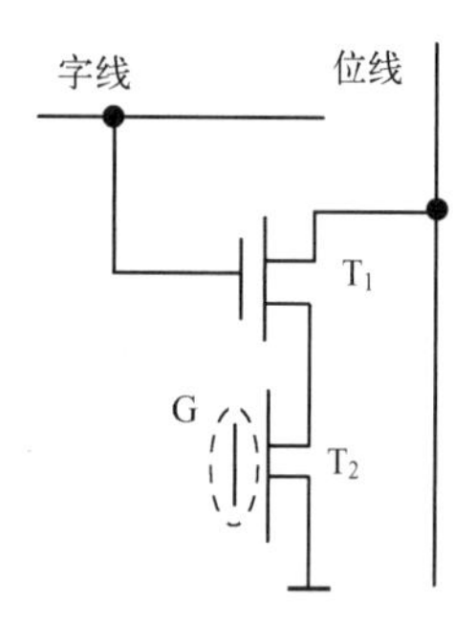

图 7-9 EPROM 存储元电路

图 7-9 所示是一种 EPROM 存储元电路，T_2 管为存储信息的特殊 MOS 管，栅极 G 没有引出线，包围在很薄的一层绝缘物二氧化硅（SiO_2）中，称为浮栅，出厂时，浮栅上不带电荷，T_2 管不导通，存储内容为 1。

用户编程时，选中要编程的存储元电路后，通过加比较高的编程电平和正脉冲，可在 T_2 管的源极 S 和漏极 D 之间形成高电压，使 T_2 管沟道内的电场足够强而形成雪崩，产生很多高能电子，一部分高能电子会穿过绝缘物注入浮栅 G，从而使浮栅 G 带电。当浮栅 G 带电后，会使 T_2 管导通，相当于写入信息 0。因为浮栅 G 包围在绝缘的二氧化硅中，泄漏电流很小，它所俘获的电子很难泄漏掉，写入的信息 0 可长期保存。用户可按照需要，将一部分存储元电路写入 0，完成编程工作。在正常工作时，T_2 管的源极 S 和漏极 D 之间形成的电压不会使浮栅 G 带电，即不会改变存储的信息。

如果要擦除写入的信息，可用强紫外光照射 EPROM 芯片上方的石英玻璃窗口，照射浮栅 G 十几分钟，浮栅 G 上的电子获得足够的光子能量，穿过绝缘层回到衬底中，浮栅上的电子消失，芯片又恢复到出厂时的初始状态，存储内容全部恢复为 1，又可以重新编程了。EPROM 可以多次重写，但擦除是整片进行的，即使重写一个单元，也要全部擦除后重写。

2. EPROM 芯片举例

可擦可重编程芯片作为一种非易失性存储器，在正常工作时只能读不能写，常用来保存一些固定不变的程序和数据。图 7-10 所示是 EPROM 芯片 Intel 2716 的引脚及功能。

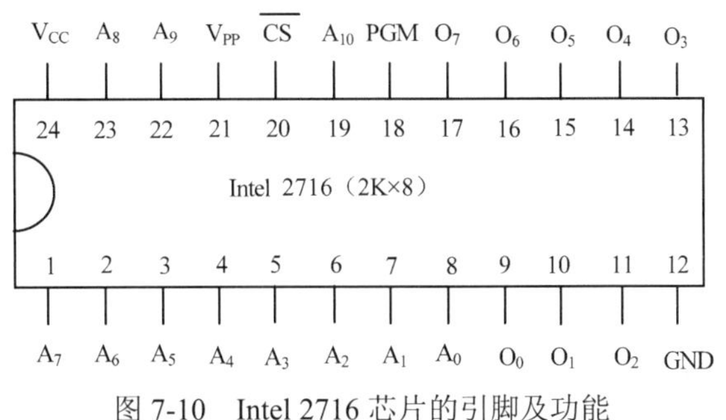

图 7-10 Intel 2716 芯片的引脚及功能

Intel 2716 的容量是 2K×8 位，寻址存储单元需要 11 位地址码，单元字长为 8，有 8 根数据线。表 7-2 给出了 Intel 2716 芯片的工作方式。

表 7-2 Intel 2716 芯片的工作方式

工作方式	V_{CC}	V_{PP}	$\overline{CS}$	数据线	PD/PGM
编程写入	5V	25V	高	输入	50ms 正脉冲
读出	5V	5V	低	输出	低
未选中	5V	5V	高	高阻	无关
功耗下降	5V	5V	无关	高阻	高
程序验证	5V	25V	低	输出	低
禁止编程	5V	25V	高	高阻	低

（1）编程写入

将 Intel 2716 芯片放入专门的写入器，V_{PP} 引脚加 25V 的编程高电平，片选 $\overline{CS}$ 为高电平，编程端 PGM 加一个正脉冲，可将数据线 O_7～O_0 的数据写入地址线 A_{10}～A_0 指定的单元。

（2）读出

芯片在系统中正常工作时，V_{PP} 加 5V 的高电平，如果 $\overline{CS}$ 和 PGM 都是低电平，将地址线 A_{10}～A_0 指定单元的内容读出送到数据线 O_7～O_0。

（3）未选中

芯片在系统中正常工作时，如果 $\overline{CS}$ 是高电平，芯片未选中，数据线为高阻状态。

（4）功耗下降

为降低功耗，Intel 2716 芯片可处于低功耗状态。要使芯片处于低功耗状态，V_{PP} 加 5V 电平，PGM 端加高电平，数据线处于高阻状态，芯片功耗下降到原来的 1/4。因此，PGM 引脚也叫功耗下降端 PD。

（5）程序验证

芯片在写入环境下，编程完毕，V_{PP} 引脚加 25V 的高电平，$\overline{CS}$ 为低电平，编程端 PGM 为低电平，可按地址在数据线输出写入的内容，验证写入是否正确。

（6）禁止编程

芯片在写入环境下，V_{PP} 引脚加 25V 的高电平，$\overline{CS}$ 为高电平，编程端 PGM 为低电平，数据线引脚为高阻状态，禁止读/写。

7.3.4 闪存

随着存储器技术的发展，在 EPROM 的基础上研制出了电可擦可重编程只读存储器

(Electrically Erasable Programmable ROM，E^2PROM)，对 E^2PROM 的进一步改进形成了闪存(Flash Memory)。闪存写入信息不需要专门的设备，擦除信息也不用紫外光照射，而是在联机状态下直接进行擦除和写入，但闪存的擦除和写入是按块进行的，不能按字节或单元擦写。和 E^2PROM 相比，闪存具有擦写速度快、集成度高、成本低、使用灵活的优点，是当前使用最多的只读存储器。

1．闪存存储元电路

闪存存储元电路如图 7-11 所示，存储信息的 NMOS 管有两个栅极 G_1 和 G_2，其中 G_1 没有引出线，包围在很薄的一层绝缘物二氧化硅（SiO_2）中，为浮栅；G_2 有引出线，为控制栅。和 EPROM 相比，增加的控制栅 G_2 可用来控制擦写信息，浮栅 G_1 与衬底氧化物之间的厚度更薄，信息能在一瞬间被闪电式地存储下来。

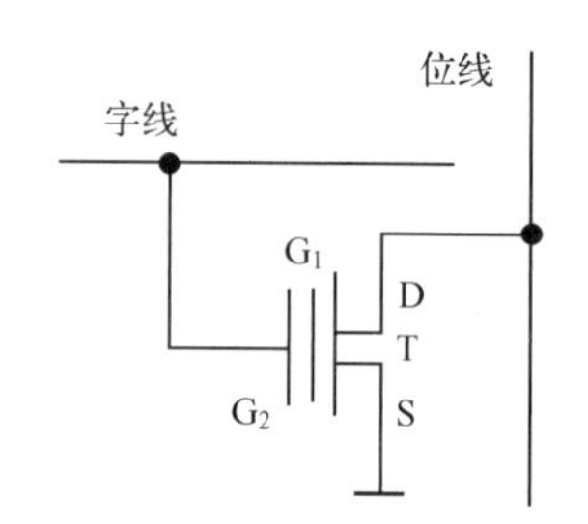

图 7-11　闪存存储元电路

闪存在出厂时，浮栅上都不带电，表示存储了信息 1。编程时选中指定的存储单元，对要写入 0 的存储元电路来说，在 G_2 加较高的编程电平，而源极 S 接地，由于包围浮栅 G_1 的绝缘层非常薄，当电场强度足够大时，产生隧道效应，电子就会进入浮栅。浮栅带电后，G_2 加正常的读出电平，MOS 管不能导通，位线上不能检测出信号，即写入了 0。对浮栅上不带电的存储元电路来说，G_2 加正常的读出电平，MOS 管可以导通，位线上能检测出信号。

当需要重新编程时，将 G_2 接地，在源极 S 加擦除高电平，这时浮栅上的电子就会返回到衬底，浮栅不带电后存储元电路就又恢复到出厂时的状态。

闪存既具有 RAM 可读可写的特点，又具有一般 ROM 断电后信息不丢失的特点，这使得闪存的用途非常广泛，凡是需要在断电后保证信息不丢失又能和 RAM 一样读/写信息的场合都在使用闪存，如微型计算机主板上的 BIOS 芯片就是用闪存制作的，在手机、数码相机、网卡等许多电子产品中都在使用闪存。但闪存还不能取代 RAM，一是闪存的读/写速度不如 RAM 快，在写信息时要先进行擦除，需要花费一定的时间；二是闪存的擦除次数尽管很大（可达几万次，甚至更多），但毕竟是有限次的，而 RAM 的写入次数是不受限制的。

2．闪存芯片举例

闪存芯片采用 5V 或 3.3V 的电源供电，在芯片内部集成了升压电路，提供擦写时需要的高电平。闪存芯片中还集成了命令和状态寄存器，存放控制闪存工作方式的命令和反映闪存擦写状态的信息，图 7-12 所示是闪存芯片 AT29C040A 的引脚及功能。

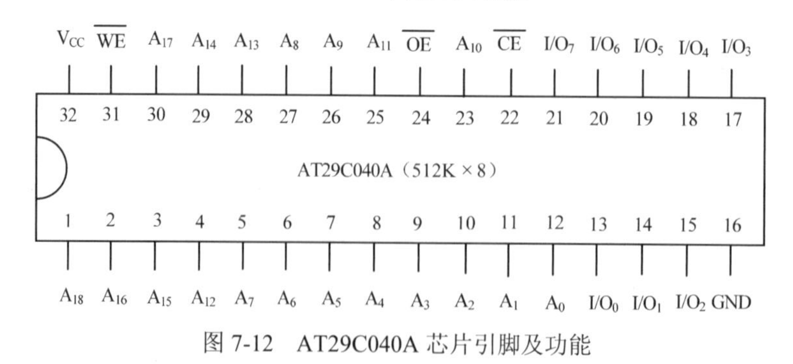

图 7-12　AT29C040A 芯片引脚及功能

闪存芯片 AT29C040A 的容量是 512K×8 位，有 19 根地址引脚线和 8 根数据引脚线。控制信号线有片选信号 $\overline{CE}$，低电平有效；读出允许信号 $\overline{OE}$，低电平有效；写允许信号 $\overline{WE}$，低电平有效。

AT29C040A 的擦写操作是按块进行的，每块 256 字节，每次擦写不能少于 256 字节，如果不够 256 字节，要用数据 FFH 来填充。

由于闪存芯片可以联机擦写，作为 BIOS 芯片使用时，系统可以方便地升级，但这也给病毒的侵犯带来了机遇，而 EPROM 则不存在这一问题。

此外，闪存芯片还可以制作成电子盘当外存使用，计算机上广泛使用的 U 盘和固态盘就属于电子盘，其核心部件就是闪存芯片，在平板电脑和部分笔记本电脑中还使用电子盘代替了硬磁盘。

7.4 主存储器容量的扩充

单个存储器芯片的容量是有限的，要满足计算机对存储容量的要求，就要考虑如何将多个存储器芯片连接起来，构成更大容量的存储器。在扩充主存容量时，要考虑单个芯片的容量和需要的芯片数及地址如何分配等问题。存储容量的扩充有位扩展、字扩展和字位同时扩展三种方法。

7.4.1 位扩展

当存储器芯片的单元数可以满足系统存储器的要求，而芯片单元的字长不能满足系统存储器的要求时，可采用位扩展的方法。采用位扩展方法将多个芯片连接后存储单元的个数不变，存储单元的字长是各芯片字长之和。

位扩展需要的芯片数等于系统存储器单元字长除以芯片单元字长，如用 16K×4 的芯片构成 16K×8 的存储器需要 2 片，用 1M×4 的芯片构成 1M×32 的存储器需要 8 片。

采用位扩展方法连接时，可将各芯片的地址线并联到地址总线，这样地址线上的一个地址码会选中不同芯片上地址编码相同的单元，将其组织成一个字长更长的单元。而各芯片的数据线要分别连到数据总线的对应位线上。各芯片的片选和读/写控制信号线可并接。

例 7-1 用 1M×4 的 SRAM 存储器芯片扩展成 1M×16 的存储器。

解： 1M×4 的 SRAM 芯片有 20 根地址线和 4 根数据线，1M×16 的存储器需要 20 根地址线和 16 根数据线，组成该存储器需要 16/4=4 片，扩展后的存储器如图 7-13 所示。

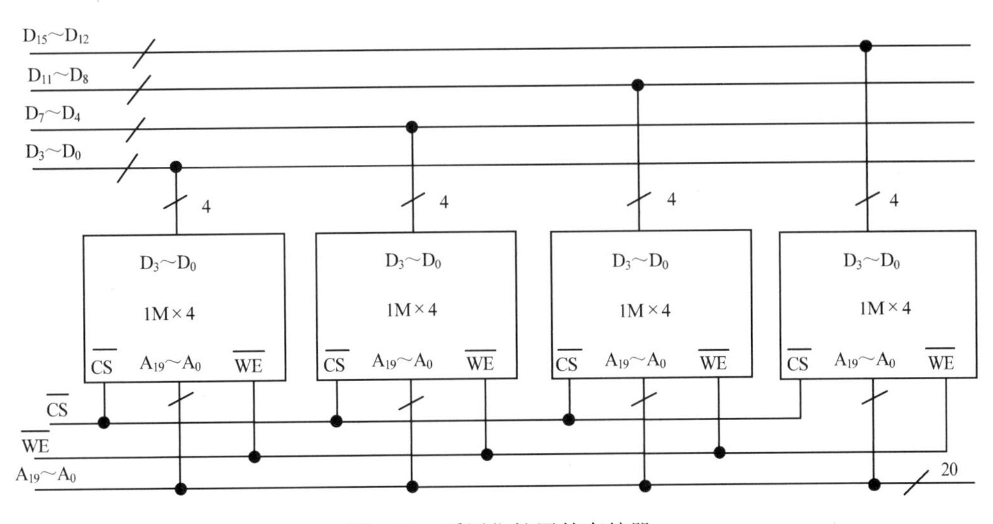

图 7-13 采用位扩展的存储器

7.4.2 字扩展

当存储器芯片的单元数不能满足系统存储器的要求，而芯片单元的字长可以满足系统存储器的要求时，可采用字扩展的方法。采用字扩展方法将多个芯片连接后存储器的单元数是各芯片单元数之和，而存储单元的字长不变。

字扩展需要的芯片数等于系统存储器单元数除以芯片单元数，如用 1K×8 的芯片构成 16K×8 的存储器需要 16 片，用 1M×16 的芯片构成 8M×16 的存储器需要 8 片。

采用字扩展方法构成存储器时，由于存储器单元数增加，系统的地址线比芯片的地址线要多。在连接时，可将各芯片的地址线并联到地址总线的低位，将地址总线高位经译码后连接到各芯片的片选信号引脚。由于各芯片的单元字长一样，各芯片的数据线可以并联到数据总线上，因各芯片的地址范围不同，读/写的数据不会出现冲突。各芯片的读/写控制信号线依然是并联的。

例 7-2 用 512K×8 的 SRAM 存储器芯片扩展成 2M×8 的存储器。

解： 512K×8 的 SRAM 芯片有 19 根地址线和 8 根数据线，2M×8 的存储器需要 21 根地址线和 8 根数据线，组成该存储器需要 2M/512K=4 片，系统存储器的高两位地址经一个 2–4 译码器产生 4 个片选信号，分别连到 4 个芯片的片选端，各芯片的片选信号及地址范围如表 7-3 所示，扩展后的存储器如图 7-14 所示。

表 7-3 各芯片的片选信号及地址范围

芯　片	高 2 位地址（A_{20}、A_{19}）	片 选 信 号	地 址 范 围
芯片 0	00	$\overline{CS_0}$	000000H～07FFFFH
芯片 1	01	$\overline{CS_1}$	080000H～0FFFFFH
芯片 2	10	$\overline{CS_2}$	100000H～17FFFFH
芯片 3	11	$\overline{CS_3}$	180000H～1FFFFFH

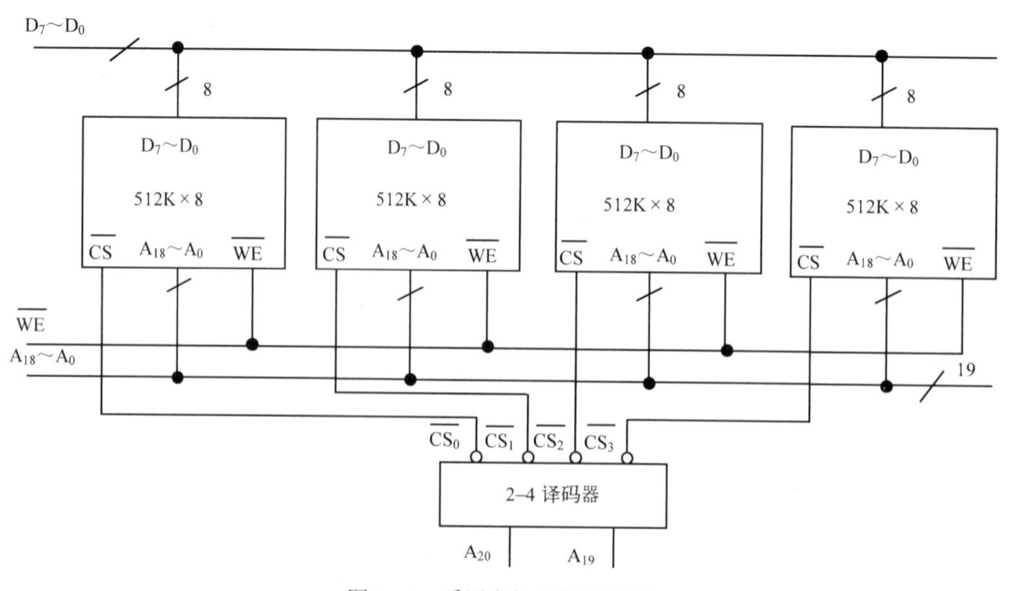

图 7-14 采用字扩展的存储器

7.4.3 字位同时扩展

当存储器芯片的单元数不能满足系统存储器的要求、芯片单元的字长也不能满足系统存储器的要求时，就要采用字和位同时扩展的方法，增加存储器的单元数和字长。字位同时扩展是存储器设计中使用最多的方法。

采用字位同时扩展方法构成存储器时，首先将芯片分组，同一组内的芯片地址范围相同，采用位扩展的方法连接；各组之间地址范围不同，采用字扩展方法连接。地址总线高位经译码后产生片选信号，每个片选信号选择同一组内的所有芯片。如果系统存储器寻址需 m 根地址线，芯片单元寻址需 n 根地址线，则产生片选信号的高位地址线数为 $m-n$。

字位同时扩展需要的芯片数等于系统存储器容量除以芯片容量，分成的组数等于系统存储器单元数除以芯片单元数，每组包含的芯片数等于系统存储器单元字长除以芯片单元字长。如用1K×1 的芯片构成 16K×8 的存储器需要 128 片，分成 16 组，每组 8 片；用 1M×4 的芯片构成 8M×16 的存储器需要 32 片，分成 8 组，每组 4 片。

例 7-3 用 256K×4 的 SRAM 存储器芯片扩展成 2M×8 的存储器。

解： 256K×4 的 SRAM 芯片有 18 根地址线和 4 根数据线，2M×8 的存储器需要 21 根地址线和 8 根数据线，组成该存储器需要（2M×8）/（256K×4）=16 片，分成 2M/256K=8 组，每组 8/4=2 片，生成片选信号的高位地址需 21−18=3 根。存储器的高三位地址经一个 3−8 译码器可产生 8 个片选信号，分别选择 8 组中的一组。

各芯片组的片选信号及地址范围如表 7-4 所示，第 0 组芯片的高 3 位地址是 000，后 18 位地址是 18 个 0 到 18 个 1，因此第 0 组芯片的地址范围写成十六进制数可表示为 000000H～03FFFFH，第 1 组芯片的高 3 位地址是 001，后 18 位地址是 18 个 0 到 18 个 1，地址范围写成十六进制数可表示为 040000H～07FFFFH，其余各组芯片的地址范围可以用同样的方法得出。

表 7-4 各芯片组的片选信号及地址范围

芯 片 组	高 2 位地址（A_{20}、A_{19}、A_{18}）	片 选 信 号	地 址 范 围
芯片组 0	000	$\overline{CS_0}$	000000H～03FFFFH
芯片组 1	001	$\overline{CS_1}$	040000H～07FFFFH
芯片组 2	010	$\overline{CS_2}$	080000H～0BFFFFH
芯片组 3	011	$\overline{CS_3}$	0C0000H～0FFFFFH
芯片组 4	100	$\overline{CS_4}$	100000H～13FFFFH
芯片组 5	101	$\overline{CS_5}$	140000H～17FFFFH
芯片组 6	110	$\overline{CS_6}$	180000H～1BFFFFH
芯片组 7	111	$\overline{CS_7}$	1C0000H～1FFFFFH

扩展后的存储器如图 7-15 所示，图中每一列为一组，由两个芯片按位扩展的方法连接；一共 8 组，各组之间按字扩展方法连接，中间的几组省略未画，除连接的片选信号不同外，地址线、数据线和读/写线连接方法完全一样。

以上存储器容量扩展都是以 SRAM 芯片为例介绍的，对只读存储器芯片来说，连接和 SRAM 完全一样，如果芯片的单元数为 N，这两类芯片的地址引脚数都等于 $\log_2 N$。但 DRAM 的扩展要复杂一些，连接时要用专门的存储器控制部件产生行列地址选通信号、片选信号、读/写命令等控制信号，还要将地址总线上的行列地址分时送入芯片，为了保证信息不丢失，还应有刷新控制电路。

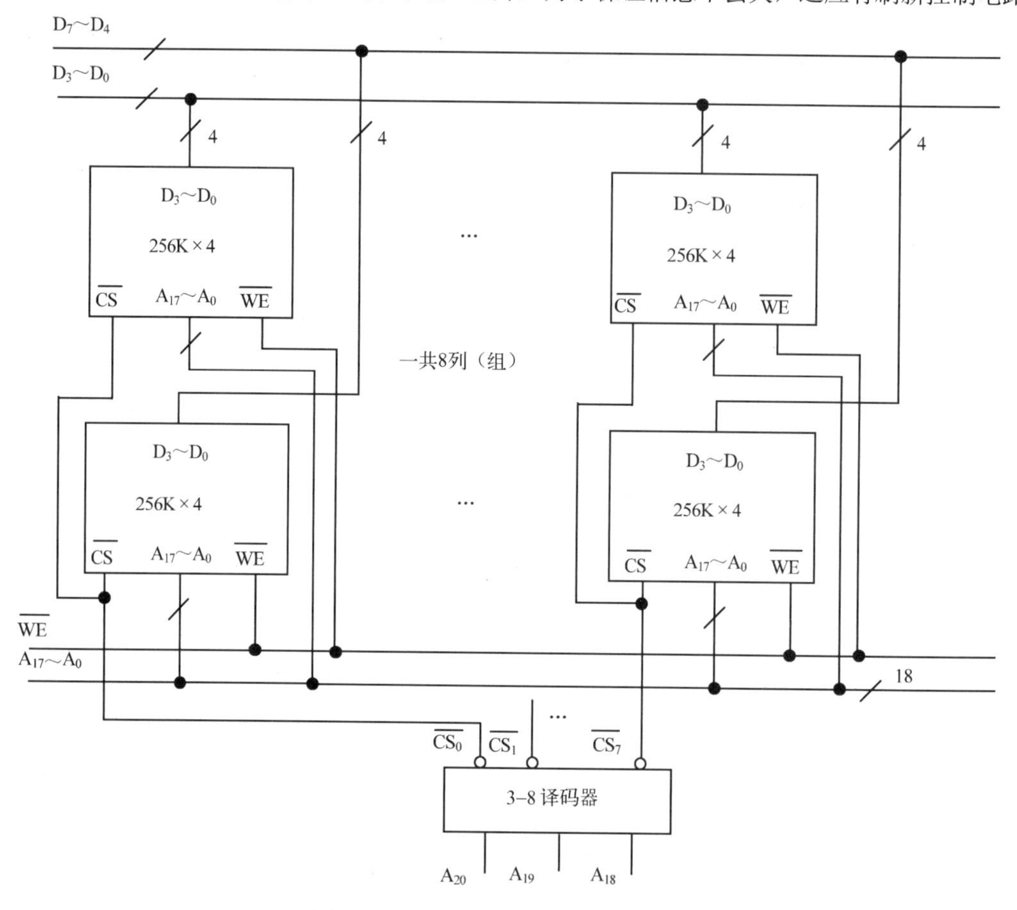

图 7-15　采用字位同时扩展的存储器

主存储器设计除容量扩充外，还需要考虑芯片类型的选择、存储器和 CPU 时序的配合及连接（容量较大时不能直接相连）、存储器需要的各种控制信号如何产生等许多问题。

7.4.4　存储器模块

在早期的计算机中，存储器芯片直接焊接在主板上，扩充容量和更换有故障的芯片几乎是不可能的。从 Intel 286 计算机开始，将多个存储器芯片封装在一个事先设计好的长条形印制电路板上，构成一定容量的存储器模块，俗称内存条。在主板上也设计了专门用于连接内存条的若干个内存插槽，一般人都可以非常方便地扩充存储器容量和更换有故障的内存条。

最早的内存条采用单边接触内存模块（Single In-line Memory Modules，SIMM），内存条引脚为 30 线（30pin），数据宽度为 16 位，主要用于 Intel 286 计算机。到了 20 世纪 80 年代后期，在 Intel 386 和 Intel 486 计算机上开始使用速度更快、容量更大的 72 线的 SIMM 内存条，其数据宽度为 32 位。随着 Pentium 计算机的出现，内存条开始使用双边接触内存模块（Dual In-line Memory Modules，DIMM），DIMM 内存条的数据宽度为 64 位，引脚有 168 线、184 线、240 线、260 线、288 线等多种，每一种内存条都必须在其支持的主板上才能使用。

在内存条上封装的芯片同样在不断地发展变化，早期使用普通的 DRAM 芯片，后来使用速度较快的快速页面模式随机存取存储器（Fast Page Mode，FPM）和扩展数据输出随机存取存储器（Extended Data Out，EDO）芯片，这几种存储器采用异步工作模式，速度不能满足高速 CPU 对存储器的访问需求。从 Pentium 计算机开始，内存条使用同步动态随机存储器（Synchronous DRAM，SDRAM）构成，SDRAM 内存条引脚为 168 线，采用同步工作模式，和 CPU 使用同一个时钟，在规定的时间 CPU 完成对存储器的访问；SDRAM 内存条还支持猝发访问模式，即每传送一次地址可读出一组数据，除第一个数据用的时间较长，其余数据读取速度非常快。SDRAM 芯片进一步发展，又出现了由双倍速率 SDRAM（Dual Date Rate SDRAM，DDR SDRAM）、4 倍速 DDR2 DRAM、8 倍速 DDR3 DRAM 和 16 倍速 DDR4 DRAM 芯片构成的内存条。

DDR SDRAM 内存条引脚为 184 线，芯片内部有两个独立的存储体轮流工作，可在一个时钟的上升沿和下降沿传输数据，比 SDRAM 速度提高了一倍。DDR2 SDRAM 内存条引脚为 240 线，芯片内部有 4 个独立的存储体轮流工作，具有 4 位的预读能力，可在一个存储周期传输 4 个数据。

和 DDR2 SDRAM 相比，DDR3 SDRAM 又做了一系列的改进，如工作电压从 DDR2 的 1.8V 降到 1.5V，功耗小，发热低；芯片内部有 8 个独立的存储体轮流工作，具有 8 位的预读能力，可在一个存储周期传输 8 个数据，内核工作频率仅为接口工作频率的 1/8；采用点对点的拓扑架构，可减轻总线的负担；可通过一个内置于 DRAM 芯片的温度传感器来控制刷新频率，以降低功耗和工作温度。图 7-16 所示为 8GB 的 DDR3 1600 内存条。

最新的 DDR4 SDRAM 内存条，具有 16 位的预读能力，工作频率更高，单条容量更大，速度从理论上可达到 DDR3 的两倍，而工作电压下降到 1.2V，功耗更小，发热更低。图 7-17 所示为有 288 条引脚线的、容量为 16GB 的 DDR4 2400 金士顿内存条。

在新设计的台式机和笔记本电脑（如 Intel Core 系列机）上，已广泛使用 DDR3 和 DDR4 SDRAM 内存条。

图 7-16　8GB 的 DDR3 1600 内存条

图 7-17　16GB 的 DDR4 2400 内存条

7.5 提高存储系统性能的技术

计算机的整体性能在很大程度上取决于存储系统的性能，如何提高存储系统的性能是存储系统研究的重点之一。在只有一个主 CPU 的单机系统中，当前提高存储系统的性能除采用性能更好的存储器芯片外，还可采用高速缓存、虚拟存储器、并行存储器等技术。

7.5.1 高速缓存

在计算机技术的发展过程中，CPU 性能提高很快，主存的发展远远不能满足要求，使 CPU 执行一条指令的时间大部分浪费在访问速度较慢的主存上。为了解决这一问题，在现代计算机中都采用了高速缓存技术，在存储系统中增加一个小容量、高速度的 Cache 存储器，并将其集成到 CPU 芯片中。利用程序局部性原理，将主存中立即要用到的程序和数据复制到 Cache，使 CPU 在绝大部分时间只访问高速的 Cache，从而提高了存储系统的速度。

Cache 存储器可以进一步分级，一级 Cache 只有十几 KB 到几百 KB，速度极快。为了适合流水线工作，一级 Cache 又分成指令 Cache 和数据 Cache，使取指令和读/写数据的操作能同时进行。二级 Cache 和三级 Cache 的容量一般有几 MB 到十几 MB，速度略慢一些，指令和数据也不再分开存放。

每个 Cache 存储器由两部分组成，一部分为标记存储器，每个存储单元对应一个 Cache 块，存放的标记表明 CPU 要访问的块是否在 Cache 中、该块是否有效、是否被修改过等信息；另一部分是 Cache 的主体，存放 CPU 要访问的指令或数据。

为了实现 Cache 的功能，要解决以下几个问题：

① Cache 的内容和主存之间的映像关系；

② 主存地址到 Cache 地址的转换；

③ 对 Cache 内容进行读出和写入；

④ 对 Cache 内容进行更新替换。

1．地址映像

Cache 和主存地址之间的逻辑对应关系称为地址映像，常用的地址映像有直接映像、全相联映像和组相联映像 3 种。

（1）直接映像

主存内容调入 Cache 采用分块调入的方法，将主存的一块调入到 Cache 的什么位置就是地址映像要解决的问题。由于主存和 Cache 划分成大小相同的块，主存的容量比 Cache 大得多，主存划分的块也要多得多，多个主存块会映像到同一个 Cache 地址。在直接映像方式中，主存按 Cache 的容量分组，再按 Cache 块的大小分块，每组中主存的块数和 Cache 的块数一样。直接映像方式规定主存中的一块只能调入 Cache 中唯一的一块，映像规则可用公式（7-1）表示：

$$j = i \quad \text{MOD} \quad M \tag{7-1}$$

式中，j 是 Cache 的块号（Cache 的块也叫行，块号也叫行号），M 是 Cache 划分的块数，i 是主存的块号。即用主存的块号模 Cache 的块数，余数是几，就调入 Cache 的第几块。

例 7-4 设 Cache 容量为 16KB，块的大小为 1KB，主存容量为 1MB，计算主存和 Cache 各划分成多少块？采用直接映像方式，主存的第 100 块可调入到 Cache 的第几块？哪些主存块可调入 Cache 的第 3 块？

解：① 主存划分的块数：1MB/1KB=1024（块）。

② Cache 划分的块数：16KB/1KB=16（块）。

③ 主存的第 100 块可调入到 Cache 的块号：100　MOD　16=4，即可调入 Cache 的第 4 块。

④ 根据式（7-1）有：$3 = i$　MOD　16，可求的 i =3，19，35，…，1011（i<1024），即主存这些块都可以映像到 Cache 的第 3 块。

直接映像方式中，主存地址分为组号、组内块号和块内地址 3 部分，组号和组内块号合在一起为主存块号，如图 7-18 所示。假设：$M = 2^m$，则主存块号的低 m 位就是主存块号除以 Cache 块数的余数，即该块在组内的编号，主存的组号是主存块号除以 Cache 块数的商的整数部分。

若主存容量为 1MB，划分成 64 个组，每组划分成 16 块，每块容量 1KB，则主存地址的高 6 位为组号，低 10 位为块内地址，中间的 4 位为组内块号。在主存块调入 Cache 时，也将组号作为块标记存入 Cache 标记存储器中，CPU 访问 Cache 时先将主存地址的高 6 位（组号）和组内块号指明的 Cache 块的标记比较，如比较结果相同，说明 CPU 要访问的块已调入 Cache，主存地址中组内块号拼接块内地址就是要访问的 Cache 地址。

直接映像方式实现简单，地址转换速度快，但 Cache 利用率低、冲突概率高。在例 7-4 中，当主存的第 3 块和第 19 块要同时调入 Cache 时，会发生冲突，即使 Cache 还有空间，也无法同时调入。

（2）全相联映像

在全相联映像方式中，主存和 Cache 分块后，规定主存的一块可以调入 Cache 中的任意一块。如主存的第 0 号块，可以调入 Cache 的第 0，1，2，…中的任意一块，主存的第 100 号块也可以调入 Cache 的第 0，1，2，…中的任意一块。

当采用全相联映像方式时，将主存的地址分成两部分，低位为块内地址，高位为块号，作为块标记使用，如图 7-19 所示。如主存为 1MB，划分成 2048 块，每块 512B，则块标记 11 位，块内地址 9 位。当 CPU 访问 Cache 时，用主存地址的高 11 位和 Cache 所有块的标记比较，如和 Cache 某个块的标记相同，说明 CPU 要访问的块已调入 Cache，该块的块号和主存地址中的块内地址拼接就是要访问的 Cache 地址。

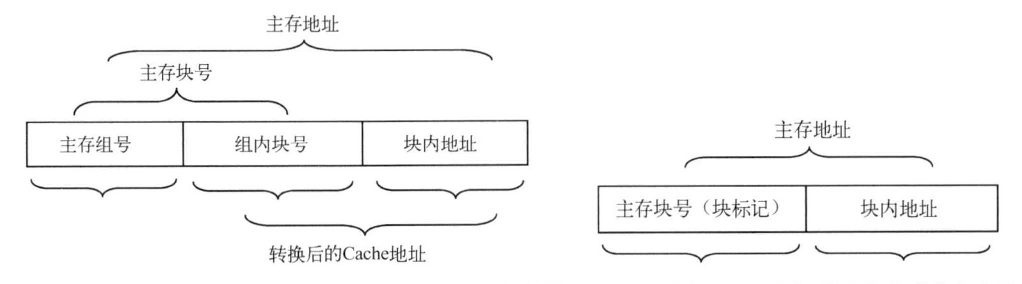

图 7-18　直接映像方式中主存地址和 Cache 地址的转换　　图 7-19　全相联映像方式的主存地址

全相联映像方式冲突概率低，Cache 利用率高。只有全装满后才出现冲突，但实现起来复杂，调入时要查找空块；CPU 访问时要查找主存的块调入到 Cache 的哪一块，这需要和所有的块标记同时比较。为提高查找速度，存储标记需使用相联存储器，容量大时，成本很高，在 Cache 中一般不使用。

（3）组相联映像

组相联映像是前两种方式的结合。采用组相联映像时，将 Cache 和主存分组，例如，将 Cache 分成 G 组，每组包含 N 块（G 和 N 是 2 的整次幂），主存也分组，每组包含的块数是 Cache 的组数，但分的组数要比 Cache 多。

在将主存块调入 Cache 时，主存的一块可以调入 Cache 中唯一的一组（直接映像），而调入到该组的哪一块是任意的（全相联映像）。主存块映像到 Cache 指定组的规则可用公式（7-2）表示：

$$k = i \quad \mathrm{MOD} \quad G \tag{7-2}$$

式中，k 是 Cache 的组号，G 是 Cache 划分的组数，i 是主存的块号。即用主存的块号模 Cache 的组数，余数是几，就调入 Cache 的第几组，至于调入组内的哪一块是任意的。

对组相联映像来说，当组数 G=1 时，即 Cache 不分组，组相联就成了全相联映像；当每组块数 N=1 时，即 Cache 每组一块，组相联映像就成了直接映像。Cache 每组包含 N 块的组相联映像也称 N 路组相联映像，N 越大，越接近全相联映像，实现也越复杂。

图 7-20 所示为 4 路组相联示意图。图中，Cache 分 8 块，4 块一组，共 2 组；主存分 256 块，每 2 块一组，共 128 组。主存块号模 2 余数为 0 的可映像到 Cache 的第 0 组，主存块号模 2 余数为 1 的可映像到 Cache 的第 1 组。

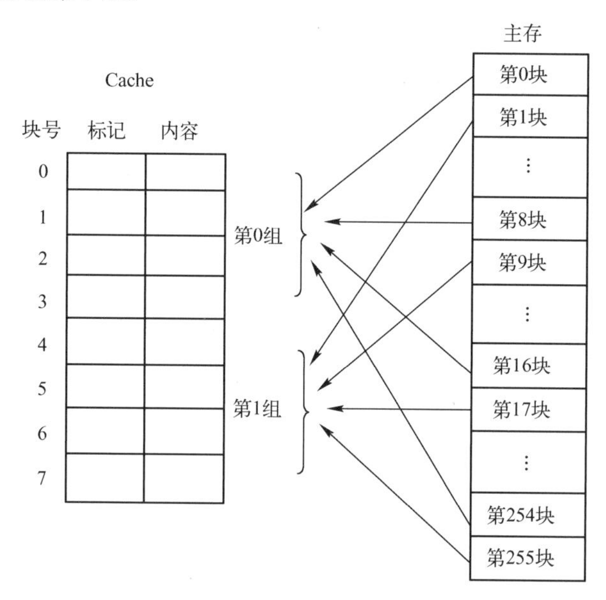

图 7-20　4 路组相联示意图

例 7-5　设 Cache 容量为 16KB，块的大小为 1KB，主存容量为 1MB。如采用 4 路组相联映像，计算主存和 Cache 各划分成多少组？主存的第 10 块可调入 Cache 的第几块？

解：① Cache 划分的块数：16KB/1KB=16，由于是 4 路组相联，所以每组 4 块，Cache 划分成的组数：16/4=4。

② 主存划分的块数：1MB/1KB=1024 块，由于 Cache 划分成 4 组，所以主存每组包含 4 块，划分的组数是：1024/4=256。

③ 主存的第 10 块可调入 Cache 的组号是：10　MOD　4=2，即可调入 Cache 的第 2 组。因第 2 组包含 Cache 的第 8、9、10、11 块，所以主存的第 10 块可调入 Cache 的第 8、9、10、11 块中的任意一块。

组相联映像方式中，主存地址也分为组号、组内块号和块内地址三部分。组号和组内块号合在一起称为主存块号。假设：$G = 2^g$，则主存块号的低 g 位就是主存块号除以 Cache 组数的余数，即该块在组内的编号，也是装入到 Cache 的组号。主存的组号是主存块号除以 Cache 组数的商的整数部分，作为标记，存放到装入 Cache 对应块的标记单元。访问 Cache 时，用主存地址的组号和组内块号指定的组中所有块的标记单元比较，就知道该主存单元是否已装入 Cache。

如果 Cache 容量为 16KB，分成 8 组，每组 2 块，每块 1KB；主存容量为 1MB，每组包含 8 块，划分成 128 组，那么主存地址的高 7 位为组号，低 10 位为块内地址，中间的 3 位为组内块号。在主存块调入 Cache 的某块时，也将组号作为块标记存入该 Cache 块对应的标记存储单元中。当 CPU 访问 Cache 时，将主存地址的高 7 位（组号）和组内块号（中间 3 位）指明的 Cache 组包含的所有块的标记比较，如果和 Cache 某个块的标记相同，说明 CPU 要访问的块已调入 Cache，该 Cache 块的块号和主存地址中的块内地址拼接就是要访问的 Cache 地址。

组相联映像比全相联映像实现简单、成本低；比直接映像冲突概率低、Cache 利用率高，是目前被广泛使用的地址映像方式，Pentium 系列计算机采用的就是组相联映像。

2. Cache 的读/写过程

CPU 访问主存时首先访问 Cache，在 Cache 中找到，访问 Cache 命中。命中的次数除以访问的次数称为命中率，如访问 100 次，找到 95 次，则命中率为 95%，Cache 的命中率一般都在 90% 以上。当在 Cache 中找不到时，称为访问 Cache 失效。

Cache 的读和写过程有一定的差别，对读操作来说，查找和读出可以同时进行。如果找到，读出的信息正确；如果没有找到，读出的信息作废，再访问主存，将要访问的单元及该单元所在的主存块调入 Cache，再进行读操作。

对写操作来说，查找和读出不能同时进行，找到后才能进行写操作。Cache 的写操作策略有两种处理方法：一种是写回法，执行写操作时只写入 Cache，并做标志，替换时才一次写入主存。这种方式复杂，不能保持主存和 Cache 的一致性，但速度快；另一种称为写直达法，在写入 Cache 的同时也写入主存，这种方式简单，可保持主存和 Cache 的一致性，但速度慢，还有一些写操作是对同一单元进行的，是无效操作。当写操作失效时，也有两种处理方法：一种是将要写的块调入 Cache 后再写，另一种是直接写入主存。一般写回法采用第一种策略，写直达法采用第二种策略。

3. 替换算法

Cache 块少，主存块多，主存的许多块会映像到 Cache 的同一块，当发生冲突时，要替换 Cache 中已调入的块。对直接映像来说，发生冲突时，要替换的块是固定的，不需要替换算法，对全相联和组相联映像来说，要替换的块是可选的，需按一定的算法进行。常用的算法有随机算法、先进先出算法、近期最少使用算法三种。

（1）随机算法

随机算法（Random Algorithm，RAND）不考虑程序的局部性，发生冲突时，随机选择一块替换出去，速度快、实现非常简单，但替换出去的块有可能是马上要用的，失效率较高。

（2）先进先出算法

先进先出算法（First-In-First-Out Algorithm，FIFO）给每个调入的块做顺序标记，在更新时，按调入 Cache 的顺序替换先调入的块，认为这些块将不再使用。这种算法实现简单、开销小，但反映程序的局部性不够全面，有些先调入的块使用频率很高。

（3）近期最少使用算法

近期最少使用算法（Least Recently Used Algorithm，LRU）为 Cache 各块建立一个表，记录

它们的使用情况，替换时将近期最少使用或最久没有使用的块替换出去。LRU 算法较好地反映了程序的局部性，可提高命中率，但算法实现复杂，系统开销大，特别是可选择的块较多时。

7.5.2 虚拟存储器

虚拟存储器由主存和硬盘的一部分组成，在系统软件和辅助硬件的管理下可以作为主存使用。虚拟存储器作为一种主存-辅存层次的存储系统，解决了主存容量不足的问题，用户可以在一个很大的存储空间编程，不必考虑主存的实际大小。现代的计算机大多采用了这一技术，如 Pentium 系列 CPU 的虚拟存储器地址可达 46 位，寻址的最大虚拟空间有 64TB。

1. 虚拟存储器的工作原理

虚拟存储器也利用了程序的局部性，将当前需要运行的程序部分调入主存，不运行的部分暂时放到辅存。为了实现虚拟存储器的功能，和 Cache 一样，要将虚拟存储器和主存分成一定大小的块（习惯称为页），也要解决虚拟存储器的内容和主存之间的映像关系、虚地址（虚拟存储器地址）到实地址（主存地址）的转换、对主存内容进行更新替换等一系列问题。其解决策略与 Cache 所用策略非常相似，但由软/硬件结合实现。

（1）地址映像

虚拟存储器在访问失效时要访问磁盘，失效开销非常大。为了降低失效率，操作系统允许将虚拟存储器的页调入到主存的任何位置。因此，在虚拟存储器中采用全相联映像方式。

（2）替换算法

同样考虑到失效开销大的问题，虚拟存储器采用 LRU 算法。例如，对每个主存页设置使用位，刚访问过的页置 1，并定期将使用位复位成 0。在替换时，操作系统可以将使用位为 0 的页替换出去。

（3）读和写的过程

虚拟存储器在读/写操作时，如果在主存没有找到，会发生页面失效，需要通过中断的方法从磁盘调入相应的页面，再进行操作。对写操作采用的策略是写回法，先写到主存，并设置修改位，替换时再写入磁盘。如果该页没有修改，替换时放弃即可。

2. 虚拟存储器的类型

虚拟存储器一般有页式虚拟存储器、段式虚拟存储器、段页式虚拟存储器三种类型，现代的计算机已将有关的存储管理硬件集成在 CPU 中，可以支持操作系统选用三种方式之一。

（1）页式虚拟存储器

页式虚拟存储器将虚存和主存分成大小相同的页，页的大小比 Cache 块要大，可以从几 KB 到几 MB，并在主存设置一个页表对虚存进行管理。页表的每行对应虚存的一页，存放该虚存页的有关信息，如在磁盘存放的位置、是否已调入主存（如已调入主存，则该行有对应主存的实页号），其他还有该页是否修改过、是否允许读、是否允许写等。

页式虚拟存储器的地址变换通过页表实现，将虚地址中的页号和页表基址寄存器的内容结合，可形成访问页表对应行的地址，如页表行中有效位是 1，表示该页已调入主存，将行中的实页号和虚地址中的页内地址拼接就能得到实地址。

由于虚存空间非常大，页表也非常大，查找页表速度较慢。为此，利用程序局部性原理，页表也采用二级层次结构，将最近要用到的页的相关信息复制到一个称为 TLB（Translation Lookaside Buffer，TLB）的快表中，快表由高速相联存储器构成，一般只有几十行，具有很高的查找速度。地址变换时，先在快表中查找，只有快表中找不到时才到慢表中去找。只要快表的命中率足够高，就能保证虚地址到实地址的变换速度。

页式虚拟存储器划分的页的大小固定，是 2 的整数次幂字节，管理方便，有利于存储空间的利用和调度，地址变换速度快。但页式虚拟存储器不能反映程序的逻辑结构，不利于程序的执行、保护和共享，页表要占用一定的主存空间。

（2）段式虚拟存储器

段式虚拟存储器将虚存和主存在使用时按用户程序的逻辑结构分段，段的大小不固定，每个段的大小也可以不相同，通过在主存设置一个段表对虚存进行管理。段表的每行对应虚存的一个段，存放该虚存段的有关信息。由于段的大小可变，和页表不同的是在段表中要存放该段调入主存的起始地址和段的长度，其他控制信息是类似的。

段式虚拟存储器的地址变换通过段表实现，将虚地址中的段号和段表基址寄存器的内容结合，可形成访问段表对应行的地址，如段表行中有效位是 1，表示该段已调入主存，将行中的段在主存的起始地址和虚地址中的段内地址相加就能得到实地址。

段式虚拟存储器中段的大小是按用户程序的逻辑结构划分的（如子程序、函数等），有利于程序的编译处理、执行、保护、共享，但不利于存储空间的利用和调度，地址的变换也费时间。

（3）段页式虚拟存储器

段页式虚拟存储器将段式虚拟存储器和页式虚拟存储器相结合，兼有二者的优点。这种虚拟存储器将程序按其逻辑结构分段，每段再分成大小相同的页，主存也划分成大小相同的页，运行时按段共享和保护程序及数据，按页调进和调出主存。

段页式虚拟存储器通过在主存建立段表和页表进行管理（还可将页表进一步分成页表目录和页表两部分），通过多次查表实现虚地址到实地址的转换。对多道程序工作方式来说，每个用户程序有自己的段表，可根据虚地址中的用户标志号找到对应的段表基地址寄存器。得到段表起始地址后，和虚地址中的段号结合，找到段表中对应的行，取出页表起始地址。再根据页表起始地址和虚地址中的段内页号找到页表中的对应行，取出实页号和虚地址中的页内地址进行拼接，最后形成访问主存的实地址。由于段页式虚拟存储器要经两级查表才能形成实地址，速度要慢一些。

7.5.3 并行存储器

并行性是指在同一时刻或同一时间段完成两种或两种以上性质相同或不同的工作。采用并行技术是提高计算机性能的重要方法，现代计算机中 CPU 都采用了流水线、超标量、多核等一系列并行技术，在存储系统中也采用了双端口存储器、多体并行存储器、相联存储器等并行技术。

1．双端口存储器

普通的单端口存储器只有一套地址寄存器和译码电路、一套读/写电路及数据缓冲器，在一个存储周期只能接收一个地址、访问一个存储单元。而双端口存储器具有两套独立的地址寄存器和译码电路、两套独立的读/写电路及数据缓冲器，在一个存储周期能同时接收两个地址，只要两个地址编码不同，就能并行访问两个存储单元。可以对两个单元同时读、同时写，也可以一个读、另一个写。只有在地址发生冲突时，才由仲裁电路决定哪个端口先读/写，另一个端口延期一个存储周期再读/写。

双端口存储器速度快，但成本高，在一些特殊场合得到了应用。如双端口存储器用于 CPU 中的寄存器组，可将两个寄存器的内容同时读出送入运算器。双端口存储器也可用于 CPU 和外设需要同时访问的存储器，如显示存储器，一方面接收来自 CPU 的显示数据，另一方面读出要显示的数据送往显示控制电路。此外，在高性能计算机中甚至采用多端口存储器，允许多个 CPU 同时访问。

2．多体并行存储器

多体并行存储器将多个存储体组织到一起，各存储体公用一套地址寄存器和译码电路、一套读/写电路及数据缓冲器，按同一地址并行地访问所有存储体各自的对应单元。如每个存储体的存储单元字长为 8，8 个存储体构成的存储器一次可读/写 64 位，还可通过存储器控制电路的控制，有选择地读/写 1 个存储体、2 个存储体、4 个存储体、8 个存储体。

（1）16 位存储器结构

图 7-21 所示是由两个 8 位的存储体构成的 16 位存储器示意图，存储体之间采用交叉编址方式，一个存储体的存储单元全是偶地址，如 0，2，4，…另一个全是奇地址，如 1，3，5，…即同一存储体中的单元地址是不连续的，而相邻存储体的单元是连续的。地址总线的 A_i～A_1 接到存储体的 A_{i-1}～A_0，对 Intel 8086 来说，A_i 为 A_{19}，地址总线有 20 根，可寻址 1MB 空间，每个存储体有 512KB；对 Intel 80286 来说，A_i 为 A_{23}，地址总线有 24 根，可寻址 16MB 空间，每个存储体有 8MB。地址的最低位 A_0 和控制信号 $\overline{BHE}$ 作为存储体选择信号，若 A_0 为低电平，$\overline{BHE}$ 为高电平，则选中偶地址存储体，读/写 8 位数据，经数据总线低 8 位 D_7～D_0 和 CPU 交换；若 A_0 为高电平，$\overline{BHE}$ 为低电平，则选中奇地址存储体，读/写 8 位数据，经数据总线高 8 位 D_{15}～D_8 和 CPU 交换；A_0 和 $\overline{BHE}$ 都为低电平时，选中两个存储体，可读/写 16 位数据，经数据总线 D_{15}～D_0 和 CPU 交换。8086 和 80286 CPU 如果在一个存储周期，要读/写 16 位数据，该数据必须存储在偶地址开始的 2 字节。

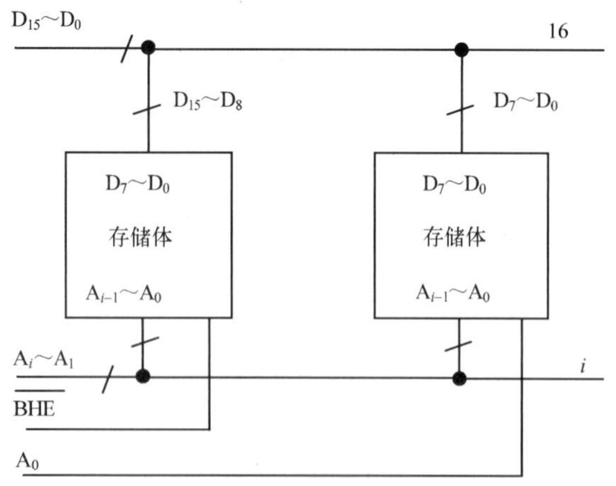

图 7-21　两个存储体构成的 16 位存储器

（2）32 位存储器结构

图 7-22 所示是由 4 个存储体构成的 32 位存储器示意图，各存储体之间仍然采用交叉编址。对 32 位的微型计算机（如 Intel 80486）来说，地址总线有 32 根，可寻址 4GB 空间，每个存储体

可寻址 1GB。地址总线的 A_{31}～A_2 接到存储体的 A_{29}～A_0，利用 4 个控制信号 $\overline{BE_3}$～$\overline{BE_0}$ 作为存储体选择信号，可选择读/写 1 个存储体、2 个存储体和 4 个存储体。读/写 1 个存储体时，8 位数据经数据总线低 8 位 D_7～D_0 和 CPU 交换；读/写 2 个存储体时，最低位地址 A_0 应为 0，16 位数据经数据总线低 16 位 D_{15}～D_0 和 CPU 交换；读/写 4 个存储体时，最低 2 位地址 A_0、A_1 应为 00，32 位数据经数据总线 D_{31}～D_0 和 CPU 交换。

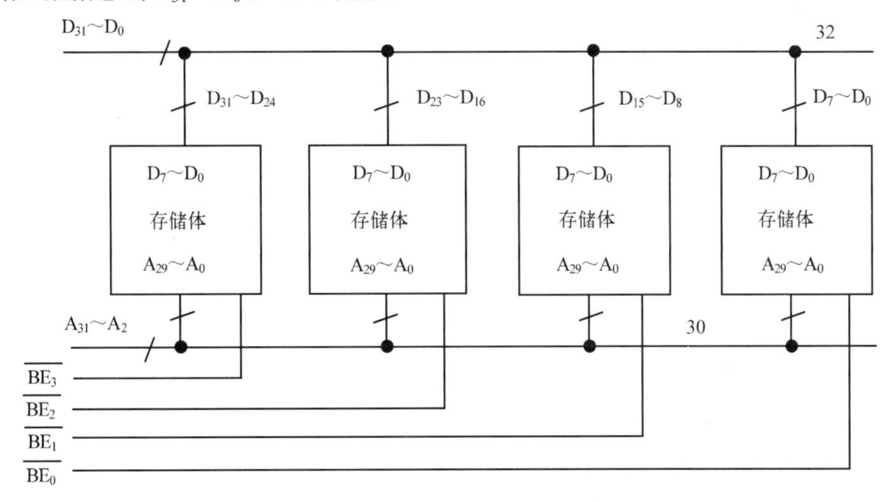

图 7-22　4 个存储体构成的 32 位存储器

（3）64 位存储器结构

对 Pentium 及以后的微型计算机来说，数据总线有 64 位，存储器由 8 个存储体构成，各存储体之间仍然采用交叉编址。Pentium 地址总线仍然为 32 根，Pentium 以后的增加到 36 根，最大可寻址 64GB 空间。64 位存储器结构如图 7-23 所示。设存储器总空间仍为 4GB，地址总线的 A_{31}～A_3 接到存储体的 A_{28}～A_0。64 位存储器利用 8 个控制信号 $\overline{BE_7}$～$\overline{BE_0}$ 作为存储体选择信号，可选择读/写 1 个存储体、2 个存储体、4 个存储体和 8 个存储体。读/写的过程和 32 位的存储器类似，读/写 1 个存储体时，8 位数据经数据总线低 8 位 D_7～D_0 和 CPU 交换……读/写 8 个存储体时，最低 3 位地址 A_0、A_1、A_2 应为 000，64 位数据经数据总线 D_{63}～D_0 和 CPU 交换。

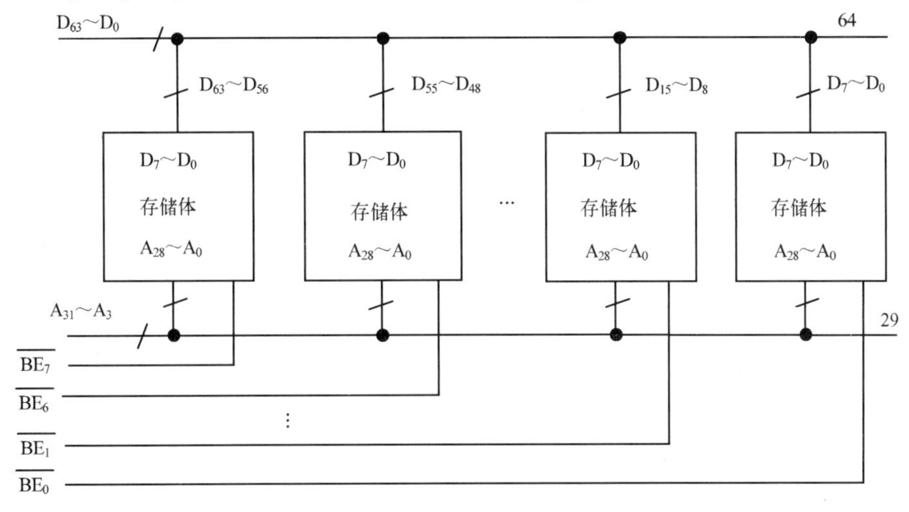

图 7-23　8 个存储体构成的 64 位存储器

在大型计算机中还采用多体交叉存储器技术，每个存储体都有独立的地址寄存器和译码电路、独立的读/写电路及数据缓冲器。多体交叉存储器采用流水线工作方式，在一个存储周期可读/写多个存储单元。当读/写的信息连续存放时，可大幅提高存储系统的速度。

7.6 外存储器

外存储器具有存储容量大、价格低、可长期保存信息的优点，是计算机重要的外部设备，也是计算机不可缺少的存储部件。常用的外存储器主要有硬盘存储器、光盘存储器、U 盘存储器和固态硬盘存储器。

7.6.1 硬盘存储器

磁盘存储器按照盘片的基体是用铝合金还是聚酯塑料制成的，可分成硬盘存储器和软盘存储器。硬盘存储器具有存储容量大、存取速度高、使用寿命长、可靠性好的优点，是计算机中最重要的外部存储器。和硬盘存储器相比，软盘存储器容量小、存取速度慢、使用寿命短、可靠性差，但由于使用方便，曾经广泛使用，现在已被 U 盘存储器取代。

1. 硬盘存储器的特点

和主存储器相比，硬盘存储器具有以下特点。

① 硬盘存储器是非易失性存储器。在硬盘上存储的信息在断电后不会丢失，可长期保存。

② 硬盘存储器是非破坏性读出。在硬盘存储器存储的信息可以反复读取，读完后不会破坏所存储的信息。

③ 硬盘存储器不能随机访问。硬盘存储器是一种按半顺序方式访问的存储器。信息在硬盘存储器上以块为单位，按磁道、扇区存放，读/写时不能按字节、按字进行，要先找到磁道，再按顺序访问。

④ 硬盘存储器需要复杂的寻址定位系统。硬盘存储器读/写时要将磁头精确定位在磁盘的指定磁道，寻址系统是电子和机械装置的结合，比主存复杂。

⑤ 需要比较复杂的校验技术。硬盘存储器的可靠性不如主存高，需要更加复杂的校验技术才能保证存储信息的正确性。

2. 硬盘存储器的组成和工作原理

硬盘存储器由磁盘片、硬盘驱动器和硬盘控制器三部分组成，硬盘存储器内部结构如图 7-24 所示。

（1）磁盘片

圆形的磁盘片是磁盘存储器中记录信息的部件，在一个硬盘存储器中可以有一到多个磁盘片，磁盘片的表面采用溅射工艺形成存储信息的薄膜磁层，要求磁层牢固、平整、光滑、厚薄均匀。磁盘片的上下两面都可以存放信息，每个存放信息的盘面称为磁盘记录面。除磁盘记录面的边缘和中心区域外，磁盘记录面上分布着许多具有一定宽度的同心圆环，叫磁道，在磁道和磁道之间有一定的间隙。每个磁道又分成若干个存储信息的区域，叫扇区，在每个扇区中顺序放着一块数据。扇区是磁盘和主存交换信息的最小单位，例如，在个人计算机中，扇区的容量是 512B。

此外，将不同记录面上编号相同的磁道称为一个柱面，当一个文件在一个磁道上存放不下时要尽量存放到同一柱面的其他磁道上，以减少寻道时间。图 7-25 所示是磁盘存储器的磁道和扇区示意图。

图 7-24　硬盘存储器内部结构

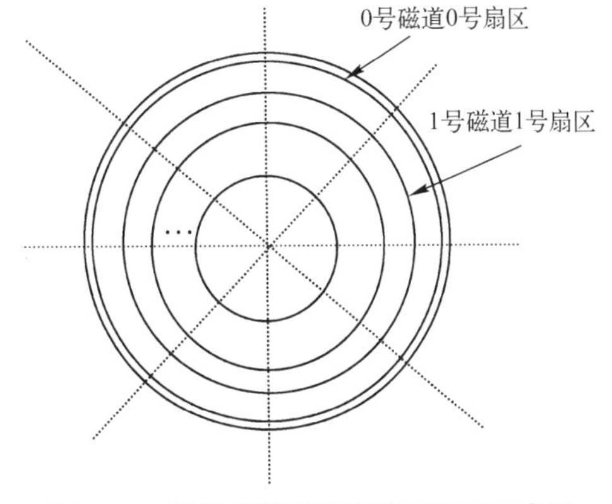

图 7-25　磁盘存储器的磁道和扇区示意图

磁盘片的规格有多种，在台式机上广泛使用的硬盘直径是 3.5 英寸，在笔记本电脑中使用的硬盘直径有 2.5 英寸、1.8 英寸等规格，有的硬盘尺寸更小，如单反相机中使用的硬盘直径仅有 1.0 英寸。

（2）硬盘驱动器

硬盘驱动器包括磁头、磁头定位系统、主轴电动机、磁盘读/写电路和控制电路等部件。磁盘片安装在主轴电动机上，可以高速旋转。硬盘驱动器按控制器的命令工作，读/写磁盘时，磁头定位系统可以快速、精确地将磁头定位在要读/写的磁道上。由于在每英寸宽度的盘面上分布着成千上万个磁道，对磁头定位系统的要求是非常高的。因此，磁头的定位都采用具有闭环控制功能的音圈电动机带动磁头移动。

硬盘驱动器利用电磁转换原理，由磁头完成信息在磁盘上的读/写，在每个记录面上要设置一对磁头（读和写磁头），有的为了减少寻道时间，还设置多对磁头。磁头采用半导体工艺的沉淀和成型技术制成，体积小，重量轻，有很高的灵敏度和可靠性。写磁盘时，写磁头（磁感应磁头）线圈中的写电流信号产生的磁场可将记录区的一个小区域磁化，电流方向不同，小区域磁化后的磁感方向也不同，按一定的规律产生的电流信号就能将信息记录在磁盘上。读出时，记录信息的区域经过读磁头（巨磁阻磁头）时，记录区磁感的变化会在磁头上产生相应的电信号。

以前，磁盘上的磁化小区域是水平的，限制了记录密度的进一步提高，现在磁盘上表示信息的磁化小区域是和磁盘垂直的，大幅度提高了磁盘的记录密度，使硬磁盘的容量达到了几 TB。

（3）硬盘控制器

硬盘控制器属于智能控制器，有很强的功能，是主机和硬盘驱动器的接口。硬盘控制器中包含微处理器和一定容量的随机存储器、只读存储器，在随机存储器中存放着要写入硬盘或从硬盘读出的信息，只读存储器中存放着硬盘控制程序。微处理器通过执行程序，向驱动器发命令，接收驱动器的有关状态信息，负责将要写入的信息编码，传送到驱动器变成写电流波形，将驱动器读出的电信号解码变成计算机可以接收的信息。此外，硬盘控制器还负责和主机交换信息。

现在大多数硬盘存储器都将控制器、驱动器和盘片制作在一起，采取了磁头浮动、空气净化、整体密封、组件固定等技术，大大提高了硬盘存储器的存储容量、存取速度、使用寿命和可靠性。

3．硬盘存储器的技术指标

硬盘存储器的技术指标用来衡量硬盘的性能，主要有记录密度、存储容量、平均寻址时间、数据传输率和磁盘 Cache 容量等。

（1）记录密度

记录密度是指磁盘单位面积上可以存储的二进制数位，高密度的硬盘每平方英寸可存放几十 GB 甚至更多的信息。

记录密度又可以分为道密度和位密度两个指标。道密度是指沿磁盘半径方向单位长度上的磁道数，如 1000 道/英寸、5000 道/英寸、100 道/毫米、200 道/毫米。位密度是指沿磁道方向上单位长度内存放的二进制数，如 1000 位/英寸、50000 位/英寸、1000 位/毫米、4000 位/毫米。

一个记录面上的磁道数和道密度、信息区宽度有关，可用下式计算：

磁道数=信息区宽度×道密度

=信息区宽度/道间距

=((信息区外径–信息区内径)/2) ×道密度

位密度是指磁道上单位长度上存放的二进制数位。早期的硬盘各磁道容量相同，由于周长不同，各磁道位密度也不同，最里边的磁道位密度最高，最外边的磁道位密度最低。现在为了提高硬盘容量，存储更多的信息，让各磁道的位密度相同，使各磁道容量不相同，越靠近外边的磁道，周长越长，容量也越大。

（2）存储容量

存储容量分格式化容量和非格式化容量。非格式化容量是指磁盘上一共能存储的二进制数，包括有效数据、校验数据和各种标志信息。假设各磁道的容量相同，则硬盘的非格式化容量可用下式计算（假设各磁道容量相同）：

非格式化容量=内磁道位密度×内磁道周长×道数/面×面数

若各磁道的容量不同，则可通过磁道的平均位密度和平均周长计算出道容量，再计算总容量。

硬盘在使用前要进行格式化，格式化分低级格式化（划分磁道和扇区、写入标志信息）和高级格式化（建立文件目录、磁盘扇区分配表、磁盘参数等）。在高级格式化前还要进行分区操作，写入分区信息，如划分成多个逻辑盘使用。格式化后的容量是指可以存放的有效数据的二进制位数，可以用扇区容量乘以每个磁道的扇区数计算出磁道容量，再根据磁道数和记录面数计算总的容量。格式化后的容量大约是非格式化容量的 70%左右，硬盘标注的容量就是格式化后的容量。

同样的记录密度，信息区面积越大，存储容量越大；同样的信息区面积，记录密度越高，存储容量越大。因此，提高记录密度和增加信息区面积可以增大存储容量，如改进记录介质和磁头、采用垂直磁化区域和新的记录方式都可提高记录密度，增加盘片数则可增加信息区面积。

（3）平均寻址时间

硬盘存储器寻找数据的时间是不固定的，只能用平均寻址时间来衡量。平均寻址时间是指磁头找到数据区的时间，包括平均寻道时间和平均等待时间两部分。

平均寻道时间是指磁头移到指定磁道的平均时间，用最小寻道时间加最大寻道时间除以 2 计算，即寻找一半磁道的时间。平均寻道时间和磁头的移动速度有关，但磁头移到指定磁道的时间和磁头移动的磁道数并不具有线性关系，一开始磁头的移动是加速移动，然后匀速移动，快到目标磁道时又变为减速移动。如果移动的磁道少，就只有加速和减速移动了。通常，寻道时间由大量的统计得出，一般为几毫秒。

平均等待时间是指磁头移到指定的磁道后等待要读/写的数据到达磁头下方的平均时间，用最小等待时间加最大等待时间除以2计算。平均等待时间和磁盘的转速有关，当磁头到达磁道时，要读/写的数据刚好到达磁头下方，等待时间最小为0；如果磁头到达磁道时，要读/写的数据刚过磁头下方，要等磁盘转一圈才能读/写，这种情况等待时间最长，是磁盘转一圈的时间。所以，平均等待时间是磁盘旋转半圈的时间。

（4）数据传输率

数据传输率是指磁头单位时间读/写的数据量，用来衡量读/写数据的速度，和磁盘的转速、位密度有关。由于在单位时间内经过磁头下方的数据量是位密度乘以磁道上一点的线速度，所以数据传输率可以用下式计算：

数据传输率=位密度×磁道上一点的线速度
=位密度×磁道周长×转速
=道容量×转速

若磁盘的道容量相同，则数据传输率是固定的；若磁盘的道容量不同，则外磁道的数据传输率要大于内磁道的数据传输率。在磁头不移动的情况下，读/写磁盘数据的时间等于读/写的数据量除以数据传输率。

（5）磁盘 Cache 容量

基于程序局部性的原理，在硬盘上设置 Cache 可以提高硬盘的读/写速度，磁盘 Cache 容量可从几 MB 到几十 MB。磁盘 Cache 存放从磁盘读出或要写入的数据，当要读磁盘时，可先在磁盘 Cache 中查找，如果有，就可以直接从磁盘 Cache 中读出；要写磁盘时，也可先写到磁盘 Cache 中，再由相关硬件写入磁盘。

例 7-6 某硬盘存储器有两个记录面，转速为 7200 转/分，平均寻道时间为 5ms，内磁道直径 1.5 英寸，外磁道直径 3.5 英寸，道密度每英寸 10000 道，假设各道容量相等，内磁道位密度为每英寸 100000 位，计算平均寻址时间、非格式化容量、数据传输率。

解：每个记录面的磁道数：((3.5−1.5)/2) ×10000=10000。

每个磁道的容量：(3.14×1.5×100000)/8 ≈59KB。

平均寻址时间：((60/7200)/2) ×1000 + 5≈9.17ms。

非格式化容量：59KB×10000×2 =1.18GB。

数据传输率：59KB×(7200/60)=7.08MB/s。

4．磁盘阵列

将多个硬盘按照一定的形式和方法组织起来，作为一个硬盘使用，称为磁盘阵列 RAID（Redundant Array of Inexpensive Disks，RAID）。磁盘阵列可以比单个硬盘获得更大的容量、更快的速度和更高的可靠性，主要在高性能计算机和服务器领域使用。

磁盘阵列采用的技术主要有镜像技术、校验技术和条块技术，这几种技术可以单独使用，也可以综合使用。采用镜像技术，将相同的数据存放在不同的盘上，能够防止数据意外丢失，减少数据恢复时间。采用校验技术，将校验数据存放在一个盘上或分布在不同的盘上，每次读/写时进行校验，可提高可靠性。采用条块技术，将文件分块写到不同的磁盘上，读/写时就可以同时对多个磁盘并行读/写，以提高读/写速度。磁盘阵列采用的技术不同，类型就不同，有的采用一种技术，有的将几种技术结合起来使用。

7.6.2 光盘存储器

光盘存储器比磁盘存储器的出现要晚得多，直到20世纪90年代才广泛使用。由于光盘存储器具有记录密度高、可靠性好、能长期保存信息的优点，很快成为计算机重要的外部存储器。

1．光盘存储器的组成和工作原理

光盘存储器由光盘控制器、光盘驱动器、光盘三部分组成。光盘控制器的功能和磁盘控制器类似，用来接收主机的命令和控制光盘驱动器的工作。光盘驱动器的功能和组成也类似于磁盘驱动器，但完成读/写的部件是光学读/写头。光盘片的基体是有机玻璃，上面涂有记录层、反射层和保护层。在光盘上也划分有光道和扇区，但光道是渐开螺旋形的，扇区的容量比磁盘的要大，如CD光盘每个扇区的容量是2KB。

光盘存储器在写光盘时，先将要写入的数据编码形成写脉冲电流，写脉冲电流控制光学读/写头的半导体激光器发出较强的激光，在记录介质上记录数据。读出时，光学读/写头的激光器发出的激光较弱，不会改变记录的数据，但记录1和记录0的地方对激光的反射不同，光学读/写头从接收的反射激光中就可以得到存储的信息。早期的光盘驱动器转速不是恒定的，而是随光学读/写头的移动一直变化的，以保证光道的线速度不变。为了延长电动机的寿命，现在高速的光盘驱动器转速也采用恒定不变的技术，读取光盘外道的数据传输率要比内道的高。

2．光盘存储器的类型

光盘存储器根据读/写激光头发出激光的波长不同，分为CD（Compact Disc）、DVD（Digital Versatile Disk）和BD（Blu-ray Disc）三大类，目前以DVD光盘存储器为主。CD光盘存储器使用的激光波长是780nm，只在单面记录信息，每片光盘可存储650MB数据。CD光盘存储器读出速度单倍速为150KB/s，如40倍速的CD光盘存储器，读出速度是6MB/s。DVD光盘存储器使用的激光波长是650nm，可在单面或双面记录数据，每一面又可以单层或双层记录数据，每片光盘可存储的数据如表7-5所示。DVD光盘存储器读出速度是单倍速1.32MB/s，是CD光盘存储器读出速度的9倍。由于在原来的CD光盘上存放有大量的数据和资料，DVD光盘驱动器在设计时考虑了对CD光盘驱动器的兼容，可以读取CD光盘上的数据。现在新设计出的BD蓝光光盘存储器，使用的激光波长是405nm，单层容量25GB，可以记录多层信息，如2层、4层、8层，最高存储容量高达几百GB。

表7-5　不同DVD光盘的存储容量

DVD光盘类型	120mm DVD光盘存储容量	80mm DVD光盘存储容量
单面单层（SS/SL）	4.7GB	1.46GB
单面双层（SS/DL）	8.5GB	2.66GB
双面单层（DS/SL）	9.4GB	2.92GB
双面双层（DS/DL）	17GB	5.32GB

不管是CD光盘存储器，还是DVD光盘存储器，根据存取方式都可分为只读型、一次可写型、可擦写型光盘存储器三类。只读型光盘和一次可写型光盘写入时，激光会在盘面的记录介质

上形成微小凹坑，用记录介质平坦的部分表示 0，凹坑的边缘表示 1。读出时，光学读/写头的激光器发出的激光较弱，不会形成新的凹坑。由于记录介质平坦的部分和凹坑的边缘对激光的反射不同，从反射的激光中就可以分离出记录的信息。当只读型光盘大批量生成时，并不用激光写入数据，而是先制作好母盘，再用机械的方法快速复制。

可擦写光盘的种类较多，其中一种相变型光盘是利用一种具有结晶和非结晶两种不同状态的记录介质存储信息，且两种状态在一定的条件下是可逆的。写入 1 时，用较强的激光加热记录介质，快速冷却，可使得该物质呈结晶状态，写 0 时，不发射激光，不会改变记录介质的非结晶状态。在读出时，使用较弱的激光照射，记录介质不同的状态对激光的反射不一样，从而可以知道所存储的信息。如果要重新写入，可用较强的激光照射并使其缓慢冷却，使结晶状态恢复到初始状态，从而达到擦除信息的目的。

还有一种可擦写光盘存储器是以磁性材料为记录介质，利用热磁效应写入信息，利用磁光效应读出信息。在写入信息前，记录介质在外加磁场状态下，呈现朝同一方向的垂直磁化状态。写入信息时，用强激光照射微小区域，使温度升高，磁化强度下降，再加反向磁场，使磁化小区域磁化方向发生反转，从而写入信息。读出时，用弱激光照射，根据磁光效应，磁化方向不同，对激光的反射不同，从而读出记录的信息。擦除时，用强激光照射记录介质，同时外加磁场，恢复到初始状态，就又可以重新写入了。由于可擦写光盘存储器性价比不如硬磁盘，所以还未普及。

7.6.3 U 盘存储器

U 盘存储器于 1998 年研制成功，其核心部件是闪存芯片，作为一种移动外部存储器使用。U 盘存储器通过 USB 接口和计算机相连，简称 U 盘。和其他外部存储器相比，U 盘具有速度快、体积小、重量轻、功耗低、可靠性高、携带方便等许多优点，在计算机系统中广泛使用。

U 盘存储器的内部有一块电路板，在上面有闪存芯片、主控芯片及时钟源和电阻器、电容器。闪存芯片用来存储数据，主控芯片负责对 U 盘的管理，实现和主存的数据交换，时钟源用来产生主控芯片工作及数据交换时同步用的时钟信号。由于 U 盘中不存在任何机械装置，有极强的抗震性能，这使得 U 盘非常适合作为移动存储设备，将数据脱机存储，或将数据从一台计算机迁移到另一台计算机。

U 盘的使用和硬盘类似，可在 U 盘上存放文件，对文件进行修改、查找和删除，对文件的操作都是按块进行的。当有多个 U 盘时，最好给每个 U 盘重新命名，以便区分不同的 U 盘；对 U 盘也可进行格式化，用来修复某些原因造成的 U 盘故障。有的 U 盘设计有写保护功能，当写保护开关打开时，U 盘只能读不能写，可防止 U 盘上的信息被删改，如防止病毒将恶意文件写入 U 盘。

由于 U 盘具有热拔插的功能，可在计算机工作时插入和拔出，但在 U 盘工作时，不可拔出 U 盘，否则会损坏 U 盘、丢失数据。拔出 U 盘时一定要关闭所有和 U 盘有关的窗口，然后用鼠标左键单击 U 盘图标，选择安全删除 USB 设备，卸载 U 盘。当屏幕右下角出现提示：“USB Mass Storage Device 设备现在可安全地从系统移除”了，才能将 U 盘从机箱上拔下。尽管 U 盘的可靠性很高，但也会出现故障，所以，对 U 盘上的重要文件也应该备份，以防不测。

U 盘虽然体积小，容量相对来说却比较大，从早期只有几 MB，到现在可以达到几十 GB、几百 GB，替代软盘也就不足为奇了。

除U盘外，计算机中的移动存储器还有移动硬盘。移动硬盘和普通硬盘的组成及工作原理是一样的，其容量比U盘要大，携带也很方便，同样使用USB接口和主机连接。

7.6.4 固态硬盘存储器

固态硬盘（Solid State Disk，SSD），简称固盘。主流固态硬盘和U盘的组成类似，也是由闪存阵列芯片、控制芯片和缓存芯片等组成。闪存阵列芯片构成存储体，用来存储数据。控制芯片是固态硬盘的中枢，负责对固态硬盘的工作进行管理，对固态硬盘性能的影响非常大。控制芯片要合理调配数据在各个闪存芯片上的负荷，对闪存芯片进行读写操作，连接闪存芯片和外部接口。缓存芯片则辅助控制芯片工作，暂存读出和写入的数据。固态硬盘不使用USB接口，而是普遍采用SATA 2.0、SATA 3.0接口，有的也开始采用PCI-E3.0接口，在接口的规范和定义、功能及使用方法上与普通的硬盘完全相同，其产品外形和尺寸也完全与普通的2.5英寸硬盘一致，固态硬盘目前被广泛应用于台式机和笔记本电脑及其他智能设备。和普通硬盘相比，固态硬盘有许多优点：

① 读/写速度快。固态硬盘采用闪存作为存储介质，读取速度相对机械硬盘更快。固态硬盘不用磁头，不需要寻道，读/写速度快，特别是读的速度远远高于普通硬盘，许多固态硬盘厂商给出的持续读/写速度超过500MB/s。

② 防震性好。固态硬盘使用芯片作为存储介质，内部不存在任何机械部件，这样即使在高速移动甚至翻转、倾斜的情况下也不会影响到正常使用，而且在发生碰撞和震荡时能够将数据丢失的可能性降到最小，这一优点在军事、车载、移动、工业控制等领域有着重要意义。

③ 低功耗、无噪音。固态硬盘属于半导体存储器，功耗低于传统机械硬盘，发热低，不需要风扇降温，没有机电部件，也就不产生噪音。

④ 工作温度范围大。典型的机械硬盘驱动器只能在5～55摄氏度的范围内工作，而大多数固态硬盘可在–10～70摄氏度范围内工作。

⑤ 体积小、重量轻。固态硬盘和同容量的机械硬盘相比，体积更小，重量更轻。

固态硬盘的不足：一是价格较高，和同等容量的硬磁盘相比，价格要高好几倍，如500GB的固态硬盘和3TB的硬磁盘价格差不多；二是写入次数有限，一般是几百到几千次，但应用平衡写入算法，可有效延长寿命。以容量128GB的固态硬盘为例，如果擦写次数是3000次，在平衡写入机制下，可擦写的总数据量为128GB × 3000 = 384000GB，假如每天写入的数据是100GB，可用天数为384000 / 100= 3840天，也就是 3840 / 365 =10.52年，对普通用户来说，完全可以满足需求。

加强对固态硬盘的维护和注意使用方法，可延长固态硬盘的使用期限，保证其有较好的性能。要尽量减少固态硬盘的擦写次数，如不使用磁盘的碎片整理命令；要经常清理无用文件，留下尽可能多的存储空间；不要分太多的区，分区不要用完所有的容量，固件要及时刷新等。

习题 7

1．单项选择题

（1）主存单元字长为64位，访存周期为10ns，主存的带宽是（　　）。

A．8×10^8B/s　　B．64×10^8B/s　　C．8×10^9B/s　　D．64×10^9B/s

（2）U 盘采用的存储器芯片是（　　）。

A．DRAM　　B．SRAM　　C．闪存　　D．EPROM

（3）下列选项中，（　　）属于永久性（非易失性）存储器。

A．SRAM　　B．DRAM　　C．Cache　　D．ROM

（4）下列有关 RAM 和 ROM 的叙述中，正确的是（　　）。

A．RAM 是易失性存储器，ROM 是非易失性存储器

B．RAM 和 ROM 在正常工作时都可以进行读/写操作

C．RAM 和 ROM 都可作为 Cache

D．RAM 和 ROM 都需要进行刷新

（5）需要定期刷新的存储器是（　　）。

A．SRAM　　B．DRAM　　C．磁盘　　D．ROM

（6）在存储器的层次结构中，速度从快到慢的存储器顺序为（　　）。

A．主存—高速缓存—辅存　　B．Cache—主存—辅存

C．高速缓存—辅存—主存　　D．辅存—主存—Cache

（7）不能随机访问的存储器是（　　）。

A．EPROM　　B．磁盘　　C．SRAM　　D．DRAM

（8）在多级存储体系中，Cache 的作用是（　　）。

A．解决主存与 CPU 之间的速度匹配问题

B．降低主存的价格

C．弥补主存容量的不足

D．提高主存的可靠性

（9）在多级存储体系中，虚拟存储器的作用是（　　）。

A．解决主存与 CPU 之间的速度匹配问题

B．降低主存的价格

C．弥补主存容量的不足

D．提高主存的可靠性

（10）假设某计算机的存储系统由 Cache 和主存组成，某程序执行过程中访存 1000 次，其中访问 Cache 缺失（未命中）50 次，则 Cache 的命中率是（　　）。

A．5%　　B．9.5%　　C．50%　　D．95%

（11）某计算机主存容量为 64KB，其中 ROM 区为 4KB，其余为 RAM 区，按字节编址。现要用 2K×8 位的 ROM 芯片和 4K×4 位的 RAM 芯片来设计该存储器，则需要上述规格的 ROM 芯片数和 RAM 芯片数分别是（　　）。

A．1、15　　B．2、15　　C．1、30　　D．2、30

（12）256K×8 位的静态存储器芯片的地址线引脚和数据线引脚分别是（　　）。

A．18、1　　B．17、8　　C．19、4　　D．18、8

（13）假定用若干个 2K×4 位芯片组成一个 8K×8 位存储器，则地址 0B1FH 所在芯片的最小地址是（　　）

A．0000H　　B．0600H　　C．0700H　　D．0800H

2．简述半导体存储器的分类。

3．比较 SRAM 和 DRAM 的性能和用途。

4．比较 RAM 和 ROM 的性能和用途。

5．简述存储系统采用层次结构的目的和方法，Cache、主存和外存各担负什么作用？它们之间有何关系？

6．SRAM 依靠什么原理存储信息？DRAM 又依靠什么原理存储信息？二者的主要不同是什么？

7．DRAM 为什么要刷新？刷新是按行还是按列进行的？

8．闪存能否取代 RAM？说明原因。

9．简述主存容量扩展的方法。

10．比较 Cache 的三种地址映像的优缺点。

11．简述程序局部性原理。

12．4M×1 位的 DRAM 芯片有多少地址线引脚？在刷新间隔内需安排多少刷新周期？

13．1M×4 位的 SRAM 芯片有多少地址线引脚、多少数据线引脚？

14．某半导体存储器容量为 8M×16，选用 1M×4 位的 SRAM 芯片构成，计算所需芯片数，写出每组芯片的地址范围，设计并画出存储器逻辑图。

15．某半导体存储器由容量为 4K×8 位的 ROM 和容量为 28K×8 位的 RAM 组成，如选用 2K×8 位的 ROM 芯片和 4K×4 位的 SRAM 芯片，计算所需芯片数，分别写出 ROM 和 RAM 的地址范围，设计并画出存储器逻辑图。

16．采用直接映像，Cache 分 32 块（行），主存的第 200 块可以映像到 Cache 的第几块？如果采用组相联映像，将 Cache 块分成 8 组，主存的第 100 块可映像到 Cache 的第几块？

17．Cache 和主存之间的地址映像方式中，哪种方式调入 Cache 的位置是固定的？哪种方式需要使用替换算法？

18．如果采用组相联映像，Cache 分 8 组，每组 4 块，每块 128B，主存 2MB。计算主存分多少块？主存的第 2000 号单元可映像到 Cache 的哪一块？块标记是多少？

19．衡量磁盘的技术指标有哪些？如何提高磁盘的性能？

20．按读/写方式，光盘可分成哪几类？

第8章 总线技术

总线（BUS）在计算机系统中用来连接计算机的多个部件，是现代计算机的重要组成部分。本章在介绍总线基本知识的基础上，讲述当前计算机中广泛使用的各种标准总线。

8.1 总线概述

总线是计算机中多个部件之间传送信息的公共通路，由一组传输线和相应的总线控制部件组成。现代计算机大多采用总线结构，用一组传输线将多个功能部件连接起来，结构简单、灵活，扩展方便、容易。

8.1.1 总线的类型

计算机系统中存在多种总线，从不同的角度描述，可将总线分成不同的类型。

1. 按总线所处的位置分类

按总线所处的位置可分为 CPU 内总线、系统总线和外总线。

（1）CPU 内总线

CPU 内总线位于 CPU 芯片内部，是 CPU 内各寄存器和运算器等部件传送信息的通路，对用户是透明的，一般不必关心。除 CPU 芯片外，许多具有微处理器功能的芯片内也采用总线结构。

（2）系统总线

系统总线位于计算机系统内部，用来连接计算机各大功能部件，一般所说的总线就是这一类总线。早期的系统总线比较简单，用一组总线就可以将 CPU、主存、输入/输出设备连接起来，如图 8-1 所示。

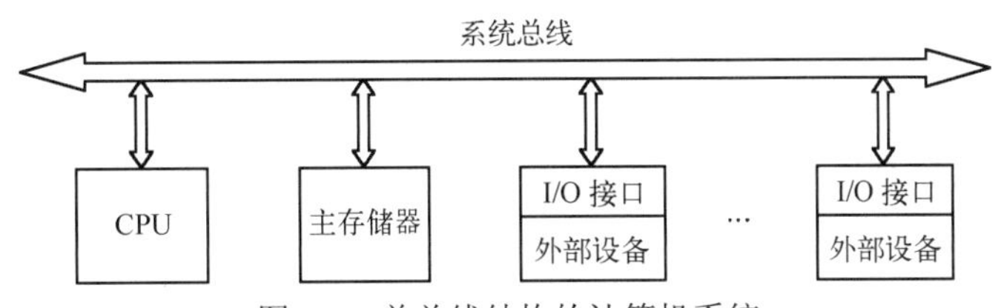

图 8-1 单总线结构的计算机系统

现代计算机各部件之间的信息传送量大，一组总线不能满足要求，需要采用多组总线连接各功能部件，每一组总线根据连接的部件不同，名称也不同，如连接 CPU 的前端总线（又叫处理器总线）、连接存储器的存储器总线、连接外设的 I/O 总线等，系统总线的含义也有所变化。图 8-2 所示是一种多总线结构的计算机系统。

（3）外总线

外总线也叫通信总线，用来连接不同的计算机系统，如构成计算机局域网时用来连接各个计算机的电缆或双绞线等，外总线和系统总线的构成有明显的差别，只有数据线和控制信号线。现在，外总线的含义有所延伸，连接某些外设的总线也称为外总线。

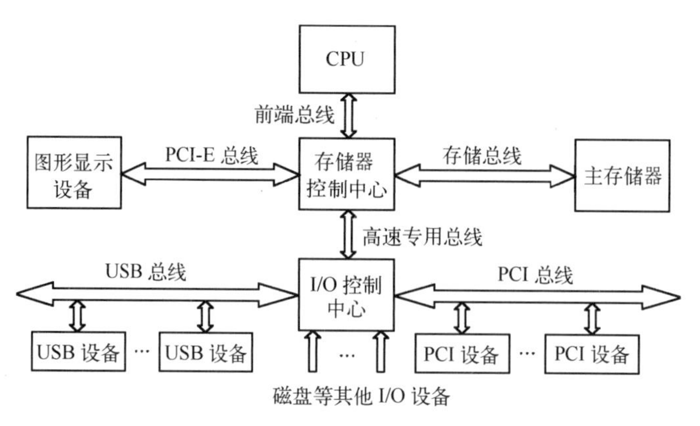

图 8-2　多总线结构的计算机系统

2. 按传送的信息分类

按传送的信息可分为数据总线、地址总线和控制总线三种。

（1）数据总线

数据总线是双向总线，用来在各部件之间传送数据，包括从存储器中读出的指令数据。系统总线中的数据线条数和计算机字长密切相关，如 8086 CPU 使用的数据总线有 16 条，酷睿 CPU 使用的数据总线有 64 条，而连接外设的某些串行总线中只有 1 条或 2 条数据线。

（2）地址总线

地址总线是单向总线，用来传送 CPU 或其他主控设备发出的地址信息，包括主存单元和外设接口地址。地址总线的条数决定一次可以传送几位地址码，也就决定了可寻址的最大主存容量和外设接口地址的数量，如 8086 CPU 构成的计算机有 20 条地址线，可寻址的最大主存容量是 1MB，Pentium 4 CPU 构成的计算机有 36 条地址线，可寻址的最大主存容量是 64GB。

（3）控制总线

控制总线用来传送计算机中的控制信号，其组成最复杂，每一条线都有着不同的控制功能，有的从 CPU 发出，如读/写命令；有的来自外设，如外中断请求信号。控制线的条数和总线种类有关，如具有 32 位数据总线宽度的 PCI 总线有 18 条必备控制信号线，具有 64 位数据总线宽度的 PCI 总线有 25 条必备控制信号线。

3. 按数据传送格式分类

按数据传送格式可分为串行总线和并行总线两类。串行总线一次只传送一位数据，一组数据代码在发送端要通过移位寄存器将并行数据转换成串行数据，依次分时进行传送，在接收端也要通过移位寄存器将串行数据转换成并行数据，传送时还要加入起始位和停止位等信息。串行总线用的数据线少，远距离传送时可降低成本，外总线就采用串行传送方式。并行总线有多根数据线，一次可传送多位数据，芯片内总线和系统内总线多采用并行方式传送。

4. 按时序控制方式分类

按时序控制方式可分为同步总线和异步总线。同步总线采用统一的时钟信号控制总线传送，一个总线周期的时间是固定的，包含一个或几个时钟周期。异步总线没有固定的时钟周期划分，操作和数据传送以应答方式实现，操作时间根据实际需要安排。有的总线还结合两种方式的特点，以时钟周期为基准，让总线周期包含的时钟周期数可变，也采取申请、批准、释放的应答方式工作。

8.1.2 总线的组成

总线将多个功能部件连接到一起，各个部件都通过总线传送信息，但只能分时共享总线，即在同一时刻只能在一对部件之间传送信息，这就需要对总线进行有效的管理。因此，总线除了包含一组传输线，还有总线控制部件。

1. 总线传输线

系统总线的传输线制作在主板上，以印制电路的形式呈现，包括数据线、地址线、控制线、电源线和地线。数据线和地址线的功能比较简单，负责传送地址和数据信息，数量随总线采用的标准不同而不同，有的总线为了减少传输线数，采用数据线和地址线分时复用的方式，在同一组传输线上，先传送地址信息，再传送数据信息。控制线的组成和功能非常复杂，有的是单向的，有的是双向的，有的高电平有效，有的低电平有效。控制线可分为系统信号线、总线仲裁信号线、中断请求信号线、接口控制信号线、地址和数据传送控制信号线等几类，每一类又由若干信号线组成。总线还包含多根电源线，提供多种等级的电源支持，为了减少干扰，还要在若干信号线之间插入一根地线。

2. 总线控制部件

总线控制部件用于对总线进行管理和控制，由专用芯片构成。总线控制部件的功能包括总线的请求处理、总线的仲裁和总线的传送控制方式等。当一个连接在总线上的设备要使用总线时，需要申请总线使用权，获得总线控制部件批准后才可以使用总线，在主设备和从设备之间按一定的规则建立联系、发送和接收信息，使用完总线后要释放总线控制权。当有多个设备同时请求使用总线时，总线控制部件中的仲裁电路会对申请的设备进行优先权排队，批准优先权高的设备先使用总线。

8.1.3 总线的性能指标

总线的性能指标用来衡量总线的性能，主要有数据总线宽度、总线工作频率、总线数据传输率和总线负载能力。

1. 数据总线宽度

数据总线宽度是指总线能同时传送的数据位数，通常和数据总线的条数相等。不同的总线其数据总线宽度是不一样的，常见的有 1 位、8 位、16 位、32 位、64 位几种。数据总线宽度对数据传输率有重要影响，当总线的传送周期不变时，数据总线宽度和总线数据传输率成正比。

2. 总线工作频率

总线工作频率是指总线每秒传送信息的次数，用 MHz（兆赫兹、百万赫兹）表示，如 400MHz、800MHz。总线工作频率的倒数称为总线周期，是完成一次总线传送的时间，工作频率是 400MHz 的总线，可计算出总线周期是 2.5ns。一个总线周期可能包含几个时钟周期，如果在一个时钟周期能完成一次总线传送，则总线工作频率等于总线使用的时钟频率。显然，总线工作频率越高，总线的速度越快。

3．总线数据传输率

总线数据传输率是指总线单位时间传送的信息量，也叫总线带宽。总线数据传输率和数据总线宽度、总线工作频率有关，可用下式计算：

总线数据传输率=数据总线宽度×总线工作频率

例如，数据总线宽度是 64 位，总线工作频率是 400MHz，则

数据传输率=64b×400M=25600Mb/s=25.6Gb/s=3.2GB/s

4．总线负载能力

总线负载能力指总线上保持信号逻辑电平在正常范围内时能连接的部件数量，总线负载能力反映总线的驱动能力，当驱动能力不足时可用相关电路扩展。

除以上几个性能指标外，还有一些因素会影响总线的性能，如总线的传送控制方式、数据线和地址线是否复用、控制信号线的种类和数量、总线是否支持猝发传送等。

8.2 总线的数据传送

数据在总线上的传送可分为总线请求和仲裁、寻址、数据传送、结束传送几个阶段，在传送时需要采用一定的控制方式，协调总线的操作。

8.2.1 总线数据传送的过程

1．总线请求和仲裁

一般会有多个主设备连接在系统总线上，各主设备需要使用总线时首先要提出总线请求，每个设备可以有独立的请求线，也可以公用一根请求线，总线请求信号经总线请求线送到总线仲裁器。如果在某个时刻只有一个设备请求使用总线，总线控制部件就会发回总线允许信号，批准该设备使用总线。如果有多个设备同时提出使用总线的请求，就要由总线仲裁部件通过一定的算法确定哪个主设备获得下一个传送周期的总线使用权。仲裁的方法有链式查询、定时计数器查询等，链式查询实现简单，查询信号按顺序串行到达各设备，先到达的设备具有较高的优先权，但不容易改变各设备的优先权。定时计数器查询要设置一个计数器，当设备的编号和计数值相等时可获得总线使用权并使计数器停止计数，通过设定计数器的初值，可灵活改变使用总线的优先权。对具有独立请求线的设备，则通过仲裁部件中的优先权排队电路决定使用总线的设备，这种方法速度快，但需要较多的请求线和允许线。以上介绍的是集中式仲裁，还可以将仲裁逻辑分布到各个主设备，实现分布式仲裁。

2．寻址

获得总线使用权的主设备通过总线发出要访问的从设备的地址（如存储器单元地址或外设接口地址），还要发送相应的控制命令，开始本次总线操作。总线上的从设备会自动判断总线上的地址和命令，被选中的设备开始响应总线操作。

3．数据传送

根据主设备的命令，主设备和从设备开始交换数据。如取指令需要进行读存储器操作，CPU

是主设备，也是目标设备，存储器是从设备，也是源设备，读出的指令数据会从存储器传送到CPU。若将运算结果写到存储器，则CPU是源设备，存储器是目标设备，运算结果从CPU经总线传送到存储器。

4．结束传送

数据传送结束时，主设备和从设备从总线上撤销自己发出的信号，主设备放弃对总线的控制权，本次总线传送结束，允许其他设备使用总线。

8.2.2 总线数据传送的控制方式

数据在总线的传输过程中，需要一定的时序控制方式（总线定时协议、握手方式）同步主设备（具有控制总线能力的设备）和从设备的操作，时序控制方式可分为同步传送方式和异步传送方式。

1．同步传送方式

在同步传送方式中要设置专门的时钟信号，同步控制传送操作。时钟信号可以由总线控制部件发到每个部件或设备，也可以在每个部件设置时钟发生器，但所有的时钟信号都必须由统一的时钟信号同步。图8-3所示是同步读操作时序，一个总线周期包含4个时钟周期。在总线周期一开始，主设备将访存地址送到地址线，然后发出访存命令和读命令，经过一段时间的延迟，有效数据出现在数据线上，主设备可以接收数据，在第4个时钟周期结束时读操作完成，可以开始下一个总线周期的操作。

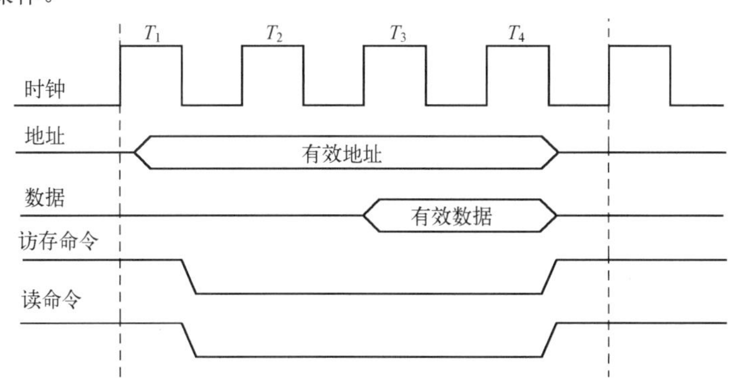

图8-3 同步读操作时序

采用同步控制，每个部件发送或接收信息都在固定的总线周期完成，控制简单，传送速度快，但由于是强制性同步，必须按最慢的设备设置时钟频率，缺乏灵活性。同步控制适合总线长度比较短、总线连接的部件速度相差不大的情况。

2．异步传送方式

异步传送方式没有统一的时钟信号，采用应答（握手）信号控制传送，所需时间视需要而定，总线周期不固定。异步传送有全互锁、半互锁、不互锁3种，图8-4所示是全互锁异步传送的时序。在总线周期一开始，主设备将访存地址送到地址线，然后发出访存命令、读命令和主同步信号，主同步信号表示地址和命令已经发送到总线上。当从设备接收到主同步信号后立刻响应和运行，在完成指定的操作后，发出从同步信号。在主设备接收到从同步信号后，知道数据已准备好，从数据线上接收数据，并撤销地址信号、访存命令、读命令、主同步信号。从设备检测到主设备的主同步信号撤销时，知道主设备已经接收了数据，随即撤销从同步信号，表示一次总线传送结束，可以开始下一个总线周期。

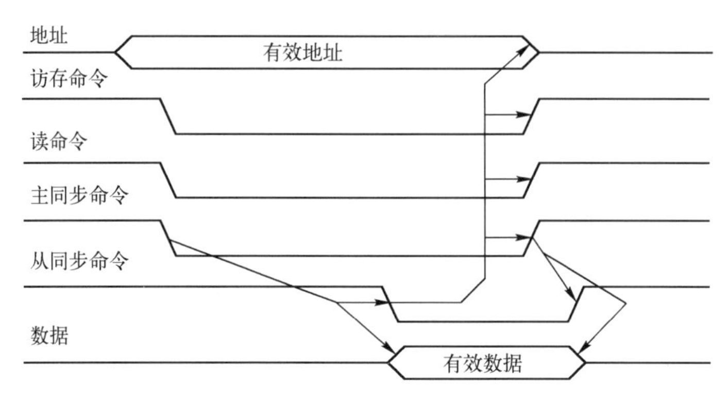

图 8-4　异步读操作时序

异步传送灵活，可合理利用时间，不必考虑设备速度的快慢，适合将距离较远、速度不同的设备连接起来的总线。如果以同步方式为基础，吸收异步控制思想，加入应答信号，称为扩展的同步方式或半同步方式。在这种方式中，以时钟周期为基础，让总线周期包含的时钟周期数可变，在一定程度上兼有两种方式的优点。

8.3　常见总线

为了将不同的厂家生成的各种设备和接口连接到总线上，必须详细定义总线的标准，大家都遵循统一的标准生产，就可以方便地将这些设备和接口连接起来。计算机中使用的总线标准有多种，有的已经逐步被淘汰，有的则成为主流总线标准。

8.3.1　总线标准

总线标准是计算机系统中各模块之间互连的一个标准界面，这个界面对它两端的模块都是透明的，即界面任意一方只要根据总线的标准实现自身一侧接口的功能要求，而无须了解对方接口与总线的连接要求。

总线标准除了定义信号线的功能外，还要制定总线的机械和电气方面的规范，使负载适宜、接头合适，能提供所需的电压和时序信号。每个总线标准都有详细的规范说明，在技术手册中给出，主要包含以下几部分的内容。

① 机械结构规范：为了保证机械上的可靠连接，要规定总线在机械连接上的标准，如总线插头和插槽的几何形状、物理尺寸、信号线引脚的个数及排列方式，在物理上如何可靠连接。

② 电气规范：为了保证电气上的可靠连接，要规定总线的每根信号线的工作电平是高电平有效还是低电平有效，有效电平的范围是多少，还要规定电平的动态转换时间、信号线的负载能力及最大额定值等电气特性。

③ 功能规范：为了保证正确连接各功能部件，要规定总线每条线（引脚）的信号名称和功

能，对它们相互作用的协议进行说明。特别是控制信号线，每一条线的名称和功能都不相同，发出信号的部件不同，信号传送的方向也不相同。

④ 时间规范：为了保证总线可靠传送信息，还要在时间上规定每条信号线在什么时间有效，有效时间多长。总线上的各信号之间存在一种有效时序关系，这种关系可以用信号时序图来描述。

总线标准为计算机系统中的各模块互连提供了一个标准界面，也使各种 I/O 设备的开发可以独立于主机和系统总线，只要根据总线的标准设计实现接口的功能，就可实现各种配件的插卡化，这使得不同厂家生成的具有相同功能的部件可以互换使用，降低了系统的维护成本，加快了计算机系统的开发和研制。

8.3.2 ISA 总线和 EISA 总线

1. ISA 总线

ISA（Industry Standard Architecture，ISA）总线是工业标准结构总线，是第一个事实上的总线工业标准，曾经在计算机系统中广泛使用。

ISA 总线最早在以 Intel 80286 CPU 构成的计算机中使用，兼容原来的 PC/XT 总线。ISA 总线有 16 条数据线、24 条地址线，总线的扩展插槽除了具有一个 8 位 62 线的连接器外，还有一个附加的 36 线连接器，这种扩展 I/O 插槽既可支持原来的 8 位 I/O 接口卡，又可支持 16 位接口卡，通过 ISA 总线接口可以为系统方便地扩充 I/O 设备。

ISA 总线的主要性能指标是：总线宽度 16 位，最高工作频率为 8MHz，数据传输率为 16MB/s，24 条地址线最大可寻址 16MB 存储单元，有 12 个外部中断请求输入端和 7 个 DMA 通道。

2. EISA 总线

EISA（Extended Industry Standard Architecture，EISA）总线是扩展的工业标准结构总线，主要用于以 Intel 80486 CPU 构成的计算机。EISA 总线为了既保护厂商和用户的投资利益，又要适应 32 位 CPU 的处理功能，在 ISA 总线的基础上进行了扩展，数据线增加到 32 条，地址线也增加到 32 条。EISA 总线的插槽设计成上下两层引脚，上层引脚和 ISA 总线完全一样，供 ISA 接口卡使用；下层引脚是扩展信号，供 EISA 接口卡专用，引脚数目扩展到 198 线。

EISA 总线的主要性能指标是：总线宽度 32 位，最高工作频率为 8.33MHz，数据传输率为 33.3MB/s，有 32 条地址线最大可寻址 4GB 存储单元，支持多处理机系统。

和 EISA 总线同一时期还有一种视频电气标准协会推出的 VESA（Video Electronics Standard Association，VESA）总线，该总线也是为 80486 CPU 构成的 32 位计算机设计的，也兼容 ISA 总线，但使用并不广泛，且很快就被淘汰了。

8.3.3 PCI 总线

PCI（Peripheral Component Interconnect）是外围部件互连总线，也是为 32 位计算机设计的，几乎得到了所有计算机厂商的支持，一经推出就在 Pentium 及以后的计算机中得到了广泛使用，很快取代了 ISA 等总线。

1. PCI 总线的特点

PCI 总线采用同步控制、集中式总线仲裁方式，具有一系列优越的性能特点，主要有以下几点。

（1）PCI 总线速度快

PCI 总线的宽度为 32 位，可扩充到 64 位，对 32 位 PCI 总线来说，当总线工作频率是 33.3MHz 时，数据传输速率可达 133MB/s；对 64 位 PCI 总线来说，当总线工作频率是 66.6MHz 时，数据传输速率可达 533MB/s。

（2）PCI 总线支持多种 CPU

PCI 总线是一种独立于 CPU 子系统的总线标准，可支持多种 CPU，从而适用于不同 CPU 组成的系统。PCI 总线将 CPU 子系统和外围设备分开，因此，外围设备的设计与升级和 CPU 无关，CPU 技术的变化也不影响外围设备的使用。

（3）PCI 总线具有即插即用的功能

即插即用是指，当外设接口卡插入 PCI 接口后，用户不必调整开关或跳线插头就可以被系统使用。PCI 总线具有自动设置功能，在每个 PCI 接口卡（PCI 设备）中有 256 字节的配置寄存器，在系统初始化时由 BIOS 完成设置，装入相应的 PCI 设备驱动程序。

（4）PCI 总线支持猝发传送

猝发传送是指，给出一个地址，可以传送多个数据。使用普通的传送方式，每次传送都要先给出地址，再传送数据，对大批量的数据传送效率不高。猝发传送方式只在第一次传送时送出地址，然后传送数据，而以后的传送周期，不用再传送地址（地址自动加 1），只需要传送数据。当数据块是连续传送时，采用猝发传送可大幅提高传送效率。

（5）地址线和数据线复用

PCI 总线采用了地址线和数据线分时复用技术，同一条信号线，在控制信号的控制下，先作为地址线使用传送地址，再作为数据线使用传送数据，这样可以有效减少总线的引脚数，简化总线的设计。

（6）PCI 总线可连接多个主设备

在一条 PCI 总线上可以有多个主设备，如 CPU 或 DMA 控制器。各个主设备通过总线仲裁部件竞争总线使用权。每个连接到 PCI 总线的主设备都有独立的总线使用请求和总线使用允许信号线，各个主设备平等竞争、使用总线。

（7）PCI 总线具有较强的负载能力

在支持 PCI 总线的主板上一般都有多个 PCI 插槽，允许连接多个 PCI 设备。在一个系统中允许有多条 PCI 总线，通过 PCI-PCI 桥接器，可以连接不同的 PCI 总线，构成层次结构的 PCI 总线。PCI 总线还支持将其他总线连接到 PCI 总线，如通过 PCI-ISA 桥接器，可把 ISA 总线连接到 PCI 总线，使原来的 ISA 设备可以继续使用。

（8）PCI 总线引脚安排合理

PCI 总线在安排信号的引脚时，每隔几个引脚就安排一条地线，可有效地减少信号线之间的干扰和音频信号的散射。在引脚中也安排了多条电源线，可提供+12V、−12V、+5V、+3.3V 多种规格的电源信号。

2. PCI 总线的信号线

32 位 PCI 总线的信号引脚线有 124 条，64 位 PCI 总线的信号引脚线有 198 条，信号线可分为地址线/数据线、控制线、电源线和地线三类。

（1）数据线和地址线

AD31～AD0：分时传送地址和数据的信号线，PCI 总线数据线和地址线复用，32 位 PCI 总线有地址线/数据线 32 条。

C/$\overline{\mathrm{BE3}}$～C/$\overline{\mathrm{BE0}}$：总线命令和字节选定信号，在传送地址时代表一组总线命令，在传送数据时表示传送的哪些字节是有意义的数据。

PAR：奇偶校验信号，是传送地址或数据时的校验位。

（2）系统信号

CLK：PCI 总线时钟信号，除复位和中断请求信号外，PCI 总线的信号在时钟上升沿有效，CLK 的频率也是 PCI 总线的工作频率。

$\overline{\mathrm{RST}}$：复位信号，迫使 PCI 的专用寄存器、定序器和信号复位到初始状态。

（3）接口控制信号

$\overline{\mathrm{FRAME}}$：周期帧信号，表示数据传送的开始和持续时间，该信号失效后是传送的最后一个数据期。

$\overline{\mathrm{IRDY}}$：主设备准备好信号，读操作时表示主设备准备好接收数据，写操作时表示主设备已经将数据放在数据线上。

$\overline{\mathrm{TRDY}}$：从设备准备好信号，读操作时表示从设备已将数据放在数据线上，写操作时表示从设备已准备好接收数据。

$\overline{\mathrm{STOP}}$：停止信号，从设备要求主设备停止当前数据传送。

LOCK：锁定信号，表示一个操作可能需要多个周期才能完成，中间不能中断。

IDSEL：初始化设备选择信号，在参数配置读/写操作期间作为芯片选择。

$\overline{\mathrm{DEVSEL}}$：设备选择信号，由被选中的设备发出，表示该设备被选中。

（4）总线仲裁信号

$\overline{\mathrm{REQ}}$：使用总线请求信号，表示主设备请求使用总线。

$\overline{\mathrm{GNT}}$：总线仲裁响应信号，表示允许该设备使用总线。在 PCI 总线中，每个主设备都要有自己的总线请求和总线响应信号。

（5）错误报告信号

$\overline{\mathrm{PERR}}$：数据传送错误信号，表示在传送数据时检测到数据奇偶校验错。

$\overline{\mathrm{SERR}}$：系统错误信号，表示系统错误或地址奇偶校验错。

（6）中断请求信号

$\overline{\mathrm{INTA}}$、$\overline{\mathrm{INTB}}$、$\overline{\mathrm{INTC}}$、$\overline{\mathrm{INTD}}$：用于中断请求的信号，$\overline{\mathrm{INTA}}$ 分配给单功能的 PCI 设备，其余 3 个分配给多功能的 PCI 设备。

（7）64 位扩展信号

AD63～AD32：PCI 总线扩充到 64 位时，增加的 32 条地址线/数据线，用于传送高位地址和数据。

C/$\overline{\mathrm{BE7}}$～C/$\overline{\mathrm{BE4}}$：PCI 总线扩充到 64 位时，高 32 位的总线命令和字节选定信号。

$\overline{\mathrm{REQ64}}$：用于请求 64 位传送。

$\overline{\mathrm{ACK64}}$：用于响应 64 位传送请求。

PAR64：PCI 总线扩充到 64 位时，高 32 位地址线/数据线的校验信号。

（8）高速缓存支持信号

$\overline{\mathrm{SBO}}$：Cache 测试返回信号，该信号有效时表示监听命中 Cache 的修改行。

SDONE：Cache 测试完成信号，该信号有效时表示 Cache 的测试已完成。

（9）测试信号

TCK：测试时钟。

TDI：测试输入数据。

TDO：测试输出数据。

TMS：测试模式选择。

$\overline{\text{TRST}}$：测试复位。

此外，PCI 总线中有几十条电源线和地线，还有两个测试信号$\overline{\text{PRSNT1}}$、$\overline{\text{PRSNT2}}$，用于测试 PCI 卡是否存在，若有卡插入，则这两个信号是低电平；若无卡插入，则这两个信号是高电平。

8.3.4 PCI Express 总线

PCI Express 总线简称 PCI-E 总线，是 2004 年推出的一种标准总线，已成为当前的主流总线。英文单词 Express 有快速的含义，因此，PCI-E 总线可理解成一种快速的 PCI 总线。

1．PCI-E 总线的特点

作为当前广泛使用的总线，PCI-E 总线有一系列优越的性能特点，主要有以下几点。

（1）采用点对点互连技术

与 PCI 总线不同，PCI-E 总线不再采用并行传送技术，而是采用点对点互连技术，串行传送数据，这样可以为每个设备提供独立的通道带宽，无须多个设备共享总线资源，而且克服了高频并行总线存在的干扰问题，大幅提高了数据传输率。

（2）扩展更加灵活

PCI 总线只能在机箱内通过扩展槽扩展，PCI-E 总线可扩展到机箱外，通过专用电缆将外设和 PCI-E 总线相连，允许接口卡和设备相距数米远，使外设的扩展连接更方便。

（3）支持即插即用和热拔插

PCI-E 总线不但支持即插即用功能，还支持热拔插功能，允许在系统工作时连接和断开外部设备，使外设的使用更加方便。

（4）在软件层和 PCI 兼容

在 PCI-E 总线结构中，保证了在软件层和 PCI 总线兼容，PCI 配置空间和 I/O 设备的可编程能力都没有改变，操作系统能够不加修改地在基于 PCI-E 总线平台上运行，PCI 总线支持运行的软件不用修改就能在 PCI-E 总线环境下运行，而新设计的软件可以利用 PCI-E 总线的新特性，充分发挥 PCI-E 总线的潜能。

（5）数据采用差分传输方式

传统的串行传输，传输 1 位数据只需要 1 根信号线，但抗干扰能力差。PCI-E 采用差分传输方式，传输一位数据，需要用两根信号线，要求两根信号线平行、靠近、长短一样。传输数据时，一根相对于地线数据信号的电平是正的，另一根数据信号的电平是负的，两根线上的信号绝对值相同，相位相差 180 度，用两根信号线上的电位差来表示传输的数据。假如一根信号线电平为 1.5V，另一根信号线电平就是–1.5V，地线是 0。当出现电磁干扰时，干扰对两根信号线上的差分信号影响几乎相同，电位差不变。因此，采用差分传输，有很高的抗干扰性，还可进一步降低信号电平，减小功耗，提高传输频率。现在，大多数高速串行传输都采用了差分信号传输。

（6）信号线数减少

PCI-E 总线采用串行传送数据，比并行传送使用的信号线要少得多。PCI-E 总线支持双向传输，每个通道只需要 4 条数据信号线，其中，两条差分信号线用于接收，两条差分信号线用于发送，接收端通过识别两条信号线的电位差来确定传送的数据。

（7）数据传输率高

PCI-E 总线有 PCI-E×1、PCI-E×2、PCI-E×4、PCI-E×8、PCI-E×16、PCI-E×32 多种规格，PCI-E×1 有 1 个传送通道，……，PCI-E×16 有 16 个传送通道，分别适用于不同速度的设备。如网卡使用 PCI-E×1 的插槽，显示设备使用 PCI-E×16 的插槽，较短的 PCI-E 卡可以插入较长的 PCI-E 插槽。由于 PCI-E 总线采用串行方式传送数据，PCI-E 1.0 的工作频率可提高到 2.5GHz，对全双工的 PCI-E×1，二进制数传输率可达 2.5GHz×2b=5.0Gb/s，考虑到 PCI-E 总线传送采用 8 位/10 位编码方法，即 8 位数据使用 10 位二进制数编码，实际数据传输率是 500MB/s，PCI-E×16 实际数据传输率高达 8GB/s。PCI-E 3.0 的工作频率提高到 8GHz，单通道二进制数传输率可达 8GHz×1b =8Gb/s，由于 PCI-E 3.0 改用 128 位/130 位编码，即 128 位数据使用 130 位二进制数编码，实际数据传输率接近 1GB/s，如考虑双向传输，实际数据传输率接近 2GB/s。

2. PCI-E 总线的信号线

PCI-E 总线通道数不同，接口尺寸和信号线数也不同，除 PCI-E×2 模式用于内部模块外，较长的 PCI-E 插槽对较短的插槽是兼容的。例如，每种 PCI-E 总线接口的 1 到 18 对引脚都是一样的。因此，较短的 PCI-E 卡可以插入较长的 PCI-E 总线插槽中。通道越多，插槽尺寸也越长，差分数据线数量也越多，还要再增加一些地线和检测控制线。PCI-E×1 卡的引脚线有 36 根，排成两列，包括电源线、地线、控制线和 2 对差分数据线，如表 8-1 所示。

表 8-1　PCI-E×1 接口卡的信号线

A 侧引脚	定　义	说　明	B 侧引脚	定　义	说　明
1	+12V	+12V 电平	1	PRSNT1#	热拔插存在检测
2	+12V	+12V 电平	2	+12V	+12V 电平
3	RSVD	保留引脚	3	+12V	+12V 电平
4	GND	地	4	GND	地
5	SMCLK	系统管理总线时钟	5	JTAG2	测试时钟
6	SMDAT	系统管理总线数据	6	JTAG3	测试数据输入
7	GND	地	7	JTAG4	测试数据输出
8	+3.3V	+3.3V 电平	8	JTAG5	测试模式选择
9	JTAG1	测试复位	9	+3.3V	+3.3V 电平
10	3.3V AUX	3.3V 辅助电源	10	+3.3V	+3.3V 电平
11	WAKE#	链接激活信号	11	PWRGD	电源准备好信号
12	RSVD	保留引脚	12	GND	地
13	GND	地	13	REFCLK+	差分信号对参考时钟
14	HSOp（0）	0 号通道发送差分信号对	14	REFCLK-	
15	HSOn（0）		15	GND	地
16	GND	地	16	HSIp（0）	0 号通道接收差分信号对
17	PRSNT2#	热拔插存在检测	17	HSIn（0）	
18	GND	地	18	GND	地

3．PCI-E 总线传送数据的方式

PCI-E 总线传送数据吸收了网络中以数据包交换方式传送数据的思想，增加了一个交换器设备，I/O 设备通过点到点连线连接到交换设备。和包交换网络一样，在发送端将数据分包，每一层增加相关信息后传到下一层，在接收端接收到数据后，每一层按相反的方式还原后传到上一层。PCI-E 总线使用分层的协议栈，包括软件层、事务层、链接层和物理层。

（1）软件层

软件层和 PCI 兼容，保证现存的应用程序和驱动程序不需要改变。软件层发出读和写的请求，并利用基于数据包、分段传送的协议通过事务层传送到 I/O 设备。

（2）事务层

事务层接收到读和写的请求后，将请求分段处理，创建请求包发送到链接层，每个包由包头和数据组成，有的请求包需要响应包。事务层也从链接层接收数据响应包，并将它和原来的请求包相匹配。由于每个数据包都有唯一的标识，提供 32 位的存储地址和 64 位的扩展地址，使得响应包能正确地指向请求包。

事务层支持 4 个地址空间，包括主存空间、I/O 空间、配置空间和消息空间，前 3 个空间和 PCI 总线一致，消息空间是 PCI-E 总线独有的，起到 PCI 总线中控制信号的作用。

（3）链接层

链接层的主要功能是保证数据传输的可靠性。从事务层得到包后要增加编号和循环校验码，采用基于信用的流量控制协议，保证发送方在接收方有足够缓存区的前提下发送包，这样可以减少包的重传和带宽的浪费，对标记为损坏的包还可以重新传送。

（4）物理层

物理层完成数据的分解和组装，负责数据包的实际传送，保证数据从发送端可靠地到达接收端。物理层控制点到点之间的连接和具体的传送信号，如给传送的数据编码和增加帧信息，控制传送数据的速度和传送数据的电平等。当有多个传送通道时，还要负责数据包在通道上的分配。

8.3.5 USB 总线

USB（Universal Serial Bus）总线是当前计算机系统中广泛使用的串行通用总线，用于连接对速度要求不是特别高的外部设备。USB 总线可以连接多个外部设备，只要该设备具有 USB 接口功能就能方便地连接到 USB 总线上，大部分外设都可以和 USB 总线相连，常见的有 U 盘、打印机、键盘、鼠标、扫描仪、摄像头等，早期计算机的各种串行接口、并行接口已经被 USB 接口取代。

1．USB 总线的拓扑结构

USB 总线采用树形拓扑结构，如图 8-5 所示。主控制器和根集线器集成在主板上，合称 USB 主机。其中，主控制器负责总线的传送和管理，支持 USB 设备连接到系统；根集线器提供 USB 设备连接的端口，识别和每个端口相连的设备，设置和报告与每个端口相连的状态事件，还负责电源的管理。除根集线器外，USB 总线还支持附加的集线器，其功能和根集线器是类似的，目的是用于 USB 总线的扩展，每个集线器可以提供 4～8 个 USB 端口。集线器可以是独立的，也可以集成到功能设备中。USB 设备可以是集线器或具体的功能设备，如键盘和鼠标。当 USB 功能设

备通过 USB 接口和 USB 总线相连后，系统会自动识别加载该设备的驱动程序，允许该设备进行输入或输出操作。

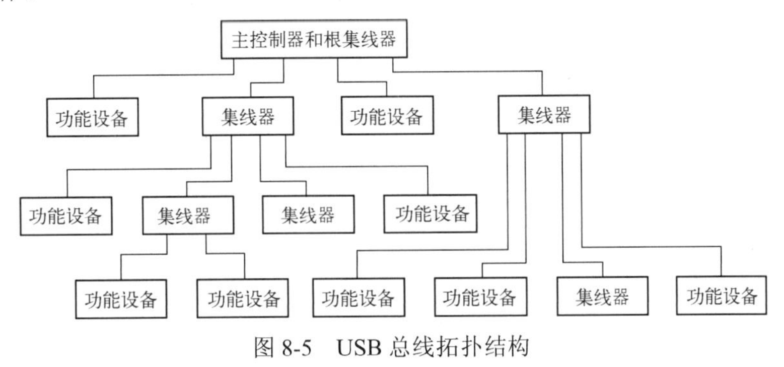

图 8-5　USB 总线拓扑结构

USB 总线包括根集线器在内最多可以有 7 层，连接的设备理论上可有 127 个，但实际上由于各种原因，连接的设备远远达不到该数量。

2. USB 总线的特点

USB 总线使用灵活，成本低廉，可连接的外设种类繁多，一经推出，就受到广大用户的好评，很快得到了广泛的应用，这和 USB 总线的以下性能特点是分不开的。

（1）使用方便

USB 总线支持即插即用功能和热插拔技术，在不用关闭系统的情况下，可以方便地连接外设和断开外设。当在 USB 端口连接了一个新的外设时，系统会自动识别这个外设，获取该设备的制造商 ID 号、产品 ID 号、接口工作方式等一系列参数，给这个设备分配唯一的地址及其他资源；该外设断开后，系统会自动收回其使用的资源并分配给其他外设使用。

USB 端口中有电源线，对耗电小的 USB 设备可以直接提供电源，大大方便了设备的使用，但对耗电大的设备，如打印机、扫描仪，还需要另外提供电源。

（2）扩展容易

从 USB 总线的拓扑结构可以看出，其扩展是非常容易的，将集线器连接到上一级集线器后，该集线器又可以连接若干个 USB 功能设备或集线器，连接 USB 功能设备也不需要像 PCI-E 总线那样的插槽，而使用体积更小的 USB 接口，连接的电缆可达数米，这使得计算机的大部分外设都可以容易地连接到 USB 总线上。

（3）适合连接不同的外设

USB 2.0 总线能以低速（传输率 1.5Mb/s）、中速（传输率 12Mb/s）、高速（传输率 480Mb/s）三种速度运行，USB 3.0 总线能以更高的速度（传输率 5Gb/s）运行。USB 总线的这一特性使它适合连接不同速度和不同种类的外设。如键盘、鼠标等设备连接后可以低速运行，而 U 盘等设备连接后可以高速运行。

（4）成本低、功耗低、占用系统资源少

USB 总线采用串行方式传送数据，需要的信号线很少，通常 USB 接口有 4 条信号线：电源线、地线、两条传输数据的差分信号线，相对并行总线来说成本较低。USB 总线还采用了节能工作方式，如果总线上连续 3ms 没有活动，它就会进入节能状态，总线上只有很小的维持电流。连接到 USB 总线的设备占用的系统资源少，只相当于一个传统外设占用的资源，如中断等资源，也不用分配专门的主存和 I/O 空间。

3. USB 总线传送数据的方式

USB 总线采用异步串行传送方式，在两条信号线上以差分方式串行传送数据。USB 总线协议规定了以下 4 种传送方式。

（1）等时传送方式

等时传送方式以固定的速度在 USB 主机和 USB 设备之间传送数据，无差错校验，即在传送数据发生错误时并不进行处理，而是继续传送。这种方式用来连接需要连续传送数据且对时间非常敏感，但对传送数据的可靠性要求不高的外设，如麦克风、电话等设备。

（2）控制传送方式

控制传送方式支持在 USB 主机和 USB 设备之间传送命令、状态等信息，每种 USB 设备都需要，如发送给 USB 设备的控制命令，对 USB 设备的参数设置，查询 USB 设备的状态信息，都采用这种方式。

（3）中断传送方式

中断传送方式用于传送数据量小但要求及时处理以保证实时性的外设，如键盘、鼠标、游戏操纵杆等设备。

（4）批量传送方式

批量传送方式用于传送数据量大的设备，而且要求传送的数据准确无误，如打印机、扫描仪、U 盘等外设，需要占用较大的 USB 总线带宽。

USB 总线协议还规定信息在 USB 总线上以包的形式传送，包可分为标记包、数据包、应答包和特殊包 4 类，每个包都有自己的标识，指明包的作用。标记包由 USB 主机发出，标志传送操作开始；数据包表示要传送的数据；应答包由设备发出，用于报告设备的状态；特殊包由 USB 主机发出，表示要以低速和设备通信。

USB 总线也在不断地发展，有一种 Mini USB 接口，在原来 4 条信号线的基础上增加了 1 条标识信号线，用来识别是主设备还是从设备。采用 5 针的 USB 接口，可以直接将一些智能设备相连，如将数码相机和打印机相连，不需要经过 PC 机，就能将照片传送到打印机打印出来，给用户提供了更多的方便。

和 USB 总线功能类似的还有 IEEE 1394 串行总线，但其使用远不如 USB 总线广泛。

8.4 主板

主板是计算机系统中最重要的电路板，上面有一组重要的芯片和插座、插槽、各种接口，系统总线也以多层印制电路的形式制作在主板上，CPU、内存条、电源和各种外设就是通过主板连接到一起，构成计算机硬件系统的。

8.4.1 主板的结构

生产主板的厂家很多，主板有多种规格和型号，不同型号的主板支持的 CPU、内存条、外设接口也不同，对构成的系统有重大影响。

主板按结构可分为 AT 主板、ATX 主板和 BTX 主板三大类（及它们的一些变型），结构不同的主板，尺寸不同，各主要芯片和插槽的布局也不同，适用的机箱也不同。AT 主板目前已淘汰，ATX 主板的使用最广泛，BTX 主板对 ATX 主板做了一些改进，但使用还不广泛。

ATX 主板长 305mm、宽 244mm，Mini-ATX 主板长 284mm、宽 208mm，两种主板可以装入同样标准的机箱。图 8-6 所示是 ATX 结构的华硕 P8B75-V 主板示意图。

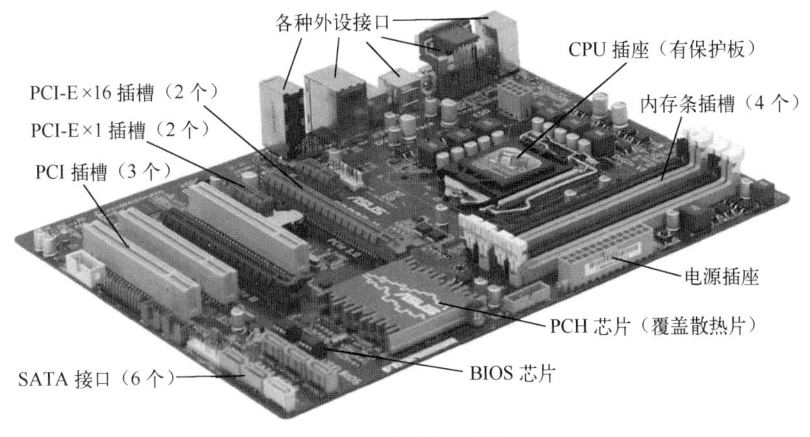

图 8-6　主板示意图

8.4.2　主板上的主要芯片

主板在制作好时，上面已经安装了一些芯片，早期的主板上芯片很多，占用的地方较大，后来的主板将许多芯片的功能集成到包含少数几个芯片的芯片组中，使主板上的芯片数量大大减少，只需要存储器控制中心、输入/输出控制中心、BIOS、平台控制中心等几个芯片，就可以实现主板的功能。近几年又出现了只包含单一芯片的芯片组，进一步减少了主板上芯片的数量。

1．存储器控制中心

存储器控制中心（Memory Controller Hub，MCH）相当于早期主板上的北桥，是主板上芯片组中最重要的芯片，芯片组的名称就是以该芯片的名称来命名的。例如，英特尔 965P 芯片组中该芯片的名称是 82965P，975P 芯片组中该芯片的名称是 82975P，其型号不同，性能也不一样。MCH 芯片决定了主板支持的 CPU 的种类和型号，以及主存的种类、型号、容量和速度。

MCH 芯片在主板上的位置靠近 CPU，负责 CPU、主存、高速图形显示设备、输入/输出控制中心之间的连接，控制主存储器的工作。MCH 芯片通过前端总线和 CPU 相连，通过存储总线和主存相连，通过多通道的 PCI-E 总线（如 PCI-E×16）和图形显示设备相连，通过专用总线和输入/输出控制中心相连。由于 MCH 芯片处理的数据量非常大，发热量也大，芯片上覆盖有散热的金属片。

2．输入/输出控制中心

输入/输出控制中心（I/O Controller Hub，ICH）相当于早期主板上的南桥，也是主板芯片组中的一个重要芯片，在芯片中集成了早期主板上大量芯片的功能，如中断控制器、总线控制器、定时/计数器、直接存储器存取控制器等，ICH 芯片的型号不同，实现的功能也有差别。

ICH 主要负责各 I/O 总线的连接，为了有利于整体的布线，在主板上的位置离 CPU 较远。和 ICH 芯片相连的有 PCI 总线、USB 总线、PCI-E×1 总线、硬磁盘和光驱等接口，还有 BIOS 等芯片，这些总线、接口和芯片都由 ICH 芯片控制和管理，计算机系统中的大部分外设都通过 ICH 和主机交换信息。早期的ICH芯片处理的数据量不是很大，芯片一般不需要覆盖散热片，但随着数据处理量的增加，也采取了散热措施。

3．BIOS芯片

BIOS（Basic Input/Out System）是基本输入/输出系统的简称。BIOS芯片由一片闪存芯片构成，也是主板上必不可少的重要芯片，里面存放着一组重要的程序。当系统加电启动或复位时，首先运行BIOS中的自检程序，对所有的内部设备进行自检，包括对主存、主板、磁盘子系统、显卡、键盘和其他设备及接口进行检测和初始化。如果自检正确、没有错误，就开始执行自举程序，将系统盘上的操作系统装入主存，并将控制权交给操作系统。

BIOS芯片中还存放着CMOS设置程序，如果要改变系统运行参数，在自举以前按下相应的键可进入CMOS设置程序运行，设置系统的口令、时间、日期、系统启动顺序、硬盘参数等。基本的I/O设备驱动程序及中断服务程序也存放在BIOS芯片中，用户可以通过在软件中插入中断指令调用这些功能，而不必了解这些硬件设备的实际特性。

4．平台控制中心

随着CPU技术的发展，在新的酷睿CPU中集成了存储控制器、PCI-E控制器等功能，主板芯片组中的MCH芯片失去了作用，于是将MCH芯片中的剩余功能和ICH芯片集成到一起，形成了平台控制中心（Platform Controller Hub，PCH），负责管理几乎所有的外设。采用PCH芯片设计的主板，芯片组中只有一个芯片，主板的型号也取决于PCH芯片的型号。

不同厂家生产的主板，根据具体需要还会在主板上集成一些其他芯片，如有的主板有板载音频芯片和网卡芯片，有的主板有PCI总线到PCI-E总线的桥接芯片等。

8.4.3 主板上的插座、插槽和外设接口

在主板上有许多插座、插槽和外设接口，用来安装CPU、内存条和连接电源及其他外部设备。

1．CPU插座

CPU插座用来安装CPU芯片，不同的主板其CPU插座类型不同，能安装的CPU芯片是有一定的规定的。CPU插座在插孔数、体积、形状上都有变化，所以不能互相接插。如Socket 478插座有478个针孔，可安装478针的Pentium 4 CPU；Socket1155插座有1155个插针，支持采用LGA1155封装的Intel Core i7、Core i5、Core i3等CPU。

2．内存条插槽

内存条插槽用来安装内存条，对内存条的类型、速度、容量都有要求。从早期的30线内存条到现在广泛使用的DDR3和DDR4内存条，已经更新换代多次。现在的主板上通常有4个内存条插槽，对采用双通道工作模式的DDR3内存条，如果插一条，要插在第一个插槽，如果插两条，应插在第一和第三插槽。尽管DDR3内存条和较早的DDR2内存条插槽都是240线的，但二者并不兼容，两种内存条需要不同的插槽。最新的DDR4内存条和DDR3也不兼容，二者也需要不同的内存条插槽。

3．总线扩展插槽

主板上的总线扩展插槽有PCI-E、PCI扩展插槽，较早时期的主板上还有ISA插槽和加速

图形卡 AGP（Accelerated Graphics Prot）插槽。PCI 扩展插槽用来连接符合 PCI 总线标准的接口卡，如 PCI 显卡、扫描卡、网卡等；PCI-E 扩展插槽用来连接符合 PCI-E 总线标准的接口卡，如 PCI-E 显卡、网卡等。和总线类型相同的卡插到扩展槽的位置是任意的，和总线类型不相同的卡是不能插到总线的扩展槽上的。

4. 电源插座

主板上的电源插座用来连接机箱中的电源和主板，给主板上的各个部件供电。ATX 主板的电源插座排成 2 排，早期的是 20 针插座，后来的是 24 针插座，另外还有一个 4 针或 8 针的插座给 CPU 供电。有 24 针插座的电源各引脚的名称如表 8-2 所示，其中 5V-SB 是+5V 电源，不和 5V 相连，用于开关机控制电路。Power Good 和 PS-ON 信号用于计算机的启/停控制，利用这两个信号可实现计算机的软件关机和远程启动。

5. 硬磁盘接口

在主板上有和硬盘相连的接口，硬盘分 IDE（Integrated Drive Electronics）接口硬盘和 SATA（Serial ATA）接口硬盘。IDE 接口硬盘采用 IDE 电缆和主板上的 IDE 接口相连，IDE 接口属于并行接口，IDE 信号电缆有 40 条信号线（后增加到 80 条信号线），其中 16 条是数据线；SATA 接口硬盘是当前的主流硬盘，使用的接口属于串行接口，SATA 信号电缆中包含 7 条信号线，其中 3 条是地线，还有两对差分数据线，一对发送数据，另一对接收数据，供电电缆有 15 条，可提供 3.3V、5V、12V 三种电源。

表 8-2 ATX 主板的电源引脚名称

引 脚	信号名称	引 脚	信号名称	引 脚	信号名称	引 脚	信号名称
1	3.3V	7	GND	13	3.3V	19	GND
2	3.3V	8	Power Good	14	–12V	20	–5V
3	GND	9	5V-SB	15	GND	21	5V
4	5V	10	12V	16	PS-ON	22	5V
5	GND	11	12V	17	GND	23	5V
6	5V	12	3.3V	18	GND	24	GND

6. 其他外设接口

主板上还有许多和其他外设相连的接口，如和键盘、鼠标相连的 PS/2 接口，和网络相连的 RJ45 接口，和音箱、麦克风、耳机相连的音频设备接口，和 USB 设备相连的 USB 接口，在一些计算机上还有和多种规格的存储卡相连的接口。

计算机技术在不断发展，新的总线和接口标准不断出现，主板使用的技术也在不断更新，主板的功能和结构也会发生新的变化。

习题 8

1．单项选择题

（1）下列选项中，（　　）不是标准总线的英文缩写。

　　A．USB　　　B．PCI　　　C．PCI-E　　　D．ATX

（2）假设某系统总线在一个总线周期中并行传输 8 字节信息，总线工作周期是 10ns，则总线的数据传输率是每秒（　　）。

A．80MB　　B．640MB　　C．800MB　　D．6400MB

（3）总线的工作频率是 2.5GHz，则完成一次总线传输需要（　　）。

A．1ns　　B．2.5ns　　C．0.5ns　　D．0.4ns

（4）下列总线中，具有即插即用和热拔插功能的是（　　）。

A．USB 和 PCI-E　　B．PCI 和 PCI-E　　C．PCI　　D．ISA

（5）下列叙述错误的是（　　）。

A．USB 总线可以连接多种外设　　B．USB 总线支持热插拔功能

C．USB 总线是串行总线　　D．USB 是并行总线

（6）下列叙述正确的是（　　）。

A．PCI 总线比 PCI-E 总线的速度慢　　B．PCI 总线比 PCI-E 总线的速度快

C．PCI-E 总线兼容 PCI 总线　　D．PCI-E 总线和 PCI 总线都是并行总线

（7）在系统总线的数据线上不可能传送的是（　　）。

A．指令　　B．操作数　　C．中断号　　D．应答信号

（8）下列选项中的英文缩写均为标准总线的是（　　）。

A．PCI、CRT、USB、EISA　　B．ISA、CPI、VESA、EISA

C．ISA、SCSI、RAM、MIPS　　D．ISA、EISA、PCI、PCI-Express

（9）下列有关 PCI-E 总线的叙述，错误的是（　　）。

A．PCI-E 总线是并行总线　　B．PCI-E 总线比 PCI 总线扩展更加灵活

C．PCI-E 总线采用点对点互连技术　　D．PCI-E 总线比 PCI 总线的信号线数少

2．总线的定义是什么？衡量总线性能的指标主要有哪些？

3．总线的同步传送和异步传送有何不同？

4．什么是总线的猝发传送？如果总线频率是 100MHz，传送地址和数据使用同一组总线，都需要一个时钟周期，数据总线 32 位，存储单元字长 32 位，采用猝发传送，那么传送 128 位数据需要多长时间？

5．USB 总线的集线器有何功能？

6．主板上有哪些主要的插槽、插座和外设接口？

7．主板上 BIOS 芯片的作用有哪些？

第 9 章　输入/输出接口与中断技术

输入/输出（Input/Output，I/O）接口是连接主机和外部设备的逻辑控制电路，CPU 通过访问这些接口，可以了解外设的状态、控制外设的工作、与外设进行数据交换。本章在介绍 I/O 接口基本概念的基础上，主要讲述中断技术、主机与外部设备传送数据的方式，以及常用可编程接口芯片的使用方法。

9.1　输入/输出接口概述

CPU 所运行的程序和数据要由输入设备输入，而处理的结果要由输出设备输出，并对控制对象产生作用。I/O 设备是计算机系统中重要的组成部分，是人-机联系的桥梁，对 I/O 设备的操作是主机与外界交换信息的唯一手段。然而，不同的 CPU 系列和型号，有着各自不同的速度、功能和引脚逻辑；外部设备种类繁多、功能各异，在工作速度、工作时序、信号形式及信息格式等方面存在很大差异。因此，必须借助一个中间电路，即输入/输出接口电路，来实现 CPU 与各种外部设备的连接、沟通、匹配、缓冲及数据交换。

I/O 接口的一端通过地址总线、数据总线和控制总线与主机相连，另一端与 I/O 设备相连，CPU 通过 I/O 接口实现对各种外部设备的访问，完成对外设的控制以及和外设交换数据。

9.1.1　I/O 接口的基本功能

I/O 接口一般具有数据缓冲、信号转换、设备选择、执行命令、通信联络、中断管理、可编程、错误检测等基本功能。

1．数据缓冲功能

CPU 与 I/O 设备的工作速度存在显著的差异，如果直接将 CPU 与 I/O 设备相连，就会由于工作速度的不匹配造成数据丢失。因此，可在接口中设置一个或多个数据缓冲寄存器，将需要传送的数据进行缓冲及锁存，以确保数据传送的准确性和可靠性。

2．信号转换功能

CPU 只能处理数字信号，而 I/O 设备的信号形式多样，可能是数字量，也可能是模拟量、开关量、脉冲量等。因此，I/O 接口需要对信号进行处理并转换，包括信号形式、信息格式、工作时序等的匹配，相互转换为适合对方的形式。例如，将数字信号转换为模拟信号，将并行数据格式转换为串行数据格式，以及相反方向的转换等。

3．设备选择功能

一般的计算机系统都要连接多种 I/O 设备，同一种 I/O 设备也可能有多个，而 CPU 同一时间只能通过总线与一个 I/O 设备产生交互。这就需要借助接口中的地址译码电路对外设进行 I/O 端口寻址，以选定需要交换信息的设备，只有被 CPU 选中的 I/O 设备才能实现信息交换。

4．执行命令功能

CPU 对 I/O 设备的控制命令是通过接口传递的，接口中的命令寄存器可以接收 CPU 发送的命令，经过接口电路对命令代码进行识别和分析，产生相应的控制信号，传送到 I/O 设备上，使之产生相应的操作。

5．通信联络功能

接口是 CPU 与 I/O 设备联系的纽带，一方面，I/O 接口要接收 CPU 的命令并传达给 I/O 设备；另一方面，I/O 接口还要把 I/O 设备的状态回送给 CPU，以确保交互双方准确、无误地进行信息交换。

6．中断管理功能

为实现 CPU 与 I/O 设备的并行工作和实时处理，需要在接口中设置中断控制器，帮助 CPU 处理有关的中断事务。例如，发送中断请求、设置中断屏蔽、进行中断优先级排队、提供中断识别向量等。

7．可编程功能

接口的发展趋势是要具有一定的智能，接口的可编程功能可以让用户在不改动硬件连接的情况下，仅通过修改相应的软件，就能改变接口的工作方式，从而实现对接口上所连接 I/O 设备的灵活控制。

8．错误检测功能

在数据传送过程中，有两种常见的数据错误：一种是物理信道上的干扰造成的传送错误，另一种是由于 CPU 没有及时取走数据（或外设没有及时取走数据）而造成的数据覆盖错误。因此，在长距离传送或高速数据传送的应用场合，I/O 接口还配有检错、纠错功能，如奇偶校验、循环冗余码校验、海明校验等。

需要指出的是，上述功能并不是每种接口都具备的，不同用途的计算机系统要求的接口功能不同，接口电路的复杂程度也差别很大，但前 5 种功能是一般接口所共有的。

9.1.2 I/O 接口的类型

I/O 接口有多种类型，划分的方法不同，划分的类型也不同。

1．接口的信号类型

主机通过接口与 I/O 设备交换的信号有三种：数据信号、状态信号和控制信号。

数据信号是主机与 I/O 设备交换的基本信息，有数据量、模拟量和开关量三种基本形式。

状态信号是主机与 I/O 设备进行数据交换时的一种联络信号，CPU 通过对 I/O 设备状态信息的读取了解设备的工作情况。

控制信号是 CPU 控制 I/O 设备工作的命令信号，典型的控制信号包括 CPU 发出的选通信号、启/停信号、读/写控制信号、复位信号等。

2．按所连外设的功能划分

不同的计算机应用系统所连接的 I/O 设备各不相同，可将 I/O 接口分为用户交互接口、传感接口和控制接口三种。

（1）用户交互接口

这是用于计算机接收用户数据或命令及向用户输出处理好的信息的接口，其主要任务是完成信号类型的转换和数据传输速率的匹配，是所有应用系统不可缺少的部分，如打印机接口、键盘接口、显示器接口、语音识别接口等。

（2）传感接口

这是计算机检测系统中必需的接口，又称模拟输入接口。传感接口的作用是监视、感知被测或被控对象的变化，将这种变化转换成模拟的电压或电流，再进一步转换成计算机能接收的数字量。例如，与压力传感器、温度传感器、震动传感器、扭矩传感器等相连的接口电路。

（3）控制接口

这是计算机控制系统中必需的接口，又称模拟输出接口。控制接口的作用是对计算机处理好的信号进行数模转换，并通过放大电路进行功率放大，以实现计算机对控制对象的控制。例如，计算机通过控制接口驱动步进电机、控制阀门、发光二极管、灯泡等执行部件工作。

3．按接口的通用性划分

按照接口的通用性可将 I/O 接口分为两种：通用接口和专用接口。

（1）通用接口

通用接口是可供多种外部设备使用的标准接口，如 8253 定时/计数器、8259 中断控制器、8251 串行接口、8255 并行接口等。

（2）专用接口

为某些专用的 I/O 设备配套的接口称为专用接口，如键盘和鼠标专用接口、显示器接口、网络接口、音频接口、硬盘接口等。

4．按数据传送的格式划分

按数据传送的格式可将接口划分为并行接口和串行接口两种。

（1）并行接口

接口的两侧都采用并行数据传送方式的接口称为并行接口。在并行数据传送方式中，一组数据的各数据位同时被传送，传送速度快、效率高，但当传送距离较远、传送位数较多时，会导致通信线路复杂且成本增加。

（2）串行接口

在外设一侧采用串行数据传送方式的接口称为串行接口。在串行传送方式中，数据是一位一位顺序传送的，每一位数据占据一个固定的时间长度。因此，只要一对传送线就可以实现双向通信，其传送成本低但传送速度较慢。在串行接口中要有串行数据和并行数据之间的转换电路。

5．按时序控制方式划分

按照时序控制方式，可将接口划分成同步接口和异步接口两种。

（1）同步接口

数据传送由统一的时钟信号控制的接口称为同步接口。这种传送方式具有较高的数据传送效率，常用于高速数据传送场合。

（2）异步接口

数据传送采用异步传送方式控制的接口称为异步接口。采用异步传送方式不需要在线路的两端设置专门的同步设备，使硬件成本降低，但是由于每传送一个字符要有一定的附加信息位，其数据传送效率比较低。

6．按传送信息的方式划分

主机与I/O设备进行数据传送的控制方式有程序查询、程序中断和直接存储器存取（DMA）三种方式。因此，对应的接口电路也有程序查询、程序中断和DMA接口三种形式。程序查询接口虽然简单，但传送效率低，一般很少使用。

（1）程序中断接口

支持用程序中断方式进行信息传送的接口称程序中断接口，它位于主机与中低速设备之间。在中断传送方式下，CPU和外部设备大部分时间是并行工作的，CPU的工作效率高、实时性好，但实现要比程序查询接口复杂。程序中断接口包含程序查询接口的功能，可以工作在程序查询方式。

（2）DMA接口

DMA 接口是可以实现存储器与高速外设直接进行信息传送的接口。这种接口的数据传送速率高，对大批量数据的高速传送特别有效。

9.2 中断技术

CPU在执行程序时，因某种随机请求而暂时中断现行程序，转去执行一段预先编好的处理程序，并在处理完后自动返回到原程序被中断的位置继续执行，这个过程在计算机技术中称为中断。

9.2.1 中断概述

中断是计算机系统中非常重要的技术。实时控制、故障自动处理、人机对话、多机通信、计算机与中低速外设间的数据传送等许多场合都要使用中断系统。中断系统的应用是对CPU功能的有效扩展，大大提高了计算机的工作效率。

1．中断源

引起中断的事件或发出中断请求的来源叫中断源，中断源的种类可以概括为外部中断源和内部中断源两大类，如图9-1所示。

内部中断源是来自CPU内部的中断事件，这些事件是特定的事件，一旦发生，CPU必须立即中止现行的程序，调用预定的处理程序为其服务。根据产生中断的原因，内部中断分为软中断和异常中断两类。

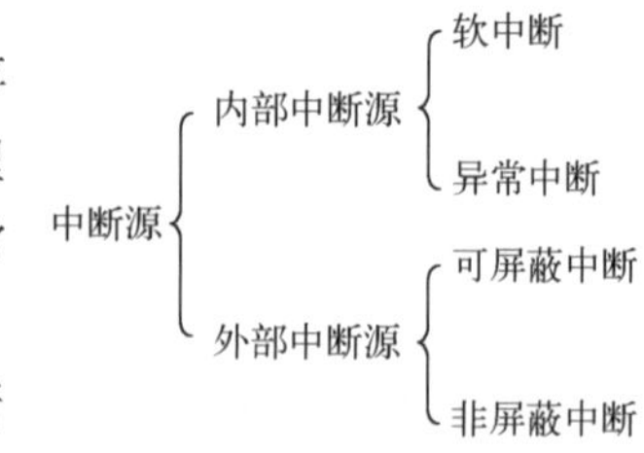

图9-1　中断源的类型

软中断是程序员在程序中安排了中断指令引起的，异常中断是CPU执行指令所产生的错误引起的，有的异常中断和普通中断处理不一样，是返回到引起中断的指令处，有时异常中断会引起系统奔溃。在80X86系统中，异常中断主要包括以下几种情况。

① 除法错误：当执行除法指令时，若除数为0或商超过了最大值，CPU会自动产生类型为0的除法错误中断。

② 陷阱中断：当标志寄存器的标志位TF为1时，CPU处于单步工作方式。因此，每执行

一条指令就会自动产生类型为 1 的单步中断，直到 TF 变为 0。

③ 操作异常：如非法操作码、存储器越界、缺页中断等。

外部中断源是指外部设备、电源故障等 CPU 以外的中断事件，主要包括以下几个方面。

① I/O 设备：如键盘、打印机、鼠标等。

② 数据通道：如磁盘、数据采集装置、网络等。

③ 实时时钟：如定时/计数器计时/计数结束。

④ 故障源：如电源掉电、存储器检验出错等。

2. 中断的优先级

在中断系统中需要对中断源进行优先级排队，排队的原因有两个：一是中断请求是随机发生的，当系统有多个中断源时，有时会出现多个中断源同时申请中断的情况；二是当 CPU 正在处理中断时，有可能出现新的中断请求。由于 CPU 在同一时刻只能为一个中断请求服务，因此需要对中断源进行排队，排队的原则是根据中断源要求处理的轻、重、缓、急进行，CPU 响应中断请求的优先次序称为中断优先级。

CPU 响应中断的原则如下：

① CPU 同时接收到几个中断请求时，首先响应优先级最高的中断请求。

② 正在进行的中断过程不能被新的同级或优先级低的中断请求中断。

③ 正在进行的中断过程可以被新的优先级高的中断请求中断。

按照上述原则，80X86 系统将所有的中断源划分成 4 级，0 级最高，依次降低，各优先级所对应的中断源如下。

① 0 级：除了单步中断以外的所有内部中断源。

② 1 级：不可屏蔽的中断源。

③ 2 级：可屏蔽的中断源。

④ 3 级：单步中断。

3. 中断嵌套

当 CPU 正在执行一个中断服务时，如果有另一个优先级更高的中断源发出中断请求，这时 CPU 会暂时中止正在执行的优先级低的中断源的服务程序，而去处理级别更高的中断源请求的服务，待处理完毕，再返回被中止的处理程序继续执行，直至处理结束返回主程序，这种中断套中断的过程称为中断嵌套，又称多重中断，如图 9-2 所示。若一旦进入中断就不再响应新的中断，则称单重中断。

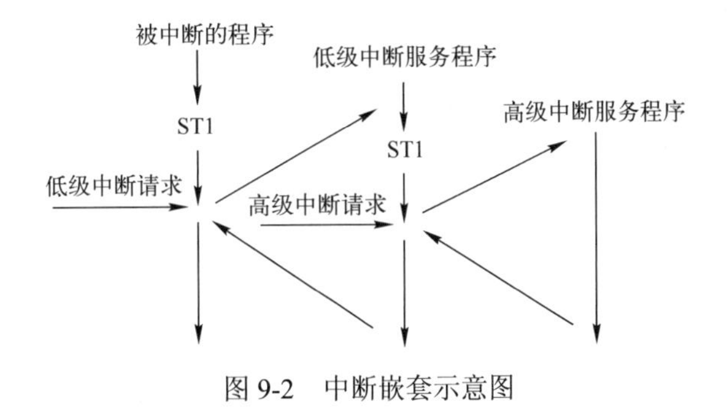

图 9-2　中断嵌套示意图

由于 CPU 响应中断请求后，在进入服务程序前，硬件会自动关闭中断，从而使 CPU 执行中断服务程序时将不能响应其他中断请求。因此，为了实现中断嵌套，应在中断服务程序保存完现场后，用一条开中断指令开中断。

在实际应用中，中断嵌套的层数是不受限制的，但由于中断调用时，要用堆栈来保护断点和现场，嵌套层数越多，占用的堆栈空间越大，因此，设计中断程序时要考虑留有足够的堆栈空间，否则会造成堆栈溢出，使程序运行失败。

4. 中断向量表

中断源发出的请求信号被 CPU 检测到后，如果中断控制系统允许响应该中断，CPU 就会在当前指令结束之后自动响应中断，获得中断服务程序的入口地址，转去执行中断服务程序。

用硬件方法获得中断服务程序入口地址的中断称为向量中断，中断服务程序入口地址称为中断向量，存放在存储器的特定区域，这个区域称为中断向量表。按照一定的规则可以从中断向量表中获得中断服务程序的入口地址，转去执行中断服务程序。

9.2.2 中断的过程

对于不同类型的计算机，其中断系统各有不同，但实现中断的过程是相同的。一次完整的中断过程一般包括中断请求、中断源的识别和中断判优、中断响应、中断处理、中断返回 5 个基本步骤。

1. 中断请求

中断请求是中断过程的第一步，不同中断源的中断请求的特点不同，下面分别加以阐述。

（1）外部中断源的中断请求

外部中断源有中断请求时，中断请求信号可通过中断请求线送入 CPU。如 80X86 CPU 有两个外部中断请求引脚 INTR 和 NMI，CPU 在执行完每条指令后，都会检测这两个中断请求输入引脚，查看是否有外部中断请求信号。

来自 NMI 引脚的是非屏蔽中断请求信号，一旦出现必须立即处理。这种中断请求信号都是边沿触发信号，CPU 根据中断请求端上有无从低到高或从高到低的跳变来确定中断请求信号是否有效，一旦确定中断请求有效，则在当前指令执行完毕后，立刻响应该中断。

来自 INTR 引脚的是可屏蔽中断请求信号，当中断允许位 IF 为 1 时，CPU 在当前指令执行完毕后，将响应该中断请求；若中断允许位 IF 为 0，CPU 将不理会 INTR 上的中断请求。

通常，INTR 引脚上的可屏蔽中断请求信号是电平触发信号，CPU 根据中断请求端上有无稳定的高电平或低电平信号来确定中断请求信号是否有效。因此，为了不丢失中断请求信号，在时序上，INTR 上的有效请求信号应保持到被 CPU 响应为止，但 CPU 响应后，还需要及时使 INTR 信号变为无效请求电平，以免造成多次中断响应。

（2）内部中断源的中断请求

内部中断源的请求不需要使用 CPU 引脚，它由 CPU 在下列两种情况下自动触发：一是系统运行的程序中有中断指令，CPU 执行该中断指令后自动跳转执行中断服务程序；二是异常中断，系统运行程序时，内部某些特殊事件激发，如除数为 0、运算溢出或单步跟踪等，CPU 处理异常中断也会进入相应的中断处理程序，但对某些异常中断，如无效操作码、除法出错、堆栈溢出、页面失效等，在处理完后要返回到引起异常的指令处重新执行。

2. 中断源的识别和中断判优

（1）中断源的识别

对中断源的识别主要针对外部中断。识别中断源有两种方法：一是软件查询法（非向量中断法）；二是向量中断法。

软件查询法是通过读取保存在中断请求状态寄存器中各个中断请求信号的状态来识别中断源的方法。中断查询接口如图 9-3（a）所示，各个外部设备的中断请求信号被保存在锁存器中，通过或门与 CPU 的 INTR 连接，CPU 用输入指令选通三态缓冲器读取已经锁存的中断请求信号的状态，并通过软件逐位查询并行数据端口送来的请求信号的状态，识别有效的中断源。软件查询法通过程序识别中断源，速度较慢，查询程序流程如图 9-3（b）所示。

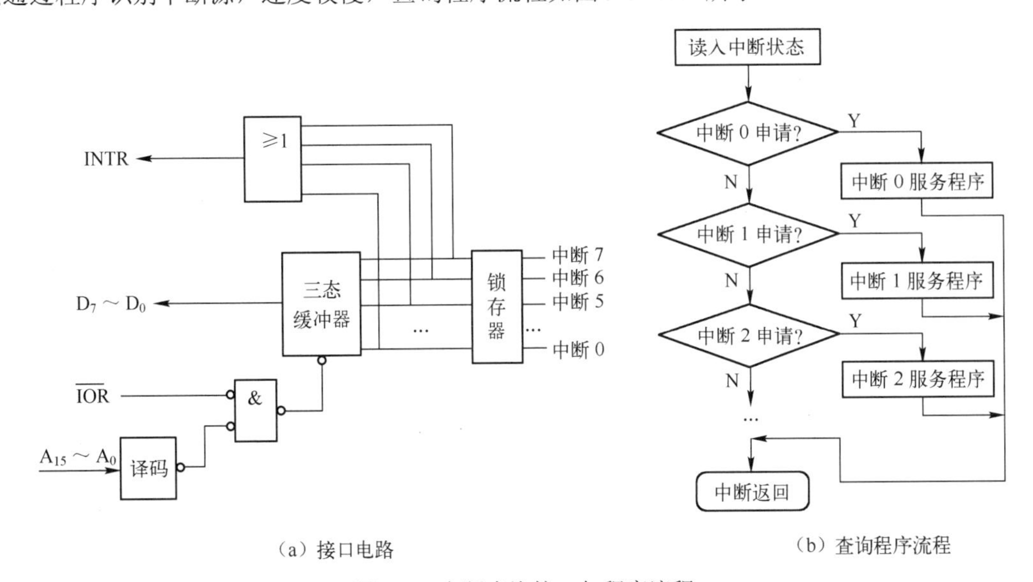

（a）接口电路　　（b）查询程序流程

图 9-3　中断查询接口与程序流程

向量中断法是一种硬件识别中断源的方法，CPU 在响应中断请求时，生成中断响应总线周期。在中断响应周期内，CPU 的中断响应信号选通中断接口电路，接口中的中断排队与编码器进行判优并产生其中级别最高的中断源的中断类型号，将该中断类型号发送到数据总线。由于一个中断类型号对应一个外设的中断，CPU 读取数据总线上送来的中断类型号后便可知道中断的来源，自动转向中断服务程序。用中断向量法识别中断源不占用 CPU 额外的时间，速度快，在中断响应周期内即可完成，所以得到了广泛的应用。

（2）中断判优

中断优先级控制要考虑两种需求：一是对同时产生的中断，应首先处理优先级别较高的中断；二是对于非同时产生的中断，按照先来先服务的原则处理，且低优先级别的中断处理程序允许被高优先级别的中断源所中断。

对外部中断，中断优先级的判定方法也有两种：软件判优和硬件判优。

软件判优是指用软件的查询顺序来安排各中断源优先级别的方法。例如，图 9-3（b）所示的查询程序流程，其查询顺序是从中断 0 开始的，如果中断 0 提出了请求，CPU 就响应中断 0，否则查询中断 1；如果中断 1 有请求，CPU 就响应中断 1，否则接着查询中断 2……最后查询中断 7，这样就实现了中断 0→中断 1→中断 2→…→中断 7 的中断优先级顺序。

软件判优法对应的硬件电路简单、优先级安排灵活，但判优所花费的时间比较长，在中断源较多的场合会影响中断响应的实时性。

硬件判优是指用专门的硬件电路或中断控制器来实现中断优先级排队的判优方法。简单的硬件判优采用的是菊花链式电路，其基本思想是将所有中断源构成一个链，各中断源在链中的先后顺序决定了中断优先级别的高低，排在链前面的中断源优先级别高，当高级别的中断请求被响应后，将自动封锁后面低优先级的中断。菊花链式中断判优电路如图 9-4 所示。

由图 9-4（a）可以看到，所有外设接口送出的中断请求信号经过 OC 反相器输出线“与”后，再由反相器送入 CPU 的中断请求信号 INTR 端，其逻辑功能表现为只要有设备发出高电平请求信号，CPU 的 INTR 端就为高电平，当 CPU 允许中断时，就会通过 $\overline{\text{INTA}}$ 端发送一个低电平中断响应信号。每个外设对应的接口都有一个中断逻辑电路，CPU 的中断响应信号将沿着这些逻辑电路串联成的菊花链从前向后传递。

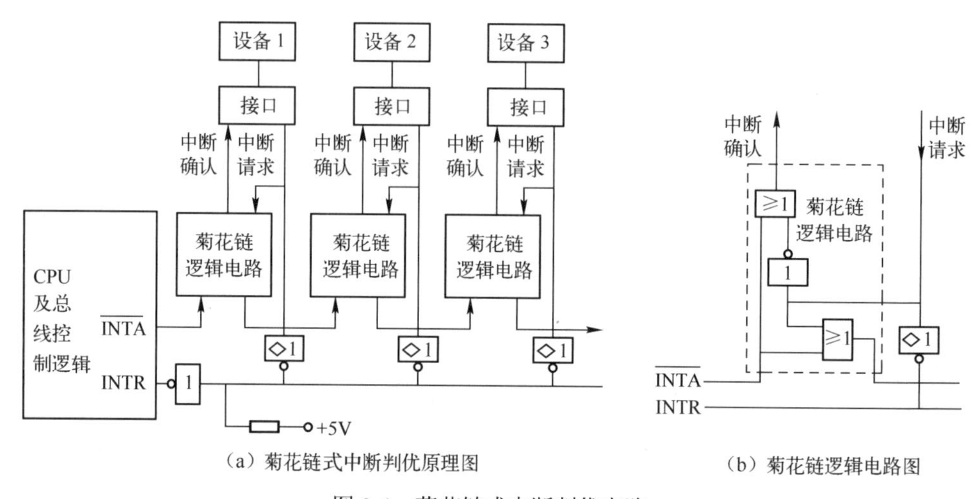

图 9-4　菊花链式中断判优电路

由图 9-4（b）可以看到，如果某级别较高的设备没有中断请求，即对应的中断请求信号为低电平，那么这个信号与 CPU 的中断响应信号 $\overline{\text{INTA}}$ 的低电平进行或运算后，依然为低电平，则中断逻辑电路会将中断响应信号 $\overline{\text{INTA}}$ 原封不动地向后传递。但是，如果该设备有中断请求，即对应的中断请求信号为高电平，则该信号经或门输出为高电平，这样，接在菊花链后面的低级别设备的中断请求将被阻塞，$\overline{\text{INTA}}$ 信号只能在本级被截取而不会传递到后面的接口。

当多个外设同时发出中断请求时，由上述分析可知，菊花链中位置靠前的外设将截获中断响应 $\overline{\text{INTA}}$ 的信号，而排在菊花链中位置靠后的外设因收不到 $\overline{\text{INTA}}$ 信号而暂时不被处理。若 CPU 在处理某外设中断服务程序的过程中，又有级别更高的外设提出中断请求，由于菊花链电路中低级别外设不能阻塞高级别外设接收 CPU 的中断响应 $\overline{\text{INTA}}$ 的信号，则 CPU 可以响应这个高级别外设的中断请求，从而实现中断嵌套。除菊花链判优电路，还可设计速度更快的并行判优电路。

3. 中断响应

CPU 响应中断是有条件的，对于 CPU 内部中断源的请求，可直接转入中断周期，由内部硬件自动执行预定的操作。对于 CPU 外部中断源的请求，通常必须满足以下条件才能响应。

① 有中断源发出请求：CPU 在每条指令执行的最后一个时钟周期检测中断请求线上有无请求信号，若有，则进入下一个条件的判断。

② 中断允许且中断未被屏蔽：如果是外部可屏蔽中断源的请求，只有当中断允许标志位 IF 被置为 1 时，CPU 才能响应外部可屏蔽中断（对外部非屏蔽中断请求无此约束）。IF 的状态可以由专门设置的开中断和关中断指令来改变。

③ 当前没有同级或更高级别的中断服务或中断请求。

④ 当前的指令周期已结束。

中断响应时，CPU 除要向中断源发送中断响应信号 $\overline{\text{INTA}}$，还要自动完成以下操作。

① 关闭中断：使 IF 清 0，以避免在中断过程中或进入中断服务程序后再次被其他可屏蔽中断源中断。

② 保护断点：将下条指令地址及状态寄存器 PSW 的内容压入堆栈。

③ 获取中断服务程序的入口地址：对于外部可屏蔽中断源，通过 INTR 引脚发送中断请求，由中断控制器将已发送请求的外设的中断类型号送数据总线，CPU 读取该中断类型号，并依此查找中断向量表，获取中断服务程序的入口地址。对于外部非屏蔽中断源，通过 NMI 引脚发送中断请求，CPU 检测到该请求信号有效后，会自动产生中断类型号，并转入相应的服务程序。对于内部中断源，其中断类型号是固定的，或由 INT 指令中的中断号直接提供。因此中断发生时，CPU 就获知了中断类型号，可以直接转入相应的服务程序。

4．中断处理

中断处理过程就是 CPU 执行中断服务程序的过程，在形式上和一般的子程序类似，不同之处在于以下几个方面。

① 在中断服务程序中要考虑开中断和关中断，保护完现场后一般要开中断，恢复现场前又要关中断，中断返回前要再次开中断。

② 中断服务程序要用中断返回指令返回被中断的程序。

在中断处理程序中，要先后安排如下内容。

① 保护现场：将服务程序中可能要用到的寄存器内容压入堆栈，以保护被中断程序在断点处的状态。

② 开中断：对于多重中断（单重中断不需要），要用开中断指令打开中断，以便在执行中断服务程序时，能响应更高级别的中断请求。

③ 中断服务：这是整个中断服务程序的核心，不同的中断源，其服务程序的内容不同，要根据中断处理的需要来编写。

④ 关中断：对于多重中断（单重中断不需要），要用关中断指令关闭中断，目的是保证在恢复现场的时候不被新的中断所打扰。

⑤ 恢复现场：在中断服务程序的末尾，将已压入堆栈的寄存器内容再弹回相应的寄存器中，恢复主程序在断点处的寄存器状态。

⑥ 开中断：用开中断指令再次打开中断，以便在中断返回后能响应新的中断。

5．中断返回

在中断服务程序的最后要用中断返回指令使断点地址从堆栈弹出送回程序计数器，还要恢复状态寄存器中的内容，就可以继续执行被中断的程序了。

9.2.3　80X86 中断系统

80X86 中断系统有实地址方式和保护方式两种工作模式，在实地址方式下和 8086 是完全一样的；在保护方式下，寻址和实地址方式不同。

1．80X86 中断系统概述

80X86 CPU 具有一个功能很强、管理高效且简便灵活的中断系统，可以处理多达 256 种中断源，系统采用硬件识别中断源的方法，通过读入中断类型号来识别提出请求的中断源，中断类型编号为 0～255。

图 9-5 所示为 8086 中断系统的总体结构。中断系统的中断源包括内部中断源和外部中断源两大类。其中外部中断源的中断信号分别从 CPU 的 INTR 和 NMI 两个引脚引入。8259 中断控制器与 CPU 的 INTR 相连，管理着 8 级可屏蔽外部中断源。非屏蔽中断源的中断请求信号通过控制逻辑与 CPU 的 NMI 引脚连接，用于需要紧急处理的事件。内部中断源则是通过内部逻辑进入相应的中断服务程序进行中断处理的，包括各种异常中断和通过中断指令产生的中断。对 Pentium 等 CPU，已经将中断控制器集成到芯片组中，但工作原理是类似的。

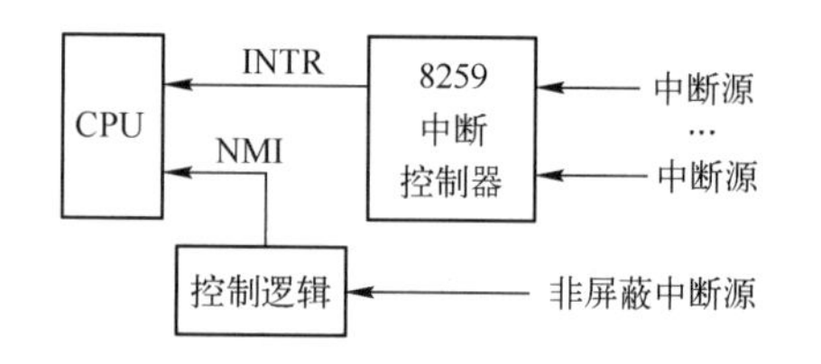

图 9-5　8086 中断系统的总体结构

2．80X86 系统的中断向量表

80X86 中断系统采用中断向量结构，每个中断源都规定一个特定的中断类型号供 CPU 识别不同的中断源。

当工作在实地址方式时，所有中断向量集中起来，按中断类型号从小到大的顺序放在中断向量表中。中断向量表位于存储器的最低 1KB 单元，即 0000H～03FFH（共 1024 个单元）的存储区中，每个中断向量占用 4 个单元，因此这个中断向量表中可以存储 256 种不同类型的中断向量，类型号为 0～0FFH。具体的中断类型及名称如表 9-1 所示，其中：

① 0～4H 用于内部专用中断。

② 8～0FH 用于 8259 控制的 8 级中断。

③ 10～1FH 用于 ROM-BIOS 调用的软件中断。

④ 20～FFH 用于 DOS 中断调用和保留的中断。

表 9-1　8086 的中断向量表

地　址	类 型 号	中 断 名 称	地　址	类 型 号	中 断 名 称
0～3	0	除法出错	30～33	C	串行口 1
4～7	1	单步	34～37	D	并行口 2
8～0B	2	非屏蔽	38～3B	E	软盘中断
0C～0F	3	断点	3C～3F	F	并行口 1
10～13	4	溢出	40～43	10	视频 BIOS
14～17	5	打印屏幕	44～47	11	装置检查调用
18～1B	6	非法指令	48～4B	12	存储器容量检查调用
1C～1F	7	协处理机不存在	4C～4F	13	磁盘/I/O 调用
20～23	8	系统时钟	50～53	14	RS232 I/O 服务中断
24～27	9	键盘中断	54～57	15	盒式磁带 I/O 调用
28～2B	A	8259 级联	58～5B	16	键盘 I/O 调用
2C～2F	B	串行口 2	5C～5F	17	打印机 I/O 调用

续表

地　址	类 型 号	中 断 名 称	地　址	类 型 号	中 断 名 称
60～63	18	常驻 Basic 入口	90～93	24	标准错误出口地址
64～67	19	引导程序入口	94～97	25	绝对磁盘读
68～6B	1A	时间调用	98～9B	26	绝对磁盘写
6C～6F	1B	键盘 Ctrl-Break 控制	9C～9F	27	程序结束，驻留内存
70～73	1C	定时器报时	0A0～0FF	28～3F	为 DOS 保留
74～77	1D	显示器初始化参数表	100～17F	40～5F	保留
78～7B	1E	软盘初始化参数表	180～19F	60～67	为用户软中断
7C～7F	1F	字符点阵结构参数	1A0～1FF	68～7F	不用
80～83	20	程序结束，返回 DOS	200～217	80～85	Basic 使用
84～87	21	DOS 系统功能调用	218～2C3	86～F0	Basic 解释程序
88～8B	22	结束地址	3C4～3FF	F1～FF	未用
8C～8F	23	Ctrl-Break 退出地址			

对 Pentium 系列机，中断类型号对应的功能有一定的变化，特别是内部异常中断，又增加了许多种，且只能在保护方式下使用，这里就不详细介绍了。

中断向量表的结构如图 9-6 所示。无论是外部中断还是内部中断，每个中断源都有一个与之对应的中断类型号 n，中断服务程序的入口地址的存放位置可根据中断类型号 n 乘以 4 得到。例如，中断类型号为 8 的中断，其中断服务程序的入口地址存放在 0000:0020H（4×8=32 即 20H）开始的 4 字节单元中，0000:0020H 和 0000:0021H 单元中的内容为中断服务程序入口的偏移地址，0000:0022H 和 0000:0023H 单元中的内容为中断服务程序入口的段地址。中断类型号为 4 的中断，其中断服务程序的入口地址存放在 0000:0010H（4×4=16 即 10H）开始的 4 字节单元中。0000:0010H 和 0000:0011H 单元中的内容为中断服务程序入口的偏移地址，0000:0012H 和 0000:0013H 单元中的内容为中断服务程序入口的段地址。

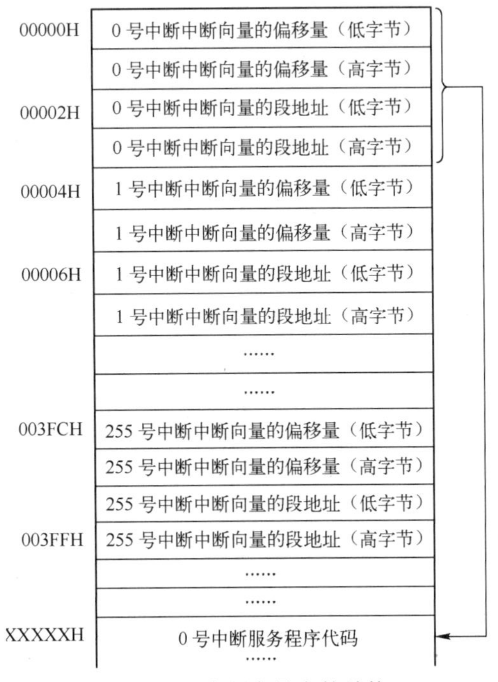

图 9-6　中断向量表的结构

当 80X86 工作在保护方式时，中断向量的形成要复杂一些。中断服务程序的入口偏移地址及属性放在中断描述符表中，表中一个中断类型的描述符占 8 字节，包括 32 位偏移地址、16 位段选择子和 16 位其他相关信息，256 个中断源的中断描述符占 2KB。中断描述符表在主存的位置由中断描述符表寄存器指明。响应中断时，中断类型号乘以 8 作为偏移量，在中断描述符表中找到相应的中断描述符，得到段选择子和中断服务程序入口的偏移地址等信息。按照得到的段选择子访问段描述符表可得到 32 位的段地址，和得到的偏移地址相加，才能形成 32 位的中断服务程序的入口地址。

保护方式和实地址方式主要有以下 3 点不同：

① 实地址方式的中断向量表只能在最低 1KB 的存储空间中，而保护方式的中断描述符表可在主存的任意位置。

② 256 个中断源在实地址方式中，中断向量表占 1KB 的存储空间，而在保护方式中，中断描述符表要占 2KB 的存储空间。

③ 在实地址方式中，中断服务程序只能存放在 1MB 以内的存储空间中，而在保护方式中，中断服务程序存放存储空间不受限制。

3. 80X86 系统的中断过程

80X86 系统的中断处理过程包括中断请求、中断响应、中断处理和中断返回等步骤，中断的优先权从高到低依次是：内部中断（单步中断除外）→外部非屏蔽中断→外部可屏蔽中断→单步中断。

① 当 CPU 执行每条指令的最后一个时钟周期时，会对中断源发来的中断请求信号进行查询，先询问是否发生内部中断请求，如除法出错、INT n、INTO 和断点等引起的中断。这些软件中断在执行时，不需要中断识别总线周期，它们的中断类型号是固定的，由 CPU 内部自动提供，根据中断类型号计算出中断服务程序入口的地址，转入中断服务程序，立即开始相应的中断处理。

② 如果没有发生内部中断请求，接着询问是否有外部非屏蔽中断 NMI 请求，若有就在 CPU 内部形成中断类型号 2，计算出中断服务程序的入口的地址后，转入中断服务程序，立即开始相应的中断处理。

③ 如果没有 NMI 请求，再询问是否有外部可屏蔽中断 INTR 请求，若有，就进一步测试 IF 标志位的状态，IF=1 时，CPU 进入中断响应周期。如果 IF=0，即使中断源有中断请求，CPU 也不会响应。如在 80X86 中断系统中，外部设备的中断请求是通过中断控制器 8259 统一管理的，8259 对多个外部设备同时或先后产生的中断请求按优先级排队，选取一个当前具有最高优先级的中断类型号送数据线，CPU 读取该类型号，乘以 4 计算出中断服务程序入口在中断向量表中的存放地址，访问中断向量表读出中断服务程序的入口地址，启动相应的中断服务程序。

④ 最后查询的是单步中断请求，如果 TF 标志位为 1，CPU 内部将自动形成中断类型号 1，计算出中断服务程序的地址后，转入单步中断服务程序。如果 TF 标志位为 0，CPU 就不响应中断，而是继续执行下一条指令。

9.3 CPU 与外设数据传送的方式

CPU 与外部设备进行数据传送的方式主要有程序查询传送方式、程序中断传送方式和 DMA 传送方式。

9.3.1 程序查询传送方式

程序查询传送方式又称为有条件传送方式或应答传送方式。CPU 在传送数据前需要先查询外部设备的状态，只有在外部设备已准备好的情况下才进行数据传送，否则就一直等待，直到外部设备准备好为止，程序查询传送方式流程图如图 9-7 所示。

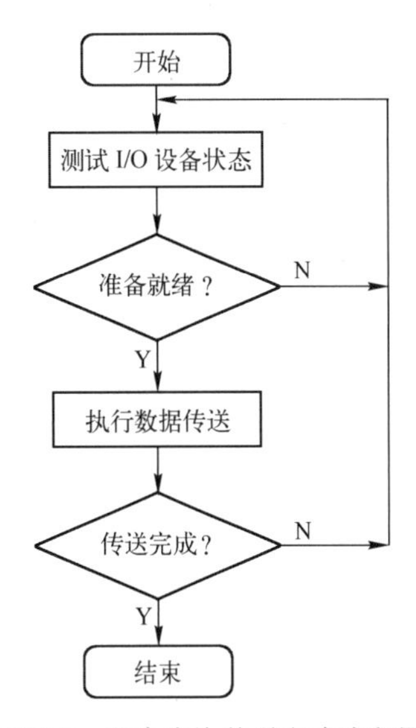

图 9-7　程序查询传送方式流程图

为了获知外部设备的工作状态，I/O 接口需要设计实现查询功能的电路，它与外设状态输入信号相连，可将若干外部设备的工作状态保存在一个状态寄存器中，CPU 通过读取状态寄存器中的状态数据来检测外设是否准备就绪。

1. 查询输入接口电路

图 9-8 所示为一个采用查询方式输入数据的接口示意图。8 位锁存器与 8 位三态缓冲器构成数据输入寄存器，设其端口地址为 4000H，它一侧接输入设备，另一侧连接数据总线。1 位 D 触发器和 1 位三态缓冲器构成状态检测寄存器，设其端口地址为 4001H，检测结果通过数据总线的 D_0 位送出。

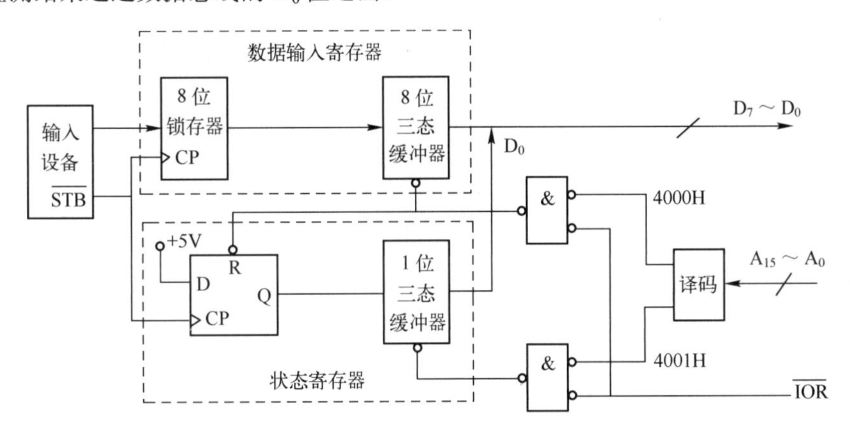

图 9-8　查询输入接口

当输入设备通过选通信号 $\overline{STB}$ 将数据送入数据输入寄存器时，该信号也使 D 触发器输出 Q 为 1，告知 CPU 外部设备数据准备就绪。CPU 可随时读取 D_0 的状态来查询数据的准备情况。当 CPU 对端口进行读数据操作时，即 $\overline{IOR}$ 有效，$\overline{IOR}$ 使 D 触发器复位端 R 为低电平，D 触发器被清 0，表明数据已被取走。如果此时再查询状态寄存器时 D_0=0，说明下一个输入数据尚未准备就绪，CPU 将继续等待。

与图 9-8 对应的查询输入程序段如下：

```
         MOV     DX , 4001H     ;DX 指向状态端口
STATUS:  IN      AL , DX        ;读状态端口
         TEST    AL , 01H       ;测试状态位 D0
         JZ      STATUS         ;D0=0，未就绪，继续查询
         DEC     DX             ;D0=1，就绪，DX 改为指向数据端口
         IN      AL , DX        ;从数据端口输入数据
```

2. 查询输出接口电路

图 9-9 所示为一个采用查询方式输出数据的接口示意图。8 位锁存器构成数据输出寄存器，设其端口地址为 4000H，它一侧接输出设备，另一侧连接数据总线。1 位 D 触发器和 1 位三态缓冲器构成状态检测寄存器，设其端口地址为 4001H，检测结果通过数据总线的 D_7 位送出。

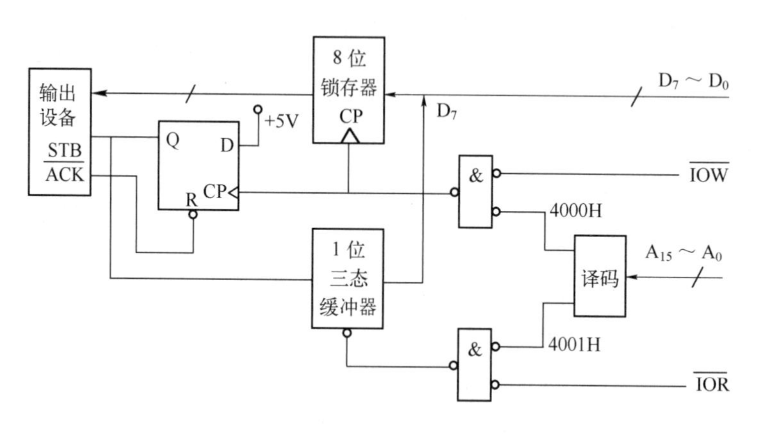

图 9-9 查询输出接口

当 CPU 要向外部设备输出数据时，先查询状态寄存器的输出 D_7，若 D_7=0，表示外部设备可以接收数据，接着，CPU 执行输出指令，地址译码器选通写控制信号，一方面将数据送入 8 位锁存器锁存，另一方面将 D 触发器输出置为 1。D 触发器的高电平输出一方面通知外部设备可以取走数据，另一方面也使三态缓冲器输出 D_7=1，表示外部设备忙，CPU 只能继续查询等待，不能写入新的数据。而当外部设备取走数据后，通常会返回一个应答信号 $\overline{ACK}$，该信号使 D 触发器清 0，这样 CPU 就可以开始新的数据输出过程。

与图 9-9 对应的查询输出程序段如下：

```
        MOV     DX , 4001H      ;DX 指向状态端口
STATUS: IN      AL，DX          ;读状态端口
        TEST    AL , 80H        ;测试状态位 D7
        JNZ     STATUS          ;D7=1，未就绪，继续查询
        DEC     DX              ;D7=0，就绪，DX 改为指向数据端口
        MOV     AL,BUF          ;将变量 BUF 代表的值送入 AL
        OUT     DX , AL         ;将 AL 中的数据送入数据口
```

9.3.2 程序中断传送方式

采用程序查询方式进行数据传送解决了 CPU 与外部设备速度上的协调问题，但是需要 CPU 花费大量的时间进行查询等待，大大降低了 CPU 的使用效率。

运用 9. 2 节介绍的中断技术，可以很好地解决上述问题。采用中断技术进行数据传送，CPU 不必反复查询外设的状态，在外部设备没有发出请求的时候，可以执行其他程序，而当外部设备做好准备要和 CPU 交换数据时，就通过中断 I/O 接口给 CPU 发送一个中断请求信号，CPU 响应该请求，暂停正在执行的程序，转入中断服务程序，完成一次数据传送。

中断传送方式适用于I/O设备速度不太高的数据传送场合，尤其是实时数据传送和紧急事件的处理。

9.3.3 DMA传送方式

前面所述各种数据传送方式，都需要通过程序来传送数据，外部设备每向主存中传送1字节的数据，都要求CPU先进行一次总线读操作，将外部设备的数据送至CPU内部的寄存器中暂存，然后进行一次总线的写操作，将数据写入主存，这一过程需要耗费较多的时间，这在高速外设或批量数据传送的场合就不适用了。

直接存储器存取（Direct Memory Access，DMA）方式是一种让数据在外设和主存之间（或主存到主存之间）直接传送数据的方式。

1. DMA传送方式的特点

DMA传送方式有以下特点：

① 和中断一样可以响应外设的随机请求。外设准备好传送数据就可以发DMA请求，DMA控制器响应请求，进行DMA方式传送。

② DMA传送不占用CPU资源，不用切换程序，也就不用保护现场、恢复现场，只是进行总线控制权的切换，CPU让出总线的控制权，DMA控制器接管总线，数据传送完全由DMA控制器来控制。CPU只要不访问主存，就可以和DMA控制器并行工作，提高了系统工作效率。

③ DMA方式中，在主存和外设之间直接完成数据传送，主存地址的修改、主存和外设接口的读/写、传送结束的判断都是由DMA硬件电路实现的，即用硬件控制代替了软件控制，可以提高数据的吞吐量，适合高速外设的要求。

④ DMA 方式依靠硬件仅能完成简单的数据传送，不能像中断那样识别和处理复杂的事件。

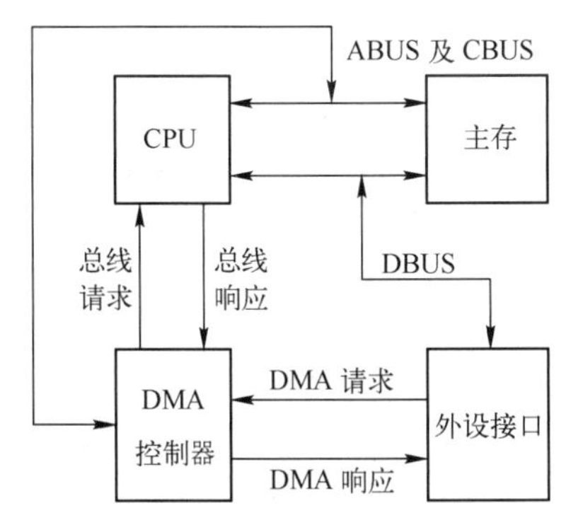

图9-10 DMA传送示意图

2. DMA传送过程

图9-10所示是DMA传送示意图，其工作过程如下。

（1）DMA控制器的初始化

DMA控制器是DMA传送的关键，DMA控制器在作为主控设备前，CPU应执行初始化程序，将有关信息预先写入DMA控制器的内部寄存器中，如DMA控制器的工作方式、存储区域首地址及要传送的字节数等。

（2）外设提出DMA传送请求

当外设需要进行DMA传送时，首先要向DMA控制器发出DMA请求（DAMREQ）信号，该信号应维持到DMA控制器响应为止。

（3）DMA控制器向CPU发出总线请求

DMA控制器接到请求后，需要向CPU发出总线请求（HOLD）信号，请求取得总线控制权，该信号在整个传送过程中应一直维持有效。

（4）CPU响应

CPU在每个时钟上升沿都检测有无HOLD请求，若有此请求，就在当前总线周期结束时响应该请求，并向DMA控制器发送一个总线响应（HLDA）信号，表示CPU让出总线控制权，并将自己与总线相连接的引脚置为高阻状态。

（5）DMA控制器传送

DMA控制器在接到总线响应（HLDA）信号后，向外设回答一个DMA响应（DMAACK）信号，便开始进行DMA传送。

当规定的数据传送完后，DMA控制器就撤销发往CPU的HOLD信号。CPU检测到HOLD失效后，紧接着撤销HLDA信号，并在下一时钟周期重新恢复对总线的控制权。

（6）结束传送

DMA控制器结束传送时，会向CPU发出中断请求，CPU则响应中断，进行善后处理。

3. DMA的传送方式

在DMA控制器的控制下进行数据传送，有单次传送、块传送和请求传送三种方式。

（1）单次传送

每次DMA传送仅传送一个字的方式称为单次传送，又称单字传送。这种传送方式的特点是：一次DMA请求只传送一个数据，占用一个总线周期，随后就把总线控制权交给CPU。因此，这种方式又称为总线周期挪用方式。

（2）块传送

每次DMA传送可以连续传送成组数据的方式称为块传送。这种传送方式的特点是：一次DMA请求可以将一组数据的各个字连续传送，中间不停顿，即便是传送的过程中撤掉DMA请求信号，也能保证连续传送。块传送的效率高，但是传送过程中，CPU长期失去总线的控制权，无法响应其他DMA请求，也无法响应中断。

（3）请求传送

请求传送与块传送类似，每次DMA也可以连续传送成组的数据，但是这种传送是在请求信号的控制下完成的。如果请求信号一直有效，就连续传送数据，而当请求信号无效时，DMA传送就被挂起，CPU接管总线，直到请求信号再次有效时，才继续进行DMA传送。这种传送方式的特点是可以利用外设的请求信号来控制传送的速率。

9.4 可编程接口

随着集成电路技术的发展，已生产出各种各样具有智能化、集成化的接口芯片。为满足通用性，这些芯片通常具有多项功能或多种工作方式，用户在使用时通过编程就可选择自己所需的功能或工作方式。本节主要介绍常用可编程接口芯片的功能特点及应用方法。

9.4.1 可编程并行接口8255A

8255A是Intel公司生产的通用8位并行输入/输出接口芯片，可通过软件来设置芯片的工作方式，实现主机和外设的并行通信。用8255A连接外部设备时，通常不需要附加外部电路，给使用带来了很大的方便。

1．8255A 的引脚

8255A 是一种使用单一的+5V 电源、40 引脚双列直插式的大规模集成电路芯片，其引脚排列如图 9-11 所示。8255A 的引脚信号可以分为两组：一组是面向 CPU 的信号，另一组是面向外设的信号。

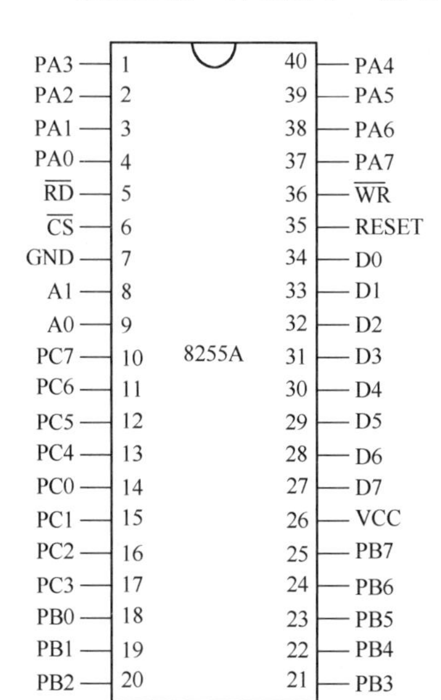

图 9-11　8255A 的引脚排列

（1）面向 CPU 的引脚信号及功能

D7～D0：8 位双向数据线，用来与系统数据总线相连。

$\overline{CS}$：片选输入信号，低电平有效，当$\overline{CS}$=0 时，CPU 选中 8255A，可对 8255A 进行读/写操作，当$\overline{CS}$=1 时，8255A 未被选中。

$\overline{RD}$：读输入信号，低电平有效，用于控制 8255A 将数据或状态信息送给 CPU。

$\overline{WR}$：写输入信号，低电平有效，用于控制 CPU 将数据或控制信息送到 8255A。

RESET：复位输入信号，高电平有效，用于清除 8255A 内部寄存器的内容，并置 A 口、B 口、C 口均为输入方式。

A1 和 A0：端口选择输入线，这两个引脚上的信号组合决定对 8255A 内部的哪一个端口进行操作。8255A 内部共有 4 个端口，即 A 口、B 口、C 口和控制口，当 A1A0=00 时，选择 A 口，当 A1A0=01 时，选择 B 口，当 A1A0=10 时，选择 C 口，当 A1A0=11 时，选择控制口。

（2）面向外设的引脚信号及功能

PA0～PA7：A 口 8 位数据线，其内部是一个独立的 8 位 I/O 口，具有输出锁存器/缓冲器和输入锁存器，在方式 2 下输入/输出均锁存。

PB0～PB7：B 口 8 位数据线，其内部是一个独立的 8 位 I/O 口，具有输出锁存器/缓冲器和输入缓冲器，没有输入锁存功能。

PC0～PC7：C 口 8 位数据线，既可以作为一个独立的 8 位 I/O 口又可以作为两个独立的 4 位 I/O 口。其内部具有输出锁存器/缓冲器和输入缓冲器，没有输入锁存功能。

2．8255A 的控制字

控制字是决定 8255A 三个端口工作方式的信息，8255A 有两个控制字：方式选择控制字和 C 口按位置位/复位控制字。CPU 将这两个控制字写入同一个端口地址（A1A0=11），并用控制字的 D7 位加以区别，当 D7=1 时，表示工作方式控制字，当 D7=0 时，表示 C 口按位置位/复位控制字。

（1）工作方式控制字

8255A 的方式控制字由 1 字节的数据组成，其中 D2～D0 位用于对 B 组的端口进行工作方式设定；D6～D3 位用于对 A 组的端口进行工作方式设定，方式控制字格式如图 9-12 所示。

例 9-1　某系统要求使用 8255A 的 A 口方式 0 输入，B 口方式 0 输出，C 口高 4 位方式 0 输出，C 口低 4 位方式 0 输入，若控制端口地址为 CTRL_PORT，试编写初始化的程序段。

按照系统要求，控制字为：10010001B，即 91H。

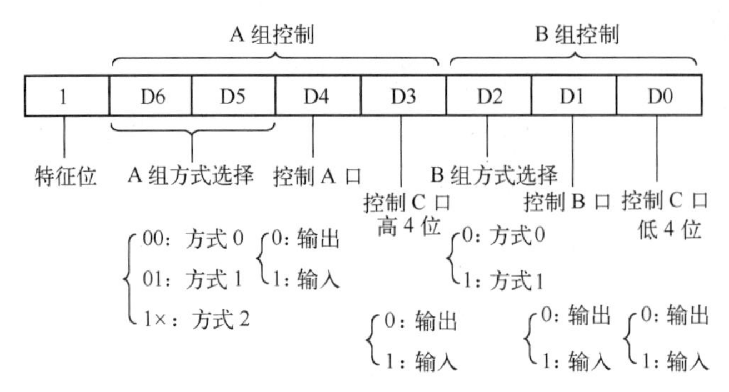

图 9-12　8255A 方式控制字格式

初始化程序段如下：

```
MOV   AL , 91H
OUT   CTRL_PORT , AL
```

（2）C 口按位置位/复位控制字

为了实现控制的需要，8255A 的 C 口可按位进行置位和复位，其控制字的格式如图 9-13 所示。可以看到，D3～D1 的编码与 C 口的某一位相对应，而指定位的取值则由 D0 确定，当 D0=0 时，指定位被复位，当 D0=1 时，指定位被置位。

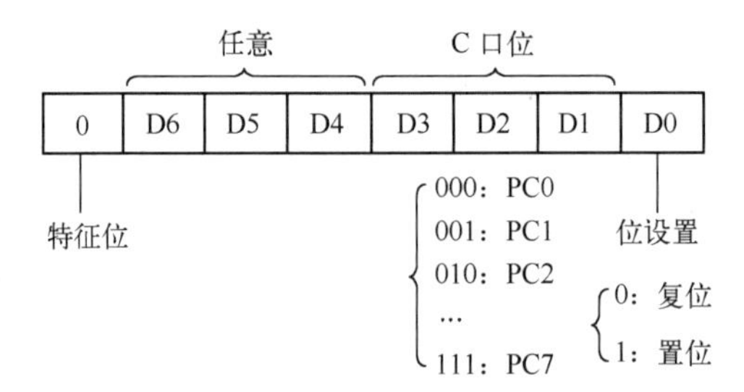

图 9-13　8255A 端口 C 置位/复位控制字的格式

例 9-2　A 口方式 2，要求发两个中断允许，即 PC4 和 PC6 均需置位。B 口方式 1，要求使 PC2 置位来开放中断，若控制端口地址为 CTRL_PORT，试编写完整的初始化程序。

按照系统要求，控制字为 0C4H。

初始化程序段如下：

```
MOV      AL , 0C4H
OUT      CTRL_PORT , AL         ;设置工作方式
MOV      AL , 09H
OUT      CTRL_PORT , AL         ;PC4 置位，A 口输入允许中断
MOV      AL , ODH
OUT      CTRL_PORT , AL         ;PC6 置位，A 口输出允许中断
MOV      AL，  05H
OUT      CTRL_PORT , AL         ;PC2 置位；B 口输出允许中断
```

3．8255A 的工作方式

8255A 有三种工作方式：方式 0、方式 1、方式 2。这些工作方式的选择可由方式控制字来确定。

（1）方式 0：基本输入/输出方式

这种工作方式下，三个端口均可用于 I/O 传送，不设置专用联络线，其功能特点如下。

① 两个 8 位端口（A 口和 B 口）和两个 4 位端口（端口 C）的任何一个端口，都可作为输入或输出，可组合成 16 种不同的输入/输出组态，但一次初始化只能使所指定的端口为输入或输出，不能同时既指定输入又指定输出。

② 输出具有锁存能力，输入只有缓冲功能，而无锁存功能。

③ C 口的高/低 4 位可分别设定为输入或输出，但 CPU 的输入和输出指令是至少以 1 字节为单位读/写的，因此，对 C 口读入数据时要对非有效位进行适当的屏蔽。

（2）方式 1：选通输入/输出方式

方式 1 是一种选通 I/O 方式，适用于 A 口和 B 口。该方式下，A 口和 B 口作为两个独立的 8 位 I/O 数据通道，可单独连接外设，通过编程分别设置它们为输入或输出。无论是输入还是输出，都需要占用 C 口的某些位作为联络信号，这些占用关系是固定的，下面分别加以介绍。

当 A 口和 B 口都设置为方式 1 输入时，C 口的 PC5～PC3 作为 A 口的应答联络线，PC2～PC0 作为 B 口的应答联络线，余下的 PC7、PC6 则可作为方式 0 使用。

PC3：接 A 口的中断请求信号 INTR，向 CPU 输出，高电平有效。当外设需要向 CPU 传送数据或请求服务时，8255A 通过此端向 CPU 发出中断请求。使 INTR=1 的条件是输入缓冲器满信号 IBF 为 1，且中断允许信号 INTE 为 1。

PC4：接 A 口的选通输入信号 $\overline{STB}$，低电平有效。当外设将数据放到数据线上时，此信号通知 8255A 锁存数据。

PC5：接 A 口的输入缓冲器满信号 IBF，向外部输出，高电平有效。该信号有效时告知外部设备数据已送达 8255A 的输入缓冲器，但尚未被 CPU 取走。

PC0：接 B 口的中断请求信号 INTR，向 CPU 输出，高电平有效，作用等同于 PC3。

PC1：接 B 口的输入缓冲器满信号 IBF，向外部输出，高电平有效，作用等同于 PC5。

PC2：接 B 口的选通输入信号 $\overline{STB}$，低电平有效，作用等同于 PC4。

方式 1 的 A 口输入过程是：当外设准备好数据送给 8255A 时，选通信号 $\overline{STB}$ 有效，A 口数据锁存器在 $\overline{STB_A}$ 下降沿控制下将数据锁存。接着，8255A 向外设发送一个高电平 IBF_A 的应答信号，通知外设已锁存数据，暂时不要再传送数据。如果 PC4=$INTE_A$=1，使 $INTR_A$ 为高电平，8255A 将向 CPU 发出中断请求。CPU 响应中断后，执行 IN 指令就可以读入数据了。当 CPU 执行读操作时，$\overline{RD}$ 信号的下降沿清除中断请求，在 $\overline{RD}$ 结束时，其上升沿信号使 IBF_A=0，外设检测到 IBF_A 的低电平信号后，就可以输入下一字节的数据了。

当 A 口和 B 口都设置为方式 1 输出时，C 口的 PC3、PC6、PC7 作为 A 口的应答联络线，PC2～PC0 作为 B 口的应答联络线，余下的 PC4、PC5 则可作为方式 0 使用。

PC3：接中断请求信号 INTR，向 CPU 输出，高电平有效。

PC6：接外部响应信号 $\overline{ACK}$，由外部输入，高电平有效。该信号作为对 $\overline{OBF}$ 的响应信号，表示外设已将数据从 8255A 的输出缓冲器中取走。

PC7：接输出缓冲器满信号 $\overline{OBF}$，向外输出，低电平有效。当 CPU 已将要输出的数据送入 8255A 时有效，用来通知外设可以从 8255A 取数。

PC0：接中断请求信号 INTR，向 CPU 输出，高电平有效，作用等同于 PC3。

PC1：接输出缓冲器满信号 $\overline{OBF}$，向外输出，低电平有效，作用等同于 PC7。

PC2：接外部响应信号 $\overline{ACK}$，由外部输入，高电平有效，作用等同于 PC6。

方式 1 的 A 口输出过程是：当 CPU 响应中断后，中断服务程序中的 OUT 指令通过 8255A 向外部设备输出数据，发出 $\overline{WR}$ 信号，$\overline{WR}$ 信号的上升沿清除 $INTR_A$ 中断请求信号，并使 $\overline{OBF_A}$ 为有效的低电平，以此来通知外部设备接收数据。当外部设备接收数据后，会回送一个有效的 $\overline{ACK_A}$ 应答信号，这个应答信号一方面使 $\overline{OBF_A}$=1，另一方面在 $\overline{ACK_A}$ 信号的上升沿到来时使 $INTR_A$=1，以此向 CPU 发出新的中断请求，开始新的数据输出。

（3）方式 2：双向选通输入/输出方式

方式 2 为双向选通 I/O 方式，只适用于 A 口。该方式下，C 口有 5 根线作为 A 口的应答联络信号，其余 3 根线可作为方式 0 或 B 口方式 1 的应答联络线。

PC3：接中断请求信号 $INTR_A$，高电平有效。不管 A 口是输入还是输出，都由这个信号向 CPU 发出中断请求。

PC4：接选通输入信号 $\overline{STB_A}$，低电平有效，其作用等同于方式 1 输入时的 $\overline{STB}$ 信号。

PC5：接输入缓冲器满信号 IBF_A，向外部输出，高电平有效，其作用等同于方式 1 输入时的 IBF 信号。

PC6：接外部响应信号 $\overline{ACK_A}$，由外部输入，高电平有效，其作用等同于方式 1 输出时的 $\overline{ACK}$ 信号。

PC7：接输出缓冲器满信号 $\overline{OBF_A}$，向外输出，低电平有效，其作用等同于方式 1 输出时的 $\overline{OBF}$ 信号。

8255A 的三种工作方式分别适用于不同的场合，方式 0 可用于无条件传送方式的场合，如读取开关量、控制 LED 显示等；方式 1 适用于查询传送方式和中断传送方式的应用场合；方式 2 常用于双向数据传送的场合。

9.4.2 可编程串行接口 8251A

8251A 是 Intel 公司生产的通用串行输入/输出接口芯片，可通过软件来设置芯片的工作方式，实现主机和外设的串行通信。

1. 串行通信基本知识

串行通信中信息在传送线上一位一位地依次传送，与并行通信相比，串行通信所用传送线少，并且可以借助电话网、电缆或光缆等进行信息传送，因此常用于远距离信息传送。

（1）串行通信方式

根据数据传送方向的不同，串行通信有三种方式：单工方式、半双工方式、全双工方式，如图 9-14 所示。

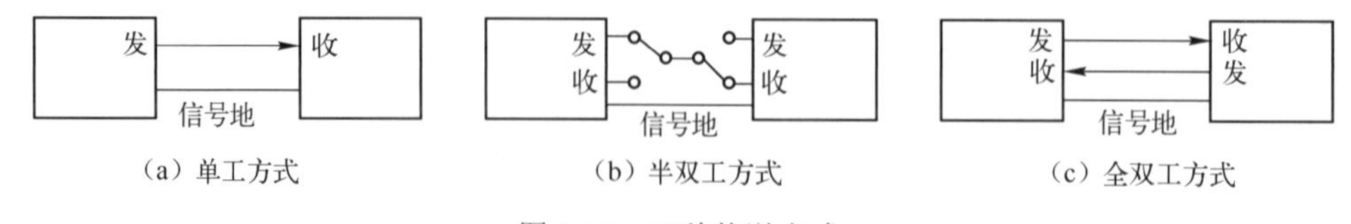

图 9-14　三种传送方式

单工方式只允许数据按照一个固定的方向传送，即一方只能作为发送站，另一方只能作为接收站。

半双工方式不能同时在两个方向上传送，每次只有一个站发送，另一个站接收，但通信双方可以轮流地进行发送和接收。

全双工方式采用两个信道传送信息，允许通信双方同时进行发送和接收。

（2）串行通信协议

串行通信有同步通信和异步通信两种方式，无论采用哪种通信方式，通信双方都必须事先约定通信时的数据格式、同步方式、传送速度、传送步骤、纠错方式及控制字符定义等规则，这就是通信协议。

异步通信以一个字符为传送单位，通信中两个字符间的时间间隔不固定，但在同一个字符中的两个相邻位代码间的时间间隔是固定的。

异步通信中，传送一个字符的信息格式如图 9-15 所示，包括起始位、数据位、奇偶校验位、停止位等。

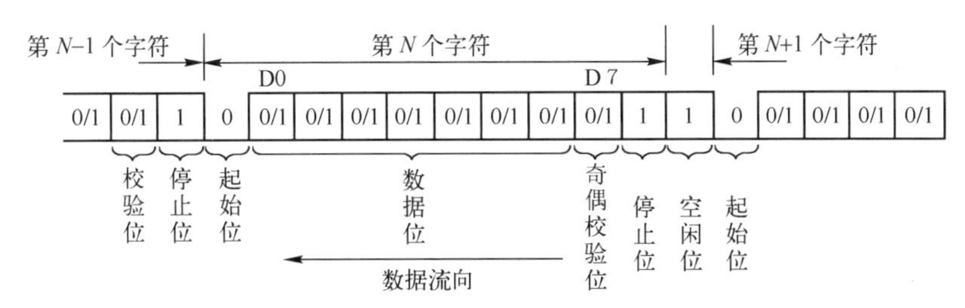

图 9-15　异步通信协议字符的信息格式

起始位：先发出一个逻辑“0”信号，表示传送字符的开始。

数据位：紧接在起始位之后。数据位的个数可以是 4、5、6、7、8 等，构成一个字符。通常采用 ASCII 码。从最低位开始传送，靠时钟定位。

奇偶校验位：数据位加上这一位后，使得“1”的位数应为偶数（偶校验）或奇数（奇校验），以此来校验数据传送的正确性。

停止位：一个字符数据的结束标志，可以是 1 位、1.5 位、2 位的高电平。

空闲位：处于逻辑“1”状态，表示当前线路上没有数据传送。

从图 9-15 可以看到，这种格式是以起始位和停止位来实现字符的界定和同步的，又称为起止式协议。传送数据的流向由低到高，如传送一个字符“A”（对应的 ASCII 码为 41H，即 1000001），若采用偶校验，则一帧信息为 0100000101（注意数据部分低位在前）。

同步协议有面向字符、面向比特和面向字节计数三种。

典型的面向字符的协议是 IBM 公司的二进制同步通信协议 BSC，其特点是一次传送由若干个字符组成的数据块，该协议规定了 10 个特殊字符作为数据块的开头、结束标志及整个传送过程的控制信息。由于被传送的数据块是由字符组成的，因而被称为面向字符的协议。

典型的面向比特的协议有 IBM 公司的同步数据链路控制规程 SDLC、国际标准化组织 ISO 的高级数据链路控制规程 HDLC 和美国国家标准协会的先进数据通信规程 ADCCP。这些协议的特点是所传送的一帧数据可以是任意位，它是靠约定的位组合模式来标识帧的开始和结束的，因而被称为面向比特的协议。

面向字节计数的同步协议主要用于 DEC 公司网络体系结构中，它使用用户字符集中的一个特定字符划定帧的界限，这类协议大多数已被面向比特的协议所取代。

（3）波特率

波特率指每秒传送的二进制的位数（bps，b/s）。计算机中常用的一些标准波特率系列为：110，150，300，600，1200，2400，4800，9600，19200。如 CRT 终端能处理 9600b/s 的传送，而点阵打印机一般只能以 2400b/s 的速率接收信号。

（4）调制与解调

计算机内使用的数字信号要求的频带很宽，而一般的通信线路（如电话线路）的频带只有 300～3400Hz。为了能通过电话线传送数据，必须把数字信号变成符合线路要求的模拟信号，这就是调制。常用的调制方法有调频、调相、调幅。而将电话线路上的模拟信号变为计算机可以接收的数字信号就是解调。大多数情况下，串行通信都是双向的，调制器和解调器一般整合在一个装置中，这就是调制解调器（Modem）。

2. 8251A 概述

825lA 是 Intel 公司生产的通用可编程的串行通信接口芯片，它的基本性能如下所述。

① 可工作在同步方式下，也可工作在异步方式下。同步方式下波特率为 0～64000 波特，异步方式下波特率为 0～19000 波特。

② 在同步方式下，每个字符可定义为 5～8 位，其内部逻辑电路能够自动检测同步字符和自动插入同步字符（当字符之间有间隔时）。允许同步方式下增加奇/偶校验位进行校验。

③ 在异步方式下，每个字符可定义为 5～8 位，其内部逻辑电路自动增加 1 位起始位，编程可增减 1 位做奇偶校验，选择 1 位、1.5 位或 2 位停止位。

④ 具有发送缓冲器和接收缓冲器，可以工作于全双工方式。

⑤ 能进行出错检测。带有奇偶、溢出和帧错误等检测电路，用户可通过输入状态寄存器的内容进行查询。

3. 8251A 的引脚

8251A 是一种使用单一的+5V 电源、28 引脚双列直插式的大规模集成电路芯片，其引脚排列如图 9-16 所示。8251A 的引脚信号可以分为以下 5 组：面向 CPU 的信号、收发联络信号、面向外设的信号、数据信号端、时钟和复位信号。

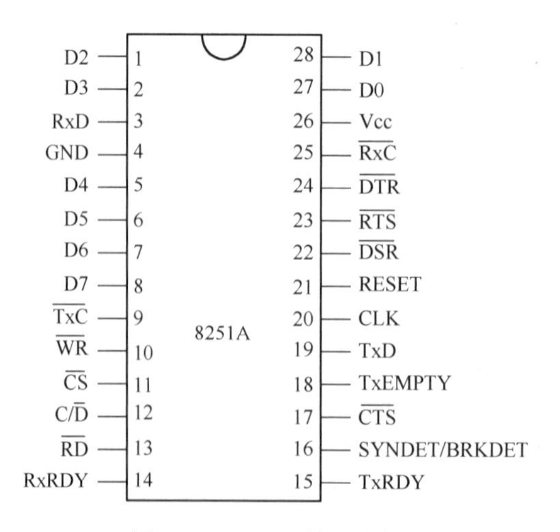

图 9-16　8251A 的引脚排列

（1）面向 CPU 的信号及其功能

D7～D0：8 位双向数据线，与系统数据总线相连，CPU 通过它向 8251A 传送模式字、控制字、同步字符、状态字和输入/输出数据。

$\overline{CS}$：片选信号，低电平有效。

$\overline{RD}$ 和 $\overline{WR}$：读和写控制信号，低电平有效，由 CPU 输入。

C/$\overline{D}$：控制/数据信号。该引脚为 1 时，表示当前数据总线传送的是控制字和状态信息；而该引脚为 0 时，表示当前数据总线传送的是数据。可由 1 位地址码来选择。

（2）收发联络信号

TxRDY：发送器准备好信号，高电平有效，通知 CPU 可以向 8251A 传送一个数据。

TxEMPTY：发送器空信号，输出信号线，高电平有效，表示一个发送动作完成。

RxRDY：接收器准备好信号，表示 8251A 从外设接收到一个字符，等待 CPU 取走。

SYNDET/BRKDET：同步检测信号/间断检测信号，高电平有效。在同步方式下，SYNDET 执行同步检测功能。异步方式下，BRKDET 实现断点检测功能。

（3）面向外设的信号及其功能

$\overline{DTR}$：数据终端准备好信号，输出信号，低电平有效，表示 CPU 准备就绪，要求与外设交换数据。

$\overline{DSR}$：数据设备准备好信号，输入信号，低电平有效，表示外设已准备好，这是对 $\overline{DTR}$ 的应答信号。

$\overline{RTS}$：请求发送信号，输出信号，低电平有效，表示 CPU 已准备好发送数据。

$\overline{CTS}$：清除请求发送信号，输入信号，低电平有效，表示调制解调器已做好接收数据准备，同意发送。

（4）数据信号端

TxD：发送器数据信号端，用来将串行数据输出到外设。

RxD：接收器数据信号端，用来接收外设送来的串行数据。

（5）时钟和复位信号

CLK：主时钟，向 8251A 输入。

$\overline{TxC}$：发送器时钟，外部输入，用于控制发送字符的速度。

$\overline{RxC}$：接收器时钟，外部输入，用于控制接收字符的速度。

RESET：复位信号，高电平有效，向 8251A 输入。当该信号为高时，8251A 实现复位功能，内部所有的寄存器都被复位，收发线路均处于空闲状态。

4．8251A 的控制字

8251A 在使用之前必须进行初始化编程，写入控制字（方式字和命令字），才能收发数据，工作过程中可以读取状态字了解它的工作状态。

（1）方式字

方式字用来定义 8251A 的一般工作特性，如工作方式、传送速率、字符格式及停止位长度等，方式字的格式如图 9-17 所示。

在图 9-17 中，B2 和 B1 位用来定义 8251A 的工作方式，在异步方式下，还可用 B2 和 B1 的取值来确定传送速率，×1 表示输入的时钟频率与波特率相同，×16 表示时钟频率是波特率的 16 倍，×64 表示时钟频率是波特率的 64 倍。通常把时钟频率与波特率的比值称为波特因子，因此，8251A 可定义的波特因子分别是 1、16 和 64。

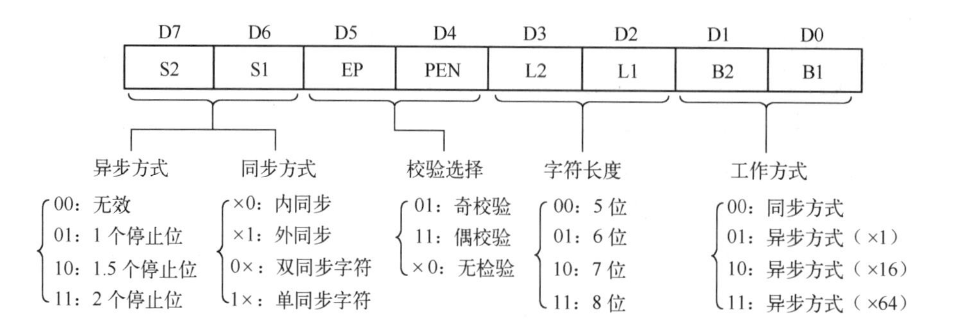

图 9-17 8251A 方式字的格式

L2、L1 位用来定义数据长度，可以是 5～8 位；PEN 位是校验允许位，当其取值为 1 时，可以由 EP 位的取值来定义采用的是奇校验还是偶校验；S2 和 S1 位用于定义异步方式下停止位的长度，在同步方式下用 S1 位的取值来区分是内同步还是外同步，而用 S2 位的取值来定义是单同步还是双同步。

（2）操作命令字

操作命令字用来指定 8251A 的实际操作，如允许或禁止收发数据、启动搜索同步字符等。操作命令字的格式如图 9-18 所示。

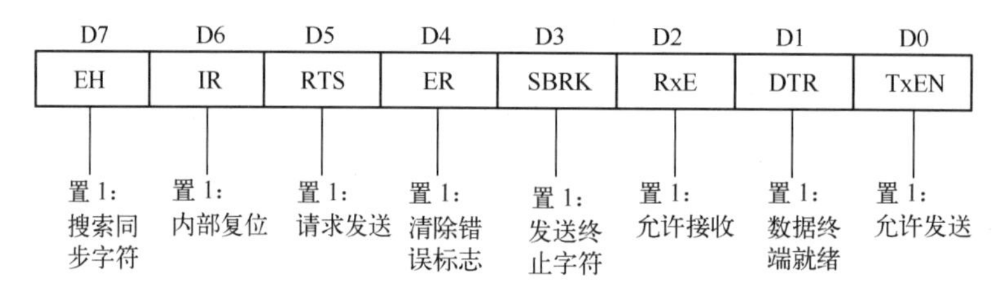

图 9-18 8251A 操作命令字的格式

（3）状态字

CPU 向 8251A 发送各种操作命令，许多时候是依据 8251A 当前的运行状态决定的。CPU 可在 8251A 工作过程中利用 IN 指令读取当前 8251A 的状态字，以控制 CPU 与 8251A 之间的数据交换。状态字的格式如图 9-19 所示。

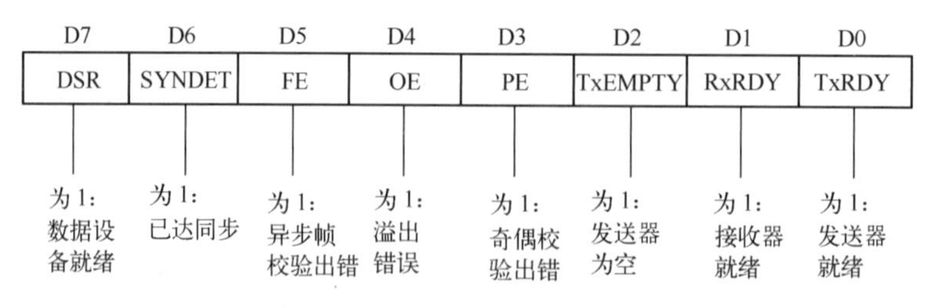

图 9-19 8251A 状态字的格式

例 9-3 编写一段程序，通过 8251A 采用查询方式接收数据。要求 8251A 定义为异步传送方式，波特率因子为 64，采用偶校验，1 位停止位，7 位数据位。设 8251 的数据端口地址为 04A0H，控制/状态寄存器端口地址为 04A1H。程序如下：

```
MOV   DX , 04A1H
MOV   AL ,7BH          ;写工作方式字
```

```
        OUT     DX , AL
        MOV    AL , 14H
        OUT     DX , AL         ;写操作命令字
LP:     IN      AL , DX         ;读状态控制字
        AND     AL , 02H        ;检查 RxRDY 是否为 1
        JZ      LP
        MOV    DX , 04A0H
        IN      AL , DX
```

9.4.3 可编程定时/计数器接口 8253

8253 是 Intel 公司生产的通用定时/计数器接口芯片，可通过软件来设置芯片的工作方式，实现定时和计数功能。

1．定时与计数

在计算机系统或智能化仪器仪表的工作过程中，经常需要使系统处于定时工作状态，或者对外部过程进行计数，如分时系统中程序的切换、向外设定时输出控制信号、外部事件计数到达规定值发出控制信号等。定时或计数的工作实质均体现为对脉冲信号的计数，如果计数的对象是标准的内部时钟信号，由于其周期恒定，故计数值与恒定的时间相对应，这一过程称为定时，如果计数的对象是与外部过程相对应的脉冲信号，这个脉冲信号可以不是周期信号，则此时就只能单纯地进行计数。

实现定时和计数有两种方法：软件定时和硬件定时。

软件定时利用 CPU 每执行一条指令都需要几个固定的指令周期的原理，用软件编程的方式进行定时。这种方法不需要增加硬件设备，但是，占用 CPU 的时间，降低 CPU 的效率。

硬件定时利用专门的定时电路实现精确定时。这种定时方式又可分为简单硬件定时和利用可编程接口芯片实现定时。简单硬件定时一般是利用多谐振荡器件或单稳器件实现的，这种方式简单，但缺乏灵活性，改变定时时间就要改变硬件电路。利用可编程定时器/计数器，用户可编程设定定时或计数的工作方式和时间长度，使用灵活，定时时间长，并且不占用 CPU 时间。

2．8253 概述

可编程定时/计数器芯片 8253 的基本性能有：

① 每个 8253 芯片有 3 个独立的 16 位计数器通道。

② 每个计数器通道都可以按照二进制或二-十进制（BCD 码）计数。

③ 每个计数器的计数速率可以高达 2MHz。

④ 每个通道有 6 种工作方式，可以由程序设定和改变。

3．8253 的引脚

8253 是一种使用单一的+5V 电源、24 引脚双列直插式的大规模集成电路芯片，其引脚排列如图 9-20 所示。

D7～D0：双向、三态数据线引脚，与系统的数据线连接，传送控制、数据及状态信息。

$\overline{RD}$：来自于 CPU 的读控制信号输入引脚，低电平有效。

$\overline{WR}$：来自于 CPU 的写控制信号输入引脚，低电平有效。

$\overline{CS}$：芯片选择信号输入引脚，低电平有效。

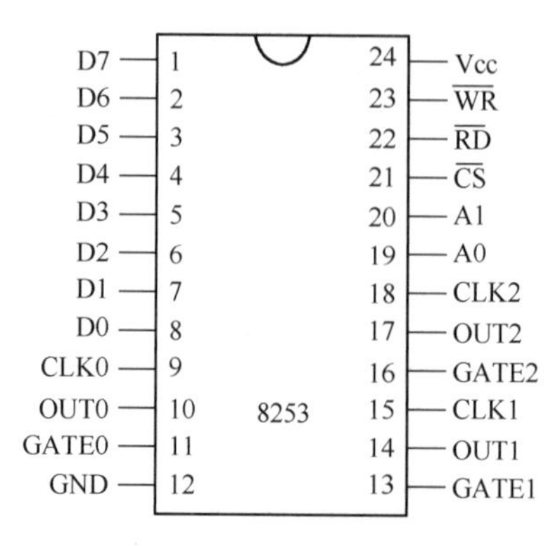

图 9-20　8253 的引脚排列

A1、A0：地址信号输入引脚，用以选择 8253 芯片的通道及控制字寄存器，当 A1A0=00 时，选择 0 号通道，当 A1A0=01 时，选择 1 号通道，当 A1A0=10 时，选择 2 号通道，当 A1A0=11 时，选择控制寄存器。

CLK2～CLK0：计数器的脉冲输入引脚，8253 规定，加在 CLK 引脚的输入时钟信号的频率不得高于 2.6MHz，即时钟周期不能小于 380ns。

GATE2～GATE0：计数器的门控信号输入引脚，门控信号的作用与通道的工作方式有关。

OUT2～OUT0：计数器的输出引脚，输出信号的形式由通道的工作方式确定，此输出信号可用于触发其他电路工作，或作为向 CPU 发出的中断请求信号。

4．8253 的控制字

8253 只有一个控制字，其格式如图 9-21 所示。该控制字用来设置各个计数通道的工作方式，以及计数值的锁定与读取。

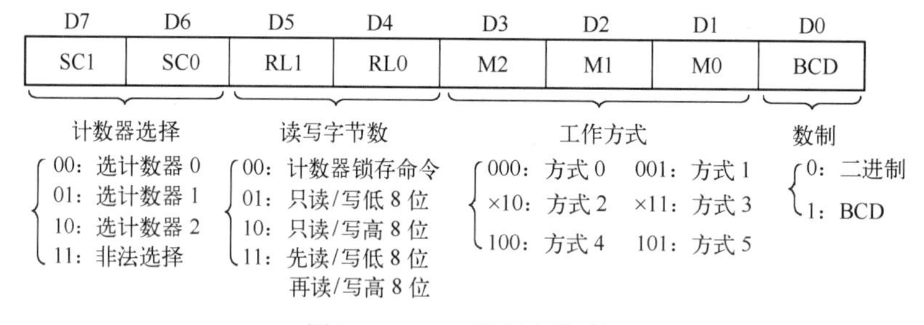

图 9-21　8253 控制字格式

8253 使用前，必须首先进行初始化，即写入控制字和计数初值，写入顺序是：写控制字→写入计数值低 8 位→写入计数值高 8 位。

例 9-4　设 8253 的端口地址为 04H～07H，要使计数器 1 工作在方式 0，仅用 8 位二进制计数，计数值为 128，进行初始化编程。

控制字为：01010000B=50H，初始化程序段如下。

```
MOV    AL，50H
OUT    07H，AL
MOV    AL，80H
OUT    05H，AL
```

5．8253 的工作方式

8253 的每个计数器都有 6 种工作方式，区分这 6 种工作方式的主要标志有三点：一是输出波形不同，二是启动计数的触发方式不同，三是计数过程中门控信号对计数操作的影响不同。

（1）方式 0：计数方式

方式 0 的工作波形如图 9-22 所示，当控制字写入控制字寄存器后，输出 OUT 就变低，当计数值写入计数器后开始计数，在整个计数过程中，OUT 保持为低，当计数到 0 后，OUT 变高；GATE 的高低电平控制计数过程是否进行，当 GATE=0 时，暂停计数，当 GATE=1 后，继续计数。在计数过程中，可以改变计数值，若是 8 位数，则在写入新的计数值后立即按新值重新计数，若是 16 位数，则写入低 8 位计数值时计数停止，写入高 8 位后立即按新值重新计数。

（2）方式 1：可编程单稳态

方式 1 的工作波形如图 9-23 所示，CPU 向 8253 写入控制字后，OUT 变高并保持，写入计数值后并不立即计数，在外界 GATE 信号启动后（一个正脉冲）的下一个脉冲才开始计数，OUT 变低，计数到 0 后，OUT 才变高。如果在输出保持低电平期间写入一个新的计数值，不会影响原计数过程，只有当门控 GATE 出现一个新的上升沿后，才使用新的计数值重新计数。如果一次计数尚未完成，GATE 上又出现新的触发脉冲，则从新的触发脉冲后的 CLK 下降沿开始重新计数。

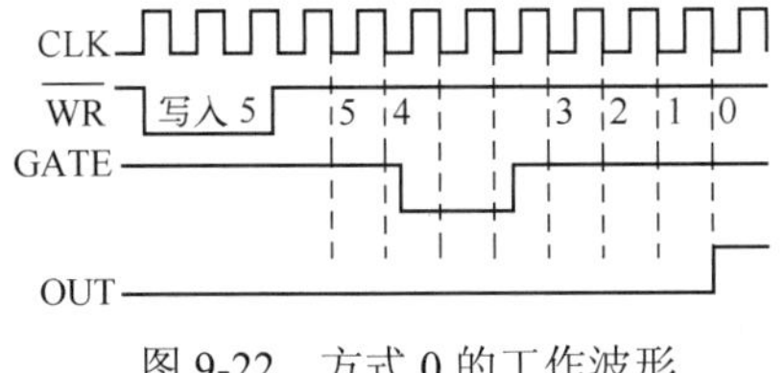

图 9-22　方式 0 的工作波形

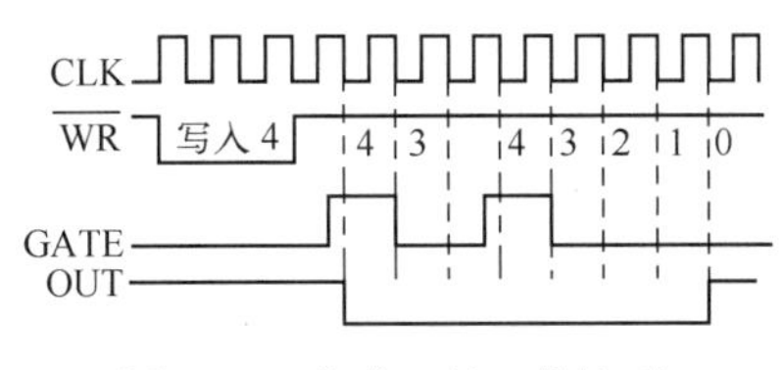

图 9-23　方式 1 的工作波形

（3）方式 2：分频器

方式 2 的工作波形如图 9-24 所示，在这种方式下，CPU 输出控制字后，输出 OUT 就变高，写入计数值后，若门控位高电平，则计数器对输入时钟 CLK 进行计数，计数到 1 后，输出 OUT 变低，经过一个时钟周期以后，OUT 恢复为高，计数器自动从初值开始重新计数。在计数过程中，若门控信号 GATE 为低电平，则暂停计数，当 GATE 恢复为高电平后，在第一个时钟的下降沿从初值开始重新计数。计数过程中如果改变初值，不会影响正在进行的计数过程，但计数到 1 时 OUT 上输出一个 CLK 周期的负脉冲，此后计数器按新的计数值重新开始计数。

（4）方式 3：方波发生器

方式 3 的工作波形如图 9-25 所示，这种方式下的输出与方式 2 一样都是周期性的。若计数初值 N 为偶数，则输出为对称方波，前 $N/2$ 个脉冲期间为高电平，后 $N/2$ 个脉冲期间为低电平；若 N 为奇数，则前 $(N+1)/2$ 个脉冲期间为高电平，后 $(N-1)/2$ 个脉冲期间为低电平。

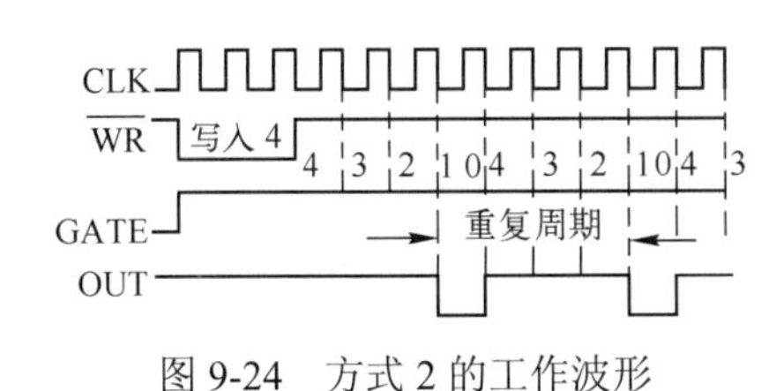

图 9-24　方式 2 的工作波形

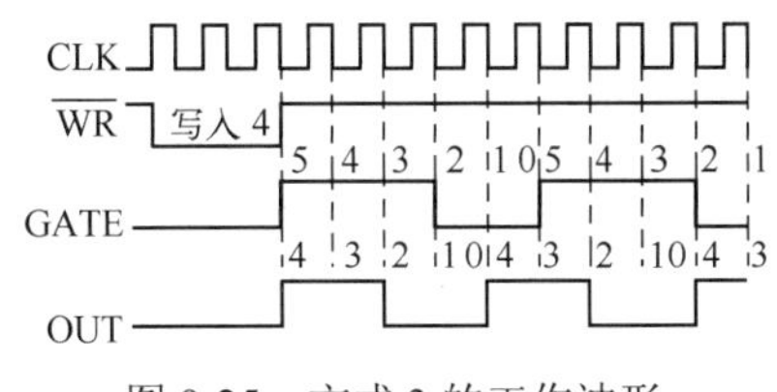

图 9-25　方式 3 的工作波形

（5）方式 4：软件触发选通信号发生器

方式 4 的工作波形如图 9-26 所示，在这种方式下， CPU 写入控制字后，OUT 立即变为高电平，写入计数值开始计数，当计数到 0 时，输出一个时钟周期的负脉冲，计数器停止，OUT 恢复为高电平。这种计数是一次性的（与方式 0 有相似之处），只有当写入新的计数值后才开始下一次计数。当门控 GATE 为低电平时，暂停计数，GATE 恢复为高电平后，从初值开始重新计数。

（6）方式 5：硬件触发选通信号发生器

方式 5 的工作波形如图 9-27 所示，在这种方式下，当控制字写入后，OUT 立刻变为高电平，写入计数值后并不立即开始计数，而是由 GATE 的上升沿触发启动计数的，当计数到 0 时，输出一个时钟周期的低电平后恢复为高电平，计数停止。在计数过程中或计数结束后，若再有 GATE 脉冲到来，则重新装入计数值开始计数。计数过程中写入新值，不影响计数，若同时出现 GATE 的上升沿，则按照新初值重新计数。

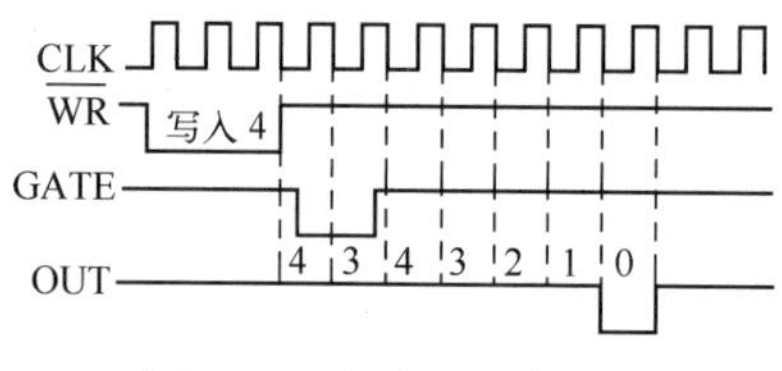

图 9-26　方式 4 工作波形

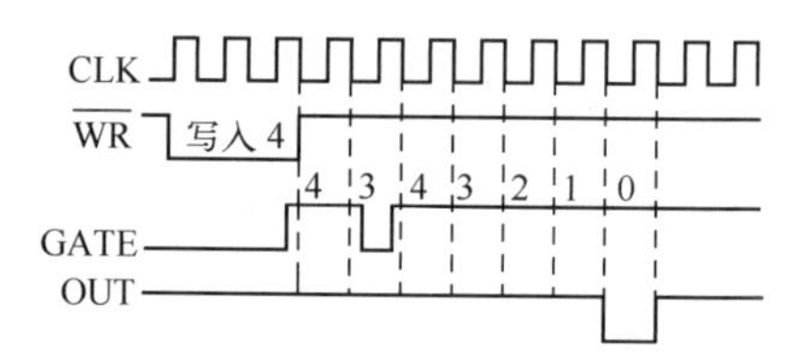

图 9-27　方式 5 的工作波形

尽管 8253 有 6 种工作模式，但是从输出端来看，依然是计数和定时两种工作方式。作为计数器时，8253 在 GATE 的控制下进行减 1 计数，减到终值时输出一个信号。作为定时器时，8253 在门控信号 GATE 控制下进行减 1 计数，减到终值时，又自动装入初始值，重新做减 1 计数，于是输出端会周期性地产生定时时间间隔是时钟周期整数倍的信号。

9.4.4　可编程中断接口 8259A

8259A 是 Intel 公司开发的高性能中断控制器，有 8 个外部中断请求引脚，可直接管理 8 级中断，若系统中断源多于 8 个，8259A 还可实行两级级联工作，最多可用 9 片 8259A 级联管理 64 级中断。

1．8259A 的引脚

8259A 是一种使用单一的+5V 电源、28 引脚双列直插式的大规模集成电路芯片，其引脚排列如图 9-28 所示。

引脚	编号	编号	引脚
$\overline{CS}$	1	28	Vcc
$\overline{WR}$	2	27	A0
$\overline{RD}$	3	26	$\overline{INTA}$
D7	4	25	IR7
D6	5	24	IR6
D5	6	23	IR5
D4	7	22	IR4
D3	8	21	IR3
D2	9	20	IR2
D1	10	19	IR1
D0	11	18	IR0
CAS0	12	17	INT
CAS1	13	16	$\overline{SP}/\overline{EN}$
GND	14	15	CAS2

8259A

图 9-28　8259A 的引脚排列

$\overline{CS}$：片选信号。输入，低电平有效。该信号有效时，CPU 可对该 8259A 进行读/写操作。

$\overline{WR}$：写信号。输入，低电平有效。该信号有效时，允许 CPU 把命令字（ICW 和 OCW）写入相应的命令寄存器。

$\overline{RD}$：读信号。输入，低电平有效。该信号有效时，允许该 8259A 将状态信息放到数据总线上供 CPU 检测。

D7～D0：双向数据总线。用来传送控制、状态和中断类信号。

IR7～IR0：外部中断请求信号。

INT：中断请求信号，用来向 CPU 发送中断请求。

$\overline{\text{INTA}}$：中断响应信号，CPU 同意中断申请后，发此信号作为响应中断的回答信号。

A0：地址输入信号，用于寻址 8259A 内部寄存器，一般与地址总线的 A0 连接。

CAS2～CAS0：级联信号。双向引脚，用来控制多片 8259A 的级联使用。对主片来说，CAS2～CAS0 为输出；对从片来说，CAS2～CAS0 为输入。

$\overline{\text{SP}}/\overline{\text{EN}}$：主从定义/缓冲器方式信号，这是一根双功能引脚。当 8259A 工作在缓冲器方式时，为输出引脚，用来控制收发器的传送方向。当 8259A 工作在非缓冲方式时，该引脚为输入引脚，用于指明该片是主片还是从片，$\overline{\text{SP}}$=1 时为主片，$\overline{\text{SP}}$=0 时为从片。

2．8259A 的工作方式

8259A 中断操作功能很强，包括中断请求、屏蔽、优先级设置、结束及连接系统总线的方式等多种管理功能，下面分别加以介绍。

（1）中断请求方式

中断请求方式有两种：边沿触发方式和电平触发方式。边沿触发方式是中断源 IR7～IR0 出现由低电平向高电平跳变时的请求中断信号。电平触发方式是 IR7～IR0 的中断申请端出现高电平时，作为请求中断信号。

（2）中断屏蔽方式

中断屏蔽方式分为简单屏蔽方式和特殊屏蔽方式。

简单屏蔽方式是指当执行某一级中断服务程序时，只允许比该级优先级高的中断源申请中断，不允许与该级同级或低级的中断源申请中断。

特殊屏蔽方式是指 CPU 正在处理某一级中断时，只可对本级中断进行屏蔽，允许级别比它高的或比它低的中断源申请中断。

（3）中断优先级设置方式

优先级的设置方式有全嵌套方式、特殊全嵌套方式、优先级自动循环方式、优先级特殊循环方式四种。

全嵌套方式：这是最常用也是最基本的工作方式，8259A 初始化后默认工作于这种方式。当执行某一级中断时，全嵌套方式仅允许比该级中断级别高的中断源申请中断，不允许比该级中断级别低或同级的中断源申请中断。此方式下，外设中断请求的优先级是固定的，中断源 IR7～IR0 的优先级别顺序是 IR0 最高、IR7 最低。

特殊全嵌套方式：这种工作方式下，当一个中断被响应后，只屏蔽掉低级的中断请求，允许同级和高级的中断请求。该方式一般用于多片 8259A 级联的系统中，主片采用此方式，而从片采用一般的全嵌套方式。

优先级自动循环方式：在这种方式下，初始优先级顺序为 IR0 最高、IR7 最低，从高到低的顺序依次为 IR0、IR1、IR2、IR3、IR4、IR5、IR6、IR7。当某一个中断源接受服务后，它的优先级别改为最低级，而将最高优先级赋给比它低一级的中断源，其他级别依此类推。如 IR3 刚被服务完，则各中断源的优先级次序为：IR4、IR5、IR6、IR7、IR0、IR1、IR2、IR3。

优先级特殊循环方式：该循环方式和优先级自动循环方式基本相同，不同点在于可以根据用户要求将最低优先级赋予某一中断源。

（4）中断结束方式

中断结束方式是指当 8259A 对某一级中断处理结束时，使当前中断服务寄存器中对应的某位

ISR_n 设置清 0 的一种操作。结束中断处理方式有两种：一是中断自动结束方式，二是中断非自动结束方式。而中断非自动结束方式又分为一般中断结束和特殊中断结束两种方式。

中断自动结束方式：这种方式用于没有多重嵌套的场合，中断服务寄存器的相应位清 0 是由硬件自动完成的。当某一级中断被 CPU 响应后，CPU 送回的第二个 $\overline{INTA}$ 中断应答信号将使中断服务寄存器 ISR 的相应位清 0。

一般中断结束方式：这种方式是在中断服务程序结束之前，用 OUT 指令向 8259A 发一个中断结束命令字，8259A 收到该结束命令后，将当前中断服务寄存器中级别最高的置 1 位清 0，表示当前正在处理的中断已结束。这种中断结束方式比较适合全嵌套工作方式。

特殊中断结束方式：该方式也是通过用软件方法来实现中断结束的，即用 OUT 指令向 8259A 发送一条特殊中断结束命令，指明将中断服务寄存器 ISR 中的哪一位清 0。

在单片全嵌套方式下，只发一条一般结束命令即可。但是对于级联方式，由于采用了特殊屏蔽方式，因而在其中断服务程序结束前，不仅要对主片发一条特殊结束命令，还要对从片发多条特殊结束命令或一般结束命令。

（5）连接系统总线的方式

8259A 和系统总线的连接方式分为两种，即缓冲方式和非缓冲方式。

在多片 8259A 级联的大系统中，8259A 通过总线驱动器和系统的数据总线相连，这种连接方式称为缓冲方式。当系统中的 8259A 只有 1～2 片时，8259A 的数据线可直接与系统的数据总线相连，这种方式称为非缓冲方式。

3．8259A 的命令字

8259A 工作开始之前，首先要对 8259A 进行初始化，也就是接收 CPU 发出的初始化命令字（ICW1～ICW4）和操作命令字（OCW1～OCW3），以设定 8259A 的工作方式和发出相应的控制命令。初始化命令字（ICW0～ICW4）通常在计算机系统启动时由初始化程序来设置，一般在系统的工作过程中不再重新设置。操作命令字（OCW1～OCW3）用于对中断处理过程进行动态控制，因此操作命令字可以在工作过程中多次设置，也没有固定的使用顺序。

（1）初始化命令字

初始化命令字必须按 ICW1～ICW4 的顺序依次写入，若其中某个命令字不需要，可以去掉而直接写入下一个命令字。

初始化命令字 ICW1 必须写入 8259A 的偶地址端口，即 A0=0，该命令字的格式和含义如图 9-29 所示。

D0：表示后面是否设置 ICW4 命令字，D0=1，写 ICW4；D0=0，不写 ICW4。对于 8086 系统，必须设置 ICW4 命令字，即 D0 位为 1。

D1：用于设定 8259A 是单片使用还是多片级联使用。如果系统中只有一片 8259A，D1=1，且在初始化过程中不用设置命令字 ICW3。若系统采用多片级联，则 D1=0，且在命令字 ICW1、ICW2 之后必须设置命令字 ICW3。

D2：该位对 8086 系统不起作用。对 8080/8085 及 8098 单片机系统，D2 位为 1 还是 0，决定中断源中每两个相邻的中断处理程序的入口地址之间的距离间隔值。

D3：该位用于设定 IR0～IR7 端中断请求触发方式是电平触发方式还是边沿触发方式。D3=1 时为电平触发，D3=0 时为边缘触发。

D4：此位为特征位，表示当前设置的是初始化控制字 ICW1。

D7～D5：这 3 位在 8086 系统中不用，一般设定为 0。

初始化命令字 ICW2 用于设置中断类型号，必须写入 8259A 的奇地址端口，即 A0=1，该命令字的格式和含义如图 9-30 所示。

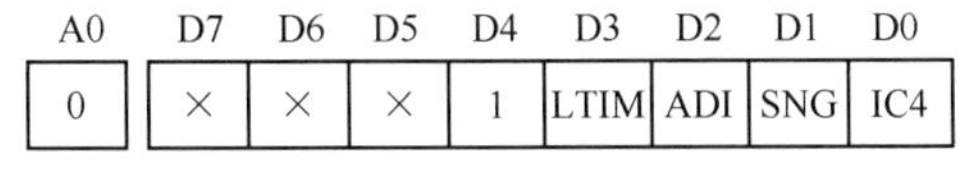

图 9-29　ICW1 命令字的格式和含义

A0	D7	D6	D5	D4	D3	D2	D1	D0
1	T7	T6	T5	T4	T3	×	×	×

图 9-30　ICW2 命令字的格式和含义

D2～D0：为中断类型码的低三位，由 8259A 自动确定，取决于中断源挂在 8259A IR*i* 哪一个引脚上。例如，若 D2～D0 的取值为 010，说明用户设备的中断申请线连接在 8259A 的 IR2 上。

D7～D3：为中断类型码的高 5 位，由用户决定。

初始化命令字 ICW3 用于级联方式下的主/从片的设置。对于主片和从片，ICW3 的格式不同，要分别写入，该命令字的格式和含义分别如图 9-31（a）和图 9-31（b）所示。

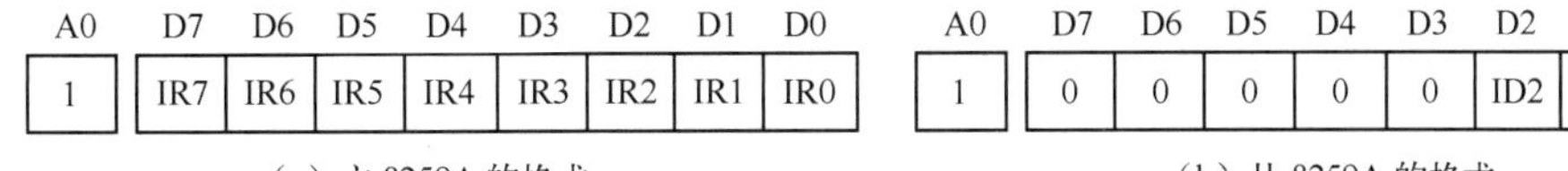

图 9-31　ICW3 命令字的格式和含义

对于主 8259A，其 ICW3 控制字的 D7～D0 位分别与 IR7～IR0 对应，某一位取 1，表示该位与从 8259A 级联，否则相应的 IR 引脚上没有接从片。

对于从 8259A，其 ICW3 控制字的低三位 ID2～ID0 的编码表示从片的中断请求被连到主片的哪一个中断请求输入端 IR 上。例如，当 ID2～ID0 为 010 时，说明从片接在主片的 IR2 引脚上。

初始化命令字 ICW4 是方式控制命令字，必须写入 8259A 的奇地址端口，即 A0=1，该命令字的格式和含义如图 9-32 所示。

D0：系统选择位。选择 8259A 当前工作在哪类 CPU 系统中，8086/8088 CPU 中该位为 1。

D1：中断结束方式位。选择结束中断的方式。自动结束该位为 1，一般中断结束该位为 0。

D2：主从选择位，本片为主片时该位为 1，本片为从片时该位取 0。此位仅在缓冲工作方式时有效。在 D3 位为 1 时，D2 位有效；D3 位为 0 时，D2 位无效。

D3：用来设定是否选用缓冲方式，选择缓冲方式时，该位为 1，选择非缓冲方式时，该位为 0。

D4：嵌套方式选择位，选择特殊全嵌套方式时，该位为 1，选择普通全嵌套方式时，该位为 0。在级联方式下，主 8259A 一般设置为特殊全嵌套工作方式，从 8259A 设置为普通全嵌套工作方式。

D7～D5：特征位。当这三位为 000 时，表示现在送出的控制字是 ICW4。

（2）操作命令字

8259A 初始化后，就进入工作状态，此后可以随时使用操作命令字 OCW1、OCW2、OCW3 改变 8259A 的工作方式。

操作命令字 OCW1 是中断屏蔽操作字，必须写入 8259A 的奇地址，即 A0=1，该命令字的格式和含义如图 9-33 所示。

D7～D0：将 OCW1 中的某位 M*i* 置 1 时，中断屏蔽寄存器 IMR 中的相应位也为 1，从而屏蔽相应的 IR*i* 中断请求信号。

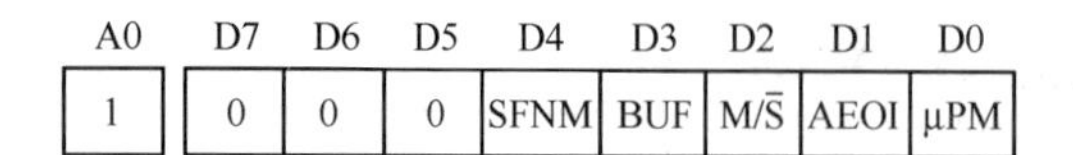

图 9-32　ICW4 命令字的格式和含义

A0	D7	D6	D5	D4	D3	D2	D1	D0
1	M7	M6	M5	M4	M3	M2	M1	M0

图 9-33　OCW1 命令字的格式和含义

操作命令字 OCW2 是中断结束方式和优先级循环操作字，必须写入 8259A 的偶地址，即 A0=0，该命令字的格式和含义如图 9-34 所示。

D7：优先级循环控制位，R=1 时为循环优先级，R=0 时为固定优先级。

D6：指明 L2～L0 是否有效。SL=1 时，L2～L0 有效；而 SL=0 时，L2～L0 无效。

D5：中断结束命令位，EOI=1 时，表示这是一个中断结束命令，8259A 收到此操作字后须将 ISR 中的相应位清 0；EOI=0 时，表示这是一个优先级的设置命令。

D4～D3：标志位，取值 00 说明该控制字为 OCW2 命令字。

D2～D0：这三位的编码对应中断源 IR7～IR0 的选择。

当 EOI＝1 且 SL＝0 时，OCW2 为中断结束命令字，L2～L0 位无效，该命令使中断服务寄存器当前级别最高的为 1 的位清 0，此方法对应一般中断结束方式；当 EOI＝1 且 SL＝1 时，OCW2 为中断结束命令，该命令使中断服务寄存器的某位置 0，置 0 位由 L2～L0 指明，此种方式为特殊中断结束方式。例如，要使 IR3 在中断服务寄存器的相应位置 0，OCW2 控制字应为 01100011。

当 R=0 时，OCW2 为固定的优先级方式，IR0 中断级别最高，IR7 中断级别最低，SL、L2、L1、L0 各位无意义；当 R=1 且 SL=0 时，OCW2 为优先级自动循环方式，刚刚被服务过的中断源级别降为最低，L2、L1、L0 各位无意义；当 R=1 且 SL=1 时，为优先级特殊循环方式，此时的 L2～L0 三位编码用来指定级别最低的中断源 IR*i*。例如，OCW2 命令字为 11000011，指明 IR3 中断源的级别最低。

操作命令字 OCW3 是设置特殊屏蔽、中断查询和读内部寄存器的操作命令字，必须写入 8259A 的偶地址，即 A0=0，该命令字的格式和含义如图 9-35 所示。

A0	D7	D6	D5	D4	D3	D2	D1	D0
0	R	SL	EOI	0	0	L2	L1	L0

图 9-34　OCW2 命令字的格式和含义

A0	D7	D6	D5	D4	D3	D2	D1	D0
0	×	ESMM	SMM	0	1	P	RP	RIS

图 9-35　OCW3 命令字的格式和含义

D1～D0：读命令。D1D0=11 时，读中断服务寄存器 ISR 中的内容；D1D0=10 时，读中断请求寄存器 IRR 的内容；D1=0 时，表示禁止读这两个寄存器。

D2：为查询工作方式设置位。当 D2＝1 时，设置为查询工作方式；当 D2＝0 时，设置为正常中断工作方式。

D4～D3：特征位，取值 01 说明该控制字为 OCW3 命令字。

D6～D5：特殊屏蔽方式命令位。D6D5=11，设置特殊屏蔽方式命令；D6D5=01，撤销特殊屏蔽方式、返回普通命令方式命令；D6=0，表示禁止特殊屏蔽方式。

例 9-5　设 8259A 的端口地址为 208H、209H，中断请求信号采用电平触发方式，单片 8259A，中断类型号高 5 位为 00010，中断源接在 IR3 中，不用特殊全嵌套方式，用非自动结束方式，非缓冲方式。编写初始化程序。

编写的初始化程序段如下：

```
MOV    DX  , 208H           ;8259A 偶地址
MOV    AL  , 00011011B      ;设置 ICW1 控制字，要写 ICW4、单片、电平触发
```

```
OUT    DX  , AL
MOV    AL  , 00010011B      ;设置 ICW2 中断类型号，中断类型号高 5 位为 00010，
                            ;中断源接在 IR3 中
MOV    DX  , 209H           ;8259A 奇地址
OUT    DX  , AL
MOV    AL  , 00000001B      ;控制字 ICW4，不用特殊全嵌套方式，用非自动结束
                            ;方式，非缓冲方式
OUT    DX  , AL
```

9.4.5 可编程模拟接口

当计算机用于数据采集和过程控制的时候，采集对象往往是连续变化的物理量，如温度、压力、流量、速度、声波等，这种连续变化的物理量通常被转换为模拟的电压或电流，称为模拟量。但计算机处理的是离散的数字量，这就需要一种能将模拟量变为数字量的器件来实现转换，这种器件称为模拟/数字转换器（Analog-Digital Converter，ADC）。相反，当监控对象是模拟量时，就需要一种能把计算机输出的数字量变为模拟量的器件对信号进行转换，才能控制模拟对象，这种器件称为数字/模拟转换器（Digital-Analog Converter，DAC）。

计算机通过 ADC 和 DAC 电路与外界模拟量电路连接，这就是模拟接口。

1．ADC0809 模/数转换接口

ADC0809 是由 National 半导体公司生产的 CMOS 材料 A/D 转换器。它具有 8 个模拟量输入通道，可在程序控制下对其中的任意通道进行 A/D 转换，得到 8 位二进制数字量。

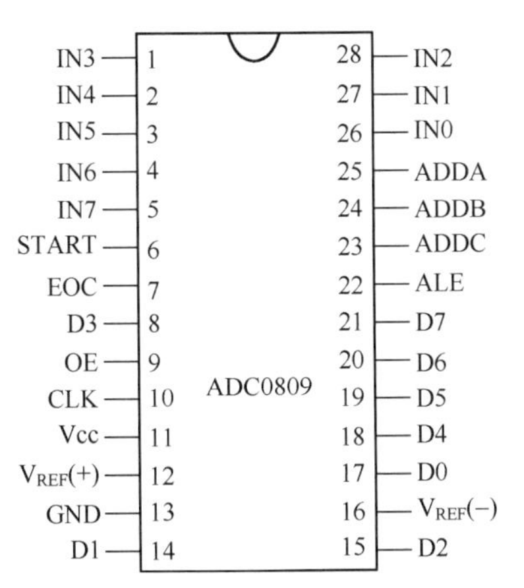

图 9-36　ADC0809 的引脚排列

（1）ADC0809 的引脚

ADC0809 是一种 28 引脚双列直插式的集成电路芯片，其引脚排列如图 9-36 所示。

IN7～IN0：8 路模拟输入通道。

D7～D0：8 位数字量输出端。

START：启动转换信号输入端，下降沿有效，要求信号宽度>100ns。

OE：输出使能端，高电平有效。

ADDA、ADDB、ADDC：地址输入线，用于选通 8 路模拟输入中的一路进入 A/D 转换。其中 ADDA 是最低位，这三个引脚上所加电平的编码为 000～111，分别对应 IN0～IN7。

ALE：地址锁存允许信号。用于将 ADDC～ADDA 三条地址线送入地址锁存器中。

EOC：转换结束信号输出。转换完成时，EOC 的正跳变可用于向 CPU 申请中断，其高电平也可供 CPU 查询。

CLK：时钟脉冲输入端，外接时钟频率范围为 10kHz～1.2MHz，ADC0809 典型的时钟频率为 640kHz。

$V_{REF}(+)$、$V_{REF}(-)$：基准电压，通常将 $V_{REF}(-)$接模拟地，参考电压从 $V_{REF}(+)$接入。

（2）ADC0809 的数字量输出

ADC0809 内部对转换后的数字量具有锁存功能，只有当输出使能端 OE 为高电平时，才能将 8 位数字量 D7～D0 输出。

对于 8 位 ADC，从输入模拟量 V_{IN} 转换为输出数字量 N 的公式为

$$N = \frac{V_{IN} - V_{REF}(-)}{V_{REF}(+) - V_{REF}(-)} \times 2^8 \tag{9-1}$$

例如，若基准电压 $V_{REF}(+)$=5V，$V_{REF}(-)$=0V，输入模拟量 V_{IN}=2V，则

$$N=(2-0)/(5-0)\times 2^8 =102.4\approx 102=66H$$

模拟量是连续变化的量，可能是允许范围内的任何值，而用 ADC0809 转换输出的数字量的个数是有限的，这样在转换时就会引入误差。要提高转换精度，可采用较大位数的 ADC。

（3）ADC0809 与系统的连接

输入模拟信号分别连接在 ADC0809 的 IN7～IN0 引脚上，要转换哪一路信号，可由 ADDC～ADDA 上送入的地址编码来决定。

地址线 ADDA、ADDB、ADDC 三端可直接连接到 CPU 地址总线 A0、A1、A2 三端，但此种方法占用的 I/O 口地址多。每个模拟输入端对应一个口地址，8 个模拟输入端占用 8 个口地址，对于计算机系统外设资源的占用太多，因而一般 ADDA、ADDB、ADDC 分别接在数据总线的 D0、D1、D2 端，通过数据线输出一个控制字作为模拟通道选择的控制信号。

ADC0809 的数据输出线 D7～D0 本身就具有三态缓冲器，因此可以直接连到系统的数据总线上。但考虑到驱动及隔离的因素，通常用一个输入接口与系统连接。

ALE 信号为启动 ADC0809 选择开关的控制信号，该控制信号可以和启动转换信号 START 连在一起作为一个端口看待。由于 ALE 是上升沿有效，而 START 是下降沿有效，这样连接就可以用一个正脉冲来完成通道地址锁存和启动转换两项任务。

判断一次 A/D 转换是否结束有多种方法，如查询法、中断法等。若采用查询方式，可让 CPU 不断地读取 EOC 端的状态，在读到 EOC=1 时，表示一次转换结束。若采用中断方式，可将 EOC 端接到中断控制器 8259A 的中断请求输入端上，当 EOC 的上升沿到来时，表明一次转换结束，CPU 得到中断请求，便可读取转换结果。

由于 A/D 转换过程需要一定的时间，所以采用中断控制方式来判断转换是否结束可以有效地提高 CPU 的工作效率。

例 9-6 设某系统对 8 路模拟量分时进行数据采集，选用 ADC0809 芯片进行 A/D 转换，转换结果采用查询方式传送，请完成硬件和软件设计。

分析：由于该系统除 1 个传送转换结果的输入端口，还需要传送 8 个模拟量的选择信号和 A/D 转换的状态信息。因此，可以采用 8255A 作为 ADC0809 和 CPU 的连接接口，如图 9-37 所示。

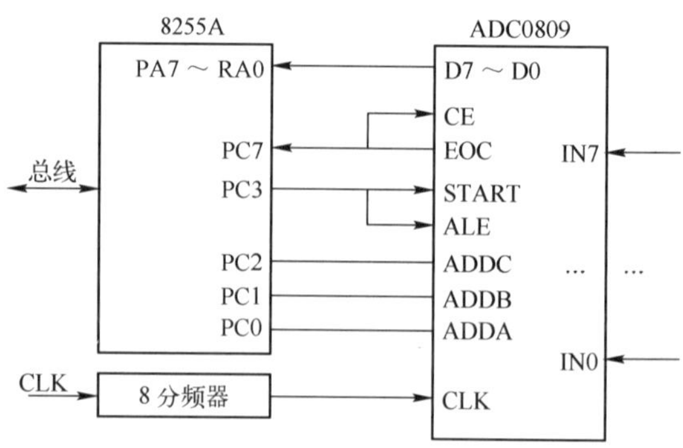

图 9-37　例 9-6 硬件连接图

设计中，将 8255A 的 A 口设为方式 0 的输入方式，用于传送转换结果，B 口不用，C 口的 PC2～PC0 输出 8 路模拟量的选择信号，PC3 输出 ADC0809 的控制信号，而 ADC0809 的状态可由 PC7 输入，所以，将 C 口也设为方式 0，

低 4 位为输出方式，高 4 位为输入方式。现假设 8255A 的端口 A、B、C 及控制口地址分别为 2F0H、2F1H、2F2H 和 2F3H，A/D 转换结果的存储区首地址设为 400H，采样顺序从 IN0～IN7。

配合硬件设计的程序如下：

```
        MOV     DX , 2F3H          ;2F3H 是 8255A 的控制口
        MOV     AL , 10011000B     ;置 A 组，B 组为方式 0，A 口和 C 口高 4 位输入
                                   ;C 口低 4 位输出
        OUT     DX , AL
        MOV     SI , 400H          ;存放数据首地址
        MOV     CX , 08H
        MOV     BH , 00H
LOPl:   OR      BH , 08H
        MOV     AL , BH
        MOV     DX , 2F2H          ;8255A 的 C 口地址
        OUT     DX , AL            ;启动 A/D 转换
        AND     BH , 0F7H          ;PC3 置 0
        MOV     AL , BH
        OUT     DX , AL            ;产生 START 和 ALE 的下降沿
LOP2:   IN      AL , DX            ;读入 C 口
        TEST    AL ,80H            ;测试 PC7
        JZ      LOP2               ;为 0，继续查询
        MOV     DX , 2F0H          ;8255A 的 A 口地址
        IN      AL , DX            ;读入 A/D 转换结果
        MOV     [SI] , AL          ;存储数据
        INC     SI
        INC     BH
        LOOP    LOPl               ;8 路没完成，继续
```

2．DAC0832 数/模转换接口

DAC0832 是一个 8 位的电流型 D/A 转换器，内部包含 T 形电阻网络，输出为差动电流信号。当需要输出模拟电压时，应外接运算放大器。

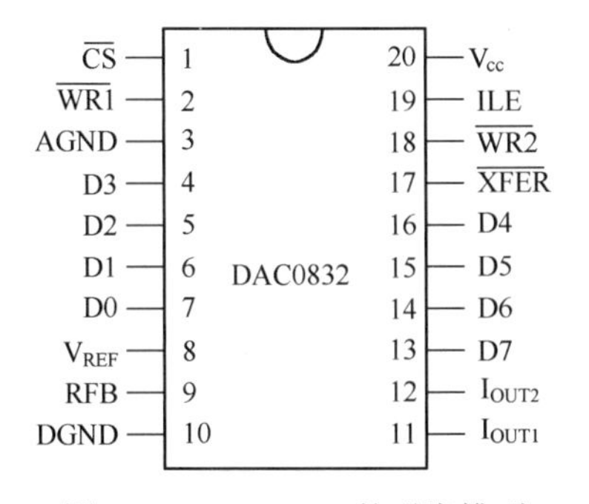

图 9-38　DAC0832 的引脚排列

（1）DAC0832 的引脚

DAC0832 是一种 20 引脚双列直插式的集成电路芯片，其引脚排列如图 9-38 所示。

D7～D0：8 位数据输入端。

$\overline{CS}$：片选信号输入端，低电平有效。

$\overline{WR1}$、$\overline{WR2}$：写入命令输入端，低电平有效。

$\overline{XFER}$：传送控制信号，低电平有效。

I_{OUT1}：电流输出端，与数字量的大小成正比。

I_{OUT2}：电流输出端，与数字量的反码成正比。

RFB：反馈电阻，制作在芯片内，与外接的运算放大器配合构成电流/电压转换电路。

V_{REF}：转换器的基准电压。

Vcc：工作电源输入端，电压范围为+5～+15V。

AGND：模拟电路接地点。

DGND：数字电路接地点。

（2）DAC0832 的模拟输出

DAC0832 是电流型 D/A 转换器，其转换结果是与输入数字量成正比的电流。在实际应用中，为了增强驱动能力，需要用运算放大器放大信号并将输出电流变换为电压输出。典型的单极性电压输出电路连接示意图如图 9-39 所示，其输出电压为

$$V_{OUT}=(-D/2^8)\times V_{REF}$$

式中 D 为输入数字量对应的十进制值，显然 8 位数字量将产生 256 种不同的模拟电压输出。

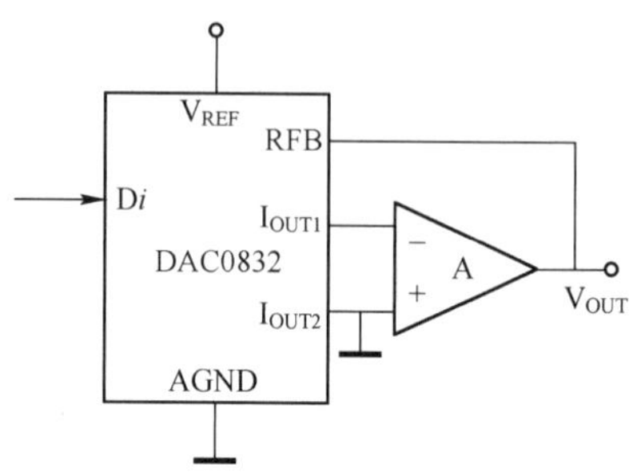

图 9-39　DAC0832 的单极性电压输出电路

若 V_{REF}=5V，当输入数字量的二进制码为 00000001 时，对应的十进制值为 1，则模拟量输出为−0.02V，而当输入数字量的二进制码为 11111111 时，对应的十进制值为 255，则模拟量输出为−4.98V。

同样，DAC0832 在转换时也存在误差。要提高转换精度，可采用较大位数的 DAC。

（3）DAC0832 的工作方式

DAC0832 内部有两级锁存器，根据这两个寄存器使用方法的不同，DAC0832 有直通、单缓冲、双缓冲三种工作方式。

当 ILE 接高电平，$\overline{CS}$、$\overline{WR1}$、$\overline{WR2}$ 和 $\overline{XFER}$ 都接数字地时，DAC0832 处于直通方式，8 位数字量一旦到达 D7～D0 输入端，就立即加到 D/A 转换电路，被转换成模拟量。

单缓冲方式将 DAC0832 内部的一个锁存器处于缓冲方式，另一个锁存器处于直通方式，输入数据经过一级缓冲后送入 D/A 转换电路。在应用中，通常把 $\overline{WR2}$ 和 $\overline{XFER}$ 都接地，使锁存器 2 处于直通状态，ILE 接+5V，$\overline{WR1}$ 接 CPU 系统总线的 $\overline{IOW}$ 信号，$\overline{CS}$ 接端口地址译码信号，这样 CPU 可执行一条 OUT 指令，使 $\overline{CS}$ 和 $\overline{WR1}$ 有效，写入数据并立即启动 D/A 转换。

双缓冲方式中，数据要通过 DAC0832 内部的两个寄存器锁存后再送入 D/A 转换电路，必须执行两次写操作才能完成一次 D/A 转换。双缓冲方式的优点是可以在 D/A 转换的同时进行下一个数据的输入，从而提高转换速度。

（4）DAC0832 与主机的连接

由于 DAC0832 内部含有数据锁存器，在与 CPU 相连时，可直接将它的数据输入端连在系统的数据总线上。

例 9-7　试编写一段程序，利用 DAC0832 产生一个三角波电压，波形下限电压为 0.5V，上限电压为 2.5V。

分析：在图 9-39 所示的单极性电压输出电路中，若给 8 位 DAC0832 接上−5V 的基准电压，当输出为下限电压 0.5V 时，对应的数字量为 26，十六进制码为 1AH；同理，当输出为上限电压 2.5V 时，对应的数字量为 128，十六进制码为 80H。因此，可以根据这两个边界数据编写如下程序：

```
BHGIN:  MOV     AL , 1AH        ;取下限值
UP :    OUT     PORT , AL       ;D/A 转换
        INC     AL              ;数值增 1
        CMP     AL , 81H        ;是否超过上限
        JNZ     UP              ;未超过，继续转换
```

```
        DEC     AL              ;已超过，则数值减 1
DOWN:   OUT     PORT , AL       ;D/A 转换
        DEC     AL              ;数值减 1
        CMP     AL , 19H        ;是否低于下限
        JNZ     DOWN            ;不低于下限，继续转换
        JMP     BEGIN           ;低于下限，转下一个周期
```

习题 9

1．单项选择题

（1）程序查询 I/O 方式最主要的缺点是（　　）。

A．接口复杂　　B．CPU 效率不高

C．不能用在外设　　D．不经济

（2）在下列指令中，能对 I/O 端口进行读/写的是（　　）。

A．中断指令　　B．串操作指令

C．输入/输出指令　　D．算术运算指令

（3）下面给出的中断方式优点中，哪一条是错误的（　　）。

A．可实现 CPU 与外设并行工作　　B．便于应急事件处理

C．提高 CPU 的工作效率　　D．使外设接口比查询方式简单

（4）中断向量地址是指（　　）。

A．中断服务程序入口地址的地址　　B．发出中断请求的中断源地址

C．中断服务程序的入口地址　　D．中断源请求逻辑电路的地址

（5）下列选项中，能引起内部中断的事件的是（　　）。

A．键盘　　B．鼠标　　C．非法操作码　　D．打印机

（6）下列选项中，能引起外部中断的事件的是（　　）。

A．除数为 0　　B．运算溢出　　C．非法操作码　　D．打印机

（7）单级中断系统中，中断服务程序执行顺序是（　　）。

A．保护现场、中断事件处理、恢复现场、开中断、中断返回

B．保护现场、开中断、中断事件处理、恢复现场、中断返回

C．开中断、保护现场、中断事件处理、恢复现场、中断返回

D．中断事件处理、保护现场、开中断、恢复现场、中断返回

（8）DMA 方式传送数据是在（　　）之间进行的。

A．CPU 和外设　　B．主存和外设　　C．键盘和主存　　D．CPU 和主存

（9）在响应外部中断的过程中，要完成（　　）工作。

A．关中断、保存断点、形成中断服务程序入口地址送程序计数器

B．关中断、保存通用寄存器、形成中断服务程序入口地址送程序计数器

C．关中断、保存断点和通用寄存器

D．保存断点和通用寄存器、开中断

（10）设串行通信时数据的传送速率是 400 字符/秒，每个字符为 12 位二进制数据，则传送的波特率是（　　）。

A．1200 波特　　B．2400 波特　　C．4800 波特　　D．9600 波特

2．I/O 接口的主要功能有哪些？

3．什么是中断类型号、中断向量、中断向量表？在实地址方式中，中断类型号和中断向量之间有什么关系？

4．简述中断优先排队的原因、原则和方法。

5．一次完整的中断过程包括哪几步？

6．某计算机的 CPU 主频为 500MHz，CPI 为 5（即执行每条指令平均需 5 个时钟周期）。假定某外设的数据传输率为 0.5MB/s，采用中断方式与主机进行数据传送，以 32 位为传送单位，对应的中断服务程序包含 18 条指令，中断服务的其他开销相当于 2 条指令的执行时间。请回答下列问题，要求给出计算过程。

（1）在中断方式下，CPU 用于该外设 I/O 的时间占整体 CPU 时间的百分比是多少？

（2）当该外设的数据传输率达到 5MB/s 时，改用 DMA 方式传送数据。假设每次 DMA 传送大小为 5000B，且 DMA 预处理和后处理的总开销为 500 个时钟周期，则 CPU 用于该外设 I/O 的时间占整个 CPU 时间的百分比是多少？（假设 DMA 与 CPU 之间没有访存冲突）。

7．8251A、8253、8255A、8259 分别是具有什么功能的可编程接口？

8．对 8255A 进行初始化，要求端口 A 工作于方式 1，输入；端口 B 工作于方式 0，输出；端口 C 的高 4 位配合端口 A 工作，低 4 位为输入，设控制口的地址为 006BH。

9．设 8253 计数器的时钟输入频率为 1.91MHz，为产生 25kHz 的方波输出信号，应向计数器装入的计数初值为多少？

10．试编程对 8253 初始化启动其工作，要求计数器 0 工作于模式 1，初值为 3000H；计数器 1 工作于模式 3，初值为 100H；计数器 2 工作于模式 4，初值为 4030H。设端口地址为 40H、41H、42H 和 43H。

11．若 8251A 工作于异步方式，字符为 7 位，偶校验，2 位停止位，波特率因子为 16，则工作处于接收和发送状态，且使 $\overline{RTS}$ 和 $\overline{DTR}$ 为低电平。若 8251A 的端口地址为 50H 和 51H，试编写初始化程序段。

12．试按照如下要求对 8259A 进行初始化：系统中只有一片 8259A，中断请求信号用电平触发方式，需要设置 ICW4，中断类型号为 60H，61H，62H，…，67H，用普通全嵌套方式，不用缓冲方式，采用中断自动结束方式。设 8259A 的端口地址为 94H 和 95H。

13．试编写一段程序，利用 DAC0832 产生一个三角波电压，波形下限电压为 1V，上限电压为 4V。

第 10 章　常用外部设备

计算机外部设备作为计算机系统的重要组成部分，是用户与计算机之间进行信息交换的主要装置，交换的信息包括程序、数据、文档资料等，也包括图像、音频和视频等多媒体信息。本章在介绍外部设备基本概念的基础上，讲述常用的输入/输出设备的性能及工作原理。

10.1　外部设备概述

计算机具有多种多样的功能，可以完成各种各样的任务，这一切都离不开外部设备。外部设备延伸了计算机系统的功能，提供了人与计算机之间的接口。人们通过外部设备给计算机系统发出指令，并得到计算机处理的结果。外部设备使人们能够更加有效、方便地使用计算机系统，从而提高人们的工作效率和生活质量。

10.1.1　外部设备的类型

随着计算机应用的需要和技术的不断进步，计算机外部设备变得更加多样化。早期计算机的外部设备主要有键盘、显示器和打印机，现在的外部设备种类繁多，常见的外部设备有键盘、鼠标、触摸屏、话筒、数码相机、显示器和打印机等。

从计算机系统组成的角度看，按照设备在系统中的作用可将外部设备划分成输入设备、输出设备、外存储器、过程控制设备和网络通信设备几类，有的设备可能具有几种作用。

1．输入设备

输入设备是用户向计算机发送命令或输入数据信息的桥梁，是将控制信息、数据和程序输入计算机的设备。常用的输入设备有键盘、鼠标、触摸屏、数码相机、摄像机（含摄像头）、扫描仪、手写输入板等。早期的输入设备有卡片输入器、光电纸带输入器等，这些都已经十分罕见并且被淘汰了。

计算机的输入设备按照功能可以分为以下几类。

（1）字符输入设备

字符输入设备可以将字符表示的指令、程序、数据输入到计算机，转换成计算机能够处理的二进制数。键盘是计算机最基本的字符输入设备，也是重要的人机界面组成部分，通过键盘可向计算机下达命令、即时输入程序运行需要的数据，计算机的程序和数据主要是使用键盘输入的。其他字符输入设备还有手写板，使用专用笔在手写板上通过手写方式输入汉字、数字等字符。

（2）光学阅读设备

光学阅读设备有条形码扫描仪、二维码扫描仪、数字符号扫描仪、读卡机等。如超市使用条形码扫描仪可将有关商品的信息输入到计算机中，邮局使用的数字符号扫描仪能将邮政编码输入到计算机中，使用读卡机可以快速、大批量地输入各种存储卡上的信息。

（3）图形输入设备

图形输入设备有鼠标、图形数字化仪、触摸屏、光笔等设备。利用图形输入设备，和显示设备配合，可以绘制图形并输入计算机，其中尤其以鼠标使用最为广泛。

（4）图像输入设备

图像输入设备有数码相机、数码摄像机（含摄像头）、扫描仪、传真机等。扫描仪、传真机可以将图片、报纸、书籍等信息输入计算机，数码相机、数码摄像机（含摄像头）则可将客观世界的场景信息记录下来并输入计算机中。

（5）语音和视频输入设备

语音输入设备有麦克风、数字录音笔等，麦克风通过模/数转换系统（声卡）可将声音信息转换成二进制数并输入计算机，数字录音笔可将声音信息以数字形式记录下来并输入计算机。通过视频输入设备（视频卡）可将非数字化的视频信息输入计算机，如模拟电视信号。

2. 输出设备

输出设备是用于输出数据的设备。它将计算机的处理结果或存储的信息以字符、数字、图形、图像、声音等形式表示出来，使得人们能够更加直观、易懂地接受这些信息。常用的输出设备有显示器、打印机、绘图仪、语音输出系统和影像输出系统等。早期的输出设备有卡片穿孔机和纸带打孔机等，这些设备都已经淘汰，甚至知道的人都很少了。

（1）显示设备

显示设备有显示器、数码显示管、显示屏等设备。显示器是计算机最基本的输出设备，可以输出字符、图形和图像。计算机输出的大部分信息，人们是通过显示器看到的。数码显示管、小尺寸显示屏用于显示少量信息的场合，如一些仪器仪表上、手机上；大尺寸显示屏则用于广场、车站等公共场所。

（2）打印设备

打印设备将计算机输出的信息打印在纸上，可以永久保留，也是一种重要的输出设备。打印设备主要指各种类型的打印机，如激光打印机、喷墨打印机、针式打印机等。

（3）绘图设备

显示器和打印机都可输出图形，但要输出较精确的图形，则可使用绘图仪。绘图仪有笔式绘图仪、静电绘图仪、直接成像绘图仪等。笔式绘图仪带有各种颜色的笔，笔的运动由步进电机控制，画出的线条是连续的，绘制的图形尺寸也更大。绘图仪又分平板式和滚筒式两种，平板式绘制的图形尺寸有一定的限制，滚筒式则在长度上没有限制。

（4）语音和视频输出设备

语音和视频输出设备是可以输出声音和视频的设备，有音箱、喇叭、耳机、投影仪等。通过数模转换装置，可将计算机中存储的信息还原成声音和视频在这类设备上输出。

3. 外存储器

外存储器包括磁盘、磁带、光盘和 U 盘等设备及存储卡，这类设备既是存储系统的一部分，又是外部设备，既能输入信息到计算机中，又能接受计算机输出的信息。外存储器的主要任务是存储信息，但不对信息的格式进行转换，是一类比较特殊的外部设备。

外存储器中的移动硬盘和 U 盘有携带方便和容量大的优点，是人们常用的可移动数据存储设备。随着云存储技术的发展，可移动数据存储设备的使用将呈现逐步减少的趋势。

4．过程控制设备

当计算机用于实时检测和控制时，需要 A/D 和 D/A 转换设备，A/D 转换器可将连续变化的物理量转换成计算机能处理的数字量，D/A 转换器能将数字量转换成被控设备需要的物理量。A/D 和 D/A 转换设备属于过程控制设备，被检测和被控制的设备可看成广义上的计算机外部设备。

5．网络通信设备

要实现各种资源的共享，就要把不同的计算机连接起来构成网络，这些连接计算机的专用通信设备也可看成计算机的广义外部设备，如程控电话、集线器、路由器、交换机、网关等设备。

10.1.2 外部设备的功能

外部设备能为主机提供需要处理的信息，能将主机处理的结果转换成人们易于识别和理解的信息形式，还能为主机提供存储空间、提供与其他计算机系统通信的链路、架起人们和计算机系统之间交换信息的桥梁。外部设备的功能主要有以下几个方面。

1．实现人机交互

外部设备是人机交互的信息传递工具。无论使用计算机做什么工作，人们都需要和计算机直接交互。使用计算机时需要通过外部设备发送指令、输入程序和数据，想得到计算结果时，需要借助外部设备获取所需要的信息，想了解计算机的运行状态及参数也需要使用外部设备。键盘、鼠标和显示器一起组成了最重要的人机交互界面，方便了用户使用计算机，提高了计算机的工作效率，也加快了计算机的推广和应用。

2．实现信息转换

外部设备是数据信息的转换工具。人与计算机交互过程中的信息形式主要是文字、图形、图像和声音，而计算机处理的是二进制数据。因此，需要通过外部设备事先将各种形式的信息转换为二进制数据，交给计算机进行处理，处理的结果则需要再次转换为人们易于接收的信息形式。

3．实现数据存储

计算机处理、存储和管理大量的数据，这些数据不可能都存储在主存中，需要海量的数据存储装置。目前，大容量的存储主要依赖于硬磁盘存储器实现，需要随身携带的程序、数据则用移动存储设备存储。网络存储具有共享数据的优势，随着云存储技术的进步和普及，计算机系统数据存储的方式也将随之发生变化。

4．促进计算机应用领域的拓展

随着计算机应用的发展，输入/输出设备作为计算机的重要组成部分进入了各个领域。图形输入/输出设备的出现，对计算机辅助设计提供了有力支持；A/D 和 D/A 转换设备的出现，使计算机在检测与控制领域得到了广泛应用；图像处理设备的出现，使计算机在图像识别领域得到广泛应用，如人脸识别、车牌识别；语音处理设备的出现也为计算机拓展了新的应用领域。

10.1.3 外部设备发展趋势

计算机外部设备的发展日新月异，新的外部设备不断出现，新的应用领域不断拓展，其发展趋势将呈现集成化、网络化、无线化、智能化、多功能化、人性化和环保节能等特点。

1．集成化

计算机外部设备种类繁多、性能各异，涉及多个学科的知识。集成化是指外部设备是集成各种技术制成的，使用的技术包括机械、电子、光学和磁学等技术，产品的设计制造难度加大，研发经费投入增加。

2．网络化

随着计算机网络的广泛应用，外部设备应具有网络接口，可以方便地连接到网络，成为网络上共享的外部设备，如网络存储器和网络打印机等。特别是云终端设备的出现，使得多个用户可以共享服务器资源。云终端设备提供网络接口、显示器接口、多个 USB 接口，能将键盘、鼠标、打印机、显示器等多种外设通过网络和服务器或 PC 机连接，用户端不再需要配置 CPU、存储器、硬盘等资源。云终端在多媒体教室和实验室、机关和企事业单位办公室得到了广泛的应用，大幅度降低了软硬件投资、电费和设备维护费用。

3．无线化

为了使外部设备的使用更加灵活、方便，外部设备与主机之间应具有无线通信功能，能以无线方式相互连接。特别是笔记本电脑、手机和平板电脑的普及，使移动办公和移动电子商务的需求不断增加，对外部设备无线化的需求也越来越广泛。目前，不仅短距离通信的无线网络开始普及，使用蓝牙技术的外部设备产品也大量涌现。例如，使用蓝牙技术的无线键盘和鼠标。使用无线通信的显示器也已经出现，一些产品还可以无线传送视频信号。

4．智能化

现在的外部设备产品不仅能够实现特定的功能，同时应智能地满足用户的需求和期待。微处理器技术的进步与价格的不断降低，使得外部设备可以根据需要嵌入微处理器以实现智能化。另外，人机交互方式也将引导外部设备智能化。传统上，人们主要通过键盘和鼠标来操作或使用计算机，现在，由于手机与平板电脑大量普及使用，触控和语音识别技术日臻成熟。用语音、手势、表情甚至眼神来引导计算机按照人们的意志执行命令也逐渐成为一种现实。例如，微软公司的体感外围设备 Kinect 使用相机捕捉玩家在三维空间中的运动，实现人与游戏的互动。

5．多功能化

许多外部设备集成了多种功能，如多功能一体机，可以打印、复印、扫描和传真；摄像头上有话筒，可以实现视频和声音的输入；耳机上可以带话筒，实现声音的输出和输入；数码相机兼有记录视频的功能，平板电脑的触摸屏则兼有鼠标和键盘的功能，体感外围设备 Kinect 则将视频输入、声音输入、影像识别和声音识别等多种功能集成实现。

10.2 输入设备

输入设备用于将数据、程序、文字符号、图片、音频和视频等各种形式的信息输入计算机系统中，这里介绍几种最常用的输入设备。

10.2.1 键盘

键盘是最常用的用于输入指令或数据的计算机外部设备。用户通过键盘，可以给计算机发送指令、文字、输入和编辑程序，以及实时输入程序需要的数据等。

现在使用的标准键盘来自英文打字机，根据英文字母在键盘上的排列方式命名为“QWERTY”型键盘，如图 10-1 所示为台式机键盘。

早期的计算机键盘以 83 键为主，并且延续了相当长的一段时间。经过长时间的发展，现在有 101 键、104 键和 108 键等多种规格的键盘，104 键盘比 101 键盘多出两个 Windows 功能键和一个菜单键，108 键盘比 104 键盘多出 3 个电源管理键——关机、待机和唤醒键及一个组合功能键。

键盘按照应用可以分为台式机键盘、笔记本电脑键盘、工控机键盘三大类。除标准键盘，还有专用键盘，如财会专用的数字键盘，如图 10-2 所示。

图 10-1 台式机键盘

图 10-2 财会专用的数字键盘

1. 键盘的类型

（1）机械键盘

机械键盘使用机械金属弹簧作为弹力机构，当键按下去时，触点闭合，放开按键，触点分离。机械键盘结构简单、成本低；缺点是机械弹簧容易损坏，而且触点会在长时间使用后氧化，导致按键失灵。

（2）无触点电容键盘

无触点电容键盘利用类似电容式开关的原理，通过按键时改变电极间的距离引起电容容量改变从而驱动编码器，其特点是无磨损且密封性好，但按键信号的产生要复杂一些，成本也比较高，属于高档键盘。

（3）薄膜接触式键盘

薄膜接触式键盘内部分为 4 层，在盖板以下是一块橡胶薄膜，在每个按键的位置上有一个弹性键帽，这个部件就是键盘的主要弹性元件。在橡胶薄膜以下，是 3 层重叠在一起的塑料薄膜，上下两层覆盖着薄膜导线，在每个按键的位置上有两个触点，中间一张塑料薄膜则是不含任何导线的，将上下两层导电薄膜分隔开，而在按键触点的位置上则开有圆孔。在正常情况下，上下两层导电薄膜被中间层分隔开来，不会导通。但在上层薄膜受压以后，就会在开孔的部位与下层薄膜连通，从而产生一个按键信号。薄膜接触式键盘结构简单、成本低，是目前使用最广泛的键盘。

（4）投影键盘

投影键盘是用投影作为一种新的输入方式，采用内置的红色激光发射器可以在任何表面投影出标准键盘的轮廓，然后通过红外线技术跟踪手指的动作，最后完成输入信息的获取，再通过蓝牙技术将按键信息传输到主机。

在使用投影键盘时，只需敲击投影出的“键盘”按键，即可完成与普通键盘一样的输入操作，而且用户还可以选择打开/关闭“按键”音。打开“按键”音，在输入时，投影键盘可以发出和普通键盘类似的键入音。

键盘还有无触点感应式的，如静电耦合键盘、电磁感应键盘、光电式键盘等类型。

2．键盘接口

键盘早期使用 AT 串行接口，后来广泛使用 PS/2 接口，PS/2 接口是键盘和鼠标专用的 6 针圆形接口，如图 10-3 所示。计算机主板上一般提供两个 PS/2 接口，分别用于连接键盘和鼠标，键盘接口通常为紫色，鼠标接口通常为绿色。

图 10-3 键盘、鼠标接口

现在键盘主要通过 USB 接口与计算机相连，USB 键盘接口具有即插即用的特点，并且具有热插拔的优点，受到了人们的广泛青睐。目前，USB 接口的键盘产品越来越多。

3．键盘工作原理

键盘由一组按键和相应的控制电路组成，按键按一定的规律排列，当一个键按下时会产生一个按键信号。控制电路由专用微处理器构成，不停地执行按键扫描程序，当识别出有按键信号时，根据按键的位置得到一个扫描码，将其转换成一个串行数据传送到键盘接口。键盘接口接到扫描码后给主机发送中断请求，由主机进入键盘中断服务程序接收处理。键盘的专用微处理器不但能识别单个按键信号，还能识别组合按键信号，如上挡键、控制键和其他键的组合。专用微处理器中还有一块缓冲区，可以存放多个键的扫描码。当多键滚按时，若干个键的扫描码存入缓冲区，按先进先出的顺序处理。由于人按键的速度远远慢于计算机处理的速度，不会出现先按的键被后按的键覆盖的情况。采用软件扫描识别按键可通过软件给按键重新定义编码，为键盘功能扩充提供方便，得到广泛的应用。

4．特色键盘

键盘的设计已经多样化，出现了各种各样有特色的键盘。下面简单介绍两种目前常用的特色键盘。

（1）无线键盘

无线键盘通过一个 USB 无线接收器与计算机相连，在一定的范围内，可实现对计算机的操作。无线键盘摆脱了连接线，使用灵活方便，深受人们的喜爱。无线键盘在实现技术上，有无线电型和红外线型两种。无线键盘由于不和计算机相连，需要通过电池来供电，有些无线键盘的耗电量较大，需要经常更换电池。还有的无线键盘和鼠标制作在一起，公用一个 USB 无线接收器，进一步简化了外设与计算机系统的连接。

（2）人体工程学键盘

人体工程学键盘是为了解决人们长时间使用键盘可能导致手腕、手臂和肩背等的疲劳而专门设计的键盘。这类键盘设计上基于人体工程学的原理，充分考虑人的生理特征，可以有效减轻人们使用键盘的疲劳程度。

除以上两种特色键盘，还有手写键盘、多媒体键盘和集成鼠标的键盘等。

5．键盘选购

选购键盘时，主要考虑操作手感、外观设计、类型和材质做工。

① 操作手感：好的键盘应该弹性适中、没有抖动、响应灵敏、噪声小，这些都有助于实现盲打，提高键盘的使用效率。

② 外观设计：如果键盘设计的形状和颜色等能够打破呆板沉闷的设计风格，透出几分灵性并且令人喜欢的话，十分有助于愉悦人们的心情，达到提高工作效率的目的。

③ 类型：选用有特色的键盘可以满足人们的个性化需求。例如，选用人体工程学键盘有助

于缓解人们使用键盘的疲劳，选用无线键盘可以简化计算机周围的布线。

④ 材质做工：好的键盘往往选用优良的材质制造，耐磨、手感好，即便长期使用，键帽上的字母也不会磨损，并且性能不会改变。

10.2.2 鼠标

图 10-4 鼠标

1981 年，美国施乐公司最先推出了鼠标产品。1983 年，苹果公司将鼠标用于其 PC 产品中，随后微软公司也在 Windows 操作系统中支持鼠标。伴随着图形界面操作系统的广泛使用，鼠标与键盘一样，成为人们最常用的输入设备，如图 10-4 所示。

鼠标的使用给输入方式带来了重大的变化，极大地简化了对计算机的命令输入，也促进了计算机在 CAD 领域的广泛应用。鼠标既用于计算机显示系统（显示器）的纵横坐标定位，又用于替代键盘输入命令，还可以绘制图形。

当移动鼠标时，代表鼠标的指针在显示屏上移动，单击、双击鼠标或拖动鼠标时，计算机系统的程序将鼠标的操作转换为命令执行。例如，单击鼠标右键时会弹出快捷菜单，进一步选择菜单项单击左键，计算机会根据所选择的菜单项执行相应的命令。

1．鼠标的类型和工作原理

鼠标主要可以分为机械鼠标、光电鼠标和光学鼠标，现在的鼠标产品主要是光学鼠标。

机械鼠标主要由滚动球、辊柱和光栅信号传感器组成。拖动鼠标则带动滚动球转动，滚动球带动辊柱转动，装在辊柱端部的光栅信号传感器产生的光电脉冲信号反映鼠标器的垂直和水平方向的位移变化，再通过程序的处理和转换控制屏幕上鼠标指针的移动。机械鼠标结构简单、成本低，但精确度和灵敏度较差，已经很少使用。

光电鼠标检测鼠标的位移，是通过发光二极管发出红光和红外线，由光敏二极管接收反射回的光信号，转换形成电脉冲信号，再通过程序的处理实现的。光电鼠标用光电传感器代替了滚动球，提高了定位精度和灵敏度。但这类光电传感器需要特制的、带有条纹或点状图案的垫板配合，使其推广和使用受到限制。

在光电鼠标的基础上进一步发展，出现了光学鼠标（又称为第二代光电鼠标），其核心部件是发光二极管、微型摄像头、光学引擎和控制芯片。工作时发光二极管发出的光照亮鼠标底部的表面，同时微型摄像头每过一定的时间进行一次图像拍摄。鼠标在移动过程中产生的不同图像传送给光学引擎进行数字化处理，最后由光学引擎中的定位 DSP 芯片对所产生的图像数字矩阵进行分析。由于相邻的两幅图像总会存在相同的特征，通过对比这些特征点的位置变化信息，便可以判断出鼠标的移动方向与距离，这个分析结果最终被转换为坐标偏移量，实现光标的定位。光学鼠标精确度高、灵敏度好，在各种场合都能使用。

其他种类的鼠标还有 3D 鼠标、轨迹球鼠标、游戏专用鼠标等。

2．鼠标的性能指标

鼠标早期使用串行接口，后来使用 P/S2 接口，现在和键盘一样使用 USB 接口。鼠标的性能指标主要有采样频率和分辨率。光学鼠标采样频率是指每秒能采集和处理的图像数量，单位是“帧

/秒”，采样频率越高，指针定位能力越强。现在鼠标的采样频率可达到6000帧/秒的水平，最快追踪速度达到37英寸/秒。分辨率是指鼠标每移动一英寸，鼠标指针在屏幕上所通过的像素的个数，是衡量鼠标移动灵敏度的标准，分辨率越高，灵敏度越高。光标在屏幕上移动同样长的距离，分辨率高的鼠标在桌面上移动的距离较短，主流光学鼠标的分辨率在400CPI（Count Per Inch）到800 CPI之间。鼠标的分辨率并不是越高越好，鼠标分辨率越高，鼠标指针在屏幕上的移动速度就越快。鼠标的分辨率应该和显示器的分辨率相匹配，否则会出现鼠标移动过快或过慢的情况。

选购鼠标时应该考虑鼠标的分辨率和采样频率，保证其灵敏性和定位的精确性。此外，手感、使用的舒适性及形状和颜色等鼠标设计都是选购鼠标时的考虑因素。

10.2.3 触摸屏和触摸板

触摸屏成为继键盘、鼠标之后的又一种常用的输入设备。触摸屏输入方式具有简单、直观、省空间和易交流的特点，而且触摸屏坚固耐用，响应速度快，极大地方便了用户与计算机系统的交流。

早期的触摸屏主要用于公共场所，如车站、广场、图书馆、商场、医院等场合的公共信息查询。现在触摸屏的应用范围越来越广泛，在手机和平板计算机中触摸屏是必不可少的标准输入方式，触摸屏也用在ATM机、各种自动缴费、充值机上。此外，教学、军事、工业控制等领域也在使用触摸屏设备。

现在的平板计算机或智能手机一般都通过触摸屏实现输入，一些笔记本电脑也开始使用触摸屏输入。除通过使用触摸屏发送操作命令，通常还使用触摸屏实现虚拟键盘进行文字输入及编辑。虚拟键盘使用九宫格数字键盘或十六宫格键盘，九宫格数字键盘如图10-5所示。除此之外，还有各种英文和汉字输入虚拟键盘，图10-6所示是一种汉字输入虚拟键盘，图10-7所示是一种英文输入虚拟键盘。

触摸屏由一种透明的特殊材料制成，有一套独立的绝对坐标定位系统（鼠标属于相对定位系统）。手指每次触摸时，触摸的位置会转换为屏幕上的绝对坐标。

触摸屏的本质是传感器，用户触摸显示屏的位置被其控制器检测，并传送给输入处理程序，转换成触点坐标，再解释为相应的命令加以执行。触摸屏根据传感器的类型来划分，有红外线触摸屏、近场成像触摸屏、电阻式触摸屏和电容式触摸屏等类型，现在广泛使用的基本上都是电容式触摸屏。

触摸屏的使用又一次带来了输入方式的改变，在许多场合将代替大部分的键盘和鼠标操作，成为人们主要的输入手段。

图10-5 九宫格数字键盘

图10-6 汉字输入虚拟键盘

图10-7 英文输入虚拟键盘

触摸板（TouchPad 或 TrackPad）也是一种输入设备，广泛应用于笔记本电脑等便携式计算机。触摸板非常薄，面积一般不超过 20 平方厘米，具有体积小、重量轻、维护容易、寿命长等优点。触摸板的功能和操作与鼠标类似，简单易学。使用者通过手指在平滑的触摸板上滑动控制屏幕上的指针移动，通过触摸板上方的左右两个按键，实现选择菜单、图标等操作。例如，单击右键可弹出快捷菜单，单击左键可选择菜单项。

触摸板的工作原理和触摸屏类似，是借助电容感应来获知手指移动情况。触摸板用印刷电路板做成行和列的阵列，印刷电路板与表面塑料覆膜用强力双面胶粘接。当使用者的手指接触板面时会使电容量改变，在触摸板表面下的控制电路会不停地测量和报告手指的移动轨迹，从而检测到手指的移动位置，并转换成坐标，系统程序再将对触摸板的操作转换成相应的命令执行。

10.2.4 扫描仪

扫描仪是一种图像输入设备，可以捕获图像并转换为计算机可以识别的格式，以供显示、编辑、存储和输出。扫描仪的输入对象包括图片、文字、图纸等。

1. 扫描仪的工作原理

扫描仪用高密度的光束照射图像，扫描头沿扫描对象来回移动以接收反射回的光。由于不同的颜色及灰度对光的反射不同，反射的光被聚焦在电荷耦合的光电器件上，光电器件将反射光转换成的电流信号的强弱不同，电流信号再经 A/D 转换后送给计算机处理，即可形成扫描图像。

2. 扫描仪的主要性能指标

扫描仪的主要性能指标有分辨率、扫描速度、扫描幅面、颜色位数等。

（1）分辨率

分辨率是衡量扫描质量的指标，分水平分辨率和垂直分辨率，用每英寸形成的像素点数表示，如 600×1200、1200×2400。水平分辨率取决于光学部件的性能，垂直分辨率取决于步进电机的精度。许多要求输入分辨率高、失真小的图片必须由扫描仪来完成。

（2）扫描速度

扫描速度指单位时间能完成的扫描帧数，完成一次扫描需要的时间越少，扫描速度越快。在保证扫描质量的前提下，扫描速度越快越好。

（3）扫描幅面

扫描幅面指最大扫描面积，扫描面越大，性能越好，但价格也高。常见的扫描幅面有 A4、A3、A1、A0，对一般的应用来说，A4、A3 即可满足要求。

（4）颜色位数

颜色位数反映扫描仪对图像色彩的辨析能力，常见的有 32 位、36 位、48 位。颜色位数越多，扫描的色彩越丰富，扫描图像的效果越好，但扫描形成的图像文件也越大。

扫描仪的其他性能指标还有采用哪种感光器件、使用哪种接口、噪声有多大。

10.2.5 其他输入设备

除键盘、鼠标、触摸屏和扫描仪，计算机还有一些其他输入设备。

1. 手写板

手写板除具有输入文字和绘图功能，还具有一些鼠标的功能。可以实现文字、符号和图形等的输入及光标定位，用于代替键盘和鼠标的操作。

通常手写板带有手写识别软件，可以识别人们书写的文字，代替键盘的文字输入。其优点是更具有直观性，人们可以按照传统的书写习惯输入文字。手写板一般使用专用的笔，在特定的区域内书写文字，通过各种方法记录书写轨迹，然后将其识别为文字。同时手写板有光标定位功能，适合用于与绘图有关的设计。

手写板主要有电阻压力式手写板、电磁感应式手写板和电容触控式手写板。手写板多使用USB 接口与计算机连接。

2. 数码相机

数码相机是数字照相机的简称，是一种图像输入设备，不仅能获得平面图像，还能获得实际场景的图像，已在部分应用领域取代了扫描仪。

数码相机是一种利用光电传感器把光学影像转换成电子数据的照相机。通常，数码相机将图像转换为计算机可以识别的格式存储，使用 USB 接口或存储卡与计算机相连，实现数据的传送。

数码相机的主要性能指标除包含传统相机的镜头分辨率、聚焦方式、快门速度等指标，还要考虑光电器件的像素数目、存储卡的容量等因素。

目前，多数数码相机具有摄像机的摄像功能，只是精度上逊于专用的摄像机。

3. 数字摄像机和摄像头

数字摄像机是一种视频输入设备，能将连续的光学影像转换为电信号，进一步转换为数字信号，按照特定的格式存储在自己的存储部件中。数字摄像机可用于影视作品的制作、各种场景的记录及家庭娱乐等。数字摄像机一般配置有硬盘，可存放大量视频信息。

按照用途来分，摄像机可以分为广播级（用于影视制作）、业务级（用于教育及监视系统）和家用级。家用级摄像机种类繁多，主要特点是体积小、重量轻、功能多和操作简便等，这类产品的销售数量最大。

按照光电转换器件来分，数字摄像机主要有固体光电传感器（CCD）和互补金属氧化物半导体（CMOS）两种类型。按照拍摄光谱范围分类，又可以分为黑白摄像机（用于工业监视）、彩色摄像机（多用途）、红外线摄像机（用于军事、夜间监视）和 X 光摄像机（用于医疗、安全检查）。

摄像头也是一种视频输入设备，但没有自己独立的存储设备，转换后的信号通过接口直接传送给主机。摄像头可以用于监控系统之中，人们也用摄像头来进行视频通信。一些摄像头产品还组合了麦克风的功能，便于实际使用。

10.3 输出设备

输出设备用于把计算机的计算结果转换为人们能够识别的数字、字符、声音或图形的表现形式。常见的输出设备有显示器、打印机、音箱和绘图仪等。

10.3.1 显示器

显示器是最常用的计算机输出设备，可以将数字信号转换为光信号在显示屏上显示出来，具有输出速度快、输出成本低的优点，但输出不能长期保存。显示器可以输出文字、图形和视频信息，除用于显示计算机的处理结果，还可用于娱乐。

1. 显示器的类型

显示器按显示器件划分主要有阴极射线管（Cathode Ray Tube，CRT）显示器、液晶（Liquid Crystal Display，LCD）显示器和发光二极管（Light Emitting Diode，LED）显示器。

（1）CRT 显示器

CRT 显示器如图 10-8 所示，是计算机系统中最早使用的显示器，使用历史非常悠久。CRT 显示器由电子枪、显示屏及控制电路组成，显示信息的原理是用要显示的信息控制阴极射线管的电子枪发射电子束，电子束轰击涂有荧光粉的屏幕形成显示信息。CRT 显示器成本低、显示质量好、可靠性高，但功耗大、体积大、十分笨重，使用量正逐步减少。

（2）LCD 显示器

LCD 显示器如图 10-9 所示，是一种超薄平面显示设备。LCD 显示器由荧光管、导光板、偏光板、滤光板、玻璃基板、液晶材料、薄膜式晶体管等构成。液晶是一种同时具备了液体的流动性和类似晶体的某种排列特性的物质。在电场的作用下，液晶分子的排列会产生变化，从而影响到它的光学性质。液晶层中的液晶滴都被包含在细小的单元格结构中，一个或多个单元格构成屏幕上的一个像素。在玻璃板与液晶材料之间是透明的电极。利用显示的信息控制电极的电压从而改变液晶的旋光状态，就能在屏幕上得到显示的信息。LCD 显示器功耗低、重量轻、体积小，是目前的主流显示器，在笔记本电脑和平板电脑等领域只能使用 LCD 显示器。

（3）LED 显示器

LED 显示器也是一种平面显示设备，采用控制半导体发光二极管技术实现彩色显示，每个二极管就是一个像素。LED 显示器主要用于大屏幕显示，当用于 PC 机的显示器时，要求二极管的体积非常小，实现难度大、成本较高，使用还不普遍。但 LED 显示器具有色彩艳丽、亮度和清晰度高、使用温度范围广泛、工作电压低、功耗小、寿命长、耐冲击和工作稳定可靠等优点。与 LCD 显示器相比，在亮度、功耗、可视角度和刷新速率等方面都更具优势，已成为最具发展前途的新一代显示设备。

图 10-8　CRT 显示器

图 10-9　LCD 显示器

2. 显示器的性能指标

显示器的性能指标主要有分辨率、显示屏尺寸、点距、颜色位数、刷新频率等。

（1）分辨率

显示器的分辨率指显示屏上可以显示的像素，即光点个数，用每行点数乘行数表示，用来衡量显示质量。如分辨率是1920×1080，表示每行有1920个光点，一共有1080行光点。显示器分辨率越高，显示越清晰。

（2）显示屏尺寸

显示屏尺寸是指屏幕对角线的尺寸，用英寸表示，小的只有几英寸，大的有27英寸或更大。普通显示器屏幕尺寸长和宽的比例是4:3，宽屏显示器是16:9或16:10。常用液晶显示器的显示屏尺寸和最大分辨率的关系如表10-1所示。

表10-1　显示屏尺寸与最大分辨率的关系

显示屏尺寸	最大分辨率
14英寸	1024×768
15英寸	1280×1024
17英寸	1600×1280
19英寸	1600×1280
21英寸	1600×1280
24英寸	1920×1080
27英寸	1920×1080

（3）点距

点距是两个像素中心之间的距离，以mm为单位，如0.22、0.25、0.28、0.31。点距越小，像素密度就越大，对同样尺寸的屏幕而言，点距越小，容纳的像素就越多，显示就越清晰。屏幕长度除以点距，就是每行最多能有的像素点数。屏幕宽度除以点距，就是每列最多能有的像素点数。

（4）颜色位数

一个像素可显示多少种颜色，由表示这个像素的二进制位数决定。如用8位二进制数表示，可显示256种颜色；用24位二进制数表示，则可显示2^{24}种颜色。

（5）刷新频率

刷新频率指屏幕上像素每秒更新的次数，又分水平刷新频率和垂直刷新频率。水平刷新频率又称行频，垂直刷新频率又称帧频，即每秒更新的画面数。对CRT显示器而言，只有达到一定的刷新频率，才能保证显示的信息不闪烁。

对LCD显示器还要考虑下列指标。

（1）亮度和对比度

亮度是LCD显示器的重要指标之一，单位是cd/m^2。随着技术的进步，一般LCD显示器的亮度可达到250 cd/m^2左右，高端产品则可达到350～500cd/m^2。

对比度指最大亮度（全白）与最小亮度（全黑）的比值。高对比度意味着较高的亮度及色彩艳丽程度。LCD显示器的对比度可以达到几百比一左右。

（2）响应时间

响应时间是指显示器对输入信号的反应速度，也是LCD显示器的重要指标之一，单位是ms。如果显示器的响应时间过长，则所显示的图像会让人感到有拖尾现象。响应时间小于16ms才不会有明显的拖尾现象。目前，多数LCD显示器的响应时间可达5ms左右，图像的显示和变化已经十分平滑、亮丽。

（3）可视角度

可视角度是指用户从不同角度观看屏幕时能够看到清晰图像的角度，可视角度越大，说明显示器的适应性越好。一些质量高的显示器，其可视角度能达到178°，一般的LCD和LED显示器的可视角度都能够满足人们的日常需求。

（4）坏点数量

由于生产工艺技术的原因，早期的LCD显示器大多有较少的坏点。坏点是指无论显示器屏幕显示何种图像，总是显示同一种颜色的像素点。由于技术的进步，现在生产的 LCD 显示器几乎已经没有坏点了。

3．显示器的控制器

显示器的控制器就是平常所说的显卡，显卡可以集成在主板上，也可以是独立的。在显卡上有图形处理器 GPU 和显示存储器，它们对显示器的效果有重要影响。

（1）GPU

GPU 是显卡上的核心部件，直接决定着显卡的性能。GPU 负责视频信息的处理和对显示器的工作进行控制，其复杂程度不亚于 CPU。GPU 的使用减轻了 CPU 的负担，增强了图形处理能力，现在的发展趋势是将 GPU 和 CPU 集成到同一块芯片中。

（2）显示存储器（显存）

显示存储器存放屏幕上要显示的信息，其容量对显示分辨率、颜色种类等都有影响。如显示器的分辨率是 1024×768，可显示 32 位颜色，则显示存储器的容量最小是 1024×768×32/8=3072KB。显存容量一定时，如果要增大分辨率，就要减少显示的颜色种类；反过来，要增加颜色种类，就要降低分辨率。若要进行 3D 显示，则需要更大的显存容量。

（3）显存带宽

显存带宽是指显存单位时间读出的数据量。显存既要满足 CPU 的需要，又要满足 GPU 的需要。如果显示器的分辨率是 1024×768，可显示的颜色种类是 24 位，帧频是 85Hz，显存带宽的 50%用于刷新屏幕，则显存的带宽为 2×85×1024×768×24/8=391 680KB/s。

4．显示器的接口

显示器常用的接口有 VGA、DVI 和 HDMI，此外还有 DisplayPort 接口。

VGA（Video Graphics Array）接口即视频图形阵列接口，又称为 15 针 D-Sub 输入接口，它只能接收模拟信号输入。由于制造上的原因，CRT 显示器只能接收模拟信号输入，所以都采用 VGA 接口，以至于后来的 LCD 显示器和 LED 显示器也都保留有 VGA 接口。

DVI（Digital Visual Interface）接口即数字视频接口，是近年来随着数字化显示设备发展起来的一种显示接口。DVI 数字接口直接以数字信号方式将显示信息从计算机送到显示器，省去模拟信号传送的 D/A 和 A/D 转换，传送的图像质量更高。现在 LCD 显示器和 LED 显示器产品都有 DVI 接口。

HDMI（High Definition Multimedia Interface）接口即高清多媒体接口，可以提供高达 5Gbps 的数据传输带宽，传送无压缩的音频信号和高分辨率的视频信号，无须 D/A 和 A/D 转换，可以保证高质量的影音信号传送。使用 HDMI 的好处是只需要一条 HDMI 线，便可以同时传送视频和音频信号。现在，许多计算机带有 HDMI 接口，而且智能电视机也都带有 HDMI 接口，这样极大地方便了计算机与电视机之间视频和音频信号的传送。

DisplayPort 接口也是一种高清数字显示接口，允许视频和音频信号公用一条线，采用微封包架构（Micro-Packet Architecture），视频内容以封包方式传送。DisplayPort 接口的优点如下。

（1）高带宽

DisplayPort 1.0 标准支持单通道、单向、四线路连接，数据传输速率可以达到 10.8Gb/s，可支持 WQXGA+（2560×1600）、QXGA（2048×1536）等分辨率及 30/36bit（每位原色 10/12bit）的色深，充足的带宽保证大尺寸显示设备对更高分辨率的需求。

（2）整合周边设备

DisPlayPort 在 4 条主传输通道之外，还提供 1 条辅助通道，其传输带宽为 1Mb/s，最大延迟仅为 500μs，可以直接作为语音、视频等低带宽数据的传输通道，也可以用于无延迟的游戏控制。

（3）内外接口

DisPlayPort 的外接型接头有两种：一种是标准型，类似 USB、HDMI 等接头；另一种是低矮型，主要针对连接面积有限的应用，如超薄笔记本电脑等。这两种接头的最长外接距离都可以达到 15m。此外，DisPlayPort 还可以作为设备内部的接口，甚至是芯片与芯片之间的数据接口。

（4）简化产品设计

DisPlayPort 的数字信号可直接输出，简化了 LCD 内部设计，可直接驱动面板进行显示，可以精简 LVDS（Low Voltage Differential Signaling）转换电路。

（5）内容保护技术

DisPlayPort 可以用于消费电子领域，它制定了一套防止内容复制协议。

10.3.2 打印机

打印机是计算机常用的输出设备之一，使用打印机可以将文字资料、图形文件和图像文件等打印输出。输出的介质可以是纸张、胶片和相纸等。输出形式也可以多种多样，除可以输出到标准规格的打印纸，还可以打印信封、光盘背面和即时贴等。打印机是一套完整、精密的机电一体化的智能系统，如图 10-10 所示。

图 10-10　打印机

打印机又分为单色打印机和彩色打印机。单色打印机只能输出一种颜色，通常为黑色，有些打印机可以打印有灰度的图像。彩色打印机可以输出各种颜色，彩色照片是其输出形式的一种。

1. 打印机的类型

常用的打印机有以下几类。

（1）针式打印机

针式打印机属于机械打印机，由打印头、小车横移机构、色带机构、走纸机构、保护装置和控制电路组成。打印头上装有一组钢针，在小车横移机构的带动下移动。打印信息控制钢针打在色带和纸上，可在纸上印刷出精确的点，依靠一组点的组合形成文字和更大的图形。针式打印机结构简单、成本低，但打印速度慢、打印质量差、噪声大，适合打印多层发票，目前主要在银行、超市等场所使用。

（2）激光打印机

激光打印机属于非击打式打印机，使用激光技术在纸上形成字符和图形。激光打印机由激光扫描系统、电子摄影系统、控制系统组成，其打印原理是用激光扫描充有电荷的感光鼓，可在上面形成电荷字符潜像，再将墨粉吸附上去，最后转印到纸上。激光打印机具有噪声小、速度快、质量好等优点；但其结构复杂、打印成本较高，主要用于办公自动化、出版等领域。

（3）喷墨打印机

喷墨打印机也属于非击打式打印机，由打印头、小车横移机构、走纸机构、控制电路等部件组成。打印头上装有喷头和墨水盒，在控制电路的控制下，通过喷头把数量众多的微小墨滴精确地喷射在要打印的媒介上，实现打印功能。喷墨打印机实现彩色打印较容易，现在已有6色甚至7色墨盒的喷墨打印机，打印的颜色逼真。喷墨打印机具有噪声小、打印速度较快、质量较好等优点；但其结构较复杂、打印耗材成本高。喷墨打印机广泛用于各种设计领域，也可用于打印文档资料和彩色照片。

（4）3D打印机

3D打印机是一种新型的打印机，采用的是累积制造技术，可以实现立体打印。3D打印机和传统打印机的组成有一定的差别，由控制电路、打印头、打印平台及移动装置、打印耗材供应装置等部件组成，3D打印机在打印前要在计算机上设计一个完整的三维立体模型，然后再根据模型进行打印输出。

3D打印机的打印原理和喷墨打印机类似，最大的区别在于打印头喷出的是实实在在的原材料，如粉末状金属、塑料等可粘合材料。在实现3D打印时，通过打印头喷出一层打印材料粉末，再喷一层胶水，打印材料和胶水粘合形成一层薄薄的物质，这样一层层地叠加，最后形成三维的物体。也有些3D打印机的打印头可以直接喷出经高温熔化后的材质，在打印平台上形成一层薄薄的物质。3D打印机在每打印完一层后，为了保证打印头和打印物体间的距离，都要控制打印平台向下移动微小的距离。

3D打印机的发明给制造业带来了一次革命。以前是部件设计完全依赖于生产工艺能否实现，而3D打印机的出现，使得企业在生产部件的时候不再考虑生产工艺问题，一些传统方式无法加工的奇异结构都可以通过3D打印机来实现。3D打印无须机械加工或模具，就能直接从计算机图形数据中生成任何形状的物体，从而极大地缩短了产品的生产周期，提高了生产效率，降低了生产费用。尽管3D打印机的应用范围有限，功能有待完善，但3D打印技术市场潜力巨大，势必成为未来制造业的众多突破技术之一。

2．打印机的性能指标

（1）打印分辨率

打印分辨率用来衡量打印质量，单位为每英寸打印的点数，简称DPI（Dot Per Inch）。如针式打印机的分辨率为360DPI，激光打印机的分辨率可达1200DPI，分辨率越高，打印质量越好。

（2）打印幅面

打印幅面是衡量打印机输出页面大小的指标，针式打印机有宽行和窄行之分，打印宽度从每行十几个字符到一百几十个字符，打印长度可不受限；非击打式打印机用单页纸的规格表示，有A4、A3、A0等打印幅面，还有大型滚筒式彩喷机，可打印更大的幅面。

（3）打印速度

打印速度用打印字符数/每秒（cps）、打印行数/每分（lpm）、打印页数/分（ppm）来衡量，快的可达几十页到上百页/每分钟。激光打印机还有首页输出时间的性能指标，即给出打印命令后，多长时间可打印出第一页。

（4）打印缓存

打印缓存即打印机的存储器，早期打印机缓存小的只有几百字节，仅能存放一行信息，现在打印机缓存可达到几十兆字节。缓存容量大，可存放较多的打印数据，减少打印机和 CPU 的通信次数，提高 CPU 的工作效率。

3．打印机接口和打印控制器

早期的打印机通过并行接口与计算机连接，现在的打印机大多采用 USB 接口，有的打印机还具有网络接口。打印机控制器由专用的微处理器实现，制作在打印机里，负责控制打印机的工作，要打印的信息则缓存在打印机的存储器中。

习题 10

1．单项选择题

（1）外部设备不具备的功能是（　　）。

A．人机交互　　B．隔离网络　　C．信息转换　　D．数据存储

（2）（　　）不是外部设备的发展趋势。

A．集成化　　B．网络化　　C．自动化　　D．无线化

（3）（　　）不是计算机的输入设备。

A．打印机　　B．键盘　　C．鼠标　　D．触摸屏

（4）（　　）不是计算机的输出设备。

A．绘图仪　　B．扫描仪　　C．打印机　　D．显示器

（5）（　　）属于计算机的图像输入设备。

A．键盘　　B．数码相机　　C．鼠标　　D．显示器

（6）显示器的分辨率为 1024×1024 像素，像素的颜色位数为 24 位色，则显示存储器的容量至少为（　　）。

A．1MB　　B．2MB　　C．3MB　　D．4MB

（7）（　　）不是显示器的英文缩写。

A．CRT　　B．LCD　　C．LED　　D．PCI

2．常见的键盘接口有哪些？选用键盘时主要考虑哪些因素？

3．打印机的主要技术指标有哪些？

4．显示器的主要技术指标有哪些？

5．人们常用的输入和输出设备有哪些？

6．假定一台计算机的显示存储器用 DRAM 芯片实现，若要求显示分辨率为 1600×1200，颜色深度为 24 位，帧频为 85Hz，如果总带宽的 50%用来刷新屏幕，则需要的显存总带宽至少是多少？

7．显示器的接口有哪几种类型？

8．衡量显示器显示清晰度的指标是什么？

9．利用软件和硬件在逻辑功能上等价的原理说明在计算机系统中键盘功能的实现。

10．简述云存储技术的出现与应用对移动外部存储产品的影响。

参 考 文 献

[1] 纪禄平等. 计算机组成原理[M]. 4 版. 北京：电子工业出版社，2017.

[2] 王诚等. 计算机组成与体系结构[M]. 3 版. 北京：清华大学出版社，2017.

[3] 李继灿. 计算机硬件技术基础[M]. 3 版. 北京：清华大学出版社，2015.

[4] 钱晓捷. 汇编语言程序设计[M]. 5 版. 北京：电子工业出版社，2018.

[5] 马维华. 微机原理与接口技术[M]. 3 版. 北京：科学出版社，2016.

[6] 周明德. 微型计算机原理及应用[M]. 6 版. 北京：清华大学出版社，2018.

[7] 教育部考试中心. 全国计算机等级考试三级教程——PC 技术[M]. 北京：高等教育出版社，2011.

[8] 张兴中，闫宏印，武淑红. 数字逻辑与数字系统[M]. 北京：科学出版社，2004.